高等院校规划教材·计算机科学与技术系列

C语言实验与课程设计指导

主　编　曹　哲

副主编　赵津燕　张玲玲

参　编　徐昭云　郑　惠　贺薪宇　王卓超

机械工业出版社

本书根据C语言程序设计课程教学中对实践教学环节的实际需要编写。全书共8章，主要包括Turbo C++ 3.0集成开发环境、上机实验指导、课程设计指导、编写应用程序的基本技术、编程实用技术、课程设计案例、Turbo C++ 3.0命令菜单详解和常用C语言库函数等内容。

本书概念清晰、准确，内容丰富，是进行C语言上机实验和课程设计的好帮手。本书既适用于计算机专业本、专科的学生在实践教学环节中使用，也适合非计算机专业的学生学习，还可作为想深入学习C语言的工程技术人员的参考书。

图书在版编目（CIP）数据

C语言实验与课程设计指导 / 曹哲主编. —北京：机械工业出版社，2010

（高等院校规划教材·计算机科学与技术系列）

ISBN 978-7-111-28863-3

Ⅰ. ①C… Ⅱ. ①曹… Ⅲ. ①C 语言-程序设计-高等学校-教学参考资料

Ⅳ. ①TP312

中国版本图书馆CIP数据核字（2010）第078049号

机械工业出版社（北京市百万庄大街22号　邮政编码100037）

责任编辑：唐德凯

责任印制：乔　宇

三河市国英印务有限公司印刷

2010年7月第1版·第1次印刷

184mm×260mm·27印张·668千字

0001−3000册

标准书号：ISBN 978-7-111-28863-3

定价：43.00元

凡购本书，如有缺页、倒页、脱页，由本社发行部调换

电话服务

社服务中心：（010）88361066

销 售 一 部：（010）68326294

销 售 二 部：（010）88379649

读者服务部：（010）68993821

网络服务

门户网：http://www.cmpbook.com

教材网：http://www.cmpedu.com

出版说明

计算机技术的发展极大地促进了现代科学技术的发展，明显地加快了社会发展的进程。因此，各国都非常重视计算机教育。

近年来，随着我国信息化建设的全面推进和高等教育的蓬勃发展，高等院校的计算机教育模式也在不断改革，计算机学科的课程体系和教学内容更加科学和合理，计算机教材建设逐渐成熟。在“十五”期间，机械工业出版社组织出版了大量的计算机教材，包括“21 世纪高等院校计算机教材系列”、“21 世纪重点大学规划教材”、“高等院校计算机科学与技术‘十五’规划教材”、“21 世纪高等院校应用型规划教材”等，均取得了可喜成果，其中多个品种的教材被评为国家级、省部级的精品教材。

为了进一步满足计算机教育的需求，机械工业出版社策划开发了“高等院校规划教材”。这套教材是在总结我社以往计算机教材出版经验的基础上策划的，同时借鉴了其他出版社同类教材的优点，对我社已有的计算机教材资源进行整合，旨在大幅提高教材质量。我们邀请多所高校的计算机专家、教师及教务部门针对此次计算机教材建设进行了充分的研讨，达成了许多共识，并由此形成了“高等院校规划教材”的体系架构与编写原则，以保证本套教材与各高等院校的办学层次、学科设置和人才培养模式等相匹配，以满足其计算机教学的需要。

本套教材包括计算机科学与技术、软件工程、网络工程、信息管理与信息系统、计算机应用技术以及计算机基础教育等系列。其中，计算机科学与技术系列、软件工程系列、网络工程系列和信息管理与信息系统系列是针对高校相应专业方向的课程设置而组织编写的，体系完整，讲解透彻；计算机应用技术系列是针对计算机应用类课程而组织编写的，着重培养学生利用计算机技术解决实际问题的能力；计算机基础教育系列是为大学公共基础课层面的计算机基础教学而设计的，采用通俗易懂的方法讲解计算机的基础理论、常用技术及应用。

本套教材的内容源自致力于教学与科研一线的骨干教师与资深专家的实践经验和研究成果，融合了先进的教学理念，涵盖了计算机领域的核心理论和最新的应用技术，真正在教材体系、内容和方法上做到了创新。同时，本套教材根据实际需要配有电子教案、实验指导或多媒体光盘等教学资源，实现了教材的“立体化”建设。本套教材将随着计算机技术的进步和计算机应用领域的扩展而及时改版，并及时吸纳新兴课程和特色课程的教材。我们将努力把这套教材打造成为国家级或省部级精品教材，为高等院校的计算机教育提供更好的服务。

对于本套教材的组织出版工作，希望计算机教育界的专家和老师能提出宝贵的意见和建议。衷心感谢计算机教育工作者和广大读者的支持与帮助！

机械工业出版社

前　言

C 语言程序设计课程是计算机学科的一门基础主干课，也是其他相关专业的必修课，是一门实践性很强的课程。为了更好地学习 C 语言，逐步掌握使用 C 语言进行结构化、模块化程序设计的方法，提高学生的动手能力，需要有一本合适的实践指导教材。本书正是作者根据几十年的教学经验和该门课程实践教学环节的实际需要而编写的。

本书共 8 章，内容包括：第 1 章 Turbo C++ 3.0 集成开发环境，简单介绍了该开发环境；第 2 章 上机实验指导，有侧重地安排了 10 个实验，其中有 1 个验证性实验、8 个设计性实验、1 个综合性实验，通过这些实验，可以由浅入深地逐步训练学生掌握结构化、模块化的程序设计方法、动态调试程序的能力和综合应用能力；第 3 章 课程设计指导，主要介绍了课程设计的目的、要求、题目、实施过程和撰写课程设计报告的方法；第 4 章 编写应用程序的基本技术，介绍了图形、音乐与动画技术、汉字使用技术、键盘技术、鼠标技术、数据安全技术等编写应用程序的基本技术；第 5 章 编程实用技术，介绍了窗口与菜单技术，对话框中的按钮技术，数据录入、查询、统计技术，系统维护技术和初步的软件测试技术等编程实用技术；第 6 章 课程设计案例，主要以“贪吃蛇游戏”课程设计报告的形式给出一个课程设计的具体案例，以便使读者掌握具体的课程设计的实现方法和课程设计报告的撰写方法；第 7 章 Turbo C++ 3.0 命令菜单详解，详细介绍了 Turbo C++ 3.0 集成开发环境命令菜单的使用方法；第 8 章 常用 C 语言库函数，介绍了 300 多个常用 C 语言库函数，并举例说明了各函数的用法。

本书具有如下特点：

1．以结构化、模块化程序设计方法为主线，精心挑选实验内容，周密策划实验步骤，可使读者通过上机实验逐步掌握设计和调试程序的方法。

2．以软件工程方法学为指导，细致、准确地叙述了课程设计的实施过程和撰写课程设计报告的方法和规范，详细叙述了用 C 语言开发应用程序的基本和实用技术，使读者得到实际工程训练的指导。

3．对 Turbo C++ 3.0 集成开发环境的编辑、编译、连接、调试程序的方法，菜单命令的详细解释，库函数的使用等方面进行了全面深入的介绍，使读者阅读和开发 C 语言应用程序更加便捷。

4．本书概念清晰、准确，内容丰富、齐全，是使用 C 语言进行上机实验和课程设计的有效指导书。

本书由曹哲任主编，赵津燕、张玲玲任副主编，全书由曹哲统稿。编写具体分工如下：赵津燕编写了第 1、2 章，王卓超编写了第 3 章和第 4 章的部分内容，张玲玲编写了第 6 章和第 4、8 章的部分内容，曹哲编写了第 5 章和第 8 章的部分内容，贺薪宇编写了第 7 章，徐昭云和郑惠编写了第 8 章部分内容。

在编写本书的过程中，北华大学计算机科学技术学院、实验室和 3 个系的全体教师在上机调试程序、运行界面拍照等工作上给予了大力的支持和帮助；李秀鹏、孙坤杰等参与了部分程序的调试和校稿工作。在此对上述部门和同志的贡献表示衷心的感谢。

本书配套的电子课件、例题源代码以及案例源代码等网络资源，需要的教师可登录 www.cmpedu.com 免费注册、审核通过后下载，或联系编辑索取（QQ：241151483，电话 010-88379753）。

由于作者水平有限，书中难免有疏漏、不足之处，恳请读者批评指正。

编　者

目录

第1章　Turbo C++ 3.0 集成开发环境

Turbo C++ 3.0 是美国 Borland 公司研制的基于 DOS 平台的 C 和 C++编译系统。Turbo C++ 3.0 包含了两种类型的编译器，一种是传统的命令行版本，根据 MS-DOS 命令行进行编辑、编译、连接和运行，要使用该版本，首先需启动 TCC.EXE；另一种是一个集编辑、编译、连接、调试和运行为一体的集成开发环境（Integrated Development Environment，IDE）版本，要使用该版本，首先应启动 TC.EXE。C 语言程序设计人员可以使用该集成环境进行全屏幕编辑，并可利用窗口功能进行编译、连接、动态调试、运行等工作，还可以对环境进行适当的设置。本章简单介绍使用 Turbo C++ 3.0 集成环境设计 C 程序的方法。在本书中未作特殊说明，Turbo C++即为 Turbo C++ 3.0。

1.1　Turbo C++ 3.0 系统的建立、启动与退出

1.1.1　Turbo C++ 3.0 系统的建立

Turbo C++ 3.0 系统可以从互联网上免费下载。如图 1-1 所示，其中上面的图标是下载的 Turbo C++3.0 系统的压缩文件图标。经解压后，生成如图 1-1 下面的图标所示的 tcpp3 文件夹。

图 1-1　下载的 TC3.0

1．Turbo C++3.0 系统的安装

要想使用 Turbo C++ 3.0 系统，必须将其正确地安装到用户的计算机中。例如，欲将 Turbo C++ 3.0 安装到 D 盘的 TC3 子目录下，其安装步骤如下：

1）双击图 1-1 中下面的 tcpp3 文件夹图标打开该文件夹，可以看到全部系统文件，其中有一些压缩文件，不用对其解压，如图 1-2 所示。

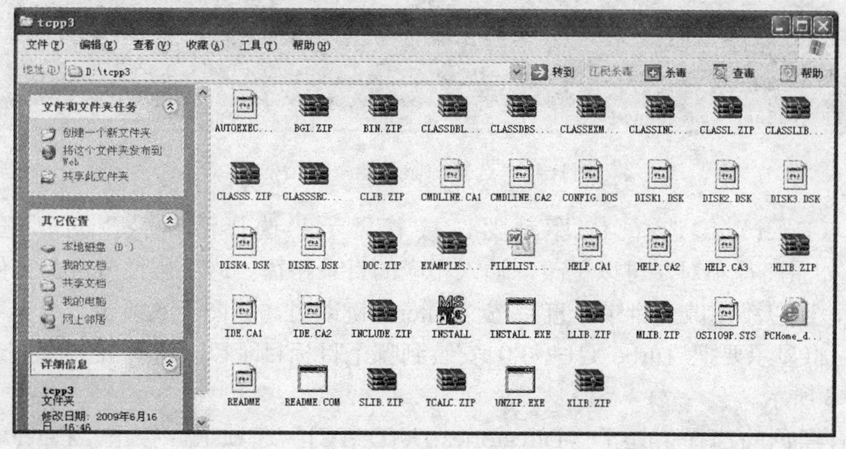

图 1-2　tcpp3 文件夹下的系统文件

2）双击图 1-2 中的 INSTALL.EXE 图标，启动安装程序。此时将显示如图 1-3 所示的欢迎画面，指出安装 Turbo C++ 3.0 的所有可用选项大约需要 10.5MB 的磁盘空间，其中包括在安装期间所需的 1MB 工作空间，并提示按〈Enter〉键继续安装，按〈Esc〉键退出。

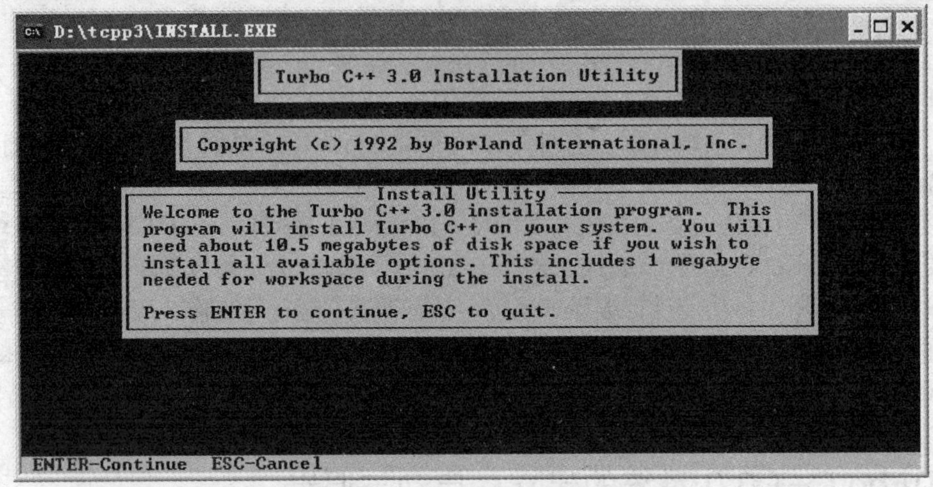

图 1-3　欢迎安装画面

3）按〈Enter〉键，将显示“选择源驱动器”对话框，默认源驱动器为 A 驱动器。假设 tcpp3 文件夹在 D 驱动器中，因此应将 A 改为 D，如图 1-4 所示。

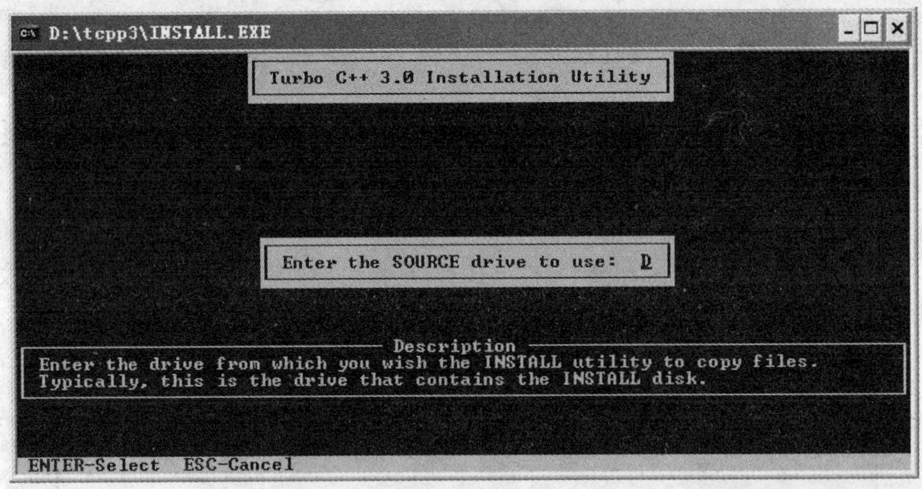

图 1-4　“选择源驱动器”对话框

4）按〈Enter〉键选择 D 驱动器，接着显示“选择源路径”对话框，默认为 D:\TCPP3，如果路径不对，可以更改，输入相应的目录路径。这里假设 tcpp3 文件夹就在 D 盘根目录下，所以不用改变目录，直接按〈Enter〉键即可，如图 1-5 所示。

5）之后将显示要把 Turbo C++ 3.0 安装到哪个目标目录以及选择安装哪些选项的对话框，如图 1-6 所示。

6）此时黑色的选择条处于“Directories… [D:\TC]”选项上。按下〈Enter〉键可弹出“设置目标目录”对话框，如图 1-7 所示。其选择条位于第一个选项“Turbo C++ Directory:

D:\TC”上，按〈Enter〉键将显示一个修改目录的输入框，假设将“D:\TC”改为“D:\TC3”并按〈Enter〉键，结果如图 1-8 所示，即该项以下的各项的目录路径也都随之改变了。当然，各项的目录路径也可以分别设置为其他的目录路径，但一般没有必要。

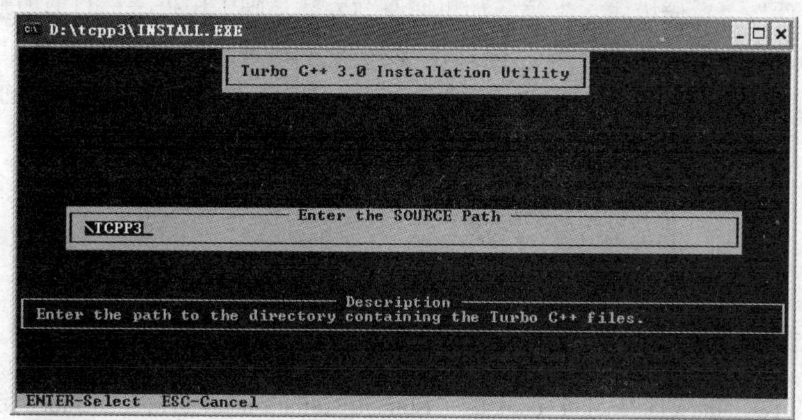

图 1-5 “选择源路径”对话框

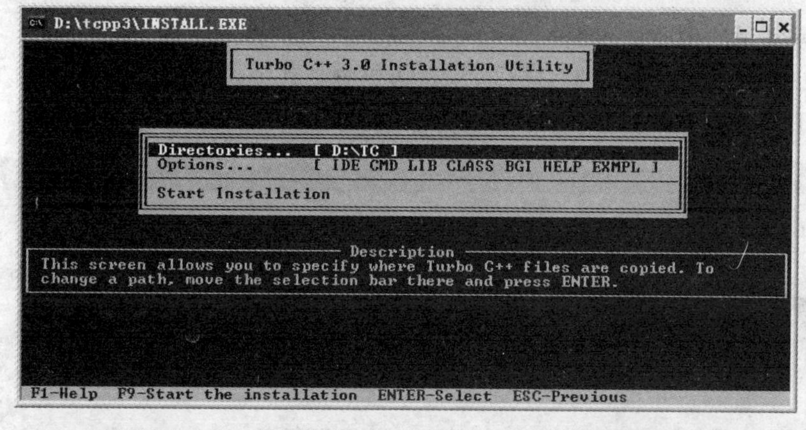

图 1-6 安装的目标目录和安装内容选择对话框

Turbo C++ Directory:	D:\TC
Binary Files Subdirectory:	D:\TC\BIN
Header Files Subdirectory:	D:\TC\INCLUDE
Library Subdirectory:	D:\TC\LIB
BGI Subdirectory:	D:\TC\BGI
Class Library Subdirectory:	D:\TC\CLASSLIB
Examples Subdirectory:	D:\TC\EXAMPLES

图 1-7 “设置目标目录”对话框

Turbo C++ Directory:	D:\TC3
Binary Files Subdirectory:	D:\TC3\BIN
Header Files Subdirectory:	D:\TC3\INCLUDE
Library Subdirectory:	D:\TC3\LIB
BGI Subdirectory:	D:\TC3\BGI
Class Library Subdirectory:	D:\TC3\CLASSLIB
Examples Subdirectory:	D:\TC3\EXAMPLES

图 1-8 目标目录设置后的对话框

7）设置好目标目录路径后，移动图 1-6 中的选择条到“Options…”选项并按〈Enter〉键，将弹出如图 1-9 所示的“选择安装内容”对话框。这些可选的内容包括“集成开发环境和工具”、“命令行编译器和工具”、“安装类库”、“安装 BGI（基本图形接口）库”、“解压例子”、“帮助文件”、“存储模式…”等。如果要全部安装，则不用设置，只要取默认值即可。如果要设置某项，可将“选择条”移到该项并按〈Enter〉键，如为“Yes”，则会变成“No”，或者调出设置对话框来设置。选择好后，按〈Esc〉键回到图 1-6 所示的对话框。

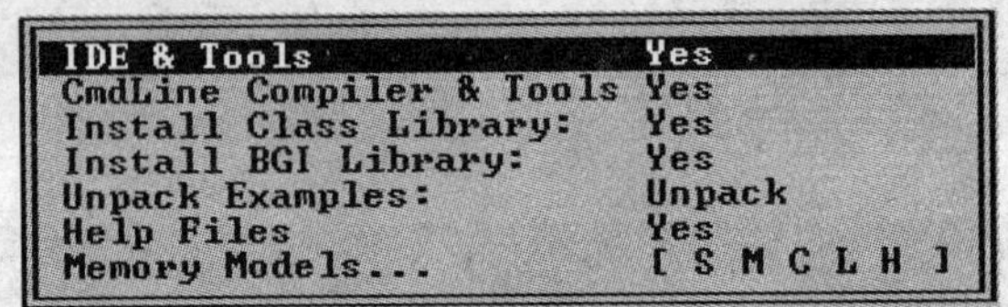

图 1-9 “选择安装内容”对话框

8）按下〈F9〉键或选择图 1-6 中的“Start Installation”项并按〈Enter〉键，即可开始复制文件的安装过程。安装完成后，将显示安装完成提示信息，按任意键将显示 readme 文件中信息。

2．C 语言常用的内容

安装完成后，进入 D 盘的 TC3 子目录，可以看到其中含有在 C 中用到的 BGI、BIN、INCLUDE 和 LIB 等几个子目录，如图 1-10 所示。

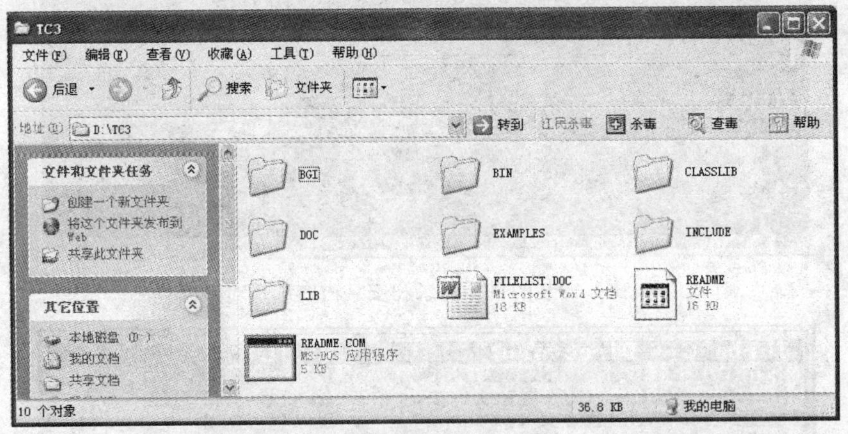

图 1-10 安装后 D:\TC3 子目录下的内容

其中在 BGI 子目录下存放的是*.BGI 和*.CHR 等文件，它们是不同显示器的图形驱动程序和不同字体的源文件；在 INCLUDE 子目录下存放的是*.H 文件，它们是 Turbo C++的头文件；在 LIB 子目录下存放的是*.OBJ 和*.LIB 文件，它们是函数库的库文件；在 BIN 子目录下存放的是 Turbo C++的系统文件。

1.1.2 Turbo C++ 3.0 系统的启动和退出

1．Turbo C++ 3.0 的启动

Turbo C++ 3.0（以下简称为 Turbo C++）是集成开发环境版本，在 BIN 子目录下有一个

TC.EXE 文件，它是集编辑、编译、调试、连接、执行于一体的基本文件。要启动 Turbo C++的集成环境，需要调用执行 TC.EXE 文件，调用方法有以下两种。

1）在 DOS 平台下启动 Turbo C++的集成环境。假设 Turbo C++被安装在 E 盘 TC3 子目录下，而当前目录为 E 盘根目录，可使用如下的 DOS 命令启动 Turbo C++的集成环境：

E:\>CD E:\TC3\BIN↙　　　　（将当前目录改变为 E:\TC3\BIN）

E:\TC3\BIN>TC↙　　　　（执行 TC.EXE）

上面带有下划线的部分表示是用户由键盘键入的，“↙”表示按下〈Enter〉键，即回车键。这样就可以进入 Turbo C++的集成环境了，而后便可进行 C 程序的编辑、编译、连接、调试运行工作。

如果想在另一个目录下使用 Turbo C++的集成环境，则应指出 TC.EXE 的带目录路径的文件名。例如，用户想将 C 源程序文件存储在 H 盘（假设是一个 U 盘的盘符）的\USER 目录中，则可将 USER 作为当前工作目录，在进入 USER 目录后，键入以下命令：

H:\USER>E:\TC3\BIN\TC↙

上述命令的作用是启动 Turbo C++的集成环境，而所编辑的源文件将存于 H 盘 USER 子目录下。当然，也可通过对环境的设置或在保存文件时使用带路径的文件全名将文件保存到希望的地方。

需要指出，在 DOS 下启动 Turbo C++的集成环境将以全屏幕方式显示。

2）在 Windows 平台下启动 Turbo C++的集成环境，可采用如下几种方法：

① 在桌面上依次选择“开始”→“所有程序”→“附件”→“命令提示符”菜单，进入“MS-DOS 方式”窗口，即可使用前面 1）中的 DOS 命令来启动 Turbo C++的集成环境。

② 通过“我的电脑”或“资源管理器”找到 BIN 文件夹中的 TC.EXE 文件图标，双击该图标即可启动 Turbo C++的集成环境。

③ 通过“我的电脑”打开 BIN 文件夹，然后用鼠标右键单击 TC.EXE 图标，将弹出一个快捷菜单，再单击该快捷菜单中的“创建快捷方式”命令，将在该文件夹中创建一个名为 TC.EXE 的快捷方式，之后将该快捷方式图标拖到桌面上。此后每次只要双击桌面上的名为 TC.EXE 的快捷方式图标，即可启动 Turbo C++的集成环境。

需要指出，在 Windows 平台下启动的 Turbo C++集成环境将以窗口方式显示，按下〈Alt+Enter〉组合键可在窗口和全屏幕两种方式间切换。

2. 退出 Turbo C++的集成环境

Tubro C++集成环境可用按下〈Alt+X〉组合键或用“File”菜单中的“Quit”命令的方法退出，返回到 DOS 状态或返回到 Windows。

1.2　Turbo C++ 3.0 集成开发环境的使用说明

启动 Turbo C++集成开发环境后，将显示如图 1-11 所示的主屏幕。其中最顶上一行为标题栏，接下来是菜单栏，给出 Turbo C++的主菜单。中间窗口为编辑窗口，编辑窗口的下方是信息窗口（Message），最底下一行为状态提示行或称快速参考行。这 5 个部分构成了 Turbo C++的主屏幕，以后 C 程序的编辑、编译、调试以及运行都将在这个主屏幕和用户屏幕中进行。

默认情况，主屏幕由 5 个部分组成：标题栏、主菜单、编辑窗口、信息窗口、快速参考行。

1．标题栏

主屏幕中最顶上一行为标题栏，如图 1-11 所示，其标题为“Turbo C++ IDE”。

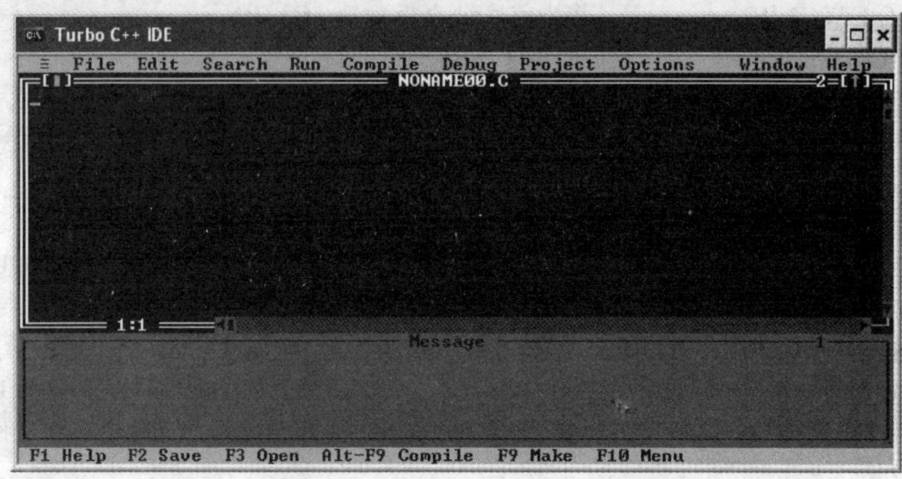

图 1-11　Turbo C++集成开发环境的主屏幕

2．主菜单

在 Turbo C++主屏幕标题栏的下面是主菜单，有 11 个菜单项，如图 1-12 所示。

≡ File Edit Search Run Compile Debug Project Options Window Help

图 1-12　Turbo C++的主菜单

下面简要介绍主菜单中的 11 个菜单项。

≡　系统菜单项：包括重画桌面和用“Options”→“Transfer”命令对话框安装的程序列表等。

File　文件菜单项：包括文件的打开、建立、存盘、换名存盘、存储全部、改变当前目录、打印、调用 DOS 命令和退出等。

Edit　编辑菜单项：包括撤销、重做、剪切、复制、粘贴、清除、复制例子、查看剪贴板等。

Search　检索菜单项：包括查找、替换、重新检索、去到某一行、上一个错误、下一个错误、定位函数等检索选项。

Run　运行菜单项：控制运行程序。

Compile　编译菜单项：将源程序编译并生成目标文件或可执行文件。

Debug　调试菜单项：当程序运行时，允许用户选择变量的值、定位任何函数及检查调用栈，同时，允许用户选择是否将编译时的调试信息也放入执行文件；允许用户增加、删除和编辑监视表达式，并可设置、清除和转向断点。

Project　项目菜单项：建立和处理项目文件。

Options　选项菜单项：包括对编译器的设置，也可以记录输出文件、库文件和嵌入等目录，还有对环境的设置，保存编译选项等。

Window　窗口菜单项：包括改变窗口的大小/位置、窗口缩放、多个窗口的层叠和平铺、设置活动窗口、通过窗口列表打开或关闭各种窗口等。

Help　帮助菜单项：包括帮助目录、索引、搜索主题和在线帮助的用法以及 Turbo C++ 的版本信息等。

主菜单中每一个菜单项都是带有许多选项或子菜单的下拉菜单。

3．快速参考行

无论是窗口还是菜单，屏幕的底部都有一个相应的快速参考行。该行是当前位置可用功能键的帮助信息。主菜单默认的快速参考行形式如图 1-13 所示。

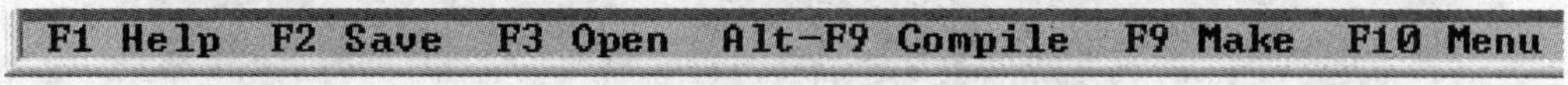

F1 Help　F2 Save　F3 Open　Alt-F9 Compile　F9 Make　F10 Menu

图 1-13　默认的快速参考行

图 1-13 中的各热键的功能说明如下：

F1 Help　打开所选命令或关键字等的在线帮助窗口。

F2 Save　将正在编辑的文件存储在规定的目录下。

F3 Open　打开文件。

Alt-F9 Compile　编译活动编辑窗口中的源程序文件，生成 OBJ 目标文件。

F9 Make　生成 EXE 可执行文件。

F10 Menu　从活动窗口转到主菜单。

当按下不同的功能键或组合功能键时，或者通过主菜单去执行不同的命令时，或激活不同的窗口时，快速参考行将显示不同的信息。例如，当按下〈Alt+F9〉复合功能键，其功能是编译活动编辑窗口中的源程序，此时快速参考行将显示如图 1-14 所示的信息。

F1 Help　Alt-F8 Next Msg　Alt-F7 Prev Msg　Alt-F9 Compile　F9 Make　F10 Menu

图 1-14　按下〈Alt + F9〉组合键后快速参考行显示的信息

4．编辑窗口

此处主要介绍 Turbo C++ 3.0 编辑窗口的组成。如图 1-15 所示，在菜单栏的下面，在信息窗口的上方的整个区域即为编辑窗口。

用鼠标单击编辑窗口区域，或者按下〈F6〉键切换窗口，都可以激活（即进入）编辑窗口。进入编辑窗口后，窗口外框为双线，其各个部分呈高亮度显示，表示其为活动窗口。

编辑窗口的顶部中间显示正在编辑的文件名，如图 1-15 中所示为正在编辑名为 ABC001.C 的源程序文件。单击其顶部左端的[■]可关闭该编辑窗口，顶部右端的=2=表示编辑窗口是主屏幕中打开的第 2 个窗口，单击顶部最右端的[↑]可使编辑窗口占据整个主屏幕，再单击它即会复原。编辑窗口的右侧为垂直滚动条，下侧的☼表示正在编辑的文件已有修改，需要存盘，而= 3:9 =则指出光标位于编辑窗口的第 3 行第 9 列，其右端是水平滚动条。

编辑方法非常简单，可按〈F1〉键获得有关编辑方法的帮助信息。

与编辑有关的功能键如下：

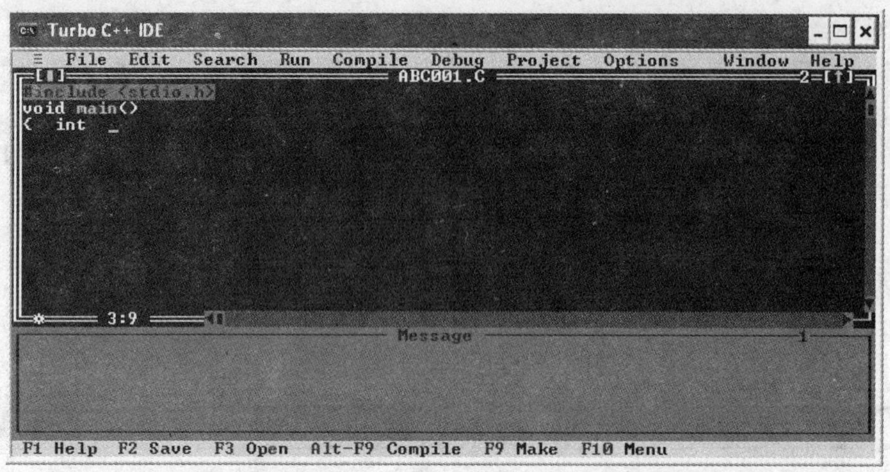

图 1-15　Turbo C++ 主屏幕中的活动窗口——编辑窗口

〈F1〉　获得 Turbo C++ 3.0 编辑命令的帮助信息。

〈F5〉　扩大编辑窗口到整个屏幕，再按则复原。

〈F6〉　在编辑窗口与信息窗口等打开的其他窗口之间进行切换。

〈F10〉　从编辑等窗口转到主菜单。

常用编辑命令简介：

〈PageUp〉　向前翻页。

〈PageDn〉　向后翻页。

〈Home〉　将光标移到所在行的开始。

〈End〉　将光标移到所在行的结尾。

〈Ctrl+Y〉　删除光标所在的一行。

〈Ctrl+T〉　删除光标所在处的一个词。

〈Ctrl+KB〉　设置块开始。

〈Ctrl+KK〉　设置块结尾。

〈Ctrl+KV〉　块移动。

〈Ctrl+KC〉　块拷贝。

〈Ctrl+KY〉　块删除。

〈Ctrl+KR〉　读文件。

〈Ctrl+KW〉　存文件。

〈Ctrl+KP〉　块文件打印。

〈Ctrl+F1〉　如果光标所在处为 Turbo C++ 3.0 库函数，则获得有关该函数的帮助信息。

注意：如果启动 Turbo C++ 3.0 的 TC.EXE 集成开发环境，可使用鼠标选择块，即将鼠标指针放到要定义块的源代码的开始处，并按下鼠标左键，然后拖曳鼠标到要定义块的结尾处并放开，块就定义好了。之后，可以将选择好的块复制或剪切到剪贴板，再粘贴到光标所在的位置。

Turbo C++ 3.0 在编辑文件时还有一种功能，就是能够自动缩进，即光标定位和上一行的第一个非空字符对齐。在编辑窗口中，〈Ctrl+OI〉为自动缩进开关的控制键。

5. 信息窗口

信息（Message）窗口默认位于编辑窗口的下方。通过信息窗口可以观察编译和调试源程序时的诊断信息。Turbo C++的错误跟踪功能可在信息窗口列出被编译文件的每个警告或出错信息，同时在编辑窗口以高亮度亮条指出源程序中相应的位置。

激活信息窗口时，快速参考行如图 1-16 所示。

```
F1 Help  Space View source  ◄┘ Edit source  F10 Menu
```

图 1-16　信息窗口活动时的信息参考行

图 1-16 中各热键的功能说明如下：

F1 Help　打开介绍当前跟踪的错误信息的帮助窗口。

Space View source　查看源程序。

↙Edit source　激活编辑窗，以便编辑其中的源程序。

F10 Menu　从信息窗口转到主菜单。

6. 观察（Watch 或称监视）窗口

当用集成调试环境运行程序时，观察窗口取代了信息窗口，它可以监视表达式（从程序中插入到观察窗口的表达式）和每个表达式的当前值。一个被监视的表达式每运行一步后，又重新求值，这是因为它的值在运行过程中可能已改变了。通过观察窗口，使得用户可在运行程序时跟踪重要表达式的值的变化。

向观察窗口增加表达式，会引起窗口的扩大，直到 TCINST 的 Resize Windows 选择项设定的大小为止。之后，再增加要跟踪的表达式，将引起窗口滚动，查看它们时，需用〈PageUp〉、〈PageDn〉、〈↓〉、〈↑〉、〈→〉、〈←〉键来滚动窗口。

观察窗口的当前表达式由一高亮度亮条标记，不活动时，则在表达式的左边用“•”标记。

在观察窗口编辑表达式可使用与在编辑窗口中相同的命令。

观察窗口的编辑命令说明如下：

〈Ctrl+E〉或〈↑〉　光标上移。

〈Ctrl+X〉或〈↓〉　光标下移。

〈Ctrl+S〉或〈←〉　向左卷动观察窗口。

〈Ctrl+D〉或〈→〉　向右卷动观察窗口。

〈Enter〉　编辑监视表达式。

〈Ctrl+N〉或〈Ins〉　插入监视表达式。

〈Ctrl+Y〉、〈Del〉或〈Ctrl+G〉　删除监视表达式。

1.3 C 程序编辑、编译连接、运行、调试的一般过程

用户要运行一个 C 程序，首先应启动 Turbo C++的集成开发环境，然后使用编辑窗口输入该程序，并以.C 为扩展名存盘，该文件称为 C 语言源程序文件。需要指出，一个较大的 C 语言程序可以由多个源程序文件组成，它们的文件名不同，但都以.C 为扩展名。接着，可以使用集成开发环境中的编译程序（或者称为编译器）对该程序的各个源程序文件分别进行独

立编译，生成以.OBJ 为扩展名的目标文件。目标文件是一种可重定位的机器代码文件。之后，使用集成开发环境中的连接程序（或者称为连接器）将各目标文件的代码和用到的库函数的代码等进行连接，生成一个以.EXE 为扩展名的可执行文件。最后运行该可执行文件即可得到运行结果。下面就来简单介绍 C 程序的编辑、编译、连接、调试、运行的过程和方法。

1.3.1 编辑源程序文件

下面要在编辑窗口中输入如下的源程序代码：

```
#include <stdio.h>
void main( )
{   int   max ( int x , int y );
    int   a , b , c ;
    a = 135 ; b = 287 ;
    c = max ( a , b ) ;
    printf ( " Max = %d\n" , c ) ;
}
int max ( int x , int y )
{   int   z ;
    if ( x > y ) z = x ; else z = y ;
    return ( z ) ;
}
```

假设 Turbo C++ 3.0 安装在 E:\TC3 目录下，在该目录下有 INCLUDE、LIB、BIN 等子目录。首先，进入 BIN 子目录，找到 TC.EXE 文件图标并双击它，即可启动 Turbo C++ 3.0 集成开发环境。然后用鼠标依次选择“Options”→“Directories”命令，调出目录对话框。在其中的“Include Directories”（包含目录）输入框中输入“E:\TC3\INCLUDE”；在“Library Directories”（库目录）输入框中输入“E:\TC3\LIB”；在“Output Directories”（输出目录）输入框中输入“E:\TC3\BIN”，即指定用户存储.OBJ、.EXE、.MAP 等文件的目录；而“Source Directories”（源目录）输入框可为空白（blank），即默认为当前目录。再选择“Options”→“Environment”→“Editor…”命令，调出“Editor Options”（编辑选项）对话框，将其中的“Default Extension”（默认扩展名）输入框中的.CPP 改为.C，并单击其中的“OK”按钮。最后选择“Options”→“Save”命令，将其中的 3 个复选框都设置为“on”后单击“OK”按钮，将上述设置存盘。如果计算机没有保护卡等措施，以后再启动时就不用设置了。

集成开发环境启动后，要输入一个新的源文件，可依次选择“File”→“New”命令，将出现一个名为“NONAME00.C”的编辑窗口。在该编辑窗口中可用键盘输入上面的求两个数的最大值的源程序。代码输入过程中可以用各种编辑键来输入和修改源程序，如用〈Ctrl+Y〉（删除一行）、〈Ctrl+N〉（插入一行）、〈Ctrl+T〉（删除光标所在处的一个词）、块操作等进行编辑。输入后，如图 1-17 所示。

输入完后可按〈F2〉键来存盘，也可以依次选择“File”→“Save F2”命令来存盘。由于此时是第一次存盘，将调出“Save File As”另存为对话框，将该对话框中的带路径的文件全名由“E:\TC3\BIN\NONAME00.C”改为“E:\TC3\BIN\ABC01.C”，即将编辑窗口中的程序以 ABC01.C 为文件名保存到 E 盘的 TC3 目录下的 BIN 子目录中。以后对该程序进行了任何修改，再按〈F2〉键将直接存到该文件名下，不再调出另存为对话框。建议在编辑一个较大的源程序文件时应每过几分钟按一下〈F2〉键存盘，以防止突然断电或关机丢失自己的工作。注意文件名最好以字母开头，文件主名的字符个数最好不要超过 8 个。

1.3.2 建立可执行程序（编译和连接）

要建立一个可执行的程序，应先把源程序文件编译成目标文件（带.OBJ 扩展名的机器代码文件），然后再把目标文件通过连接程序转换成可执行文件（带.EXE 扩展名）。连接程序将必要的子程序（即标准函数）从标准函数库文件中提出，与目标文件连接，生成.EXE 可执行文件。

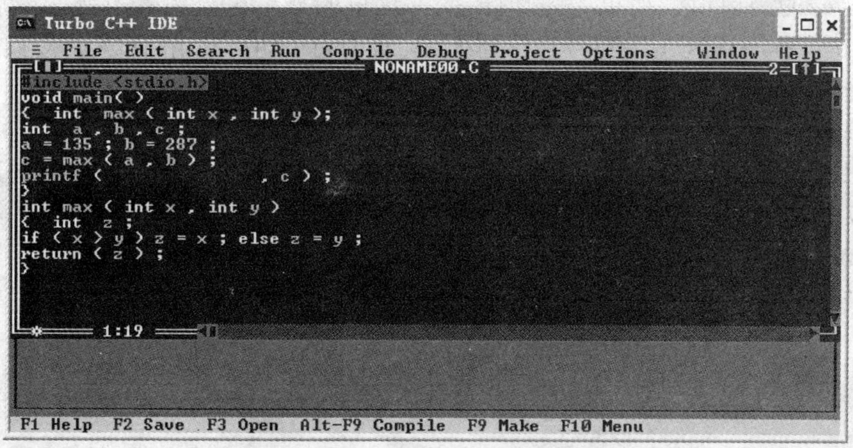

图 1-17 建立新源文件的编辑窗口

可以用鼠标依次选择“Compile”→“Compile”命令对活动编辑窗口中的 ABC01.C 源文件进行编译，生成 ABC01.OBJ 目标文件；然后再选择“Compile”→“Link”命令，将目标文件与需要的库文件进行连接，生成 ABC01.EXE 可执行文件。也可以选择“Compile”→“Make”命令直接完成编译和连接两项任务。还可以按〈F10〉键，再按〈C〉键，获得编译下拉菜单（也可按〈Alt+C〉键），接着选择“Make”命令（或按生成.EXE 文件的热键〈F9〉）。

一旦编译窗口在屏幕上出现，Turbo C++就能进行编译和连接。如果一切正常，编译窗口内会给出一个“Success：Press Any Key”信息，表示编译连接成功。

注意：如果程序有错，就会在屏幕下方的信息窗口中看到错误信息或警告信息。此时光标移到消息条上，按〈Enter〉或〈F6〉键可回到编辑窗口修改程序。这时应检查键入的程序是否和上面给出的一样，然后再次编译连接。

1.3.3 运行程序

只要从“Run”（运行）菜单里选择“Run”命令，或按运行程序的热键〈Ctrl+F9〉，即可运行该程序。

注意观察屏幕的变化：这时可以看到屏幕闪一下，然后又回到了 TC 主屏幕。要看主程序的输出，可选择“Windows”→“User Screen”命令或按〈Alt+F5〉组合键，切换到用户屏幕，观察屏幕输出。

屏幕应有以下信息：Max = 287。检查屏幕输出后，按任意键返回TC主屏幕。

1.3.4 程序的简单调试

可以通过设置断点和监视项的方法来调试程序。将光标移到第6行，按〈Ctrl+F8〉即可在这里设置断点。用同样方法在第7行再设置一个断点。将光标移到第6行的c上，按〈Ctrl+F7〉键可添加监视项监视c的值。

然后按〈Ctrl+F9〉键运行程序。由于刚才在第6行设置了断点，程序运行到第6行就会暂停，要再按一次〈Ctrl+F9〉才继续执行到第7行暂停。此时从watch窗口中，可以看到c: 287，这是c的当前值。如果c的值改变，这里的显示也会跟着改变。最后再按一次〈Ctrl+F9〉键，程序从第7行继续执行到结束。此时可以切换到用户屏幕，观察屏幕输出，或者从打开的Output窗口观察运行结果。

还可以按〈F8〉或〈F7〉键单步执行该程序。当程序单步执行到第6行时，读者就可以发现按〈F8〉键和〈F7〉键的区别了。按〈F8〉键光条将在执行完第6行的语句后，直接移到第7行，也就是说它跳过了函数max( )；而按〈F7〉键会从第6行跳到第9行而进入函数max( )内部。请注意，按〈F7〉键只能进入当前编辑文件中自定义的函数，但不能进入库函数。

第2章 上机实验指导

C 语言程序设计基础是一门实践性很强的课程，必须重视实验教学环节。实验教学环节的主要目标是以进一步掌握 C 语言语法为基础，通过上机实验，逐步进行结构化、模块化程序设计方法的训练，使用简单算法解决实际问题的能力的训练，逐步培养上机技能、培养开发应用程序、调试程序的能力，进而培养学生独立分析问题、解决问题的能力和创新精神。在本章中主要叙述了上机实验的总目的、总要求和总体安排，并给出了每次实验的具体指导。

2.1 实验总目的、总要求和总体安排

2.1.1 实验总目的

C 语言程序设计基础上机实验的总目的是：

1．掌握基础知识

通过多次上机，加深对讲授内容的理解，尤其是 C 语言的基础知识，每个语句的语法、语义，以及常用标准函数的使用方法，这些都很重要，是程序设计的基础。

2．逐步熟悉 C 语言程序开发环境

一个程序必须在一定的外部环境下才能运行，所谓“环境”就是指所需要的计算机系统的硬件和软件条件。C 语言程序设计基础课程的实验采用 IBM_PC 系列微型计算机和 Turbo C++ 3.0 集成开发环境，熟练掌握这些系统的使用，遇到其他的系统时便会触类旁通，很快地学会。

3．逐步学会上机调试程序的技能

要善于发现程序中的错误，并且能很快地排除错误，使程序正确运行。调试程序的方法是 C 语言程序设计基础课程实验的重要内容和基本要求，应给予充分的重视。

4．逐步掌握程序设计方法

以理论教学为基础，通过实验教学，逐步掌握结构化、模块化的程序设计方法。

2.1.2 实验总要求

为了充分利用有限的机时，提高上机效率，保证实验效果，特对实验课程提出如下要求：

1．预习实验

上机实验前应做好充分的准备工作，复习与本实验有关的教学内容，预习实验内容，准备好上机所需要的程序。所编程序应书写工整，并进行认真的静态检查。对程序中有疑问的地方，应做出标记，以便在上机时给予注意。实验指导教师在开始实验时应检查学生的准备情况并做好考勤和预习情况记录。

2．独立实验

根据指导教师的要求，学生可以由 3～5 人组成一个团队协作上机，也可以一人一组，独立上机。上机过程中出现的问题，一般应争取自己独立处理，不要一遇到问题就立刻发问，养成分析问题、解决问题的良好习惯。尤其对“出错信息”，应善于自己分析判断，这是学习调试程序的好机会。当然，实在解决不了的，也应及时请教。

3．练习键盘指法

使用键盘时，必须采用正确的键盘指法击键，养成良好习惯。平时应特意练习标准键盘指法，学会盲打，这是计算机专业学生的基本功。

4．撰写实验报告

在实验过程中，应做好上机记录。实验结束后，应按照每次实验的具体要求和指导教师的规定及时整理实验结果并撰写实验报告。实验报告中的每个题目应包括以下内容：题目、算法流程图（根据指导教师的具体要求设计）、程序清单、运行结果，对运行情况所做的分析以及本次调试程序所取得的经验教训等的总结；如果程序未能通过，应分析其原因。

2.1.3 实验总体安排

在实验项目的安排和学时分配上是有侧重的，充分体现了上述教学目标。实验项目与学时分配可参考表 2-1。

表 2-1 实验项目与学时分配

序号	项目名称	学时	实验类型	实验要求
1	C 程序的运行环境与基础知识	2	验证性实验	必修
2	顺序结构程序设计	2	设计性实验	必修
3	选择结构程序设计	2	设计性实验	必修
4	循环结构程序设计	4	设计性实验	必修
5	指针的应用	2	设计性实验	必修
6	数组的应用	4	设计性实验	必修
7	模块化程序设计	6	设计性实验	必修
8	结构体的应用	4	设计性实验	必修
9	文件的应用	2	设计性实验	必修
10	综合设计	4	综合性实验	必修
总计		32		

2.2 具体实验指导

2.2.1 实验一 C 程序的运行环境与基础知识

【实验目的】

1）初步熟悉利用 Turbo C++ 3.0 编辑、编译、连接、调试运行 C 程序的方法。

2）学习对 Turbo C++ 3.0 的文件类型、目录路径等环境的设置方法。

3）进一步掌握 C 语言的基础知识。

【实验学时】

2 学时

【实验类型】

验证性实验

【实验内容】

1）熟悉 Turbo C++ 3.0 的集成开发环境，学习环境设置方法。

2）编辑、编译、连接、运行如下程序，得到正确结果。

```
#include <stdio.h>
void main( )
{
    printf("This is a C program.\n" ) ;
}
```

3）编辑、编译、连接、运行如下程序，其结果为 0，修改程序使之得到较准确结果。

```
#include <stdio.h>
void main( )
{
    int a = 5 , b = 7 ;
    float c ;
    c = a / b ;
    printf("c = %f\n" , c ) ;
}
```

4）编辑、编译、连接、运行如下程序，并详细分析所得到的结果。

```
#include <stdio.h>
void main( )
{
    int n1 = 236 , n2 = 50 ;
    char c1 = n1 , c2 = n2 ;
    printf("n1=%d,n2=%d,c1=%d,c2=%d\n" , n1,n2,c1,c2 ) ;
    printf("n1=%c,n2=%c,c1=%c,c2=%c\n" , n1,n2,c1,c2 ) ;
}
```

5）编辑、编译、连接、运行如下程序，分析运行结果。

```
#include <stdio.h>
void main( )
{
    int a = 3 , b = 3 , c ,d ;
    c = ( a++ ) + ( a++ ) + ( a++ ) ;
    d = ( ++b ) + ( ++b ) + ( ++b ) ;
    printf("%d , %d , %d , %d \n" , a , b , c , d ) ;
}
```

6）已知某学生的高等数学成绩为 85 分，程序设计基础为 78 分，英语为 93 分。编写一个程序，能够求出总成绩，再计算出平均成绩，最后输出该学生的平均成绩。之后编辑、编译、连接、运行该程序，分析运行结果。

【实验原理】

教材中有关 C 程序的结构、基础知识、结构化程序设计的概念、数据类型、运算符与表达式等内容。

【实验步骤】

1. 编辑、编译、连接、运行程序的步骤

假设要解决的问题是：输入一个华氏温度，要求输出摄氏温度，公式为 $c=\frac{5}{9}(f-32)$（c 为摄氏温度，f 为华氏温度）。程序如下：

```
#include <stdio.h>
void main( )
{
    float   c , f ;
    printf ( "please input a Fahrenheit temperature:" ) ;
    scanf ( "%f",&f);
    c = ( 5.0 / 9.0 ) * ( f – 32 ) ;
    printf ( "Centigrade temperature is:%5.2f\n" , c ) ;
}
```

下面以该题为例说明上机实验步骤：

1）开机，启动 Windows。

2）启动 Turbo C++ 3.0。假设 Turbo C++ 3.0 软件在 E 盘 TC3 文件夹下。该文件夹下有 BGI、BIN、INCLUDE、LIB 等子文件夹。双击打开 BIN 子文件夹，双击该文件夹下的 TC 图标（即 TC.EXE 应用程序），即可启动 Trubo C++ 3.0。启动后按〈Alt+Enter〉组合功能键得到全屏或如图 2-1 所示的窗口显示的 Turbo C++ 3.0 集成环境窗口。

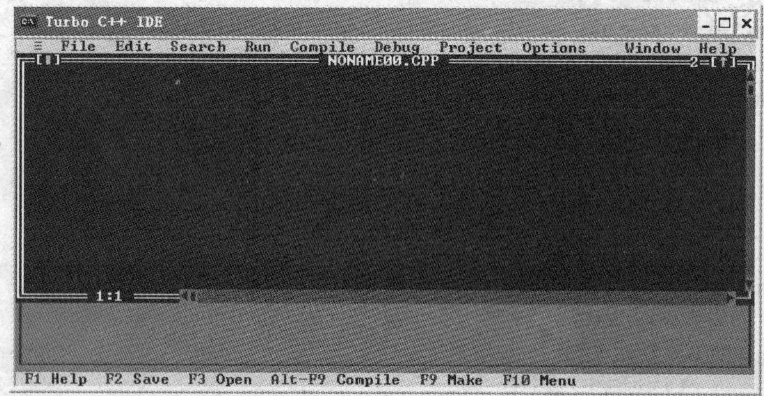

图 2-1　Turbo C++ 3.0 集成环境窗口

3）设置目录路径。按下〈F10〉键激活主菜单，如图 2-2 所示。选择“Options”→“Directories…”命令，将调出如图 2-3 所示的目录设置对话框。根据实际情况设置好 4 个目录路径，即头文件的目录路径“Include Directories”、库文件的目录路径“Library Directories”、输出目录路径“Output Directories”和源目录路径“Source Directories”。这里根据已给出的情况作出了正确的设置。设置好后按〈Tab〉键选择“OK”并按下〈Enter〉键。

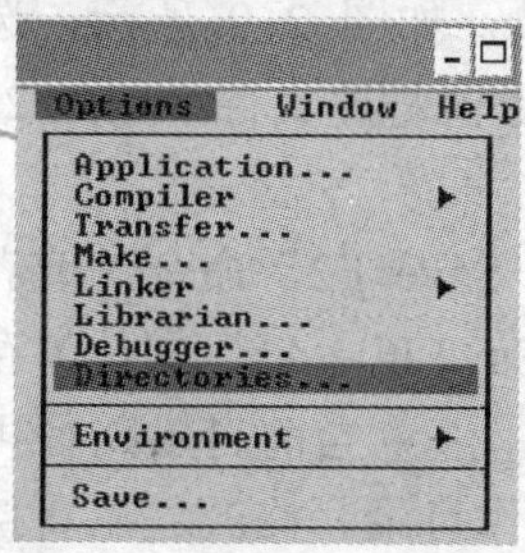

图 2-2　设置目录路径

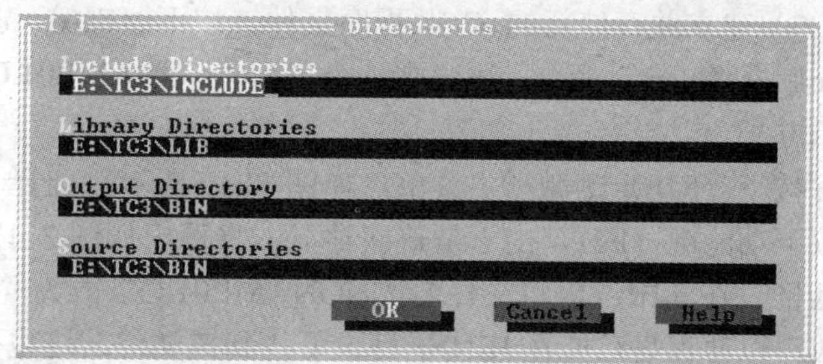

图 2-3　目录设置对话框

4）每次启动都要设置编辑（Editor）选项。按下〈F10〉键激活主菜单，如图 2-4 所示，选择“Options”→“Environment”→“Editor...”命令，将调出如图 2-5 所示的编辑选项对话框。其中的默认扩展名为 CPP（即 C++应用程序源文件），将其改为 C（即 C 语言源程序文件），其他的编辑选项不用改变，保持默认值即可。设置好后按〈Tab〉键选择“OK”并按下〈Enter〉键。

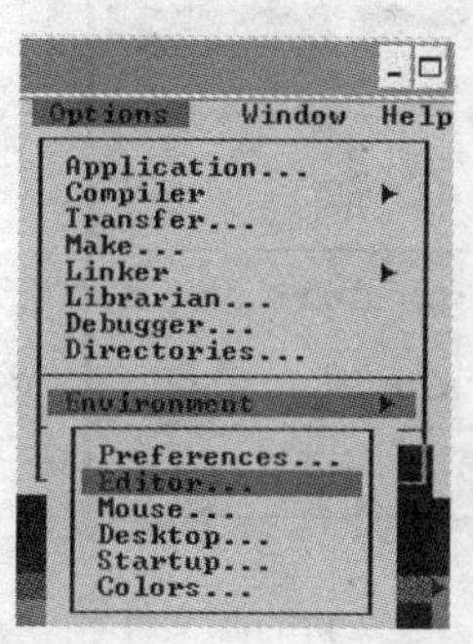

图 2-4　设置编辑选项

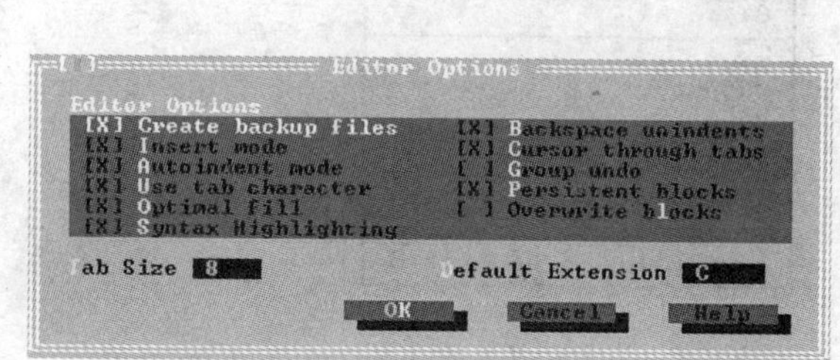

图 2-5　默认扩展名的设置

5）存储设置。按下〈F10〉键激活主菜单，选择“Options”→“Save”命令，如图 2-6 所示，即可以将有关设置存盘。此时将调出如图 2-7 所示的存储选项（Save Options）对话框，将其中的 3 个复选框都选中并选择“OK”、按下〈Enter〉键，即可保存设置。

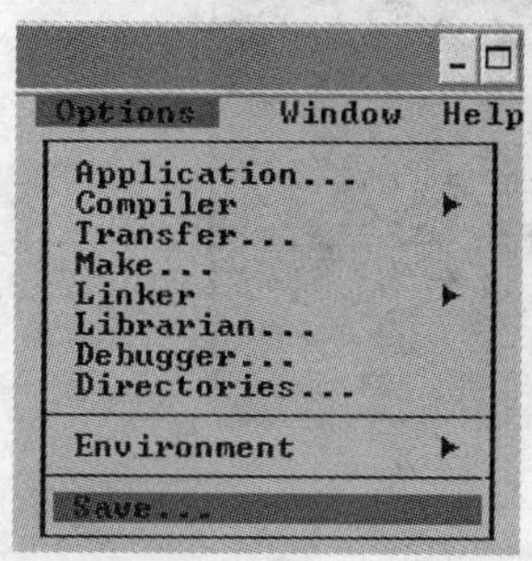

图 2-6　存储有关设置

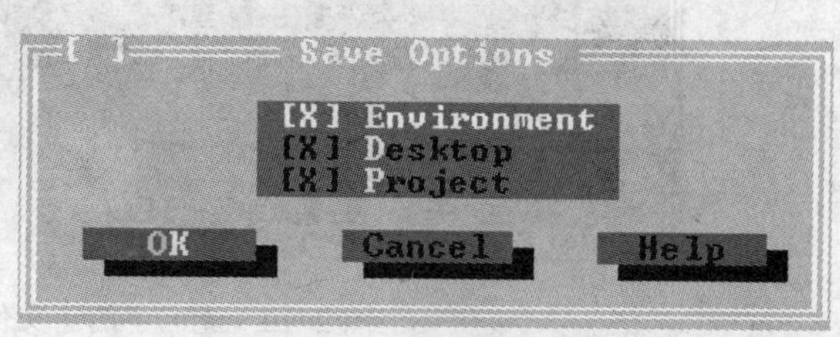

图 2-7　存储选项对话框

6）关闭原有文件。按下〈F10〉键激活主菜单，依次选择“Windows”→“Close”，或者直接按组合键〈Alt+F3〉，即可以将文件关闭，如图 2-8 所示。“Close”命令可以关闭各个活动窗口。

7）建立并存储新的 C 源程序文件。按下〈F10〉键激活主菜单，如图 2-9 所示，选择“File”→“New”命令，可建立一个名为“NONAME01.C”的 C 语言源程序文件，如图 2-10 所示。

按下〈F10〉键激活主菜单，如图 2-11 所示，选择“File”→“Save F2”命令，或者直接按下功能键〈F2〉，由于是首次存盘，将调出如图 2-12 所示的“Save File As”文件另存为对话框。在其中可以将文件名“NONAME01.C”改为“ABC01.C”，注意当前目录路径可不修改，以便存盘后能在 BIN 子目录下找到该文件，这也是当前的工作目录。修改完后直接按〈Enter〉键就可以把该新建的空文件以“ABC01.C”为文件名存储到 E:\TC3\BIN 目录下，如图 2-13 所示。如果想把该文件存储到 U 盘中，设盘符为 H，可将文件名改为“H:\ABC01.C”后再按回车键。在输入源程序的过程中，应当每过几分钟就按〈F2〉键存盘一次，以防突然断电或关机丢失自己的工作。

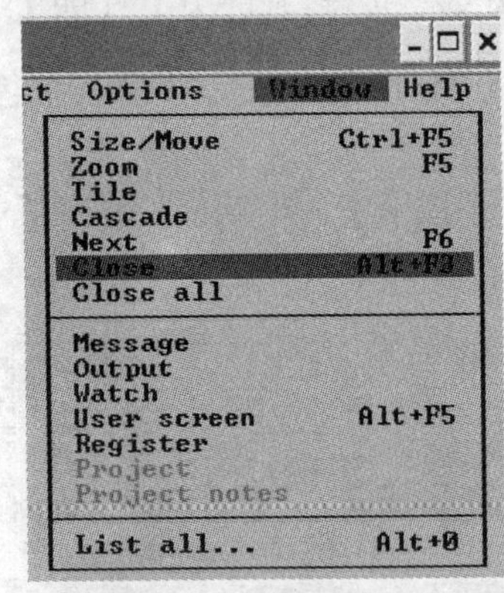

图 2-8 关闭已打开的文件

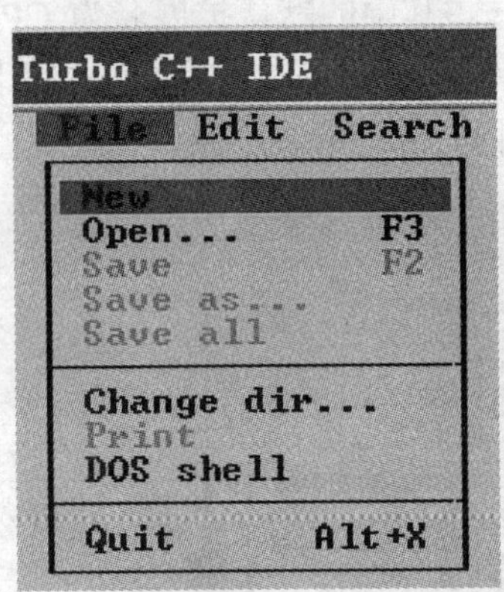

图 2-9 建立新的源文件

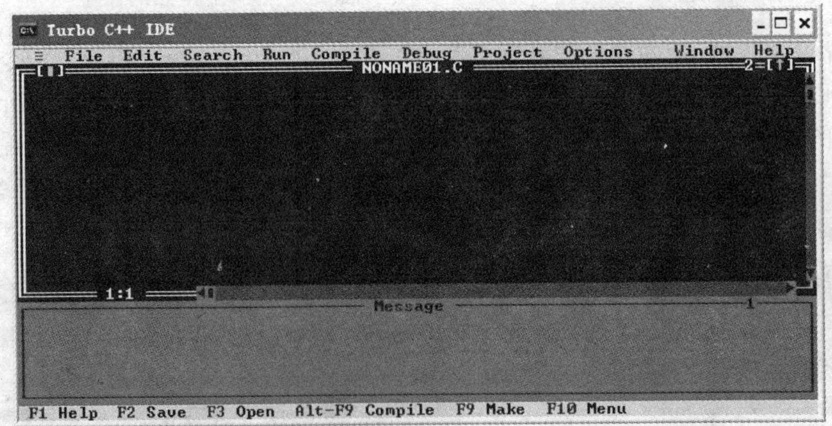

图 2-10 无名字的新文件的编辑窗口

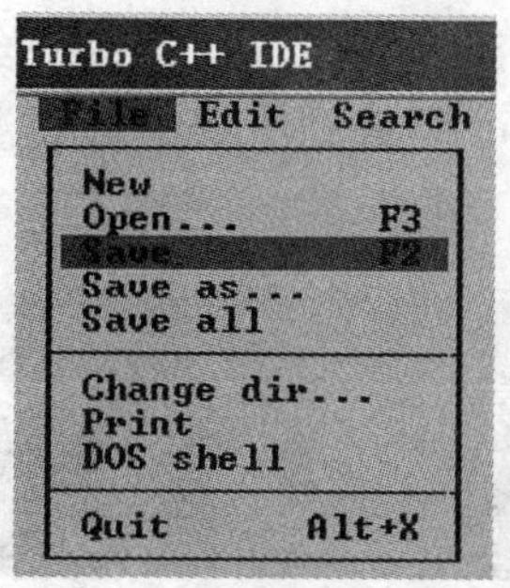

图 2-11　激活主菜单

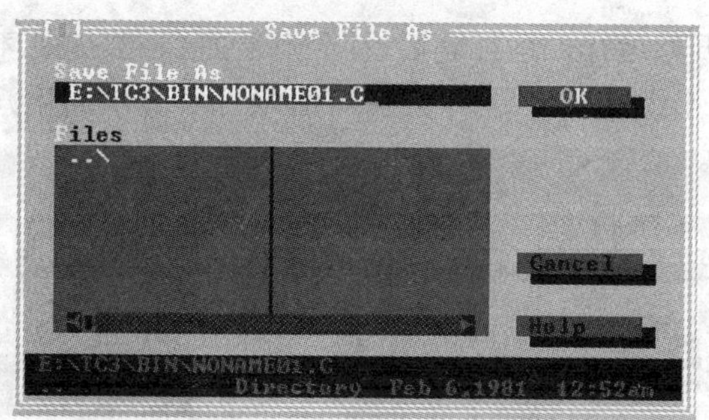

图 2-12　存储编辑文件对话框

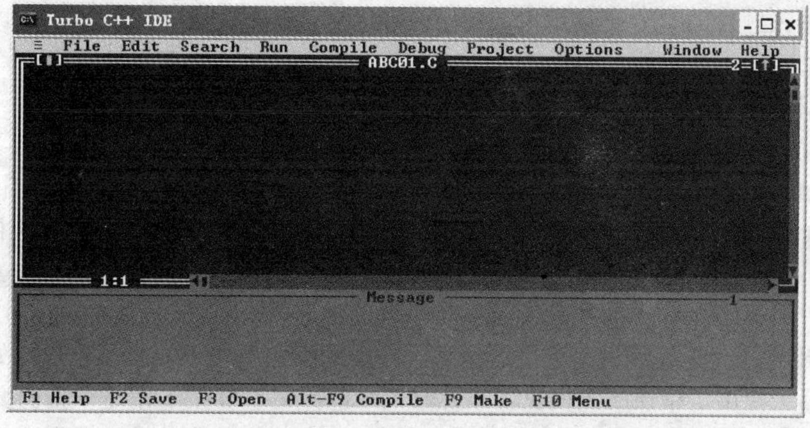

图 2-13　存盘后的编辑窗口

8）编辑输入“ABC01.C”文件。将该程序输入到计算机中，编辑完成后如图 2-14 所示。此时一定要按下〈F2〉键存盘。以后每次修改都要及时存盘。

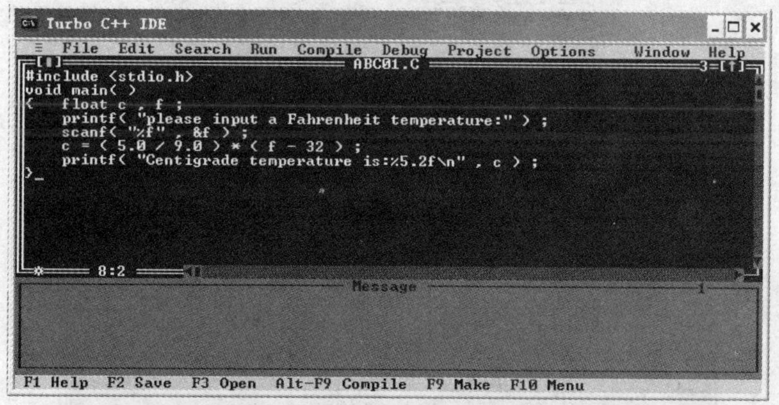

图 2-14　编辑 ABC01.C

9）编译、连接、运行 C 程序。按下〈F10〉键激活主菜单，如图 2-15 所示，选择“Run”→“Run Ctrl+F9”命令，或者直接按下组合功能键〈Ctrl+F9〉，就可以对 ABC01.C 进行编译、连接和运行，此时出现如图 2-16 所示的用户屏幕，并输出“please input a Fahrenheit temperature:_”，等待用户输入华氏温度，此时从键盘输入 78 并按〈Enter〉键后，程序开始运行，运行完后返回到图 2-14 的集成环境界面。要查看运行结果，可按下组合功能键〈Alt+F5〉，即可切换到图 2-16 所示的用户屏幕，从中可以看到所得的摄氏温度为25.56。之后按任意键即可返回到集成环境界面。

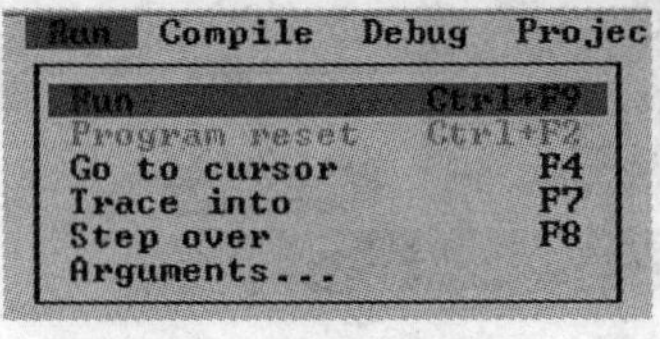

图 2-15　激活主菜单

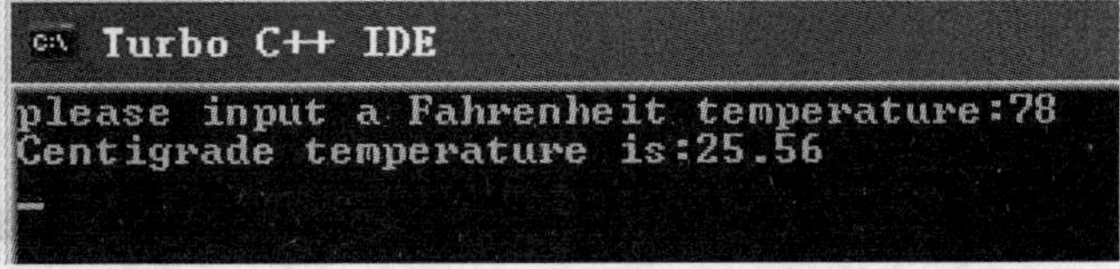

图 2-16　用户屏幕（User screen）

10）做好该题目的实验记录。将调试好的程序和运行结果都记录在纸上，以备写实验报告时使用。之后关闭该文件，再建立一个新文件，继续做下一个题目。

2．调试程序的方法步骤

在编辑输入源程序时，错误在所难免。仍以 ABC01.C 文件中的程序为例，如果将 float c , f；错误地输入成 float C , F；，其他输入正确。在按下〈Ctrl+F9〉组合键对该程序进行编译时将弹出如图 2-17 所示的编译（Compiling）窗口，报告编译时发现程序中有两处错误（较严重的错误）。按任意键后，将激活如图 2-18 下半部分所示的信息（Message）窗口。此时信息窗口中的第 1 条错误被高亮度显示（即被选中），该错误信息指出 ABC01.C 程序中的第 5 行附近出现了“未定义符号'f'”的错误。对应的编辑窗口以高亮显示出错处附近的行，该行的红色标记指出了错误的大概位置。此时该红色标记正好在 f 附近，指出变量 f 没有被定义。现在按下下移光标键〈↓〉，信息窗口的第 2 条错误信息将高亮度显示，对应的编辑窗口也将以高亮度显示和红色标记来指出发生该错误的大概位置，以此类推。观察完后，按〈F6〉键（或按〈Enter〉键再按一次右移光标键），就可以进入编辑窗口进行编辑了。

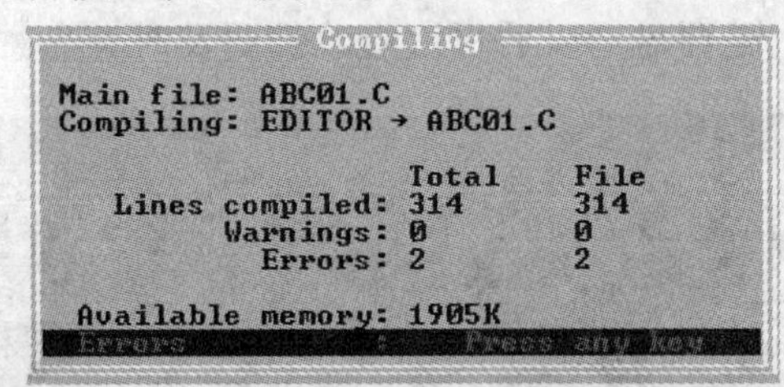

图 2-17　Compiling 窗口

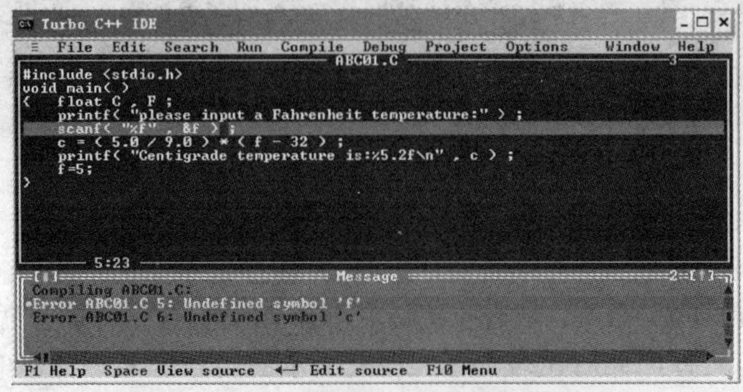

图 2-18　报告错误性质及其大概位置的方式

【思考问题】

1）如何设置集成开发环境？

2）为什么每次修改源程序后应该及时存一次盘？

【实验报告要求】

1）实验报告项目应该填写齐全。在实验报告封面上还要加入实验室的名称和房间号。日期应填写上机实验的日期，而不是写报告的日期。

2）将实验内容的任意 2 题或由指导教师指定的题目写入实验报告。

3）实验报告中的实验内容必须认真抄写题目、源程序、和源程序相对应的运行结果，以及实验结果的分析、总结等。字迹应工整。

2.2.2 实验二 顺序结构程序设计

【实验目的】

1）学习使用单步执行命令〈F8〉键单步运行程序，了解顺序结构程序的执行过程。

2）进一步掌握数据的输入输出方法和赋值语句的格式、语义，进而掌握顺序结构程序设计方法。

【实验学时】

2 学时

【实验类型】

设计性实验

【实验内容】

1）编辑、编译、连接、运行如下程序，分析运行结果。不断改变格式符，总结各种格式符控制输出格式的规律。对其他数据类型的输出也可进行类似的研究。

```
#include <stdio.h>
void main( )
{
    int a = 3 , b = 5 ;
    float x = 123.0 , y = 4567. 896 ;
    printf（"%3d%3d%5.0f%7.2f\n" , a , b , x , y ）;
    printf（"%-3d%-3d%8.1e%7.2e\n" , a , b , x , y ）;
}
```

2）编写一个程序，能够从键盘接收 5 个学生一门课程的成绩，然后求出总成绩，再计算出平均成绩，最后输出每个学生成绩、总成绩和平均成绩。要求画出程序框图和 N-S 图，再根据流程图编写程序，之后编辑、编译、连接、运行该程序，分析运行结果。要求输出的平均成绩保留 2 位小数。

3）编写一个程序，能够从键盘接收两个 int 型数据并分别赋给变量 a 和 b，接着输出 a 和 b 的值；然后将 a 和 b 中的数据交换，再输出 a 和 b 的值。

4）编程求出 r = 15cm，h = 30cm 的圆柱体、圆锥体的表面积和体积。要求画出程序框图和 N-S 图，再根据流程图编写程序，之后编辑、编译、连接、运行该程序，分析运行结果。

【实验原理】

教材中有关赋值语句、几种输入输出函数调用语句的格式、语义和用法，以及使用这些语句进行顺序结构程序设计的方法。

【实验步骤】

单步运行程序的步骤：

1）启动 TC 3.0，设置好环境。编辑输入一个名为 shiyan21.c 的源程序文件，该程序的功能是将明文（plaintext）“China”中的 5 个字符用变量初始化的方法分别赋给 c1～c5 共 5 个字符型变量，然后输出该明文；接着用 5 个复合的赋值语句对明文进行加密，最后输出加密后的密文，如图 2-19 所示。为了便于观察，选择主菜单的“Window”→“Output”命令可以调出输出窗口，选择主菜单的“Window”→“Message”命令可以调出信息窗口，用鼠标可以调整输出和信息窗口的大小和位置。调整好后，如图 2-20 所示。按〈F6〉键可在各窗口间切换。

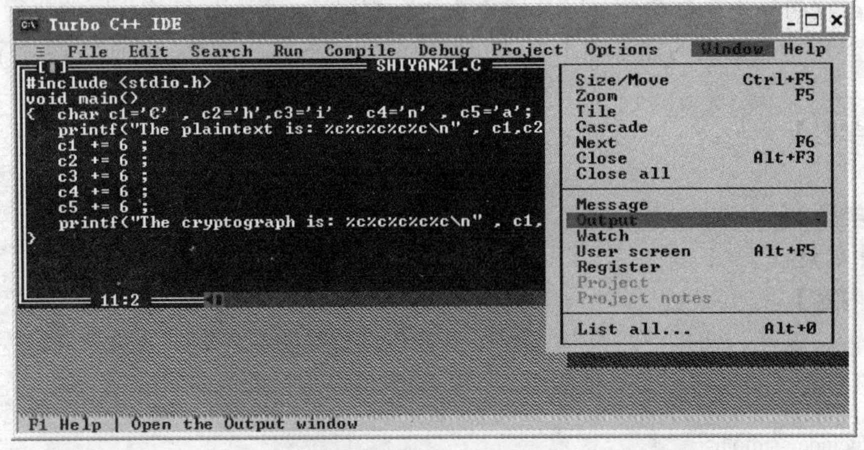

图 2-19　调出输出窗口

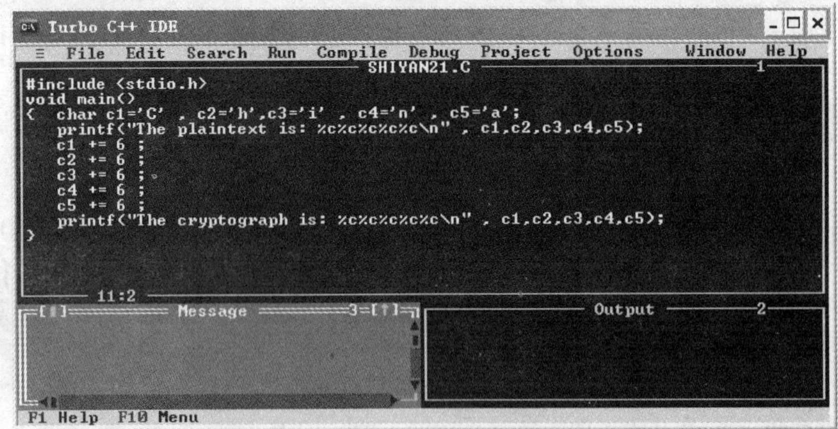

图 2-20　调出信息窗口

2）按〈F6〉键激活编辑窗口，第一次按下单步执行键〈F8〉键，由于该源程序还没有编译，所以首先对源程序进行编译、连接，生成可执行文件。此时信息窗口显示有关编译连接的信息，指出生成的可执行文件名为 SHIYAN21.EXE，并开始执行该文件，如图 2-21 所示。其中 void main( )高亮显示，表示将从主函数开始执行。

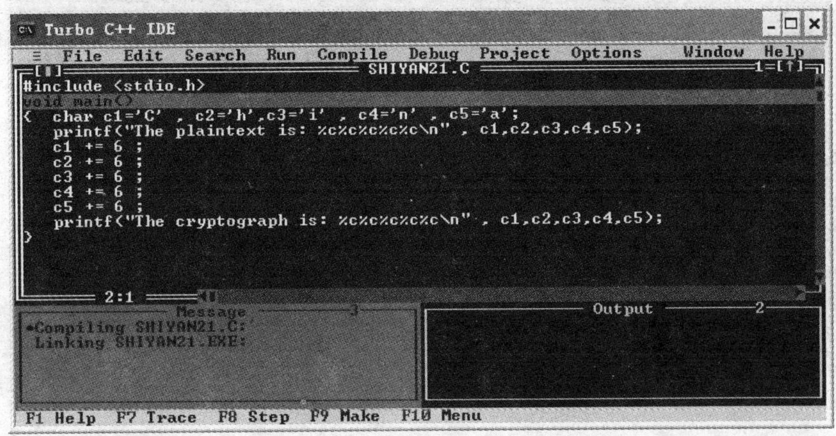

图 2-21　第一次按下〈F8〉键

3）第二次按下〈F8〉键，主函数体的第一行高亮显示，表示将要执行主函数体的第一行，如图 2-22 所示。

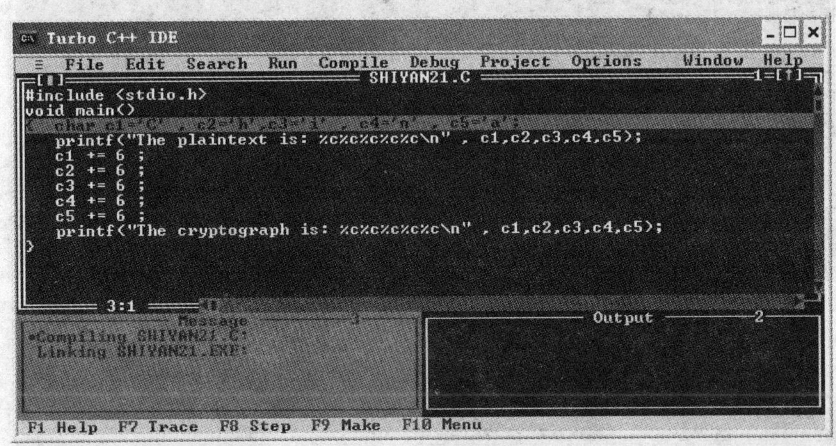

图 2-22　第二次按下〈F8〉键

4）第三次按一下〈F8〉键，则声明了 5 个字符型变量，并用“China”单词中的 5 个字符分别对 c1～c5 进行初始化。函数体的第一行处理完，主函数体的第二行高亮显示，表示将要执行 printf 函数调用语句输出明文，如图 2-23 所示。

5）第四次按下〈F8〉键，将明文输出，在输出窗口可以看到输出结果，主函数体的第三行高亮显示，表示将要执行对 c1 进行加密的复合赋值语句“c1 += 6 ;”，如图 2-24 所示。

6）如此一次一次地按下〈F8〉键，注意观察每按一次〈F8〉键的运行情况，如果遇到输入语句还需要从键盘键入数据，如果有输出，可以查看 Output 窗口，或者按〈Alt+F5〉组合功能键去查看用户屏幕（User screen），直到高亮度亮条停在主函数最后一个“}”所在的那一行上，如图 2-25 所示。

```
Turbo C++ IDE
≡ File  Edit  Search  Run  Compile  Debug  Project  Options    Window  Help
                              SHIYAN21.C
#include <stdio.h>
void main()
{  char c1='C' , c2='h',c3='i' , c4='n' , c5='a';
   printf("The plaintext is: %c%c%c%c%c\n" , c1,c2,c3,c4,c5);
   c1 += 6 ;
   c2 += 6 ;
   c3 += 6 ;
   c4 += 6 ;
   c5 += 6 ;
   printf("The cryptograph is: %c%c%c%c%c\n" , c1,c2,c3,c4,c5);
}
        4:1
Message                                   Output
•Compiling SHIYAN21.C:
 Linking SHIYAN21.EXE:
F1 Help  F7 Trace  F8 Step  F9 Make  F10 Menu
```

图 2-23　第三次按下〈F8〉键

```
Turbo C++ IDE
≡ File  Edit  Search  Run  Compile  Debug  Project  Options    Window  Help
                              SHIYAN21.C
#include <stdio.h>
void main()
{  char c1='C' , c2='h',c3='i' , c4='n' , c5='a';
   printf("The plaintext is: %c%c%c%c%c\n" , c1,c2,c3,c4,c5);
   c1 += 6 ;
   c2 += 6 ;
   c3 += 6 ;
   c4 += 6 ;
   c5 += 6 ;
   printf("The cryptograph is: %c%c%c%c%c\n" , c1,c2,c3,c4,c5);
}
        5:1
Message                                   Output
•Compiling SHIYAN21.C:                    The plaintext is: China
 Linking SHIYAN21.EXE:
F1 Help  F7 Trace  F8 Step  F9 Make  F10 Menu
```

图 2-24　第四次按下〈F8〉键的结果

```
Turbo C++ IDE
≡ File  Edit  Search  Run  Compile  Debug  Project  Options    Window  Help
                              SHIYAN21.C
#include <stdio.h>
void main()
{  char c1='C' , c2='h',c3='i' , c4='n' , c5='a';
   printf("The plaintext is: %c%c%c%c%c\n" , c1,c2,c3,c4,c5);
   c1 += 6 ;
   c2 += 6 ;
   c3 += 6 ;
   c4 += 6 ;
   c5 += 6 ;
   printf("The cryptograph is: %c%c%c%c%c\n" , c1,c2,c3,c4,c5);
}
        11:1
Message                                   Output
•Compiling SHIYAN21.C:                    The plaintext is: China
 Linking SHIYAN21.EXE:                    The cryptograph is: Inotg
F1 Help  F7 Trace  F8 Step  F9 Make  F10 Menu
```

图 2-25　程序单步执行到主函数的末尾

7）最后再按一次〈F8〉键，将结束程序的运行，并返回到 Turbo C++3.0 的集成开发环境。

【思考问题】

1．单步执行程序的目的是什么？

2．分析在调试过程中遇到的出错信息和解决方法。

3．总结顺序结构程序设计的方法。

【实验报告要求】

1）实验报告项目应该填写齐全。在实验报告封面上还要加入实验室的名称和房间号。日期应填写上机实验的日期，而不是写报告的日期。

2）将实验内容的第 4 题写入实验报告。

3）实验报告中的实验内容必须认真抄写题目，画出程序框图和 N-S 图，写出设计的源程序、和源程序相对应的运行结果，以及实验结果的分析、总结等。字迹应工整。

2.2.3 实验三　选择结构程序设计

【实验目的】

1）学习在程序单步执行过程中，使用监视窗口调试程序的方法。

2）掌握逻辑表达式和 if 语句、嵌套的 if 语句、switch 语句和 break 语句的格式、语义。

3）掌握选择结构程序设计方法。

【实验学时】

2 学时

【实验类型】

设计性实验

【实验内容】

1）运行如下程序，分析运行结果，说明几个表达式的求值过程。

```
#include <stdio.h>
void main( )
{
    int    a=3 , b=4 ;
    a = (a++) && (b++) ;
    printf ( "a = %d , b = %d\n" , a , b ) ;
    a = 3 , b = 4 ;
    a = (a++) + (b++) ;
    printf ( " a = %d , b = %d\n" , a , b ) ;
}
```

2）从键盘输入任意 4 个不同的 int 型数据分别赋给 a、b、c、d 4 个 int 型变量，然后用不多于 5 条单向选择的 if 语句对这 4 个数据按由小到大的顺序排序，并输出排序结果。

3）输入百分制成绩，要求输出对应的成绩等级：90 分以上为'A'，80～89 分为'B'，70～79 分为'C'，60～69 分为'D'，60 分以下为'E'。要求用 switch 语句设计该程序。

4）输入百分制成绩，要求输出对应的成绩等级。90 分以上为'A'，80～89 分为'B'，70～79 分为'C'，60～69 分为'D'，60 分以下为'E'。要求用嵌套的 if 语句设计该程序。

【实验原理】

教材中有关关系表达式、逻辑表达式和使用 if、嵌套的 if、switch 等语句进行选择结构程序设计的知识。

【实验步骤】

使用监视表达式调试程序的步骤：

1）启动 Turbo C++ 3.0，设置好环境。将本次实验的第 1 题编辑输入到计算机中，并以 sy301.c 为文件名存盘。

2）激活该文件的编辑窗口，将光标放置到变量 a 处，按下〈Ctrl+F7〉键，将调出如图 2-26 所示的添加监视（Add Watch）对话框。其中的“Watch Expression”（监视表达式）输入框已经把变量 a 作为监视表达式，此时只要按回车键或单击“OK”按钮，即可调出监视窗口，并将变量 a 添加到该窗口中，作为第一个监视表达式。

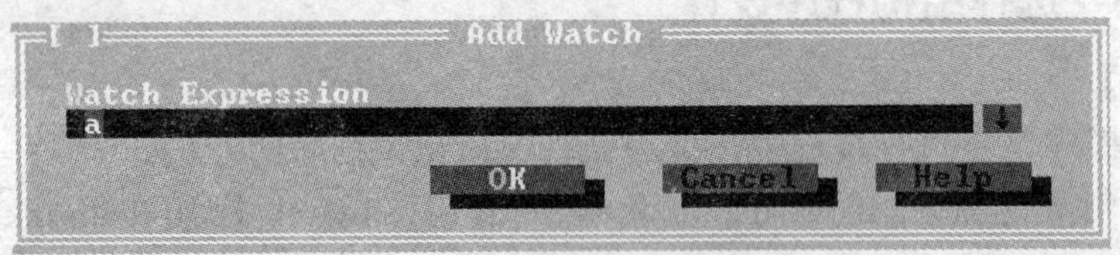

图 2-26　添加监视对话框

再把光标放置到编辑窗口的变量 b 处，采用同样的操作将变量 b 也添加到监视窗口。为了便于观察，选择主菜单的“Window”→“Output”命令，可以调出输出窗口，用鼠标可以调整输出和监视窗口的大小，添加和调整结果如图 2-27 所示。按〈F6〉键可在窗口间切换。

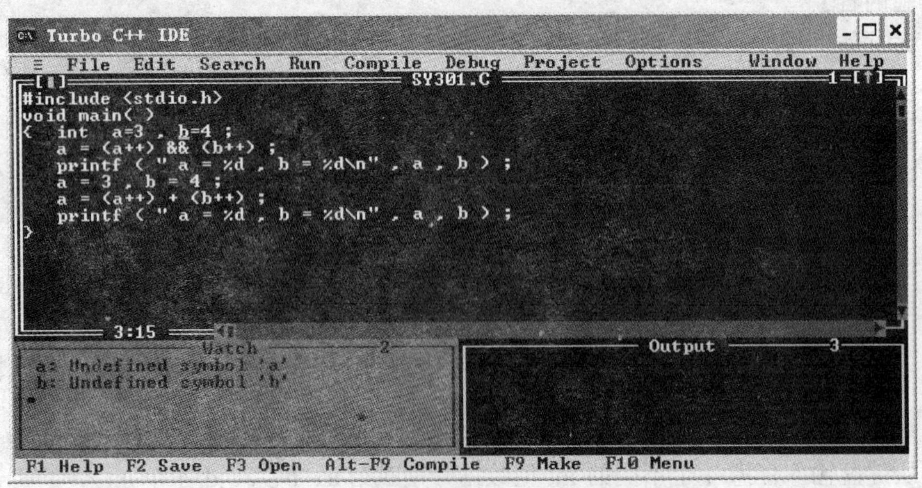

图 2-27　Watch 和 Output 窗口

3）激活该文件的编辑窗口，使用〈F8〉键单步执行该程序，每次按下〈F8〉键后都细心观察编辑窗口、监视窗口和输出窗口的变化，体会使用监视窗口调试程序的方法。

【思考问题】

1．设置监视表达式的作用是什么？

2．实验内容中的第 3 题和第 4 题分别用 switch 语句和嵌套的 if 语句来实现多分支选择结构的程序设计，你认为哪种方法更好些，为什么？

3．总结选择结构程序设计方法。

【实验报告要求】

1）实验报告项目应该填写齐全。

2）将 2、3、4 题中的任意一个题目写入实验报告。

3）实验报告中的实验内容必须认真抄写题目，画出程序框图和 N-S 图，写出设计的源程序，和源程序相对应的运行结果，以及实验结果的分析、总结等。字迹应工整。

2.2.4 实验四 循环结构程序设计

【实验目的】

1）掌握 while、do-while 和 for 语句的格式和语义，理解 break 和 continue 语句的作用。

2）掌握几种循环结构的程序设计方法，初步掌握多重循环的执行过程。

3）进一步掌握顺序、选择、循环三种基本结构的程序设计方法。

4）学习使用“Inspect”（检查）窗口调试程序的方法。

【实验学时】

4 学时

【实验类型】

设计性实验

【实验内容】

1）编写一个程序，能够接收从键盘输入的 n 个整型数据，并能求出这 n 个数据的累加和 sum（假设这 n 个整型数据的和不超过 32767）。

2）编写一个程序，能够接收从键盘输入的 n 个整型数据，并能求出这 n 个数据的累乘积 t。

3）编程打印 2～170 之间的所有素数。要求每行输出 13 个素数。

4）用迭代法求 $x=\sqrt{a}$ 。求平方根的牛顿迭代公式为：$x_{n+1}=\frac{1}{2}\left(x_n+\frac{a}{x_n}\right)$，要求前后两次求出的 x 的差的绝对值小于 10^{-5}（例如：当 a=2 时，x=1.41421），要求使用 while 语句。

5）编程求 $s=\sum_{n=1}^{15}n!$ 的准确值（结果：s = 1401602636313）。

6）编程求 $s=\sum_{n=1}^{7}n!+\sum_{n=11}^{16}n!$ 的准确值（结果：s=22324388492313）。

7）猴子第一天摘下若干个桃子，当即吃了一半，还不过瘾，又多吃了一个。第二天早上又将剩下的桃子吃掉一半，又多吃了一个。以后每天早上都吃了前一天剩下的一半零一个。到第 10 天早上想再吃时，只剩一个桃子了。求该猴子第一天共摘了多少个桃子。

8）编程输出以下图形（要求用一个二重循环实现）。

```
   *
  ***
 *****
*******
 *****
  ***
   *
```

【实验原理】

教材中有关使用 for、while、do-while 等语句进行循环结构程序设计的知识。

【实验步骤】

下面以第 4 题为例，介绍使用“Inspect”（检查）窗口调试程序的步骤：

1）启动 Turbo C++ 3.0，设置好环境。

2）编辑第 4 题的源程序文件。

3）使用〈F8〉键单步执行该程序，从键盘输入 2 赋值给变量 a，此时高亮度亮条处于赋值语句“x1 = a / 2 ;”所在行，如图 2-28 所示。

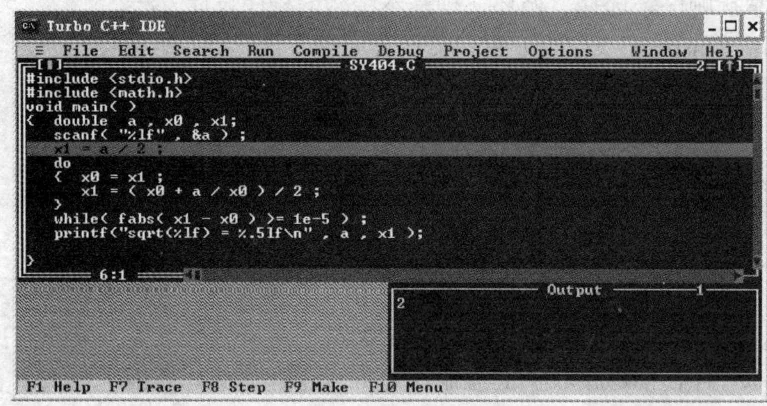

图 2-28　单步执行程序

4）按下〈Alt+F4〉键（或依次选择“Debug”→“Inspect…”命令），调出如图 2-29 所示的“Data Inspect”数据检查对话框，在其中的输入框中键入要检查的变量 x1，然后按下回车键或单击该对话框中的“OK”按钮，即可调出“Inspecting　x1”检查 x1 窗口，调整该窗口的大小，把它放到合适的位置，如图 2-30 所示。

图 2-29　调出“Data Inspect”对话框

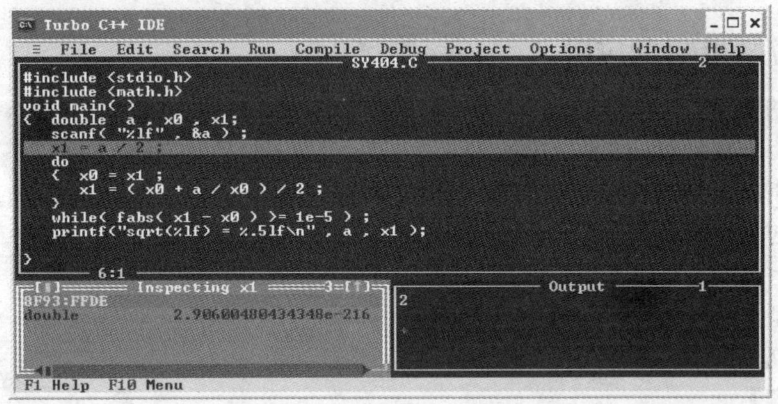

图 2-30　调整“Inspecting　x1”窗口

5）继续一次次地按下〈F8〉键，每次按下〈F8〉键后，都可以从检查窗口看到 x1 的当前值，经过 5 次迭代即可达到精度要求，之后输出结果。从输出窗口可以看到最后的输出结果，如图 2-31 所示。可见，牛顿迭代法收敛的速度是很快的。

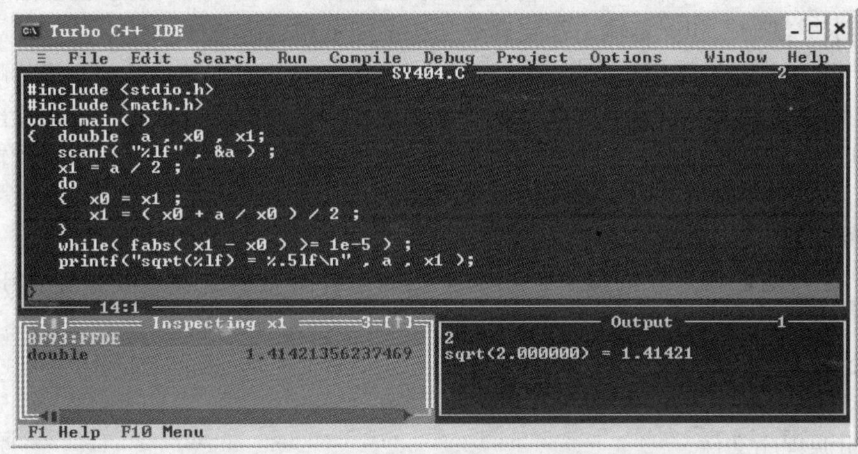

图 2-31　从 x1 的检查窗口和输出窗口观察结果

【思考问题】

1．求解第 2 题时为了防止累乘时数据发生溢出，应采取什么措施？

2．第 5 题和第 6 题的结果分别有 13 位和 14 位有效数字，如何求精确值？

3．总结循环结构设计方法。总结使用三种基本结构及其组合进行结构化程序设计的方法。

【实验报告要求】

1）实验报告项目应该填写齐全。在实验报告封面上还要加入实验室的名称和房间号。日期应填写上机实验的日期，而不是写报告的日期。

2）将教师指定的题目写入实验报告。

3）实验报告中的实验内容必须认真抄写题目，画出算法流程图和 N-S 图，写出设计的源程序和源程序相对应的运行结果，以及实验结果的分析、总结等。字迹应工整。

2.2.5 实验五 指针的应用

【实验目的】

1）进一步掌握地址即指针的概念。

2）掌握指向变量的指针变量的定义和使用方法。

【实验学时】

2 学时

【实验类型】

设计性实验

【实验内容】

1）用指向变量的指针变量将 a、b 中的任意两个整数交换，要求输出交换前后 a、b 的值。要求键盘输入和屏幕输出都要有英文文字提示。

2）编写一个程序，用指针变量对 a、b、c、d 4 个 long double 型数据按照不减的顺序进行排序，4 个数据从键盘输入，排序后 a、b、c、d 4 个变量中的数据不允许改变。要求输出排序结果，之后再输出 a、b、c、d 4 个变量的地址值，并从中分析 long double 型变量所占字节数。要求键盘输入和屏幕输出都要有英文文字提示。

3）编写一个程序，用指针变量对 a、b、c 3 个 long int 型数据按照不增的顺序进行排序，3 个数据从键盘输入，排序后 a、b、c 3 个变量中的数据必须改变。要求输出排序结果和 3 个指针变量中的地址值，并从中分析 long int 型变量所占字节数。要求键盘输入和屏幕输出都要有英文文字提示。

【实验原理】

教材中有关地址和指针的概念，指向变量的指针变量的定义、初始化和引用方法等知识。

【实验步骤】

1）启动 Turbo C++ 3.0，设置好环境。

2）编辑源程序文件。

3）编译、连接、调试运行程序，记录调试运行的过程和结果。可以使用前面学过的各种调试方法调试程序。

【思考问题】

1．从第 2 题输出的 4 个变量的地址值分析 long double 型变量所占字节数是几字节。

2．从第 3 题输出的 3 个变量的地址值分析 long int 型变量所占字节数是几字节。

3．指针变量本身也有地址，指针变量的地址和其中的内容（也是一个地址）之间有何区别？

【实验报告要求】

1）实验报告项目应该填写齐全。

2）将实验内容的第 3 题写入实验报告。

3）实验报告中的实验内容必须认真抄写题目，画出描述算法的程序框图或 N-S 图，写出源程序和源程序相对应的运行结果，以及实验结果的分析、总结等。字迹应工整。要求在分析中回答思考问题中的 1 和 2。

2.2.6 实验六 数组的应用

【实验目的】

1）掌握一、二维数组、字符数组的定义、初始化和引用方法及字符串函数的用法。

2）掌握一、二维数组、字符数组的地址和指针的概念和用法。

3）理解与数组有关的算法。

【实验学时】

4 学时

【实验类型】

设计性实验

【实验内容】

1）用起泡法（或称冒泡法）对 15、5、9、2、7、11、8、3、12、1 共 10 个整数由小到大排序。

2）定义一个指向整型变量的指针变量，用该指针变量对 10 个整数 15、5、9、2、7、11、8、3、12、1 采用选择法进行由小到大排序。

3）编写一个程序，将字符数组 s1 中存放的字符串"I␣am␣a␣"和字符数组 s2 中存放的字符串"student."连接起来，连接后的字符串存放在 s1 中。不要使用任何字符串函数。

4）求 A 矩阵与 B 矩阵的和矩阵 C。其中：

$$A=\begin{pmatrix}1 & 1 & 2 & 1\\ 2 & 2 & 1 & 3\\ 4 & 2 & 3 & 1\end{pmatrix}，B=\begin{pmatrix}2 & 3 & 5 & 2\\ 3 & 1 & 6 & 1\\ 1 & 1 & 5 & 0\end{pmatrix}。$$

5）编程求出二维数组 a 的最大元素，同时求出该最大元素所在的行 row 和列 column。a 数组的矩阵表示如下：$A=\begin{pmatrix}3 & 9 & 2\\ 7 & 5 & 1\end{pmatrix}$。

6）定义一个二维数组，存放 5 个字符串"dog"、"tiger"、"wolf"、"cat"、"horse"，然后用选择法将这 5 个字符串按由小到大的顺序排序并输出。

7）求 $s=\sum_{n=1}^{25} n!$ 的准确值（结果：s=16158688114800553828940313）。

8）定义 3 个指向含有 4 个元素的一维整型数组的指针变量，用其求 A 矩阵与 B 矩阵的和矩阵 C。其中：

$$A=\begin{pmatrix}1 & 1 & 2 & 1\\ 2 & 2 & 1 & 3\\ 4 & 2 & 3 & 1\end{pmatrix}，B=\begin{pmatrix}2 & 3 & 5 & 2\\ 3 & 1 & 6 & 1\\ 1 & 1 & 5 & 0\end{pmatrix}。$$

9）定义一个含有 5 个元素的一维字符指针数组，再定义一个二维字符数组，存放 5 个字符串"dog"、"tiger"、"wolf"、"cat"、"horse"，然后利用该一维字符指针数组并采用选择法将这 5 个字符串按由小到大的顺序排序并输出。要求排序后二维数组中的字符串不允许改变。

【实验原理】

教材中有关一维、二维、字符数组的定义、初始化、引用，以及字符串处理函数等知识；数组与指针的有关知识。

【实验步骤】

1）启动 Turbo C，设置好环境。

2）编辑源程序文件。

3）编译、连接、采用各种手段调试运行程序，记录调试运行过程和结果。

【思考问题】

1．起泡法和选择法排序哪一个更好些？

2．如果要求两个矩阵的积矩阵，应如何编程？

3．使用数组这种数据结构有哪些优点？使用指针变量处理数组有哪些好处？

【实验报告要求】

1）实验报告项目应该填写齐全。在实验报告封面上还要加入实验室的名称和房间号。日期应填写上机实验的日期，而不是填写报告的日期。

2）将教师指定的一个题目写入实验报告。

3）实验报告中的实验内容必须认真抄写题目，画出算法流程图，写出源程序、和源程序相对应的运行结果，以及实验结果的分析、总结等。字迹应工整。

2.2.7 实验七 函数的应用

【实验目的】

1）进一步掌握函数的定义方法、调用方法，实参与形参的对应关系，以及调用函数的执行过程。

2）掌握函数的嵌套调用、递归调用、数组作为函数参数以及使用指针的设计方法。

3）进一步理解变量的作用域和生存期。熟悉预处理命令的使用。

4）初步掌握结构化、模块化的程序设计方法。

【实验学时】

6 学时

【实验类型】

设计性实验

【实验内容】

1）编写一个求最大值的函数 int max(int x,int y)，再配一个主函数，利用 max 函数求出 a、b、c、d 4 个整数的最大值。

2）定义一个求阶乘的递归调用函数 double fac(int n)，在主函数中调用 3 次该函数分别求出 8!、10！和 18！的准确值（结果：8！=40320，10！=3628800，18！=6402373705728000）。

3）定义一个带参数的宏 SWAP(x,y)，使两个参数的值互换，并写出程序，输入两个整数作为调用宏的实参，然后输出交换后的结果。

4）编写一个求 n 的阶乘的通用函数 void p(int x[],int n)，调用该函数求出 n!的精确值。结果存放在一维数组中，其每一个元素存放 1 位十进制数。再配一个主函数，求出 30！和 40！的精确值。

5）编写一个程序，调用函数 void sort(int *x , int *y)，将两个整数按由小到大的顺序排序。

6）编写一个将 n 个整数用选择法按由小到大的顺序排序的函数 void sort(int *p , int n)，在主函数中调用两次该函数，对 3，9，2，8，6，1 和 11，5，18，7，2，15，4，13，9，3 两组数进行排序。

7）编写一个求 3 个学生的平均成绩的程序，学生成绩存放在 a 数组中，求平均成绩需调用函数 float aver(int (*p)[4],int n)，n 为学生数，每个学生有 4 门成绩。其中 a 数组的矩阵表示为：

$$A=\begin{pmatrix}65 & 67 & 70 & 60\\ 80 & 87 & 90 & 81\\ 90 & 99 & 100 & 98\end{pmatrix}。$$

8）编写一个求两个 m 行 n 列矩阵的和矩阵的通用自定义函数 void add(int *p1,int *p2,int *p3,int m,int n)，在主函数中 2 次调用该函数分别求出 A、B 矩阵的和矩阵 C，以及 D、E 矩阵的和矩阵 F。其中 A、B、D、E 矩阵如下：

$$A=\begin{pmatrix}1 & 2 & 3\\ 4 & 5 & 8\\ 3 & 6 & 9\end{pmatrix}，B=\begin{pmatrix}2 & 4 & 6\\ 5 & 3 & 4\\ 1 & 3 & 2\end{pmatrix}；$$

$$D=\begin{pmatrix}2 & 1 & 2 & 4 & 3\\ 1 & 1 & 2 & 3 & 1\\ 2 & 2 & 5 & 7 & 8\\ 1 & 0 & 4 & 3 & 1\end{pmatrix}，E=\begin{pmatrix}1 & 1 & 4 & 1 & 3\\ 0 & 2 & 2 & 3 & 4\\ 1 & 0 & 0 & 2 & 1\\ 5 & 3 & 1 & 3 & 3\end{pmatrix}。$$

9）采用结构化、模块化程序设计方法求解任意一元二次方程 $ax^2+bx+c=0$ 的根。要求采用“自顶向下，逐步求精”的方法对问题进行分解，得出软件总体模块结构图，然后对每一个模块采用顺序的、选择的、循环的等几种典型的基本结构进行结构化编码，并采用指向函数的指针调用某一求根函数。

【实验原理】

教材中有关函数的定义，函数的参数和函数值，函数的调用、嵌套调用和递归调用，数组作为函数参数，函数与指针、变量的作用域和生存期，预处理命令等有关知识。

【实验步骤】

1）启动 Turbo C，设置好环境。

2）编辑源程序文件。

3）编译、连接、调试运行程序，记录调试运行过程和结果。

【思考问题】

1. 数组作为函数参数的目的是什么？传递的又是什么？
2. 函数的递归调用如果没有递归出口，将会出现什么错误？
3. 以实验内容的第 1 题为例，怎样设计一个嵌套调用的程序？
4. 让一个函数“带回”多个值，可以采用哪些方法？
5. 在设计实验内容的第 8 题的求两个矩阵的和矩阵的自定义函数时，可采用什么方法使其具有通用性？还有其他的方法吗？
6. 怎样编写一个求两个矩阵的积矩阵的通用函数？该函数应该有哪些形参？

【实验报告要求】

1）实验报告项目应该填写齐全。

2）将教师指定的实验内容中的题目写入实验报告，其中第 9 题为必做题。本次实验可以分 2～3 次完成。

3）实验报告中的实验内容必须认真抄写题目，写出源程序、和源程序相对应的运行结果，以及实验结果的分析、总结等。字迹应工整。

2.2.8 实验八 结构体的应用

【实验目的】

1）进一步掌握结构体变量、数组的定义和使用方法，掌握结构体与指针的应用。

2）学习共用体的概念和使用。

3）学习链表的概念和使用。

【实验学时】

4 学时

【实验类型】

设计性实验

【实验内容】

1）有 5 个学生，每个学生的数据包括学号、姓名、性别、3 门课程的成绩、总成绩、平均成绩。从键盘输入学生成绩（总成绩和平均成绩可通过 3 门课程的成绩算出）。然后用选择排序法按照总成绩由大到小对 5 个学生数据进行排序，最后输出排序的结果。要求输入、排序、输出用 3 个自定义函数实现。

2）建立一个含有 5 个结点的单链表，每个结点包括：学号、姓名、性别、年龄和一门课程的成绩。输入一个学号，将链表中学号等于此学号的结点删去；向该单链表中插入两个新结点。

3）建立一个含有 10 个结点的单链表，每个结点包括：学号、姓名、性别、年龄和一门课程的成绩。输出 10 个学生的数据，然后按照成绩由大到小的顺序进行排序，最后输出排序的结果。

【实验原理】

教材中有关结构体变量的定义、初始化、引用，结构体数组、结构体与指针、单链表等知识。

【实验步骤】

1）启动 Turbo C，设置好环境。

2）编辑源程序文件。

3）编译、连接、调试运行程序，记录运行过程和结果。

【思考问题】

1．如果在输入一个学生的各个数据时，各项数据之间以回车键作分隔符，会出现什么问题？如何解决？

2．实验内容中第 1 题的设计可以用一个 main 函数实现所有功能，也可以用多个函数模块来实现，两者各有哪些优缺点？

【实验报告要求】

1）实验报告项目应该填写齐全。

2）将实验内容的任一题写入实验报告。

3）实验报告中的实验内容必须认真抄写题目，写出源程序、和源程序相对应的运行结果，以及实验结果的分析、总结等。字迹应工整。

2.2.9 实验九 文件的应用

【实验目的】

1）进一步掌握与文件有关的概念。

2）熟悉对文件进行各种操作的函数的使用方法。

【实验学时】

2 学时

【实验类型】

设计性实验

【实验内容】

1）有 n 个学生，每个学生数据包括学号、姓名、性别、3 门成绩、总成绩、平均成绩。从键盘输入 n 和 n 个学生的数据（总成绩和平均成绩可通过 3 门成绩算出），输入的 n 个学生的数据放入结构体数组 a 中。然后将学生数 n 和这 n 个学生的数据存储到名为 stud.dat 的二进制文件中。之后读入文件中的数据放到变量 n1 和结构体数组 b 中，输出数组 b 中的学生数据。要求输出要有表头和分隔虚线。

2）有 5 个学生，每个学生数据包括学号、姓名、3 门课程的成绩和换行标志。可定义一个结构体数组存放这 5 个学生的数据：

```
struct student
{
    int   num ;
    char  name[ 20 ] ;
    int   score[ 3 ] ;
    char  flag ;
} a [ 5 ] ;
```

从键盘输入 5 个学生的数据，其中 flag 的值应为'\n'。然后将这 5 个学生的数据分别写入名为 stud1.txt 的文本文件和名为 stud2.dat 的二进制文件中。之后用 Windows 中的记事本打开这两个文件进行比较，分析 C 语言中的缓冲文件系统的文本文件和二进制文件的区别。

【实验原理】

教材中有关文件的概念、文件指针、文件的打开、关闭、读写等知识。

【实验步骤】

1）启动 Turbo C，设置好环境。

2）编辑源程序文件。

3）编译、连接、调试运行程序，记录运行过程和结果。

【思考问题】

1．通过实验内容中的第 2 题分析文本文件和二进制文件的主要区别是什么？

2．如何实现文件的随机读写？

【实验报告要求】

1）实验报告项目应该填写齐全。在实验报告封面上还要加入实验室的名称和房间号。日期应填写上机实验的日期；而不是填写报告的日期。

2）将实验内容中的第 1 题写入实验报告。

3）实验报告中的实验内容必须认真抄写题目，写出源程序、和源程序相对应的运行结果，以及实验结果的分析、总结等。字迹应工整。

2.2.10　实验十　综合设计

【实验目的】

1）掌握综合运用顺序、选择、循环、数组、函数、预处理命令、指针、结构体、文件等知识进行结构化、模块化程序设计的方法。学习有关库函数的调用方法。

2）掌握使用 C 语言的集成开发环境开发一个微型项目的方法。

3）进一步熟悉编辑、编译、连接、调试运行项目的方法。

【实验学时】

4 学时

【实验类型】

综合性实验

【实验内容】

题目：编写一个小型处理若干个班学生成绩的应用程序。要求建立一个项目文件 student.prj，内含 3 个源程序文件：file1.c、file2.c 和 file3.c。file1.c 中应包括所调用的外部函数的声明、学生记录结构体类型的定义和主函数 main()等；file2.c 中包括录入学生记录函数 void input(struct stu *p , char *q , int n)和读取学生记录函数 void read(struct stu p[ ],char *q,int *n)；file3.c 中包含一个输出学生记录的函数 void print(struct stu *p,char *q , int n)和按总成绩排序的函数 void sort(struct stu *p,int n)。要求：

1）file1.c 中的主函数起主控模块的作用，要设计一个简单的选择式菜单，以便有选择地调用其他文件中的功能模块。

2）input 函数的功能是将从键盘输入的学生数据存放在结构体数组 a 中，同时也存放在以班级为文件名的数据文件中，比如“ji05-1”，“ji05-2”等。每个数组元素包括学号 num、姓名 name、性别 sex、3 门课程的成绩 int b[3]、总成绩 total 和平均成绩 aver。

3）print 函数的功能是在屏幕上输出存放在 a 数组中的学生数据，要求一行显示一个学生的数据，要有表头，要求美观。

4）read 函数的功能是根据输入的文件名将该班的学生人数读入到变量 n 中，接着将该班的 n 个学生数据读入到 a 数组中。

5）sort 函数的功能是用选择排序法将 a 数组中存放的 n 个学生的数据按照总分由大到小的顺序排序。

6）要求输入两个班的真实数据，以便调试程序和教师验收。

【实验原理】

1）教材各章节。

2）参考《C 语言实验与课程设计指导》一类书籍的有关库函数。现将可能用到的未讲过的库函数的原型和对应的头文件列出如下：

① void clrscr（void），清除当前整个字符窗口，光标定位到左上角（1，1）处。调用该函数需要包含头文件“conio.h”。

② void exit（int status），使得程序立即正常终止，并关闭所有打开的文件，输出任何缓冲输出。如果状态（status）为 0，则认为程序正常终止；若为非 0，则说明存在执行错误。调用该函数需要包含头文件“process.h”或“stdlib.h”。

【实验步骤】

1）启动 Turbo C++ 3.0 集成开发环境，依次独立编辑、编译 file1.c、file2.c、file3.c 共 3 个源程序文件。

2）建立一个名为 student.prj 的项目文件，并将 file1.c、file2.c、file3.c 3 个源程序文件依次添加到项目文件中。

3）运行项目文件。选择集成开发环境菜单的“Run”→“Run”命令，连接并运行 student.prj，下面以一个班 10 名学生为例，说明该程序的运行结果：

① 执行后显示如图 2-32 所示的简单选择式菜单，输入 1 并按〈Enter〉键后提示输入班级名称。输入“ji05-2”即计 05-2 班后提示输入学生人数，输入 10 并按〈Enter〉键即调用 input 函数以便输入一个班学生的数据（假设学生数为 10 人）。

```
1. Input.
2. read.
3. Print.
4. Sort.
5. Qurt.
Please select(1--5):1
Please input class name:ji05-2
Please input student numbers:10
```

图 2-32　在主菜单中选择“Input”录入功能

② 录入学生数据。input 函数负责录入一个班 n 个学生的学号、姓名、性别、3 门课程的成绩。其中学号是自动产生的。图 2-33 所示是录入最后一个学生的数据后的画面。录入的数据存入 a 数组，并以“ji05-2”为文件名存入磁盘中。要求至少录入两个班的实际数据，每个班的学生人数应与实际人数相符。分别存放在两个二进制文件中。

```
please input No.10 student message:
p[10].name=LiuLiguo
p[10].sex=M
p[10].score1=97
p[10].score2=72
p[10].score3=87
Press Enter key continue..._
```

图 2-33　“input”录入最后一个学生数据

③ 输出学生数据。图 2-33 中的“Press Enter key continue...”是返回到主函数后的提

示，按〈Enter〉键将调出如图 2-34 所示的主菜单。键入数字键 3 并按〈Enter〉键将调用 print 函数，在屏幕上将存放在 a 数组中的计 05-2 班的 10 个学生的数据按照学号的顺序输出，如图 2-35 所示。输出后返回到主函数，并提示“Press Enter key continue...”，等待按〈Enter〉键，以便观察在屏幕上输出的数据。看完后按〈Enter〉键将调出主菜单。

```
1. Input.
2. read.
3. Print.
4. Sort.
5. Qurt.
Please select(1--5):3_
```

图 2-34　调用 print 函数

```
ji05-2
No.   Name            sex     score1   score2   score3   total    average
---------------------------------------------------------------------------
1     ShanShan        F       87       94       65       246.00   82.00
2     KongFanrong     F       68       75       83       226.00   75.33
3     WangGang        M       92       90       71       253.00   84.33
4     WangGuowei      F       78       90       65       233.00   77.67
5     WangHongyang    F       77       88       93       258.00   86.00
6     FuLiting        F       67       78       82       227.00   75.67
7     LanTingting     F       83       80       79       242.00   80.67
8     BuQiwei         M       56       81       88       225.00   75.00
9     BaiMingyue      F       67       65       84       216.00   72.00
10    LiuLiguo        M       97       72       87       256.00   85.33
---------------------------------------------------------------------------
Press Enter key continue...
```

图 2-35　print 函数输出的学生数据

④ 对 a 数组中数据排序。如图 2-36 所示，在主菜单中输入数字 4 并按〈Enter〉键，将调用 sort 函数对存放在 a 数组中的数据按照总分进行排序。

```
1. Input.
2. read.
3. Print.
4. Sort.
5. Qurt.
Please select(1--5):4_
```

图 2-36　调用“sort”函数

sort 函数对 a 数组中的数据排好序返回到主函数后直接调用 print 函数将排好序的数据在屏幕上输出，如图 2-37 所示。由于当前设置的一屏只能显示 25 行，如果一个班的学生人数超过 25 人，就需要考虑如何进行分屏显示的问题。比如，一屏显示 20 个学生的信息，查看完按任意键后再显示其余学生的信息。

```
ji05-2
No.   Name            sex     score1   score2   score3   total    average
---------------------------------------------------------------------------
5     WangHongyang    F       77       88       93       258.00   86.00
10    LiuLiguo        M       97       72       87       256.00   85.33
3     WangGang        M       92       90       71       253.00   84.33
1     ShanShan        F       87       94       65       246.00   82.00
7     LanTingting     F       83       80       79       242.00   80.67
4     WangGuowei      F       78       90       65       233.00   77.67
6     FuLiting        F       67       78       82       227.00   75.67
2     KongFanrong     F       68       75       83       226.00   75.33
8     BuQiwei         M       56       81       88       225.00   75.00
9     BaiMingyue      F       67       65       84       216.00   72.00
---------------------------------------------------------------------------
Press Enter key continue...
```

图 2-37　直接输出排好序的学生数据

⑤ 读取计 05-1 班数据。如图 2-38 所示，在主菜单中输入 2 并按〈Enter〉键，将提示

输入要读取的文件名，输入“e:\tc3\bin\ji05-1”并按〈Enter〉键，将调用 read 函数将原来录入的计 05-1 班的学生数据读入到 a 数组中。

```
1. Input.
2. read.
3. Print.
4. Sort.
5. Qurt.
Please select(1--5):2
please input class name:e:\tc3\bin\ji05-1_
```

图 2-38　调用 read 函数读取 ji05-1 文件

⑥ 输出读来的数据。在主菜单中键入数字 3 并按〈Enter〉键，即可输出从文件读出的计 05-1 班的数据，如图 2-39 所示。

```
e:\tc3\bin\ji05-1
No.   Name            sex     score1   score2   score3   total    average
--------------------------------------------------------------------------
1     YuChunhe        M       87       93       75       255.00   85.00
2     YuMiao          F       76       73       89       238.00   79.33
3     YouXiaofeng     M       56       88       93       237.00   79.00
4     NiuChunsheng    M       69       81       80       230.00   76.67
5     WangLiugang     M       72       65       83       220.00   73.33
6     WangCou         M       67       69       71       207.00   69.00
7     WangHuimin      F       76       89       96       261.00   87.00
8     WangPai         F       78       77       71       226.00   75.33
9     WangQinyong     M       93       77       86       256.00   85.33
10    WangJiawei      M       61       67       99       227.00   75.67
--------------------------------------------------------------------------
Press Enter key continue...
```

图 2-39　输出计 05-1 班数据

【思考问题】

1．在主函数中，如何控制显示主菜单、调用其他自定义函数、显示学生数据间的关系？

2．为了使 file2.c、file3.c 能够独立编译，应对什么对象作外部声明？

3．如果一个班级的人数较多，输出时一屏显示不下，应如何处理？

【实验报告要求】

1）实验报告项目应该填写齐全。

2）实验报告中的实验内容必须认真抄写题目，画出软件总体模块结构图，写出源程序、和源程序相对应的运行结果（仅写出对一个班的排序结果），以及实验结果的分析、总结等。字迹应工整。

3）本次实验报告需要用 3 张实验报告纸。

【参考程序】

下面给出本次实验题目的参考源程序清单。

```
//源文件 file1.c
#include <stdio.h>
#include <conio.h>
#include <process.h>
#define M 50
struct stu
```

```
{
    int num;
    char name[20];
    char sex;
    int score[3];
    float total,aver;
    };
void main()
{
    void input( struct stu *p , char *q , int n);
    void print( struct stu *p,char *q , int n);
    void read(struct stu *p,char *q,int *n);
    void sort( struct stu *p,int n);
    struct stu a[50];
    int t,n,flag=0;
    char clsname[20];
    clrscr();
    while(1)
    {
        clrscr();
        printf("1. Input.\n2. read.\n3. Print.\n4. Sort.\n5. Quit.\n");
        printf("Please select(1--5):");
        scanf("%d",&t); getchar();
        switch(t)
        {
        case 1:   printf("Please input class name:");
        gets(clsname);
        printf("Please input student numbers:");
        scanf("%d",&n); getchar();
        input(a,clsname,n);
        flag=1;
        break;
        case 2: printf("please input class name:");
        gets(clsname);
        read(a,clsname,&n);
        flag=1;
        break;
        case 3: if(flag==0)
        printf("No message to print!!!\n");
        else
        print(a,clsname,n);
        break;
        case 4: if(flag==0) printf("please first input message!!!\n");
        else
        {   sort(a,n);
                print(a,clsname,n);
```

```
        }
        break;
        case 5:   exit(0);
    }
    printf("Press Enter key continue...");
    while(getchar()!='\n');
}
}

//源文件 file2.c
#include <stdio.h>
#include <conio.h>
extern struct stu
{
    int num;
    char name[20];
    char sex;
    int score[3];
    float total,aver;
};
void input(struct stu *p,char *q,int n)
{
    int i;
    char c='\n';
    FILE *fp;
    if((fp=fopen(q,"wb"))==NULL)
       printf("Not create this file!!!\n");
    else
    {
        fwrite(&n,2,1,fp);
        for(i=1;i<=n;i++)
        {  clrscr();
            printf("please input No.%d student message:\n",i);
            p[i].num=i;
            printf("p[%d].name=",i); scanf("%s",p[i].name);
            printf("p[%d].sex=",i);    c=getchar();
            while( c!='m'&&c!='M'&&c!='f'&&c!='F')
            c=getchar();
            p[i].sex=c;
            printf("p[%d].score1=",i);scanf("%d",&p[i].score[0]);
            printf("p[%d].score2=",i);scanf("%d",&p[i].score[1]);
            printf("p[%d].score3=",i);scanf("%d",&p[i].score[2]);
            getchar();
            p[i].total=p[i].score[0]+p[i].score[1]+p[i].score[2];
            p[i].aver=p[i].total/3.0;
            fwrite(&p[i],sizeof(struct stu),1,fp);
```

```
		}
	fclose(fp);
	}
}
void read(struct stu p[],char *q,int *n)
{
	FILE *fp;
	int i;
	if((fp=fopen(q,"rb"))==NULL)
	   printf("Not open this file!\n");
	else
	{
		fread(n,2,1,fp);
		for(i=1;i<=*n;i++)
		fread(&p[i],sizeof(struct stu),1,fp);
		fclose(fp);
	}
}

//源文件 file3.c
#include <stdio.h>
struct stu
{	int num;
	char name[20];
	char sex;
	int score[3];
	float total,aver;
};
void print(struct stu *p,char *q,int n)
{	int i;
	printf("%s\n",q);
	printf("	%-6s%-20s%-8s%-8s%-8s%-8s%-8s%-8s\n","No.","Name",
		"sex", "score1","score2","score3","total","average");
	printf(" ---------------------------------------");
	printf("----------------------------------------\n");
	for(i=1;i<=n;i++)
	{
		printf("	%-6d%-20s%-8c%-8d",p[i].num,p[i].name,
			p[i].sex,p[i].score[0]);
		printf("%-8d%-8d%-8.2f%-8.2f\n",p[i].score[1],
			p[i].score[2],p[i].total,p[i].aver);
		}
	printf(" ---------------------------------------");
	printf("----------------------------------------\n");
	}
void sort( struct stu *p,int n)
```

```
{
    int i,j,k;
    struct stu t;
    for(i=1;i<n;i++)
    {
        k=i;
        for(j=i+1;j<=n;j++)
        if(p[k].total<p[j].total) k=j;
        if(k!=i)
        {
        t=p[k];p[k]=p[i];p[i]=t;
        }
    }
}
```

第3章　课程设计指导

3.1　课程设计目的

C 语言课程设计是本课程教学的一个重要环节。在学完 C 语言的基本语法、程序设计的基本概念，结构化、模块化程序设计方法之后，应进行课程设计的实践。设置课程设计的主要目的是：

1）使学生更深入地理解和掌握该课程中的基本概念，程序设计的思想、技术和方法。

2）培养学生综合运用所学知识独立完成课题以及撰写课程设计报告的能力。

3）培养学生勇于探索、严谨推理、实事求是、有过必改，用实践来检验理论，全方位考虑问题等科学技术人员应具有的素质。

4）提高学生对工作认真负责、一丝不苟，对同学团结友爱、协作攻关的基本素质。

5）培养学生从资料文献、科学实验中获得新知识的能力，提高学生从别人的经验中找到解决问题的新途径的悟性，初步培养工程意识和创新能力。

6）对学生掌握知识的深度、运用理论去处理问题的能力、实践动手能力、课程设计能力、书面及口头表达能力进行综合考核。

3.2　课程设计要求

为实现上述目的，提出以下具体要求：

1）学生自由组成课程设计软件开发小组（即开发团队），可由指导教师确定每组的人数，建议每组为 3 人左右，并选举 1 人任组长。指导教师可根据各个开发小组的实际情况进行必要的调整。

2）每组选择课程设计题目中的一个课题，即开发一个所选课题的软件系统，每组独立完成。

3）该软件系统运行时应先播放同步的动画音乐，要求每个人有自己的动画音乐，播放完后，通过口令验证（即登录）才能进入带有下拉菜单的“XXX 系统”的窗口界面。

4）进一步掌握 C 语言集成开发环境。

5）熟练掌握 C 语言的数据类型、几种基本结构、数组、指针、结构体、文件、链表、结构化、模块化设计等知识点。

6）从书中或从互联网上查阅相关资料，自学具体课题中涉及到的新知识。

7）采用结构化、模块化程序设计方法进行设计，功能要完善，界面要美观，应具有一定的创新。

8）软件开发小组组长带领本小组成员团结协作，共同完成本课题的设计任务。要求开发小组中每个组员都应独立设计若干个模块，每个人设计的有效源程序代码应在 200 行以上。同时要读懂其他组员完成的内容。

3.3 课程设计题目

3.3.1 题目 1：学生成绩管理系统

开发一个学生成绩管理系统，满足如下要求：

1）采用结构化、模块化程序设计方法设计一个功能完善的系统，要有功能菜单，至少设计一个简单的选择式菜单。所谓选择式菜单就是在屏幕上显示出一个功能菜单的各个功能项，操作者可根据菜单上所提供的数字或字母按相应的键去执行特定的子程序，当子程序执行之后又返回到功能菜单上。最好采用下拉菜单。其他题目都应满足该项要求，以后不再赘述。

2）本系统应具有：数据维护（包括数据录入、添加、修改、删除）、数据查询（可按学号、姓名、性别、民族、年龄、地址、各门课程成绩等进行查询，也可进行组合查询）、排序、统计、输出、系统维护（包括数据备份、数据恢复、口令维护）、帮助、退出等功能。

3）本系统要具有通用性、界面美观、操作方便。要考虑系统和数据安全问题。

4）有关信息应保存在文件中。

5）应有创新，即可增加其他有用的功能。

3.3.2 题目 2：通信录管理系统

开发一个通信录管理系统，满足如下要求：

1）本系统应具有：通信录的建立、追加、删除、修改、查询、排序、统计、显示等项功能。

2）本系统要具有通用性、界面美观、操作方便。要考虑系统和数据安全问题。

3）通信录信息应保存在文件中。

4）增加其他有用的功能。

3.3.3 题目 3：图书管理系统

开发一个图书管理系统，满足如下要求：

1）具有新进图书基本信息的输入、已有信息的修改、撤销图书信息的删除功能。

2）图书基本信息的查询（如按照作者名或专业领域检索一本书，找出被某个读者借出的一批书，找出借出某本书的读者等）。

3）为借书人办理注册。

4）办理借书手续（非注册会员不能借书）。

5）办理还书手续。

6）有关信息应保存在几个文件中。

7）可增加其他有用的功能。

8）要有信息描述，即要有有关该系统基本信息的描述，如图书名称、专业领域、图书编号、单价、作者、出版社、存在状态、借书人姓名、性别、学号等。该系统的一个限制是一个读者手中借得的书籍总数不能超过 10 册。

9）本系统要具有通用性、界面美观、操作方便。要考虑系统安全问题。

3.3.4 题目 4：选修课程管理系统

开发一个选修课程管理系统，满足如下要求：

假定有 n 门选修课程，每门课程有课程编号、课程名称、课程性质、总学时、授课学时、实验或上机学时、学分和开课学期等信息，学生可按要求（如总学分不得少于 20）自由选课。试设计一选修课程管理系统，使之能提供以下功能：

1）课程信息维护功能，如录入、修改、删除等。课程信息用文件保存。

2）课程信息浏览功能——输出。

3）学生选课功能。

4）查询功能，包括按学分查询、按课程性质查询、按学生查询等。

5）统计功能，即统计各门课程选修的人数。

6）本系统要具有通用性、界面美观、操作方便。要考虑系统安全问题。

7）可增加其他有用的功能。

3.3.5 题目 5：工资管理系统

开发一个小型工资管理系统，满足如下要求：

1）本系统应具有数据维护（包括数据录入、添加、修改、删除），数据查询（可按编号、姓名、基本工资、岗位工资、绩效工资、房改补助、奖励、应发工资、公积金、扣税、实发工资等进行查询，也可进行组合查询），排序，统计，输出，系统维护（包括数据备份、数据恢复、口令维护），帮助，退出等项功能。

2）本系统要具有通用性、界面美观、操作方便。要考虑系统和数据安全问题。

3）可增加其他有用的功能。

3.3.6 题目 6：简单计算器

开发一个简单的计算器软件系统，满足如下要求：

1）简单计算器的界面可参照 Windows 操作系统中的标准型计算器。

2）在功能上尽量模拟 Windows 操作系统中的计算器。

3）要求有声音提示。

4）本系统要具有通用性、界面美观、操作方便。要考虑系统安全问题。

5）可增加其他有用的功能。

3.3.7 题目 7：迷宫游戏

开发一个迷宫游戏软件系统，满足如下要求：

1）可按级别选择迷宫，每种级别的迷宫可以随机选择。

2）玩家可以自己建造迷宫。

3）玩家可自己走出迷宫。

4）游戏中可选择计时。

5）游戏结束后有电脑迷宫求解的动画演示。

6）本系统要具有通用性、界面美观、操作方便。要考虑系统安全问题。

7）可增加其他有用的功能。

3.3.8 题目 8：万年历系统

开发一个万年历软件系统，满足如下要求：

1）模仿现实生活中的挂历，当前页以系统当前日期的月份为准显示当前月的每一天(显示出日期及对应的是星期几)，当系统日期变到下一月时，系统自动翻页到下一月。

2）可指定当前日期之前的某一年的某月，并显示该月的挂历。

3）可指定当前日期之后的某一年的某月，并显示该月的挂历。

4）本系统要具有通用性、界面美观、操作方便。要考虑系统安全问题。

5）可增加其他有用的功能。

3.3.9 题目 9：校际运动会管理系统

开发一个校际运动会管理系统，满足如下要求：

1）初始化输入：N-参赛学校总数，M-男子竞赛项目数，W-女子竞赛项目数。各项目名次取法有如下几种：取前 5 名，第 1 名得分 7，第 2 名得分 5，第 3 名得分 3，第 4 名得分 2，第 5 名得分 1；取前 3 名，第 1 名得分 5，第 2 名得分 3，第 3 名得分 2；用户自定义，各名次权值由用户指定。

2）由程序提醒用户填写比赛结果，输入各项目获奖运动员的信息。

3）所有信息记录完毕后，用户可以查询各个学校的比赛成绩，生成团体总分报表，查看参赛学校信息和比赛项目信息等。

4）本系统要具有通用性、界面美观、操作方便。要考虑系统安全问题。

5）可增加其他有用的功能。

3.3.10 题目 10：俄罗斯方块游戏

开发一个俄罗斯方块游戏系统，满足如下要求：

1）至少有 4 种图形，每个图形都可以变换方位，图形移动速度可变。

2）有分数统计，有音乐和排行榜。

3）本系统要具有通用性、界面美观、操作方便。要考虑系统安全问题。

4）可增加其他有用的功能。

3.3.11 题目 11：五子棋游戏

开发一个五子棋游戏系统，满足如下要求：

1）要求有人—机对奕功能。

2）有背景音乐。

3）本系统要具有通用性、界面美观、操作方便。要考虑系统安全问题。

4）可增加其他有用的功能。

3.3.12 题目 12：贪吃蛇游戏

开发一个贪吃蛇游戏系统，满足如下要求：

1）随机出现食物。

2）有背景音乐。可统计分数，有排行榜。

3）可选择蛇的运行速度。

4）本系统要具有通用性、界面美观、操作方便。要考虑系统安全问题。

5）可增加其他有用的功能。

3.3.13 题目 13：扫雷游戏

开发一个扫雷游戏系统，满足如下要求：

1）在功能上尽量模拟 Windows 操作系统中的扫雷游戏。

2）要求有声音提示、难度选择和排行榜。

3）本系统要具有通用性、界面美观、操作方便。要考虑系统安全问题。

4）可增加其他有用的功能。

3.3.14 题目 14：潜艇大战游戏

开发一个潜艇大战游戏系统，满足如下要求：

1）在海面上有一艘反潜舰，通过按键盘上的左右键移动反潜舰的位置，按空格键或者〈Ctrl〉键投放深水炸弹，炸弹碰到水下的潜艇，潜艇就被炸毁。潜艇同时释放水雷，水雷上升到海面，若碰到反潜舰，其生命数就减少一级。

2）要求在游戏期间，按〈S〉键开/关音效，按〈D〉键开/关提示信息，按〈Esc〉键退出游戏。提示信息包括反潜舰的生命数、音效状态、反潜舰的炸弹数量、游戏进度和得分等。

3）本系统要具有通用性、界面美观、操作方便。要考虑系统安全问题。

4）可增加其他有用的功能。

3.3.15 自选课题

要求：

1）学生结合实际自选课题。

2）要涉及 C 语言中多项知识点。

3）要有一定深度，并写清自选题目所要完成的主要功能及具体要求。

4）题目规模限定在指定时间内，可由 3 个左右学生协同工作完成。

3.4 课程设计的实施

在了解了课程设计的目的和要求之后，学生最关心的问题就是如何实施课程设计。下面就课程设计的注意事项、选题、制定进度计划、课程设计具体实施过程等问题加以说明。

3.4.1 学生在课程设计期间的注意事项

C 语言课程设计是一门必修的实践性考查课，一般占用两周时间。该课程设计不但对学生自身素质的提高，而且对今后的学习都具有重大的作用。在课程设计期间学生应注意以下几点：

1）珍惜这个机会，利用这一机遇，多学习并掌握处理问题的途径和方法。

2）遇到问题时应先查阅相关资料、争取独自分析，独立解决问题，培养独立分析问题、独立解决问题的能力。

3）在规定时间内按质按量完成工作，养成良好的习惯，力争取得较好的成绩。

4）注意安全，加强协作，爱护实验设备及公共物品。

3.4.2 选择课题

指导教师最迟应在课程设计开始半个月前布置学生组成课程设计小组并进行选题，以便及早做准备。各个小组可在指导教师拟定的题目中选择一个，也可以自己拟定一个课程设计题目。自拟题目的小组必须通过指导教师审查，题目的难度、规模应合适，并经过指导教师认可后方能作为课程设计题目。一个班级内各个课程设计小组所选题目不得相同。选题后，教师向学生下达课程设计任务书。

3.4.3 课程设计的实施过程

课程设计共两周。根据《程序设计基础课程设计教学大纲》的要求和开发应用软件的过程，这里给出了本课程设计的初步项目计划与具体实施过程，如图 3-1 所示。

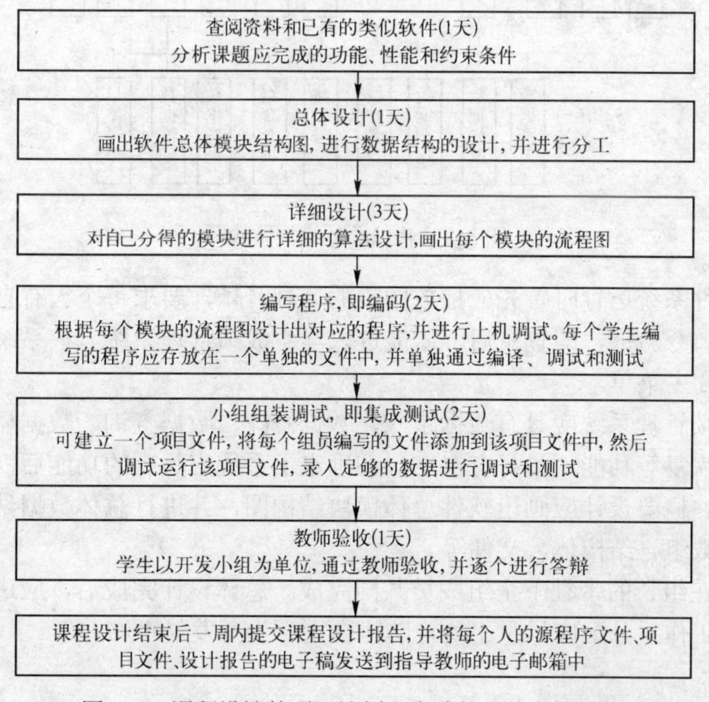

图 3-1 课程设计的项目计划和大致的具体实施过程

学生可以在组成课程设计小组后即开始查阅资料，学习和自己题目相关的课本以外的知识，为顺利进行课程设计做好充分的准备。

学生还可以从互联网上下载或查阅与自己所选课题相关的内容，参考别人的源程序。开始设计后，应根据图 3-1 给出的初步项目计划，制定出课程设计小组和组员的较详细的计划。

1．需求分析

所谓需求分析，即搞清楚要开发的应用程序软件对用户（即使用该软件的人）来说需要具备哪些功能（功能需求），该软件运行时应具备哪些性能（即性能需求，比如查询命令发出后应在几秒钟内得到查询的结果等）以及约束条件（比如内存大小的限制、文件大小的限制等）。也就是搞清楚该软件应该做什么。

2．总体设计

总体设计的任务之一是确定待开发软件系统的体系结构，并画出软件总体模块结构图。可以给出多种方案，并从中选择一种最佳方案。以学生成绩管理系统为例，一种方案的软件总体模块结构如图 3-2 所示。图中的每一个方框都完成一个特定的功能，将来都需要用一个程序模块（对 C 语言来说就是一个函数）来实现。其中最顶层的模块称为主控模块，将用 main( )函数来实现。

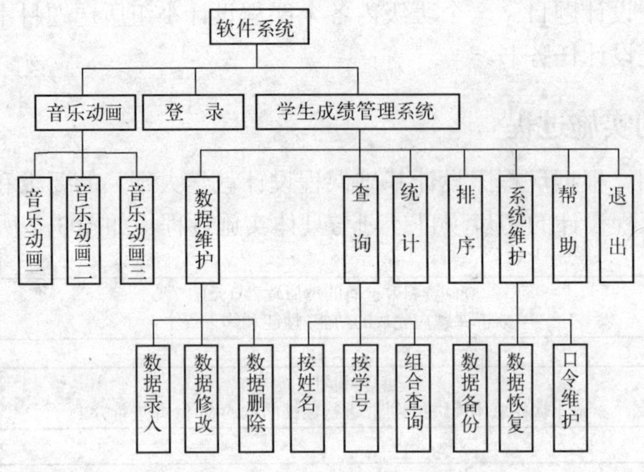

图 3-2　软件总体模块结构图

所开发的软件系统运行时首先应播放同步的动画音乐，要求每个人有自己的动画音乐，播放完后，通过口令验证，即登录后，才能进入学生成绩管理系统。该系统应有主窗口，主窗口应有标题栏和主菜单。

要求学生成绩管理系统应具有数据录入、数据修改、数据查询、数据显示、数据统计、数据备份和数据恢复等功能，最好有汉字。在确定了系统应具有的功能后，开始进行总体设计，即概要设计。概要设计应画出软件总体模块结构图，并进行总体数据结构设计，即确定采用哪些变量、数组、结构体、文件等。

总体设计应在组长的带领下全组成员共同完成。总体设计完成后，应进行合理分工以便进行详细设计。工作量分配应尽量平均，防止个别学生开发量不够。

3．详细设计

每个成员必须完成自己承担的程序模块。详细设计数据存储结构和每个模块的详细的算法，算法可以用传统流程图或N-S流程图等图形工具和正文说明来描述。

4．编码与调试

编码即用 C 语言将详细设计的阶段成果翻译成源程序（源代码）。每个成员应将自己编写的程序输入到计算机中，并进行独立编译和调试。此时应记录调试过程，包括出现的错误，并对出错场景进行抓图，以及如何调试正确的方法等，调试成功后，还要设计足够的测试用例进行单元测试，并记录测试结果，以便撰写报告时使用。

5．集成测试（连接运行程序）

最后，将开发小组几个人的程序组装在一起，形成一个完整的程序，并输入如 ji08-1、2、3，rj08-1、2 等几个班的真实数据以便测试软件系统的各项功能和存在的错误，此时应记录测试过程和结果，要求数据必须存盘。测试完成后，向指导教师申请验收。

6．通过教师验收

学生以开发小组为单位，通过指导教师的验收。验收时，学生先演示软件系统的功能和性能，简要讲解设计思路，然后教师对每一个学生提出问题，以便考核学生的实际水平，并给出验收成绩。

3.5 撰写课程设计报告

完成课程设计具体内容的设计后，每个学生要写出课程设计报告，这是课程设计非常重要的环节，也是培养科学作风的重要途径。课程设计报告是对设计过程的总结及升华。

3.5.1 课程设计报告的内容

针对C语言课程设计的特点，要求课程设计报告的正文格式应如下所示：

1 概述

1.1 研究的背景及意义

主要介绍为什么要选择该题目进行软件系统开发，开发该软件系统有哪些意义，有哪些经济效益或社会效益，对C语言程序设计基础课程的学习和今后的学习有什么作用等。

1.2 设计的任务和需要的知识点

在这一节中首先叙述要对所选题目的设计完成哪些任务，然后指出为完成这些任务都需要哪些知识点和技术。课程设计作为一个十分重要的教学环节，其目的在于更深入地理解和掌握课程教学中的主要知识点和基本技术，从而进一步提高分析问题和解决问题的能力。在写设计报告时，要写清楚本次设计的目的，然后进一步确认是否达到了预期的目的。

1.3 具体完成的设计内容

这一节主要叙述自己完成了哪几个功能模块，每个模块的规模，总共编写了多少行源代码。自己是否有创新点，如果有，应对创新点进行简要说明。

2 需求分析

软件需求分析主要是明确所设计的软件系统应该“做什么”。

2.1 功能需求

依据所选的设计题目的具体要求和自己的经验，参考类似的软件系统，分析该软件系统应实现哪些功能（即功能需求）。这一节主要是用一段或几段文字将软件系统所要完成的功能说明清楚，不要求使用图形工具来描述。

2.2 操作方法

主要叙述对该软件系统的具体操作方法，相当于一个简短的使用该软件的说明，即初步的用户手册。

3 总体设计

总体设计又称为概要设计。根据需求分析的结果，阐述本软件系统的整体设计思路，确定软件系统的体系结构。

3.1 软件结构设计

采用自顶向下、逐步细化的方法，将整个软件系统进行逐层分解，并画出该软件系统的总体模块结构图，即进行模块划分，并对该软件系统的主要功能模块进行简要说明。

3.2 数据结构设计

主要叙述采用了哪些全局变量、数组、结构体、文件等，以及它们在系统中的作用。（整个设计小组的概述、需求分析、总体设计除了个别地方外可以相同）。

4 详细设计

这部分主要详细叙述自己承担部分的那些模块的算法和数据结构。应画出主要模块的算法流程图，配合运行界面抓图和文字说明进行描述。这部分每个学生不得雷同，它是考查评价设计水平的重点之一，所占篇幅应最大。

5 程序调试与测试

该部分主要叙述对自己设计的模块进行编译以及整个连接时所出现的各种错误，还有这些错误是如何解决的。因此，在调试和测试程序时，应记录出现的错误，并对出错场景及改正后的界面进行抓图，以便写报告时使用。这部分每个学生不得雷同，叙述尽量详细，它也是考查评价的重点之一。

6 结论

完成课题的设计工作之后，要给出结论，即说明自己设计的程序是否达到了设计题目的要求，功能是否完善，有何特点，有什么不足之处，有何建议等。

7 结束语

在设计过程中遇到了什么困难，是怎样解决的；通过本次课程设计得到了哪些收获，写出心得体会。以简短的文字，对设计过程中曾给自己以直接帮助的教师、实验人员和同学表示谢意，这不仅是一种礼貌，也是对他人劳动的尊重，是治学者应有的思想作风。

8 程序清单

列出整个软件系统的源程序清单。程序清单要具有易读性，即必须有足够的中文注释。在每个程序模块的开头，主要语句的后边，都要加注释，程序应符合结构化程序设计原则，不得使用 goto 语句。

9 参考文献

写出在本次课程设计的过程中所使用的参考文献，包括教材、参考书、论文等。

3.5.2 课程设计报告的撰写规范

这里给出课程设计报告的撰写规范，包括所用的页面、排版格式、表格、绘图、参考文献、页码设置、目录生成、装订方法等。建议统一使用 Word 2003 编辑课程设计报告文档，文档名为 XXX 课程设计报告.doc，其中 XXX 是自己的姓名。

1）页面设置。单击 Word 的文件菜单的页面设置命令，可对页面进行设置。页边距的设置如图 3-3 所示，版式的设置如图 3-4 所示。接着将页面的纸张设置为 A4 纸。文档网格的设置如图 3-5 所示，单击该对话框中的“字体设置”按钮并将字体设置成中文为宋体、西文为 Times New Roman，字号为小四号字。

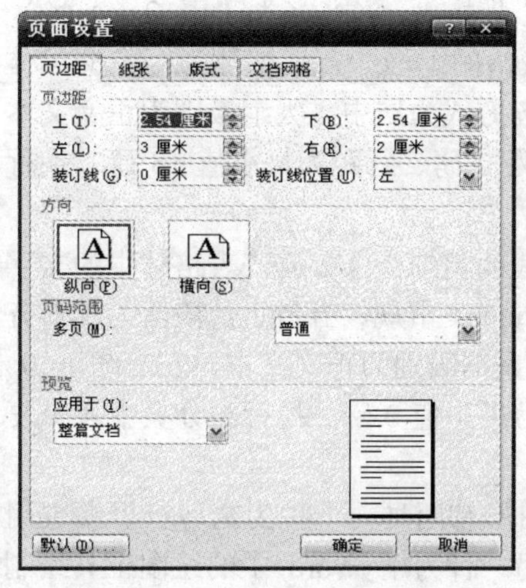

图 3-3　页边距的设置

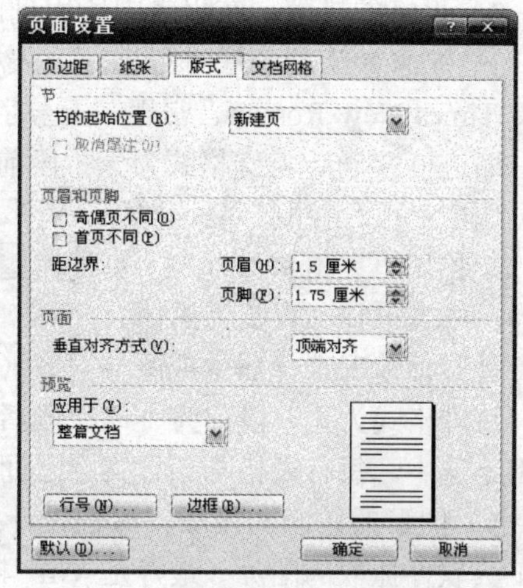

图 3-4　版式的设置

2）排版格式。排版时，最多可有 3 级标题，1 级标题如“1　概述”，2 级标题如“1.1　软件系统的运行环境”，3 级标题如“1.1.1　硬件环境”。再往下层的序号不作为带级别的标题，按层次可分别为“1.”、“（1）”、“①”等。如果 1 级标题下的层次不多，也可以不使用 2、3 级标题。其中“①”后的内容可带标点，也可为多行接排。

① 1 级标题应从新的一页开始。其字体为：中文黑体、西文 Arial、常规、小二号字；段落为：对齐方式为居中、大纲级别为 1 级、左右缩进 0 字符、特殊格式为无、段前为 2 行、段后为 1 行、行距为最小值 20 磅。换行和分页选中段中不分页、与下段同页和段前分页 3 个复选框。

② 2 级标题的字体为：中文黑体、西文 Times New Roman、常规、小三号字；段落为：对齐方式为两端对齐、大纲级别为 2 级、左右缩进 0 字符、特殊格式为无、段前为 1 行、段后为 1 行、行距为最小值 20 磅。换行和分页选中“段中不分页”和“与下段同页”两个复选框。

③ 3 级标题的字体为：中文黑体、西文 Times New Roman、常规、小四号字；段落为：对齐方式为两端对齐、大纲级别为 3 级、左右缩进 0 字符、特殊格式为无、段前为 0.5 行、段后为 0.5 行、行距为最小值 18 磅。换行和分页选中“段中不分页”和与“下段同页”两个复选框。

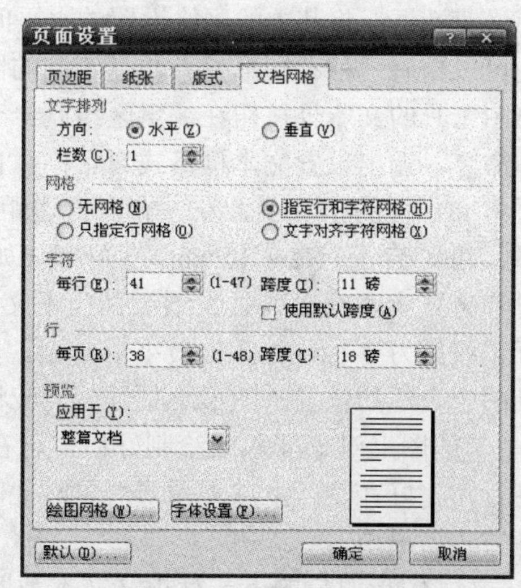

图 3-5　文档网格设置

④ 正文的字体为：中文宋体、西文 Times New Roman、常规、小四号字；段落为：对齐方式为两端对齐、大纲级别为正文文本、左右缩进 0 字符、特殊格式为首行缩进 2 字符、段前为 0 行、段后为 0 行、行距为最小值 18 磅。换行和分页中 4 个复选框都不选中。需要指出，在源程序清单中的源程序首行不缩进，其缩进格式应遵循程序书写格式的要求，以便增强可读性。

3）表格的排版。在报告中所用到的表格都应按照“表 1　×××”、“表 2　×××”、“表 3　×××”的顺序进行标注。表格标注应位于表格的上面一行，字体为：中文黑体、西文 Times New Roman、常规、五号字；段落为：对齐方式为居中、大纲级别为正文文本、左右缩进 0 字符、特殊格式为无、段前为 6 磅、段后为 2 磅、行距为最小值 18 磅。换行和分页选中“孤行控制”复选框。

表格用“表格和边框”工具按钮来绘制。表格线的粗细为 1/2 磅。表格体中的文字字体为：中文宋体（表头为黑体）、西文 Times New Roman、常规、五号字，段落为：对齐方式可视具体情况选择居中或两端对齐（以美观为准）、大纲级别为正文文本、左右缩进 0 字符、特殊格式为无、段前为 1 磅、段后为 1 磅、行距为最小值 0 磅。换行和分页中 4 个复选框都不选中。每行表格与该行文字之间不留空。

4）图形的绘制和排版。课程设计报告中插入的图形有两种，一种为从运行屏幕中用抓图工具软件抓取的图片（最好是 GIF 格式的图片），另一种为用 Word 中的绘图工具绘制的程序流程图等图形。

① 要抓取运行界面的图片，可用 DOS 或 Windows 下的抓图工具软件抓图（网上可以下载）。抓得的图片可以用 Windows 的画图工具进行修改，然后插入到课程设计报告中。如果图片太大，可将其锁定纵横比（防止失真），并相对于原始尺寸缩小到合适的尺寸（以放得下并且清晰为准）。

② 如果要用 Word 中的绘图工具绘制流程图，应选择 Word 中的“视图”→“工具栏”→“绘图”命令，在编辑窗的下端打开绘图工具栏。为了使绘制的图形更精确，在绘制图形之前，应单击绘图工具栏最左边的“绘图”菜单，并选择其中的“绘图网格”命令调出绘图网格对话框，将其中的网格设置的水平间距设置为 0.01 字符、垂直间距设置为 0.01 行，于是可以精确地移动图形元素，使绘制的图形更美观。图中的文字可以用文本框加入，此时用绘图工具的文本框按钮在编辑区绘制一个文本框，然后选中该文本框，选择格式菜单的文本框命令，调出设置文本框格式对话框，在其中将其颜色与线条设置为无填充色、无线条色，再将文本框的上、下、左、右内部边距都设置为 0cm，之后将文本框的字体设置为中文宋体、西文 Times New Roman、5 号字（如果图形较复杂，也可以采用小五号字等），段落为：对齐方式为两端对齐、大纲级别为正文文本、左右缩进 0 字符、特殊格式为无、段前为 0 行、段后为 0 行、行距为最小值 0 磅，然后键入文字，并将文本框缩放到合适的大小，放置到图中合适的位置。图形绘制好后，应将其组合成一个整体，称为图形“对象”。

③ 图形对象插入或绘制好后，可在放置图形的位置键入若干个回车键，以便形成多个空行，正好在空行上放置图形对象。此时应将图形对象的版式设置为浮于文字上方，水平对齐方式为居中。

④ 图形对象的下一行正文文本为图形的标注。如果整个课程设计报告中的图形不多，图形的标注可以统一编号，如：“图 1　×××”、“图 2　×××”等。如果各 1 级标题下的

图形对象数目较多，为了清晰起见，可以加入 1 级标题序号，比如："图 1-1 ×××"、"图 1-2 ×××"，……，"图 2-1 ×××"、"图 2-2 ×××"等。

⑤ 图形标注应位于图形的下面一行，字体为：中文黑体、西文 Times New Roman、常规、五号字；段落为：对齐方式为居中、大纲级别为正文文本、左右缩进 0 字符、特殊格式为无、段前为 6 磅、段后为 6 磅、行距为最小值 18 磅。换行和分页选中"孤行控制"复选框。

5）参考文献的排版。"参考文献"标题属于 1 级标题。参考文献标题下面的具体文献属于正文文本。参考文献列出格式：

[序号] 作者. 文献名称[类别]. 出版地：出版社. 出版年.

参考文献举例：

[1] 谭浩强. C 程序设计[M]. 3 版. 北京：清华大学出版社. 2005.

[2] 王成端，魏先民. C 语言程序设计实训——题解、实验、课程设计与样题[M]. 北京：中国水利水电出版社. 2005.

6）课程设计报告的装订方法。课程设计报告的头 3 页依次为封面、课程设计任务书、指导教师评语与成绩。该 3 页由指导教师事先发给电子文档，参照该电子文档进行填写并单独打印，第 4 页为目录。

目录的标题为 2 级标题，目录两个字中间空两个汉字的空格。目录应是自动生成的。可以在 Word 2003 菜单中依次选择"插入"→"引用"→"索引和目录"命令，此时将调出如图 3-6 所示的"索引和目录"对话框，在其中选中"目录"选项卡，并进行适当的设置（如设置显示级别为 3，即目录中含有 1、2、3 级标题等），设置好后，单击对话框中的"确定"按钮，即可生成目录。

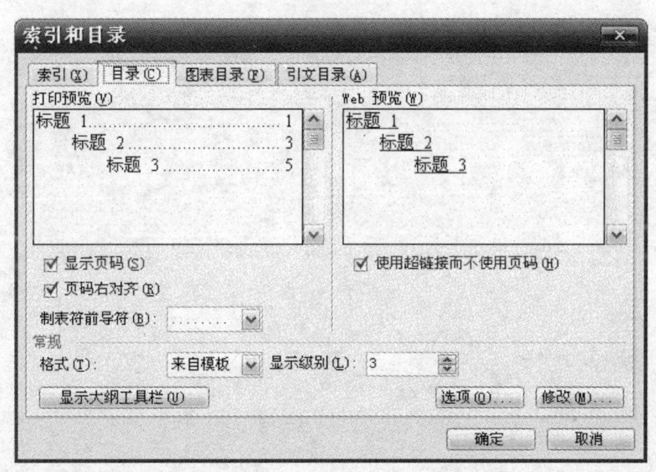

图 3-6 索引和目录对话框

目录可单独排页码。目录的下一页开始是报告的正文部分。报告的正文部分应单独排页码。具体的方法是先撰写好正文部分，之后选择"视图"下拉菜单中的"页眉和页脚"命令，在页脚处居中设置好页码。然后在正文的前面插入目录，在目录开头加上目录标题，之后对目录和正文单独进行页面和页码的设置，目录按Ⅰ、Ⅱ、Ⅲ……排页码，而正文按 1、2、3……排页码。排好页码后，选中目录文本，再自动生成一次目录，这样可使目录中每个标题后的页码与正文中该标题的实际页码一致。

课程设计报告用抽杆报告夹夹起，如图 3-7 所示。注意，装订线在左侧。

图 3-7　课程设计报告样本

第 4 章　编写应用程序的基本技术

4.1　图形、音乐与动画技术

4.1.1　图形软件设计基础

1. 显示分辨率

显示器的工作模式有两种，分别是文本模式和图形模式。使用 Turbo C++ 3.0 进行图形软件设计，即要在屏幕上显示图形，就必须首先进入图形模式。在显示器屏幕上显示的图形是由像素组成的。不同显示器在不同显示模式下所具有的像素个数是不同的。显示器的一个重要技术指标是分辨率，它以显示屏幕水平方向所具有的像素个数与垂直方向所具有的像素个数的乘积来表示。比如，Turbo C++ 3.0 支持的 VGA 显示器，在 VGAHI 模式下的分辨率为 640×480，即整个屏幕可以具有 640×480=307200 个像素点。显然，像素点个数越多，分辨率越高。

显示器必须和相应的图形功能卡（即图形适配器，简称显卡）配套使用才能有效地显示信息。配套的显示器和显示适配器主要有 CGA（Color Graphics Adapter，彩色图形适配器，1981 年）、EGA（Enhanced Graphics Adapter，增强型图形适配器，1984 年）、VGA（Video Graphics Array，视频图形阵列，1987 年）以及 DVI（Digital Visual Interface，数字视频接口，1999 年）等多种，它们一般是向下兼容的。

2. 颜色与调色板

1）颜色的设置。Turbo C++ 3.0 的屏幕颜色的符号常量及其对应的颜色值如表 4-1 所示。

表 4-1　Turbo C++ 3.0 屏幕颜色的符号常量及对应数值

	CGA(EGA/VGA)		EGA/VGA	
颜　色	符 号 常 量	数　值	符 号 常 量	数　值
黑	BLACK	0	EGA_BLACK	0
蓝	BLUE	1	EGA_BLUE	1
绿	GREEN	2	EGA_GREEN	2
青	CYAN	3	EGA_CYAN	3
红	RED	4	EGA_RED	4
洋红	MAGENTA	5	EGA_MAGENTA	5
棕	BROWN	6	EGA_BROWN	20
浅灰	LIGHTGRAY	7	EGA_LIGHTGRAY	7
深灰	DARKGRAY	8	EGA_DARKGRAY	56
浅蓝	LIGHTBLUE	9	EGA_LIGHTBLUE	57
浅绿	LIGHTGREEN	10	EGA_LIGHTGREEN	58

（续）

	CGA(EGA/VGA)		EGA/VGA	
颜　色	符号常量	数　值	符号常量	数　值
浅青	LIGHTCYAN	11	EGA_LIGHTCYAN	59
浅红	LIGHTRED	12	EGA_LIGHTRED	60
浅洋红	LIGHTMAGENTA	13	EGA_LIGHTMAGENTA	61
黄	YELLOW	14	EGA_YELLOW	62
白	WHITE	15	EGA_WHITE	63

Turbo C++ 3.0 有两个颜色设置函数，一个是设置背景色的函数 setbkcolor，默认为黑色；另一个是设置前景色的函数 setcolor，用于设置画笔的颜色，默认为白色。

设置背景色的函数的原型如下：

```
void far   setbkcolor ( int   color );
```

该函数执行后，将以 color 规定的颜色作为屏幕的背景色。例如，调用函数 setbkcolor(WHITE)，将使整个屏幕的背景变为白色。

设置前景色的函数的原型如下：

```
void far setcolor( int color );
```

该函数执行后，如再用画矩形的函数画一个矩形，该矩形的线条将以 color 规定的颜色画出。

2）调色板的设置。由于目前的显示器和显示适配器（显卡）大都支持 VGA 显示模式，所以这里只介绍 VGA 的调色板。在这种模式下，一个调色板可以有 16 种颜色，它们可以从 64 种或 256 种颜色中选择出来。一个调色板中的各个颜色可以用 setpalette ( ) 函数来进行单独的设置。该函数的原型如下：

```
void far setpalette ( int   index , int   color );
```

比如，要想使 VGA 的调色板中的颜色 7 代表红色，可用如下函数来设置：

```
setpalette ( 7 , EGA_RAD );
```

3．坐标

1）屏幕坐标系统。用计算机绘图，必须明确如何确定屏幕上点的位置，这就需要有一个坐标系统。屏幕坐标系统如图 4-1 所示。

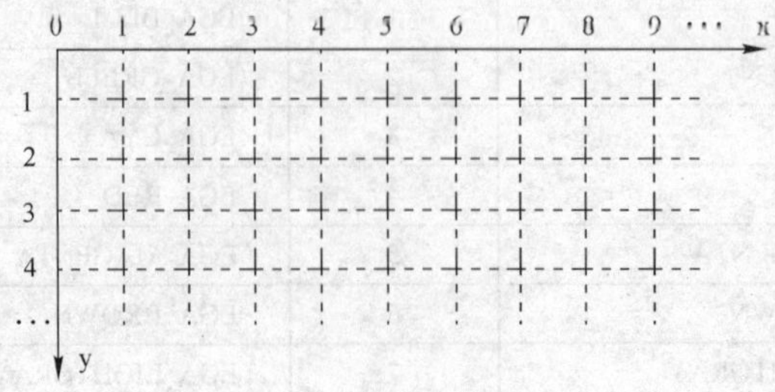

图 4-1　屏幕坐标系统

在屏幕坐标系统中，屏幕的左上角点为坐标原点（0，0），y 轴正方向向下。如果图形模式的分辨率为 640×480，则屏幕能显示的右下角点的坐标为（639，479）。

2）笛卡尔坐标与屏幕坐标的转换。笛卡尔坐标原点应在屏幕的中心，y 轴垂直向上，x 轴水平向右。在绘制图形时，用笛卡尔坐标表示的算法较直观，但绘制时需要将其转换为屏幕坐标才能正确绘出，所以常需要将笛卡尔坐标转换为屏幕坐标。以 VGA 显示器在 VGAHI 模式下为例，转换的公式如下：

$$(x, y) = (X + 640/2, 480/2 - Y)$$

其中：(x, y)是屏幕坐标点，(X, Y)是笛卡尔坐标点。

4．图形系统的初始化

Turbo C++ 3.0 默认工作在文本模式下，要使它进入图形模式，就必须使用 initgraph 函数对图形系统进行初始化。该函数通过从磁盘上装入一个图形驱动程序（或确认一个已注册的驱动程序）来初始化图形系统，然后使系统进入指定的图形模式，它还把所有的图形设置（颜色、调色板、位置、视口等）重新设置为它们的默认值，然后重新将 graphresult 设置为 0。

initgraph 函数的原型（在 graphics.h 头文件中）如下：

```
void far    initgraph ( int far    *gdriver , int far    *gmode , char far    *path ) ;
```

下面对该函数中各参数进行说明。

gdriver 是整数，它规定要使用的图形驱动程序，可用枚举类型 graphics_drivers 中的一个符号常量或对应的数值为其赋值。该枚举类型中给出的符号常量和对应数值如表 4-2 所示。

表 4-2　常用图形适配器符号常量及数值

符号常量	数值	说明
DETECT	0	根据对硬件的检测结果自动装入相应驱动程序
CGA	1	CGA 显示器
MCGA	2	MCGA 显示器
EGA	3	EGA 显示器
EGA64	4	EGA64 显示器
EGAMONO	5	EGAMONO 显示器
IBM8514	6	IBM8514 显示器
HERCMONO	7	Herclus 显示器
ATT400	8	ATT400 显示器
VGA	9	VGA 显示器
PC3270	10	PC3270 显示器

gmode 也是整数，它规定初始化的图形模式（除非 gdriver=DETECT）。如果 gdriver=DETECT，initgraph 函数设置 gmode 为可用于被检测驱动程序的最高模式。可用枚举类型 graphics_modes 中的一个符号常量或对应的数值为其赋值。该枚举类型中给出的符号常量和对应数值如表 4-3 所示。图形模式不同，显示的颜色数、分辨率等也不同。

path 可以是一个用一对双引号"″"和"″"括起的字符串，它规定 initgraph 函数首先到哪里去寻找图形驱动程序（*.BGI，即 Borland Graphics Interface 的缩写）的目录路径。如果在那里没有找到，则在当前目录下继续寻找。如果 path 是空串，则驱动程序文件必须位于当前目录中。VGA 显示器所使用的图形驱动程序的文件名为 EGAVGA.BGI。下面举例说明图形初始化的方法。

【例 4-1】 已知计算机使用 VGA 显示器，如下的程序将画出一个绿框黄色的矩形。

```
#include <graphics.h>
#include <stdio.h>
void   main ( )
{
    int gdriver = VGA , gmode = VGAHI ;       /* 以 640×480、16 色进入图形模式 */
    initgraph (&gdriver , &gmode , "E:\\TC3\\BGI" ) ;
    setcolor( GREEN ) ;                       /* 设置前景色为绿色，即用绿色画矩形的边线 */
    rectangle ( 200 , 100 , 400 , 300 ) ;     /* 画出矩形，背景色为默认值黑色 */
    getch( ) ;                                /* 等待按键，以便观察 */
    setfillstyle( SOLID_FILL , YELLOW ) ;     /* 设置填充样式为实填充，黄色 */
    floodfill ( 300 , 200 , GREEN ) ;         /* 用黄色填充矩形的内部区域 */
    getch ( ) ;                               /* 等待按键，以便观察 */
    closegraph ( ) ;                          /* 退出图形模式，返回到文本模式 */
}
```

表 4-3　枚举类型：用于每一个 BGI 驱动程序的图形模式

图形驱动程序	图 形 模 式	数　值	分 辨 率	调 色 板	页　数
CGA	CGAC0	0	320×200	C0	1
	CGAC1	1	320×200	C1	1
	CGAC2	2	320×200	C2	1
	CGAC3	3	320×200	C3	1
	CGAHI	4	640×200	2 色	1
MCGA	MCGAC0	0	320×200	C0	1
	MCGAC1	1	320×200	C1	1
	MCGAC2	2	320×200	C2	1
	MCGAC3	3	320×200	C3	1
	MCGAMED	4	640×200	2 色	1
	MCGAHI	5	640×480	2 色	1
EGA	EGALO	0	640×200	16 色	4
	EGAHI	1	640×350	16 色	2
EGA64	EGA64LO	0	640×200	16 色	1
	EGA64HI	1	640×350	4 色	1
EGA-MONO	EGAMONOHI	0	640×350	2 色	1（64K）
	EGAMONOHI	0	640×350	2 色	4（256K）
HERC	HERCMONOHI	0	720×348	2 色	2
ATT400	ATT400C0	0	320×200	C0	1
	ATT400C1	1	320×200	C1	1
	ATT400C2	2	320×200	C2	1
	ATT400C3	3	320×200	C3	1
	ATT400MED	4	640×200	2 色	1
	ATT400HI	5	640×400	2 色	1
VGA	VGALO	0	640×200	16 色	4
	VGAMED	1	640×350	16 色	2
	VGAHI	2	640×480	16 色	1
PC3270	PC3270HI	0	720×350	2 色	1
IBM8514	IBM8514LO	0	640×480	256 色	
	IBM8514HI	1	1024×768	256 色	

该程序首先以 VGAHI 模式进入图形模式，此时对应的图形适配器的驱动程序必须在 E:\TC3\BGI 目录下或在当前目录下。需要指出，填充函数 floodfill 中的第 3 个实参颜色必须

与矩形的边线颜色一致，并且点（300，200）必须在矩形区域内，而填充的样式和颜色由 setfillstyle 函数指定。

【例 4-2】 自动初始化图形系统：假设为 VGA 显示器，但是有时可能不知道所使用的显示器和适配器的类型，此时可用 DETECT 来自动初始化图形系统。程序如下：

```
#include <graphics.h>
#include <stdio.h>
void main()
{
    int gdriver=DETECT,gmode;                        /*规定自动检测显示类型和模式*/
    initgraph(&gdriver,&gmode,"E:\\TC3\\BGI");       /*初始化图形系统*/
    setbkcolor(DARKGRAY);                            /*设置背景色为深灰色*/
    setcolor(RED);                                   /*设置前景色为红色*/
    getch();                                         /*等待按键，以便观察背景色*/
    ellipse(100,100,0,360,80,40);                    /*以（100，100）点为中心用红线画椭圆*/
    getch();                                         /*等待按键，以便观察椭圆*/
    setfillstyle(LINE_FILL,BLUE);                    /*设置填充样式为用蓝色横线填充*/
    floodfill(100,100,RED);                          /*用蓝色横线填充椭圆*/
    getch();                                         /*等待按键，以便观察填充后的椭圆*/
    closegraph();
}
```

例 4-2 中的 gdriver=DETECT，initgraph( )函数将自动检测显示器适配器的类型，并自动将 gmode 设置成最高分辨率的模式。对于 VEA 来说，gmode=VGAHI，并在 E:\TC3\BGI 目录下寻找名为 EGAVGA.BGI 的显示驱动程序，于是以最高分辨率进入图形模式，该模式的分辨率为 640×480。

5. 文本模式与图形模式间的切换

在设计应用程序时，常需要文本和图形两种模式一起使用，而在同一时间，只能处于一种模式，于是就需要在两个模式间不断进行切换。Turbo C++提供了 3 个函数来支持这种切换：

1）int far getgraphmode(void)：获得当前图形模式函数。该函数必须在图形模式下才能使用。

2）void far restorecrtmode(void)：恢复到图形初始化之前的模式，即从图形模式切换到文本模式。

3）void far setgraphmode(int gmode)：如果程序执行正处于文本模式，执行该函数后，将切换到 gmode 所指定的图形模式。gmode 必须是有效的图形模式值。

【例 4-3】 在文本和图形模式间进行切换的程序例。

```
#include <graphics.h>
#include <stdio.h>
void    main ( )
{
    int gdriver=VGA , gmode = VGAHI ;
    initgraph(&gdriver,&gmode,"E:\\TC3\\BGI");
    arc(200,400,0,90,300);                           /*以(200,300)为圆心，300 为半径，画 90°弧*/
```

```
        getch( );                      /*等待按键，以便观察弧*/
        gmode=getgraphmode( );         /*得到当前模式值*/
        restorecrtmode( );             /*切换到文本模式*/
        printf("Now is text mode,press any key to graphics...\n");
        getch( );                      /*等待按键，以便观察输出的文本*/
        setgraphmode( gmode );         /*由文本模式切换到 gmode 指定的图形模式*/
        setfillstyle ( SOLID_FILL , LIGHTGRAY ) ;     /* 设置填充样式为用浅灰色实填充 */
        bar(100,100,540,400);          /* 以(100,100)为左上角点，(540,400)为右下角点画矩形条 */
        getch( );                      /*等待按键，以便观察矩形条*/
        closegraph( );                 /*退出图形模式，返回到文本模式*/
    }
```

6. 颜色的进一步控制

在 graphics.h 头文件中定义了一个结构体类型 struct palettetype，具体如下：

```
struct    palettetype
{
    unsigned char    size ;
    signed char    colors[MAXCOLORS+1] ;
} ;
```

其中的 MAXCOLORS 的值等于 15，即 colors 字符数组含有 16 个元素，下标从 0～15。

可以用该类型定义一个调色板类型的结构体变量，定义方法如下：

```
struct    palettetype    pal ;
```

然后调用 getpalette(&pal) 函数获取当前调色板的信息。对于 VGAHI 模式，默认情况下获得的调色板信息为 size=16，colors 数组元素的值（即颜色值）依次为 0、1、2、3、4、5、20、7、56、57、58、59、60、61、62、63，各代表的默认颜色如表 4-1 所示。可以用 setpalette( )函数为调色板赋予新的颜色，颜色改变，但颜色值不变。

【例 4-4】 用移动光标键〈→〉或〈←〉控制在屏幕上逐个显示 VGAHI 模式的 64 种颜色，按〈Esc〉键结束程序的运行。程序如下：

```
#include <graphics.h>
#include <stdio.h>
#include <conio.h>
void main( )
{
    int gdriver = VGA , gmode = VGAHI ;
    int left , top , right , bottom , button = 0 , i = 0 ;
    int maxx , maxy ;
    char buffer[80] , ch ;
    initgraph ( &gdriver , &gmode , "E:\\TC3\\BGI" ) ;
    maxx = getmaxx( )/2 ; maxy = getmaxy( )/2 ;
    left = maxx - 100 ; top = maxy - 100 ;
    right = maxx + 100 ; bottom = maxy + 100 ;
    while( 1 )
```

```
    {
        cleardevice( ) ;                        /*清屏幕*/
        setpalette( 2 , i ) ;                   /* 设置调色板结构体数组下标为 2 的元素的颜色值为 i */
        setcolor(15) ;                          /*设置前景色为 15，即白色*/
        rectangle( left , top , right , bottom ) ;          /*用白色线条画出一个矩形*/
        setfillstyle( SOLID_FILL , 2 ) ;                    /*设置实填充，填充色为 i*/
        floodfill( left+1 , top + 1 , 15 ) ;                /*用 i 值颜色填充该矩形*/
        if(i<10) setcolor(15) ; else setcolor(0) ;          /*设置前景色为白色或黑色*/
        sprintf(buffer , "color number:%d" , i ) ;          /*向 buffer 数组输出*/
        outtextxy( 260 , 240 , buffer ) ;                   /*将 buffer 中的内容输出到矩形中央*/
        ch = getch( ) ;                                     /*等待按键，以决定下一步做什么*/
        switch(ch)
        {
            case 75 : if(i != 0) i-- ; else i = 63 ; break ;    /*按〈←〉键执行该分支*/
            case 77 : if(i == 63) i = 0 ; else i++ ; break ;    /*按〈→〉键走该分支*/
            case 27 : button = 1 ; break ;                      /*按〈Esc〉键执行该分支，以便退出*/
            defualt : break ;
        }
        if(button== 1 ) break ;
    }
    closegraph( ) ;
}
```

Turbo C++ 3.0 还提供了 setrgbpalette( )函数，用于使用 red、green、blue 作为三基色来设置调色板的颜色，每种基色可用 6 位二进制数表示，即有 0～256 种，3 种基色合成的颜色共有 256×256×256 种颜色。该函数可用于 IBM 8514 和 VGA 显示器，其声明为：

```
void far   setrgbpalette ( int   colornum , int   red , int   green , int   blue ) ;
```

其中 colornum 定义被加载的调色板条目，而 red、green、blue 定义该调色板条目的三基色。例如：

```
struct   palettetype   pal ;
getpalette(&pal ) ;           /* 获得当前调色板信息 */
setrgbpalette ( pal.colors[2] , 192,192,192 ) ;          /* 将调色板中下标为 2 的条目代表的颜色设置
为由三基色 red=192、green=192、blue=192 合成的颜色 */
```

【例 4-5】 利用三基色设置调色板的各个颜色，画出不同灰度的矩形条。

```
#include <graphics.h>
#include <stdio.h>
void   main ( )
{
    int gdriver = VGA, gmode = VGAHI ;
    struct palettetype pal ;     /*定义调色板类型结构体变量以存放调色板信息*/
    int i, ht, y, xmax;
    initgraph(&gdriver, &gmode, "E:\\TC3\\BGI") ;
    getpalette(&pal) ;           /*将当前调色板信息存放到 pal 结构体变量中*/
```

```
    /* 建立灰度*/
    for (i=0; i<pal.size; i++)    setrgbpalette(pal.colors[i], i*4, i*4, i*4) ;
    /* 显示灰度 */
    ht = getmaxy ( ) / 16 ;        /* 对于 VGAHI 模式，getmaxy ( )的值为 479 */
    xmax = getmaxx ( ) ;           /* 对于 VGAHI 模式，getmaxx( )的值为 639 */
    y = 0 ;
    for (i=0; i<pal.size; i++)                /*对于 VGAHI 模式，  size = 16 */
    {
        setfillstyle(SOLID_FILL, i) ;          /*设置为用调色板第 i 条目颜色实填充*/
        bar(0, y, xmax, y+ht) ;                /*以填充色绘矩形条*/
        y += ht ;
    }
    getch ( ) ;                                /* 等待按键，以便观察结果 */
    closegraph ( ) ;
}
```

4.1.2 音乐的设计

1．声音编程

（1）与音乐有关的函数

1）发声函数 sound( )。该函数的声明为：void sound (unsigned f);。

该函数打开计算机的扬声器并以 f 给定的频率（frequency）发声。频率的单位为 Hz（赫兹）。如：sound (262)——使扬声器以 262Hz 发声，即发中音“1”。

2）延迟函数 delay ( )。该函数的声明为：void delay (unsigned m);。

该函数使程序暂停执行 m 毫秒，可作为发音的时间——节拍。需要指出，由于目前计算机的速度与以前相比有了较大的提高，硬件组成各不相同，因此，m 的实际单位可能不同。

3）结束发音函数 nosound ( )。该函数的声明为：void nosound (void);。

该函数关闭计算机的扬声器，使其停止发声。

（2）声音频率与音符

声音频率与音符的对照关系如表 4-4 所示。

表 4-4　声音频率与音符的对照关系

	低　音	中　音	高　音
1	131	262	523
2	147	294	587
3	165	330	659
4	175	349	698
5	196	392	784
6	220	440	880
7	247	494	988

2．音乐例子

【例 4-6】 播放东方红音乐的实例。

```
#include <stdio.h>
#include <dos.h>
void main( )
```

```
{
    int i , j ;
    int fr[]={392,392,440,294,262,262,220,294,392,392,\
              440,532,440,392,262,262,220,294,392,294,\
              262,247,220,196,392,294,330,294,262,262,\
              220,294,330,294,262,294,262,247,220,196} ;
    int tim[]={4,2,2,8,4,2,2,8,4,4,2,2,2,2,4,2,2,8,4,4,\
               4,2,2,4,4,4,2,2,4,2,2,2,2,2,2,2,2,2,2,12} ;
    for( i = 0 ; i < 40 ; i++ )
    {
        sound( fr[i] ) ;
        delay( tim[i] * 200 ) ;
        nosound( ) ;
    }
}
```

在上面程序中，fr 数组为存放音乐中各个音符的对应频率的数组，每个元素存放一个音符的对应频率值；tim 数组给出了与节拍成比例的数值，配合 delay()函数来控制对应音符的发音时间，即控制节拍。

4.1.3 简单动画设计

基本思想：先画一图形，然后将其删去，再在其附近画同一图形，由于视觉暂留，感觉图形就象动了起来一样。

【例 4-7】 下面给出一个动画程序，显示夜空中有 15 个从左向右飞行的大雁，这 15 个大雁颜色各不相同，并且扇动着翅膀。这是一个最简单的动画的例子。

```
#include <stdio.h>
#include <graphics.h>
#include <dos.h>
void main()
{
    float x1,y1,x2,y2;
    char ch;
    int i,j,gdriver=DETECT,gmode;
    initgraph(&gdriver,&gmode,"e:\\tc3\\bgi");
    for(i=0;i<90;i++)
    {   for(j=0;j<15;j++)
        {   setcolor(j+1) ;              /*设置画大雁的前景色，即线条的颜色*/
            x1=100+i*10-j*25 ;   y1=i%2?100-j*5:95-j*5 ;   /*10 行画一个大雁*/
            x2=110+i*10-j*25 ;   y2=95-j*5 ;
            line(x1,y1,x2,y2) ;   /*从点(x1,y1)到点(x2,y2)画一线段*/
            x1=110+i*10-j*25 ;   y1=95-j*5 ;
            x2=120+i*10-j*25 ;   y2=100-j*5 ;
            line(x1,y1,x2,y2) ;
            x1=120+i*10-j*25 ;   y1=100-j*5 ;
```

```
            x2=130+i*10-j*25 ;   y2=95-j*5 ;
            line(x1,y1,x2,y2) ;
            x1=130+i*10-j*25 ;   y1=95-j*5 ;
            x2=140+i*10-j*25 ;   y2=i%2?100-j*5:95-j*5 ;
            line (x1,y1,x2,y2) ;
        }
        delay(300) ;       /*延迟 300ms，以便看到*/
        cleardevice( ) ;  /*清屏，以便下次画新的画面，形成动画*/
    }
    closegraph( ) ;
}
```

4.1.4 音乐和动画的同步

1. 简单方法

一种简单的方法是将声音插入到动画的循环中，使两者“同步”播放。这种方法的优点是简单易懂，缺点是声音的播放影响动画的连续性，特别是当某个音符发音的时间较长时，动画将出现明显停顿现象。

【例 4-8】 将例 4-6 的音乐和例 4-7 的动画使用简单的方法同步播放。

```
#include <stdio.h>
#include <graphics.h>
#include <dos.h>
void main( )
{
    float   x1 , y1 , x2 , y2 ;
    char ch;
    int   i , j , gdriver = DETECT , gmode ;
    int fr[]={ 392 , 392 , 440 , 294 , 262 , 262 , 220 , 294 , 392 , 392 , \
              440 , 532 , 440 , 392 , 262 , 262 , 220 , 294 , 392 , 294 , \
              262 , 247 , 220 , 196 , 392 , 294 , 330 , 294 , 262 , 262 , \
              220 , 294 , 330 , 294 , 262 , 294 , 262 , 247 , 220 , 196 } ;
    int tim[] = { 4, 2, 2, 8, 4, 2, 2, 8, 4, 4, 3, 1, 2, 2, 4, 3, 1,8,4, 4, \
                 4 , 2, 2, 4, 4, 8, 2, 2, 4, 2, 6, 3, 1, 2, 2, 2, 2, 2, 2, 16   } ;
    initgraph( &gdriver , &gmode , "e:\\tc3\\bgi" ) ;
    for( i =0 ; i < 40 ; i++ )
    {   sound( fr[i] ) ;   /*将发声函数插到动画循环中*/
        for( j = 1 ; j < 15 ; j++ )
        {   setcolor( j + 1 ) ;
            x1 = 100+ i * 10 – j * 25 ; y1 = i % 2 ? 100 – j * 5 : 95 – j * 5 ;
            x2 = 110 + i * 10 – j * 25 ; y2 = 95 – j * 5 ;
            line(x1 , y1 , x2 , y2 ) ;
            x1 = 110 + i * 10 – j * 25 ; y1 = 95 – j * 5 ;
            x2 = 120 + i * 10 – j * 25 ; y2 = 100 – j * 5 ;
            line( x1 , y1 , x2 , y2 ) ;
            x1 = 120 + i * 10 – j * 25 ; y1 = 100 – j * 5 ;
```

```
            x2 = 130 + i * 10 - j * 25 ; y2 = 95 - j * 5 ;
            line( x1 , y1 , x2 , y2 ) ;
            x1 = 130 + i * 10 - j * 25 ; y1 = 95 - j * 5 ;
            x2 = 140 + i * 10 - j * 25 ; y2 = i % 2 ? 100 - j * 5 : 95 - j * 5 ;
            line( x1 , y1 , x2 , y2 ) ;
        }
        delay(tim[i]*100) ;          /*延迟的时间为对应音符的应发音时间*/
        nosound( );                  /*关闭扬声器，停止发音*/
        cleardevice( );
    }
    closegraph();
}
```

2．采用中断方法

一般，计算机中的硬件设备或部件通过向 CPU 申请中断的方法来获得 CPU 对其服务。而 8086 系列处理器为了响应，设置了一个中断向量的集合（即数组），并从 0～255 编号。每一个中断向量占 4 字节，它实际上存放一个地址，该地址是中断函数的入口地址（包括段地址和偏移量）。

要采用中断的方法使音乐和动画同步，需要调用两个函数，首先是获取中断向量函数 getvect。该函数的声明如下：

```
void   interrupt ( *getvect ( int    interruptno ) ) ( ) ;
```

即声明 getvect 是一个函数，它有一个参数 interruptno（中断号），该函数读取由中断号给出的中断向量的值，并返回该值，该值是指向一个为对应硬件中断服务的函数的（远）指针（即该硬件中断处理程序的入口地址）。

其次是设置中断向量函数 setvect，该函数的声明如下：

```
void   setvect ( int   interrupt , void interrupt   ( * isr )( ) ) ;
```

即声明 setvect 是一个函数，它有两个形参，一个是中断号 interrupt，另一个 isr 是新的中断服务函数的入口地址。该函数的作用是将中断号所指的中断向量用新的中断服务函数的入口地址来设置，从而使对应硬件产生中断时，调用新的中断处理函数。

音乐与动画同步的设计思想是利用计算机中的时钟中断，其中断号是 28（即十六进制 0x1c），该硬件每隔一段时间产生一次中断，即调用一次时钟中断处理程序，其中断向量存放的是时钟中断处理程序的入口地址。现在，将音乐函数定义成中断处理函数，并将其入口地址用 setvect 存放到时钟中断的中断向量中，代替原来时钟中断服务程序的入口地址，这样，当时钟产生中断时，就调用音乐中断处理函数。于是，可以正常播放动画，当时钟中断时，执行音乐中断处理函数（很快），处理完音乐后又继续播放动画，从而达到音乐和动画的同步播放。

将音乐函数定义为中断处理函数的语法为：

```
void interrupt   <音乐函数的定义>
```

【例 4-9】 下面给出音乐和动画同步的程序实例。该动画描绘了在夜空中有一轮明月，伴随着优美的东方红乐曲，一队大雁从夜空中飞过。

```
#include <stdio.h>
#include <graphics.h>
#include <dos.h>
/* 定义指向中断服务函数的指针变量以存放中断服务程序的入口地址 */
void interrupt  (*handler)( ) ;        /* 定义 handler 为指向中断服务函数的指针变量 */
void interrupt  music( ) ;             /* 声明音乐函数 music 为中断服务函数 */
int fr[]={ 392 , 392 , 440 , 294 , 262 , 262 , 220 , 294 , 392 , 392 , \
          440 , 532 , 440 , 392 , 262 , 262 , 220 , 294 , 392 , 294 , \
          262 , 247 , 220 , 196 , 392 , 294 , 330 , 294 , 262 , 262 , \
          220 , 294 , 330 , 294 , 262 , 294 , 262 , 247 , 220 , 196 , 0 } ;
int tim[]={ 4 , 2 , 2 , 8 , 4 , 2 , 2 , 8 , 4 , 4 , 2 , 2 , 2 , 2 , 4 , 2 , 2 , 8 , 4 , 4 , \
           4 , 2 , 2 , 4 , 4 , 4 , 2 , 2 , 4 , 2 , 2 , 2 , 2 , 2 , 2 , 2 , 2 , 2 , 2 , 12 , 0  } ;

void main( )
{
    float  x1 , y1 , x2 , y2 ;
    char ch ;
    int i , j , gdriver = DETECT , gmode ;
    initgraph( &gdriver , &gmode , "e:\\tc3\\bgi" ) ;
    handler = getvect( 0x1c ) ;        /* 获得原来的时钟中断的中断向量 */
    setvect( 0x1c , music ) ;          /* 将时钟的中断向量改为 music 函数的入口地址 */
    cleardevice( ) ;                   /* 清屏 */
    for( i = 0 ; i < 90 ; i++ )
    {
        setcolor(YELLOW) ;             /* 4 行用于画一个月亮 */
        setfillstyle(SOLID_FILL,YELLOW) ;  /* 设置填充样式为实填充，黄色 */
        circle( 320 , 100 , 50 ) ;         /* 以 320，100 为圆心，50 像素为半径画一个圆 */
        floodfill(320,100,YELLOW) ;        /* 所绘圆用黄色来填充 */
        for(j=1;j<15;j++)                  /* j 循环画出 15 个大雁 */
        {
            setcolor(j+1) ;
            x1=100+i*10-j*25 ; y1=i%2?100-j*5:95-j*5 ;
            x2=110+i*10-j*25 ; y2=95-j*5 ;
            line(x1,y1,x2,y2) ;
            x1=110+i*10-j*25 ; y1=95-j*5 ;
            x2=120+i*10-j*25 ; y2=100-j*5 ;
            line(x1,y1,x2,y2) ;
            x1=120+i*10-j*25 ; y1=100-j*5 ;
            x2=130+i*10-j*25 ; y2=95-j*5 ;
            line(x1,y1,x2,y2);
            x1=130+i*10-j*25 ; y1=95-j*5 ;
            x2=140+i*10-j*25 ; y2=i%2?100-j*5:95-j*5 ;
            line(x1,y1,x2,y2);
        }
        delay(400) ;
        cleardevice( ) ;
    }
```

```
    setvect( 0x1c , handler ) ;          /* 恢复时钟原来的中断向量 */
    closegraph ( ) ;
    nosound ( ) ;
}
/* 音乐中断服务函数 */
void interrupt music( )
{
    static int flag=0,note=0,fre,dur ;
    if(flag>=( int ) (dur * 3 ) )        /*flag 控制中断几次后才换音符*/
    {
        flag=0 ;
        nosound( ) ;
        fre = fr[note] ;
        dur = tim[note] ;                /* dur 与该音符的节拍数成正比 */
        sound( fre ) ;
        note++ ;
        if( note>= 41 ) note = 0 ;       /* 使音乐循环播放 */
    }
    handler( ) ;                         /*调用原来时钟的中断服务程序*/
    flag++ ;
}
```

4.2 汉字使用技术

在编写小型应用程序时，如果能使用汉字输入或输出信息，将给实际应用带来较大的方便。在 Turbo C++ 3.0 集成开发环境下要使用汉字有 5 种方法：第一种，也是最基本的方法是开机时直接启动 DOS 操作系统（如 DOS 6.22），并配置好高端内存、上位内存和扩展内存，然后启动 UCDOS 汉字操作系统，之后再启动 Turbo C++ 3.0 集成开发环境，这样就可以直接使用汉字了；第二种方法是使用 VC++ 6.0 以上版本的 C 语言部分，可以方便地处理汉字，但对初学 C 程序设计的人来说，最好不使用比较高级的开发环境，以便更多地接触、学习系统底层的软硬件知识；第三种方法是使用经过汉化的 Turbo C 版本，如 Win-TC，它是 Turbo C 2.0 经过汉化的版本，在文本模式下可以方便地输入输出汉字；第四种方法是将要使用的个别汉字的显示字模放到一维字符数组中，然后在屏幕上直接输出该汉字；第五种是先建立自己的应用程序所用到的小汉字显示字库，然后再在图形模式下输出用到的汉字。本节主要介绍后 3 种较实用的方法。

4.2.1 使用汉字的基础知识

1. 汉字编码

计算机处理汉字信息的前提条件是对每个汉字进行编码，这些编码统称为汉字编码。汉字信息在系统内传送的过程就是汉字编码转换的过程。

1）汉字交换码——国标码，即国家标准的汉字交换码。是指汉字信息处理系统之间或通信系统之间传输信息时，对每一个汉字所规定的统一编码。我国已指定“信息交换用汉字编码字符集——基本集及其交换码标准”，即 GB 2312-80 标准，其中收录了一级汉字 3755 个，二级汉字 3008 个，再加上西文字母、数字和图形符号等 700 个。国标码规定：一个汉字用两个字节表示，每个字节只用低 7 位，与 ASCII 码相似。所有汉字编码都应该遵循这一标准，汉字机内码的编码、汉字库的设计、汉字输入码的转换等，都以此标准为基础。

2）区位码。将 GB 2312-80 的全部字符集组成一个 94×94 的方阵，每一行称为一个“区”，编号为 0l～94；每一列称为一个“位”，编号为 0l～94，这样得到 GB 2312-80 的区位图，如图 4-2 所示。用区位图的位置来表示的汉字编码，称为区位码。如“大”字位于 20 区 83 位，其区位码就是 2083，写成十六进制的区位码应占两字节，其中高位字节为区号、低位字节为位号，则“大”字的区位码为 1453H。区位码和国标码的关系比较简单，将区位码的高低两个字节分别加上 20H，就得到对应的国标码。如“大”字的国标码为 1453H+2020H=3473H。

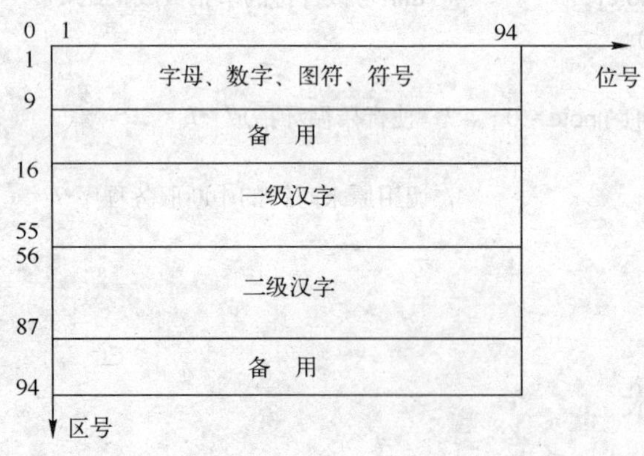

图 4-2 汉字区位分布图

3）机内码。一个汉字的国标码由两个字节构成，每一个字节都像一个 ASCII 码。为了防止产生二义性问题，大部分汉字系统都采用将国标码每个字节高位置为 1，即相当于将其每个字节都加上 80H 后作为该汉字机内码。因此，汉字的机内码又称为“变形国标码”。如“大”字的机内码为 3473H+8080H=1453H+a0a0H=b4f3H。

4）汉字输入码。为了将汉字快速地输入到计算机中，目前已经有了各种各样的汉字输入方法和编码。比如区位码输入法、全拼输入法、智能拼音输入法、五笔字型输入法等等。不论采用哪种输入码，都是为了快速地选择汉字。但当输入到计算机中后，都会转换成统一的汉字机内码。

5）汉字库。处理汉字的目的，最终都是要在显示器或打印纸上显示或打印出汉字的点阵字形，这种点阵字形的编码称为汉字字模。采用的方法是将各个汉字的字模按照国标码（机内码）的顺序组织存放在一个库文件中，称为汉字库。显示时根据要显示汉字的机内码按顺序查找库文件中相应汉字的字模，然后将该字模显示在屏幕上。要显示不同字体、大小的汉字，就需要使用不同的汉字库。如 HZK12S、HZK16、HZK16F、HZK16K、HZK16H 分别为 12 点阵宋体、16 点阵宋体、仿宋体、楷体、黑体汉字库，其中存储着各种类型汉字的点阵字模。以“大”字为例，其 12 点阵宋体字模需要 24 字节存放，这 24 字节分别为：

0x04,0x00,0x04,0x00,0x04,0x40,0xFF,0xE0,
0x04,0x00,0x04,0x00,0x0A,0x00,0x0A,0x00,
0x11,0x00,0x20,0x80,0xC0,0x60,0x00,0x00。

输出该汉字的字形如图 4-3 所示。

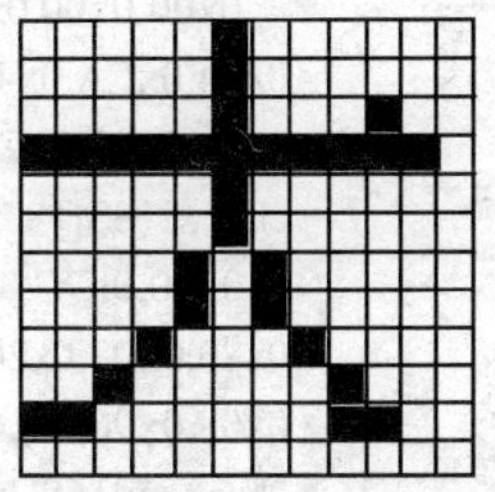

图 4-3 “大”字的字形

2．汉字的处理过程

在程序中要处理汉字，首先要用某种汉字输入法将汉字输入到计算机中，这时已经将汉字的输入码转换成机内码并存储起来；之后，计算机就可以处理该汉字，包括对汉字的存储、传送、加工等操作，这时处理的汉字都是以机内码的形式出现；最后根据汉字的机内码在某一汉字库中找到相应的字模，就可以将该汉字在屏幕上输出或打印在纸上了。

4.2.2 直接使用汉字字模显示汉字

在 Turbo C++ 3.0 的 IDE 中可以使用汉字的显示字库中的字模直接在图形模式下显示汉字。如果使用少量的汉字，这是一种最简单易行的方法。在 Win-TC 环境下有一个查找各种点阵和字体的汉字和符号的字模的菜单项，可以方便地查找所需要的字模。当使用的汉字较多时，使用这种方法会使程序太长，占用内存空间太多，而且只能在图形模式下使用。下面举例说明这种使用方法。

【例 4-10】 使用汉字字模直接显示 16 点阵汉字“学生成绩管理系统”。

```
#include <conio.h>
#include <stdio.h>
#include<graphics.h>
char   xue16S[] = {   /* 以下是 '学' 的 16 点阵宋体 字模，32 byte */
0x01,0x08,0x10,0x8C,0x0C,0xC8,0x08,0x90,0x7F,0xFE,0x40,
0x04,0x8F,0xE8,0x00,0x40,0x00,0x80,0x7F,0xFE,0x00,0x80,
0x00,0x80,0x00,0x80,0x00,0x80,0x02,0x80,0x01,0x00     };
char   sheng16S[] = {   /* 以下是 '生' 的 16 点阵宋体 字模，32 byte */
0x00,0x80,0x10,0xC0,0x10,0x80,0x10,0x88,0x1F,0xFC,0x20,
0x80,0x20,0x80,0x40,0x88,0x9F,0xFC,0x00,0x80,0x00,0x80,
0x00,0x80,0x00,0x80,0x00,0x84,0x7F,0xFE,0x00,0x00     };
char cheng16S[]={   /* 以下是 '成' 的 16 点阵宋体 字模，32 byte */
0x00,0xA0,0x00,0x90,0x00,0x80,0x3F,0xFE,0x20,0x80,0x20,
0x80,0x3E,0x88,0x22,0x8C,0x22,0x48,0x22,0x50,0x22,0x20,
0x2A,0x60,0x44,0x92,0x41,0x0A,0x86,0x06,0x00,0x02     };
char ji16S[] = {   /* 以下是 '绩' 的 16 点阵宋体 字模，32 byte */
0x10,0x40,0x17,0xFC,0x20,0x40,0x23,0xF8,0x48,0x40,0xF7,
0xFE,0x10,0x00,0x23,0xF8,0x42,0x08,0xFA,0x48,0x02,0x48,
0x02,0x48,0x18,0xA0,0xE0,0x90,0x01,0x08,0x02,0x08     };
char guan16S[]={   /* 以下是 '管' 的 16 点阵宋体 字模，32 byte */
  0x20,0x80,0x3E,0xFC,0x51,0x20,0x8A,0x10,0x01,0x00,0x7F,
0xFE,0x40,0x04,0x1F,0xE0,0x10,0x20,0x1F,0xE0,0x10,0x00,
0x1F,0xF0,0x10,0x10,0x10,0x10,0x1F,0xF0,0x10,0x10     };
char li16S[]={   /* 以下是 '理' 的 16 点阵宋体 字模，32 byte */
```

```
    0x00,0x00,0x03,0xFC,0xFA,0x44,0x22,0x44,0x23,0xFC,0x22,
0x44,0xFA,0x44,0x23,0xFC,0x22,0x44,0x20,0x40,0x23,0xFC,
0x38,0x40,0xC0,0x40,0x00,0x40,0x0F,0xFE,0x00,0x00      };
char xi16S[] = {    /*  以下是 '系' 的 16 点阵宋体 字模，32 byte */
    0x00,0x7C,0x3F,0x80,0x02,0x20,0x04,0x20,0x08,0x40,0x1F,
0x80,0x03,0x20,0x0C,0x10,0x3F,0xF8,0x10,0x8C,0x04,0xA0,
0x08,0x90,0x10,0x88,0x20,0x84,0x42,0x84,0x01,0x00      };
char tong16S[]={    /*  以下是 '统' 的 16 点阵宋体 字模，32 byte */
    0x10,0x40,0x10,0x20,0x23,0xFE,0x20,0x40,0x44,0x40,0xF8,
0x88,0x09,0x04,0x13,0xFE,0x20,0x94,0x7C,0x90,0x00,0x90,
0x00,0x90,0x1D,0x12,0xE1,0x12,0x02,0x0E,0x04,0x00      };
void drawmat(char *mat,int matsize,int x,int y,int color)
/*依次：字模指针、点阵大小、起始坐标(x,y)、颜色*/
{
    int i, j, k, n;
    n = (matsize - 1) / 8 + 1;
    for(j = 0; j < matsize; j++)
      for(i = 0; i < n; i++)
        for(k = 0;k < 8; k++)
          if(mat[j * n + i] & (0x80 >> k))    /*测试为 1 的位则显示*/
            putpixel(x + i * 8 + k, y + j, color);
}
void main()
{
    int    gdriver = DETECT , gmode;
    initgraph ( &gdriver , &gmode , "" ) ;
    drawmat(xue16S, 16, 15, 6,WHITE);
    drawmat(sheng16S, 16, 40, 6,WHITE);
    drawmat(cheng16S, 16, 65, 6,WHITE);
    drawmat(ji16S, 16, 90, 6,WHITE);
    drawmat(guan16S, 16, 115, 6,WHITE);
    drawmat(li16S, 16, 140, 6,WHITE);
    drawmat(xi16S, 16, 165, 6,WHITE);
    drawmat(tong16S, 16,190,6,WHITE);
    getch( ) ;
}
```

4.2.3 使用小汉字库显示汉字

这种方法首先从某一个汉字库中找出自己的程序要用到的汉字的字模，并把这些汉字字模按照一定顺序事先放到自己的小汉字库文件中，然后再从该文件中一次读出，并显示在屏幕上。下面给出具体实现步骤。

1）首先，打开记事本程序，输入“北华大学：计算机学院”共 10 个汉字或符号，然后以 MY.TXT 存盘。这一步的目的是要得到这些汉字的机内码。

2）找来某一点阵的汉字库，比如 HZK16，即宋体 16 点阵汉字库，自己编一个小程序，从库中取出自己所需汉字的字模，并存储到小汉字库中。为了使用方便，小汉字库是按照所需的词组组织的，里面难免有重复的汉字字模。在运行这个小程序时，最好将HZK16、MY.TXT两个文件复制到当前工作目录下。

【例 4-11】 建立含有“北华大学：计算机学院”共 10 个汉字和符号的小汉字库MYXK.LIB。该文件将在当前工作目录下建立。

```
#include <stdio.h>
void    main ( )
{
    FILE    *fp16 , *fp16ma , *fp16xk;
    long int    xuhao ;
    int    i ;
    unsigned char    ma[2] ;
    unsigned char    hz16dz[32] ;
    fp16ma = fopen ( "my.txt" , "r" ) ;
    fp16 = fopen ( "hzk16" , "r" ) ;
    fp16xk = fopen ( "myxk.lib" , "wb" ) ;
    for( i = 1 ; i <= 10 ; i++ )
    {
        fread ( ma , 2 , 1 , fp16ma ) ;
        xuhao = ( ma[0] - 0xa1 ) * 94 + ma[1] - 0xa1 ;
        fseek ( fp16 , xuhao * 32 , SEEK_SET ) ;
        fread ( hz16dz , 32 , 1 , fp16 ) ;
        fwrite ( hz16dz , 32 , 1 , fp16xk ) ;
    }
    fclose ( fp16ma ) ;
    fclose ( fp16 ) ;
    fclose ( fp16xk);
}
```

需要指出，HZK16 中的前 15 区为字母、图符、数字、符号。而有的汉字库 10～15 区没有任何符号，这时计算 16 区及以后汉字的序号应采用如下的语句：

```
xuhao=( ma[0] - 0xa1 - 6 ) * 94 + ma[1] - 0xa1 ;
```

还有的汉字库 8～15 区没有任何符号，这时计算 16 区及以后汉字的序号应采用如下的语句：

```
xuhao=( ma[0] - 0xa1 - 8 ) * 94 + ma[1] - 0xa1 ;
```

3）在用户的应用程序中显示自己的小汉字库中的汉字和符号。有了自己的小汉字库，就可以根据需要读取相应汉字的字模，并在图形模式下输出显示相应的汉字。

【例 4-12】 从小汉字库 MYXK.LIB 中依次读出“北华大学：”，“计算机学院”两个词组的汉字字模，并显示在屏幕上。

```
#include <stdio.h>
#include <graphics.h>
```

```
#include <conio.h>
void drawmat(char *mat,int matsize,int x,int y,int color)
/*依次：字模指针、点阵大小、起始坐标(x,y)、颜色*/
{
    int i, j, k, n;
    n = (matsize - 1) / 8 + 1;
    for(j = 0; j < matsize; j++)
      for(i = 0; i < n; i++)
         for(k = 0;k < 8; k++)
            if(mat[j * n + i] & (0x80 >> k))    /*测试为 1 的位则显示*/
               putpixel(x + i * 8 + k, y + j, color);
}
void main( )
{
    FILE    *fp16xk;
    unsigned char hz16dz[32];
    int    gdriver = DETECT , gmode , i ;
    initgraph ( &gdriver , &gmode , "E:\\TC3\\BGI" ) ;
    fp16xk=fopen("myxk.lib","rb");
    for( i = 0 ; i <= 4 ; i++ )
    {
        fread(hz16dz,32,1,fp16xk);
        drawmat(hz16dz , 16 , 240 + i * 32 , 160 , WHITE ) ;
    }
    for( i = 0 ; i <= 4 ; i++ )
    {
        fread(hz16dz,32,1,fp16xk);
        drawmat(hz16dz , 16 , 240 + i * 32 , 240 , RED ) ;
    }
    fclose ( fp16xk);
    getch( ) ;
}
```

4.2.4 在 Win-TC 环境下使用汉字

由于 Win-TC 是由王进开发的 Turbo C 的汉化版本，在其文本模式下使用字符串就可以方便地输入、存储、处理和输出汉字。Win-TC 是一个免费软件，在网上很容易下载，使用也很简单。只需在其编辑窗口输入源程序并存盘，然后选择“运行”菜单下的“编译连接”命令对该源程序文件进行编译和连接，之后选择“超级工具集”菜单下的“中文 DOS 环境运行”命令即可在中文 DOS 环境下运行该程序，在需要输入汉字时，按〈Alt+F3〉键可以切换到“成然拼音”输入法来输入汉字。下面举例说明汉字的使用方法。

【例 4-13】 在 Win-TC 环境下输入和输出汉字。

```
#include <stdio.h>
int    main ( )
```

```
{
    unsigned char   c[40] ;
    printf ( "请输入学校名和学院名：\n" ) ;
    scanf ( "%s" , c ) ;
    printf ( "%8.8s\n%s\n" , c , c + 8 ) ;
    getch ( ) ;
    return   0 ;
}
```

运行结果：

```
请输入学校名和学院名：
北华大学计算机科学技术学院↙
北华大学
计算机科学技术学院
```

4.3 键盘技术基础

1．键盘的编码

每当按下一个键时，就会使其下方的开关暂时闭合。键盘上各个按键都处在一个开关阵列不同的行列位置上。键盘中有一片 MCS8048 或 MCS8049 微处理器芯片，它是一个 4 位单片机微处理器，负责对各个按键下的开关的状态进行扫描和处理。当它检测到某一个键按下时，就会“分析”得出代表该位置按键的扫描码，并向主机发送一个 IRQ1 中断请求信号，即 INT 9，然后把 1 字节的扫描码传送给主机。扫描码的 0～6 位标识了被按下的键在键盘上的位置，其最高位第 7 位标识了该键按下（=1）或释放（=0）的状态。于是，每当有键被按下时，就会向主机的 CPU 发出 IRQ1 号中断请求，从而产生 INT 9 号中断，调用 ROM BIOS 中的键盘中断处理程序，将得到的键扫描码翻译成对应的 ASCII 码。在翻译时还要根据〈Shift〉、〈Caps Lock〉键的状态决定字母的大小写或上档、下档字符。

由于 ASCII 码仅有 2^7 = 128 个，不能包括 PC 键盘上的所有键以及功能键和组合键，因此需要使用扩充码，即使用 2 字节来表示。如果其低字节为非 0，则为该按键的 ASCII 码，这时其高字节为该键的扫描码。如果低字节为 0，则高字节为扩充码（有时也将高字节扩充码称为扫描码）。键盘中断处理程序把转换后的扩充码存放在 2 字节的 AX 寄存器中，存放格式如表 4-5 所示。

表 4-5　键盘扩充码

按　键	AH（AX 寄存器的高字节）	AL（AX 寄存器的低字节）
字 符 键	扫 描 码	ASCII 码
功能键/组合键	扩充码（也可称扫描码）	0

详细的各个按键的扫描码请参看附录 B 的键盘扫描码表。

需要指出，组合键〈Shift + a〉表示大写字母 A，其扫描码与小写字母 a 相同，但 ASCII 码显然不同。有些组合键具有特殊功能，比如，〈Ctrl+Alt+Del〉组合键将调出任务管理器，而〈Ctrl+Break〉组合键将引发 INT 1BH 中断，这些组合键将不产生扫描码。

2．键盘操作函数

在 C 语言中，从键盘接收数据的函数有很多。比如，scanf、gatch、getchar、gets、bioskey 等，其中以 bioskey 函数功能较强，使用该函数可以方便地判断出是否有键按下以及什么键被按下。该函数的声明如下：

```
int  bioskey ( int  cmd ) ;
```

该函数使用 BIOS 中的 0x16 号中断实现各种键盘操作，参数 cmd 规定执行什么键盘任务。返回值取决于完成的键盘任务。

如果 cmd = 0(即_KEYBRD_READ，用于_bios_keybrd 函数，下同)，如果返回值的低 8 位为非零（即按下普通键），返回值为在队列中等待的下一个按键或在键盘上下一个按键的 ASCII 码值。

如果 cmd = 1（_KEYBRD_READY），该任务是测试是否有键按下。如果没有键被按下，返回值为 0；如果〈Ctrl+Break〉被按下，返回值为–1；此外，返回值为所按键的值，该按键本身被保留，以便下一次用 cmd = 0（_KEYBRD_READ 或_NKEYBRD_READ）调用该函数时作为返回值。

如果 cmd = 2（_KEYBRD_SHIFTSTATUS），该任务是要求当前上档（〈Shift〉）键的状态。此时的返回值将是 0 个或多个下列值的或（OR）运算：

字节位	值	含义
0	0x01	右〈Shift〉键按下
1	0x02	左〈Shift〉键按下
2	0x04	〈Ctrl〉键按下
3	0x08	〈Alt〉键按下
4	0x10	卷动锁开启（Scroll Lock on）
5	0x20	数字锁开启（Num Lock on）
6	0x40	上档锁开启（Caps Lock on）
7	0x80	插入状态开启（Insert on）

下面举例说明该函数的使用方法。

【例 4-14】 下面的程序段实现获取用户按键的扫描码和 ASCII 码（如果是 ASCII 键）。

```
#include "bios.h"
void  main( )
 {  union  {  int  c ; char  ch[2] ;  } key ;
    do
    {
       printf ( "press any key...\n" ) ;
       key.c = bioskey ( 0 ) ;
       if ( key.ch[0] == 0 )
           printf ( "Special key: %xH--%d\n" , key.ch[1] , key.ch[0] ) ;
       else
           printf ( "ASCII key: %xH--%d\n" , key.ch[1] , key.ch[0] ) ;
```

```
    } while ( key.ch[0] != 'q' ) ;
}
```

从例 4-14 可以看出，使用 bioskey 函数可以方便地判断出按键的扫描码和 ASCII 码，于是可以有效地对键盘的各个按键加以控制。

4.4 鼠标驱动技术

在 DOS 操作系统下进行应用程序编程时，人机交互的方式不仅仅局限于键盘的敲击，还可使用鼠标对所选择对象进行操作，对鼠标进行应用化编程就成为程序设计人员需要掌握的技术。对鼠标编程的了解与应用水平，一定程度上也成为衡量程序员软硬件知识的一个尺度。

1．鼠标驱动原理简介

目前常用的鼠标主要有两种形式，一种为光机式鼠标，一种是光电式鼠标，而且光电式鼠标居多。目前鼠标与主机的接口多采用 PS/2 接口或 USB 接口。要使用鼠标，就必须先运行鼠标驱动程序。该驱动程序一般由鼠标的生产厂家来提供。一般鼠标驱动程序首先将 PS/2 接口或 USB 接口初始化，然后采用中断方式接收鼠标数据，即采用 INT 33H 中断，即 33H 号中断。Microsoft 的 INT 33H 中断调用通过设置不同的入口参数可以实现 35 个功能调用。其中常用的功能调用的功能号、入口和出口参数如表 4-6 所示。

表 4-6　INT 33H 常用功能号的功能及参数

功能号	功能	入口参数	出口参数
0	鼠标复位并取状态	m1 = 0	m1 = - 1，鼠标安装成功 m1 = 0，鼠标安装失败 m2= 鼠标按钮的数目
1	显示鼠标光标	m1 = 1	
2	隐藏鼠标光标	m1 = 2	
3	取按钮状态和鼠标位置	m1 = 3	m2= 按钮状态
4	设置鼠标光标位置	m1 = 4 m3= 光标 x 坐标 m4= 光标 y 坐标	
5	取按钮按下状态	m1 = 5 m2 =按钮号 0（左按钮）、1（右按钮）	m1= 各按钮按下的状态 m2= 按下次数 m3= 最后按下的 x 坐标 m4= 最后按下的 y 坐标
6	取按钮释放状态	m1 = 6 m2= 按钮号 0（左按钮）、1（右按钮）	m1= 各按钮释放的状态 m2= 释放次数 m3= 最后释放的 x 坐标 m4= 最后释放的 y 坐标
7	设置水平移动范围	m1 = 7 m3 = x 坐标的左边界 m4 = x 坐标的右边界	
8	设置垂直移动范围	m1 = 8 m3 = y 坐标的上边界 m4 = y 坐标的下边界	
11	取鼠标移动方向和距离	m1 = 11	m3 = x 方向移动距离 m4 = y 方向移动距离
12	设中断程序掩码和地址	m1 = 12 m3= 调用掩码 m4= 程序地址	

在表 4-6 中，各入口和出口参数 m1、m2、m3、m4 分别存放在 AX、BX、CX、DX 寄存器中。鼠标各按钮按下或释放的状态由出口参数 m1（即 AX）得到，以鼠标按下为例，其信息格式如下：

位	m1= 0 时	m1= 1 时
第 0 位	左按钮未按下	左按钮正在按下
第 1 位	右按钮未按下	右按钮正在按下
第 2 位	中按钮未按下	中按钮正在按下

当使用功能 12 设置鼠标中断服务程序时，其入口参数 m3 等于调用掩码，该掩码指定产生中断、执行用户鼠标中断服务程序的条件。该调用掩码的各位与中断产生条件如下（掩码位置 1 时，便产生中断）：

掩码位	中断条件
0	光标位置移动
1	左按钮按下
2	左按钮释放
3	右按钮按下
4	右按钮释放

2．鼠标驱动举例

以下给出一个简单的鼠标应用的例子，这是一个简单的鼠标移动与单击的程序。程序使用函数将许多贴近硬件的操作模块化，将键值宏定义为容易理解的用户标识符，用循环接受鼠标操作，用判断语句查看鼠标的移动和单击情况。程序中使用的函数及作用，如表 4-7 所示。

表 4-7　鼠标驱动程序中使用的函数

序　号	函 数 名	主 要 作 用
1	main( )	主程序模块
2	MouseOn(int x,int y)	鼠标光标显示
3	MouseOff ( )	消除原位置鼠标光标（即鼠标指针）
4	MouseLoad( )	鼠标是否加载
5	MouseReset( )	鼠标状态值初始化
6	MouseSetX(int lx,int rx)	设置鼠标左右边界：lx-左，gx-右
7	MouseSetY(int uy,int dy)	设置鼠标上下边界：uy-上，dy-下
8	MouseSetXY(int x,int y)	设置鼠标当前位置：x-横坐标，y-纵坐标
9	MouseSpeed(int vx,int vy)	设置鼠标速度(默认值 vx = 8 , vy = 1），值越大速度越慢
10	LeftPress( )	是否按下左键：返回值 1-按下，0-释放
11	MiddlePress( )	是否按下中键：返回值 1-按下，0-释放
12	RightPress( )	是否按下右键:返回值 1-按下，0-释放
13	MouseGetXY( )	获取鼠标当前位置
14	MouseStatus( )	鼠标按键状态
15	Close()	判断退出系统
16	creat_window()	画窗口

【例 4-15】 鼠标移动与单击的例子。

```
#include <graphics.h>
#include <stdlib.h>
#include <dos.h>
#include <conio.h>
/*鼠标信息宏定义*/
#define WAITING 0xff00
#define LEFTPRESS 0xff01
#define LEFTCLICK 0xff10
#define LEFTDRAG 0xff19
#define RIGHTPRESS 0xff02
#define RIGHTCLICK 0xff20
#define RIGHTDRAG 0xff2a
#define MIDDLEPRESS 0xff04
#define MIDDLECLICK 0xff40
#define MIDDLEDRAG 0xff4c
#define MOUSEMOVE 0xff08
int Keystate;
int MouseExist;
int MouseButton;
int MouseX;
int MouseY;
int mpoly[16]={0,0,9,8,6,9,9,15,6,16,3,10,0,12,0,0};          /*鼠标外框原顶点坐标 */
int mnowpoly[16]={0,0,9,8,6,9,9,15,6,16,3,10,0,12,0,0};   /* 新顶点坐标 */
int re[17][10];   /* 存鼠标指针经过前的像素颜色 */
void MouseOn( int   x , int   y )                    /* 鼠标指针显示函数 */
{
    int   i , j , color ;
    for(i=0;i<17;i++)                               /* 二重循环保存目前鼠标指针所在位置原像素 */
      for(j=0;j<10;j++)   re[i][j]=getpixel(x+j,y+i);
    for(i=0;i<16;i++)                               /* 计算目前鼠标指针各个顶点坐标 */
    {
        mnowpoly[i] = mpoly[i] + x ;
        i++ ;
        mnowpoly[i] = mpoly[i] + y ;
    }
    setcolor ( RED ) ;                              /* 5 行画出鼠标指针  */
    drawpoly( 8 , mnowpoly ) ;
    setfillstyle( SOLID_FILL , WHITE ) ;
    floodfill( mnowpoly[0] + 1 , mnowpoly[1] + 5 , RED ) ;
    setcolor( BLACK ) ;   drawpoly( 8 , mnowpoly ) ;
}
void   MouseOff (int   x , int   y )               /* 将原位置的鼠标指针消除函数 */
{
    int   i , j , color ;
```

```
    for ( i = 0 ; i < 17 ; i++ )                       /*  二重循环将原位置鼠标指针异或消去*/
      for ( j = 0 ; j < 10 ; j++ )
      {
            color = getpixel ( x + j , y + i ) ;
            putpixel ( x + j , y + i , color ^ color ) ;
            putpixel ( x + j , y + i , re[i][j] ) ;
      }
}
/*鼠标是否加载函数：MouseExist=1 加载，=0 未加载，MouseButton：鼠标按键数目 */
void   MouseLoad (   )
{
    _AX = 0x00 ;
    geninterrupt ( 0x33 ) ;
    MouseExist = _AX ;
    MouseButton = _BX ;
}
void   MouseReset (   )                        /*鼠标状态值初始化函数*/
{
    _AX = 0x00 ;
    geninterrupt ( 0x33 ) ;
}
void   MouseSetX (int   lx , int   rx )     /*  设置鼠标左右边界函数 */
{
    _CX = lx ;              /* lx:左边界 */
    _DX = rx ;              /* rx:右边界 */
    _AX = 0x07 ;
    geninterrupt ( 0x33 ) ;
}
void MouseSetY ( int   uy , int   dy )      /*  设置鼠标上下边界函数 */
{
    _CX = uy ;              /* uy:上边界 */
    _DX = dy ;              /* dy:下边界 */
    _AX = 0x08 ;
    geninterrupt (0x33 ) ;
}
void   MouseSetXY ( int   x , int   y )    /*  设置鼠标指针当前位置函数 */
  {
      _CX = x ;           /* x：横向坐标 */
      _DX = y ;           /* y：纵向坐标 */
      _AX = 0x04 ;
      geninterrupt ( 0x33 ) ;
  }
/*  设置鼠标速度函数（默认值：vx = 8，vy = 1），值越大速度越慢 */
void   MouseSpeed ( int   vx , int   vy )
{
    _CX = vx ;
    _DX = vy ;
    _AX = 0x0f ;
```

```
    geninterrupt(0x33);
}
/* 获取鼠标按下键的信息 */
int LeftPress( )          /*获取按下左键信息函数，返回值=1 按下，=0 释放 */
{
    _AX = 0x03 ;
    geninterrupt(0x33) ;
    return(_BX&1) ;
}
int MiddlePress( )        /*获取按下中键信息函数，返回值=1 按下，=0 释放 */
{
    _AX = 0x03 ;
    geninterrupt(0x33) ;
    return(_BX&4) ;
}
int RightPress( )         /*获取按下右键信息函数，返回值=1 按下，=0 释放 */
{
    _AX = 0x03 ;
    geninterrupt(0x33) ;
    return(_BX&2) ;
}
void MouseGetXY( )  /* 获取鼠标当前位置函数 */
{
    _AX = 0x03 ;
    geninterrupt(0x33) ;
    MouseX = _CX ;
    MouseY = _DX ;
}
int MouseStatus( )        /*鼠标按键情况*/
{   int x , y , status , press = 0 , i , j , color ;
    status = 0 ;          /* 默认鼠标没有移动 */
    x = MouseX ;   y = MouseY ;          /* 将原鼠标光标位置放在 x、y 中 */
    while(x==MouseX && y==MouseY && status==0 && press==0)
    {
        press = Close( ) ;
        MouseGetXY( ) ;
        if(MouseX != x || MouseY != y)   status = 1 ;
    }
    if( status )                         /* 移动情况才重新显示鼠标*/
    {
        MouseOff( x , y ) ;              /* 将原位置鼠标光标消除 */
        MouseOn(MouseX , MouseY ) ;  /* 在新位置显示鼠标光标 */
    }
    return press ;             /* 返回按键的情况，0=无按键，非 0=有按键 */
}
void creat_window( )         /* 画窗口函数 */
{
    setbkcolor(7) ;          /* 设置背景色为浅灰色 */
    setcolor(WHITE) ;        /* 设置前景色为白色 */
```

```
    line(0,0,640,0) ;                /* 在屏幕的最顶部划一条通长的白色横线 */
    line(0,0,0,480) ;                /* 在屏幕的最左边画一条通长的白色竖线 */
    setcolor ( DARKGRAY ) ;          /* 设置前景色为深灰色 */
    line (639,0,639,480 ) ;          /* 在屏幕的最右边画一条深灰色竖线 */
    line (0,479,640,479 ) ;          /* 在屏幕的最底部画一条深灰色竖线 */
    setfillstyle ( 1 , 1 ) ;         /* 设置填充样式为实填充、蓝色 */
    bar ( 1 , 1 , 637 , 16 ) ;       /*在屏幕的顶部画一个 16 像素高的蓝色标题栏*/
    setcolor ( DARKGRAY ) ;          /* 设置前景色为深灰色 */
    line ( 3 , 34 , 636 , 34 ) ;     /* 由（3,34）到（637,34）画深灰色横线 */
    setcolor ( 15 ) ;                /* 设置前景色为白色 */
    line ( 3 , 35 , 636 , 35 ) ;     /* 由（3,35）到（636,35）画白色横线 */
    setcolor ( WHITE ) ;             /* 11 行画出关闭按钮 */
    line ( 622 , 3 , 634 , 3 ) ;
    line ( 622 , 3 , 622 , 13 ) ;
    setcolor ( DARKGRAY ) ;
    line ( 635 , 3 , 635 , 14 ) ;
    line ( 622 , 14 , 635 , 14 ) ;
    setfillstyle ( 1 , 7 ) ;
    bar ( 623 , 4 , 634 , 13 ) ;
    setcolor ( 8 ) ;
    line ( 625 , 5 , 632 , 12 ) ;
    line ( 632 , 5 , 625 , 12 ) ;
    setcolor ( WHITE ) ;             /* 在标题栏输出窗口的标题 */
    settextstyle ( 0 , 0 , 0 ) ;
    outtextxy ( 3 , 4 , "ShuBiao Cao Zuo---Ke Cheng She Ji" ) ;
}
int  Close ( )  /* 判断退出系统*/
{
    if ( LeftPress (  ) )
    if ( ( MouseX < 635 && MouseX > 622 ) && ( MouseY < 14 && MouseY > 3 ) )
    {
      closegraph (  ) ;
      exit ( 0 ) ;
    }
}
void  main (  )  /* 主函数 */
{
   int   gd = DETECT , gm ;
   initgraph ( &gd , &gm , "E:\\tc3\\BGI" ) ;
   MouseSetY ( 0 , 479 ) ;               /* 设置鼠标垂直边界 */
   MouseSetX ( 0 , 639 ) ;               /* 设置鼠标水平边界 */
   MouseSetXY ( 100 , 100 ) ;            /* 设置鼠标光标初始位置 */
   settextstyle ( 0 , 0 , 2 ) ;          /* 设置 8×8 点阵字体、水平、2 倍大 */
```

```
        outtextxy ( 100 , 200 , "ShuBiao YiDong ji DianJi" ) ;
        creat_window (   ) ;
        MouseGetXY (   ) ;                    /* 获得鼠标光标当前位置 */
        MouseOn ( MouseX , MouseY ) ;     /* 第一次显示鼠标光标（即鼠标指针）*/
        while ( 1 )   MouseStatus ( ) ;
    }
```

4.5 数据安全技术

我们开发的应用程序大都是信息管理系统。比如，学生成绩管理系统就是一个小型的信息管理系统。该系统管理的对象主要是学生的各门课程的成绩等大量的数据信息。为了防止这些重要的数据不被恶意地修改、删除和窃取，必须采取一定的安全防范措施。比如要想进入该系统必须首先登录，进行身份和口令验证、对数据进行加密、对数据文件进行及时备份，当损坏时再进行数据恢复等。为了简单起见，这里仅介绍一种口令验证的“登录”模块的案例。

1. 登录模块的算法

登录主要是指要求想要使用信息管理系统的用户输入用户名和密码口令，为了简单起见，这里仅要求输入口令。该登录模块的简化的算法流程图如图 4-4 所示。

下面给出该算法的“正文”描述：

1）首先，将 3 个字符数组 pass、buf、star 都置成空串。

2）建立名为 pass1 的磁盘文件，将预设的口令"ABCD1234"存放在其中。

3）从 pass1 文件中读取口令并放到 buf 数组中。

4）进入图形模式，画出登录对话框窗体，其中主要包括蓝色的标题栏、白色的“登录对话框”标题和浅灰色的窗口，窗口中部为口令输入框，窗口下部为口令错误提示框。

5）令 n = 3，进入 while 循环，当 n 不等于 0 时，执行其中输入口令的 i 循环。

① 在循环变量为 i 的循环中把键入的字符存放在 pass 数组中，而输出到口令输入框中的却是存放在 star 数组中的“*”字符，这样可以防止其他人看到用户的口令。该循环加入了对退格键'\b'的处理功能，当发现输入的口令字符出错时，需要按动退格键以便删掉一个或多个错误字符；这时需要判断是否是一开始（i = 0）就键入了退格键，如果是，则不应删字符，否则就应删除 pass 数组中上次键入的错误字符和 star 数组中对应的“*”字符。该功能允许用户在按回车键之前修改键入的口令字符，从而增强了容错能力。

② 当口令输入完成并按下回车键后，i 循环结束，转去判断 pass 数组中用户键入的口令是否与 buf 数组中设置的口令相同。如果相同，就调用相应的应用系统；如果不同，且不是最后一次键入口令，则在提示框输出“错误！请重输入！”提示信息，用户按下任意键后，清除错误提示和口令输入框，又可以重新输入口令了；如果是最后一次键入口令错误，则 n > 1 为假，此时则结束 while 循环，并在提示框输出“你无权进入系统！”提示信息，按任意键即强行退出系统。

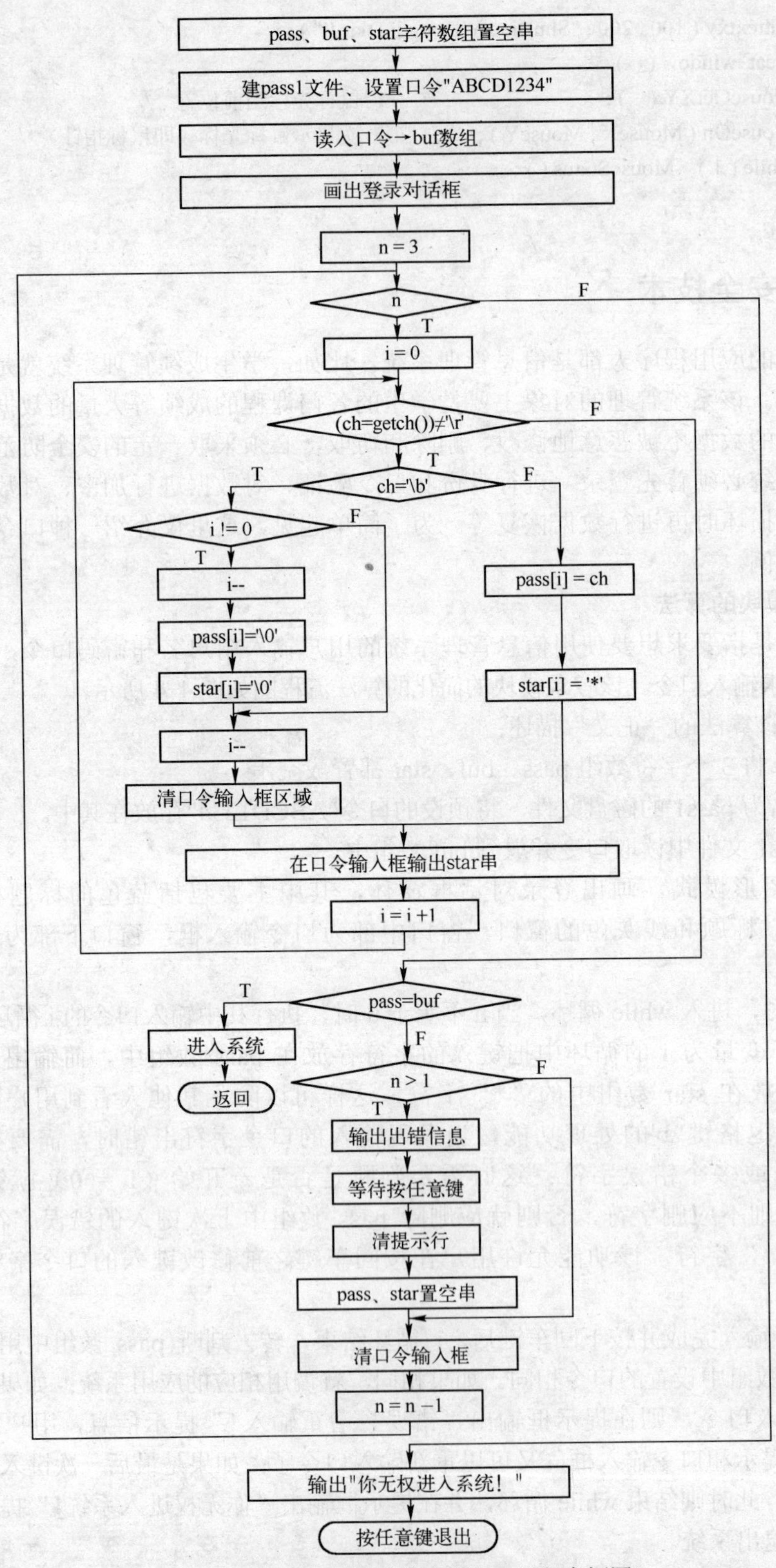

图 4-4　登录模块简化传统流程图（即程序框图）

2. 登录模块的源程序

按照上面给出的登录模块的算法，就可以编写其源程序了，在源程序中加入了汉字字模和相应的显示汉字函数，从而可以在 Win-TC 或 Turbo C++ 3.0 环境下显示带汉字的登录界面，其运行界面如图 4-5 所示。

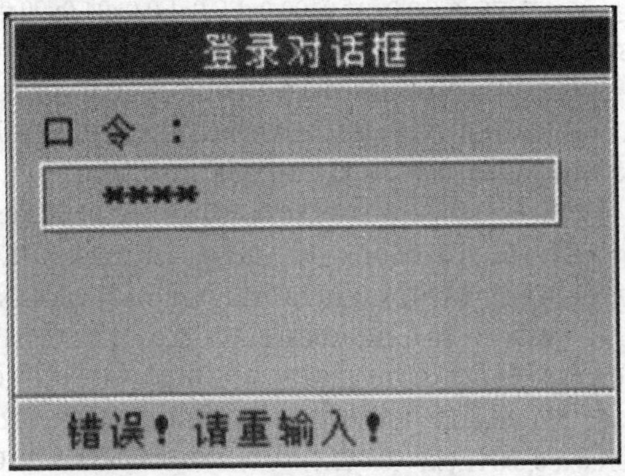

图 4-5 登录模块的运行界面

【例 4-16】 登录模块案例。

```
#include <stdio.h>
#include <graphics.h>
#include <dos.h>
#include <stdlib.h>
#include "time.h"
#include <conio.h>
void drawmat(char *mat,int matsize,int x,int y,int color) ;
char deng12S[]={   /* 登 */0x7A,0x80,0x4A,0xA0,0x31,0x40,0x1F,0x80,0x20,0x40,
       0xDF,0xA0,0x10,0x80,0x1F,0x80,0x10,0x80,0x09,0x00,0xFF,0xE0,0x00,0x00 };
char lu12S[]={ /* 录 */0x7F,0x80,0x00,0x80,0x3F,0x80,0x00,0x80,0xFF,0xE0,
       0x24,0x40,0x16,0x80,0x0D,0x00,0x34,0x80,0xC4,0x60,0x1C,0x00,0x00,0x00 };
char dui12S[]={ /* 对 */0x00,0x40,0xF8,0x40,0x08,0x40,0x4F,0xE0,0x28,0x40,
       0x12,0x40,0x11,0x40,0x29,0x40,0x48,0x40,0x88,0x40,0x01,0xC0,0x00,0x00 };
char hua12S[]={ /* 话 */0x40,0xE0,0x2F,0x00,0x21,0x00,0x0F,0xE0,0xE1,0x00,
       0x21,0x00,0x27,0xE0,0x24,0x20,0x2C,0x20,0x37,0xE0,0x24,0x20,0x00,0x00 };
char kuang12S[]={ /* 框 */0x4F,0xE0,0x48,0x00,0xFB,0xE0,0x48,0x80,0x68,0x80,
       0xDB,0xE0,0xC8,0x80,0x48,0x80,0x4B,0xE0,0x48,0x00,0x4F,0xE0,0x00,0x00 };
char kou12S[]={ /* 口 */0x00,0x00,0x7F,0xC0,0x40,0x40,0x40,0x40,0x40,0x40,
       0x40,0x40,0x40,0x40,0x40,0x40,0x7F,0xC0,0x40,0x40,0x00,0x00,0x00,0x00 };
char ling12S[]={ /* 令 */0x04,0x00,0x0A,0x00,0x11,0x00,0x28,0x80,0xC4,0x60,
       0x02,0x00,0x3F,0x80,0x01,0x00,0x1A,0x00,0x04,0x00,0x02,0x00,0x00,0x00 };
char mao12S[]={ /* ： */0x00,0x00,0x00,0x00,0x0C,0x00,0x0C,0x00,0x00,0x00,
       0x00,0x00,0x00,0x00,0x0C,0x00,0x0C,0x00,0x00,0x00,0x00,0x00,0x00,0x00 };
char cuo12S[]={ /* 错 */0x42,0x80,0x42,0x80,0x6F,0xE0,0x82,0x80,0xEF,0xE0,
       0x40,0x00,0xF7,0xC0,0x44,0x40,0x57,0xC0,0x64,0x40,0x47,0xC0,0x00,0x00 };
char wu12S[]={ /* 误 */0x47,0xC0,0x24,0x40,0x24,0x40,0x07,0xC0,0xC0,0x00,
```

```
        0x4F,0xE0,0x41,0x00,0x5F,0xE0,0x52,0x80,0x64,0x40,0x58,0x20,0x00,0x00 };
char plaint[]={ /*  !   */0x00,0x00,0x30,0x00,0x78,0x00,0x78,0x00,0x78,0x00,
        0x30,0x00,0x30,0x00,0x00,0x00,0x30,0x00,0x30,0x00,0x00,0x00,0x00,0x00 };
char qing12S[]={ /* 请 */0x41,0x00,0x2F,0xE0,0x01,0x00,0x0F,0xE0,0xC1,0x00,
        0x4F,0xE0,0x44,0x40,0x47,0xC0,0x54,0x40,0x67,0xC0,0x44,0x40,0x00,0x00 };
char zhong12S[]={ /* 重 */0x7F,0xC0,0x04,0x00,0xFF,0xE0,0x04,0x00,0x3F,0x80,
        0x24,0x80,0x3F,0x80,0x24,0x80,0x7F,0xC0,0x04,0x00,0xFF,0xE0,0x00,0x00 };
char shu12S1[]={ /* 输 */0x41,0x00,0x42,0x80,0xF4,0x40,0x4B,0xA0,0xA0,0x00,
        0xFE,0xA0,0x2A,0xA0,0x3E,0xA0,0xEA,0xA0,0x2E,0x20,0x2A,0x60,0x00,0x00 };
char ru12S[]={ /* 入 */0x18,0x00,0x04,0x00,0x04,0x00,0x04,0x00,0x0A,0x00,
        0x0A,0x00,0x11,0x00,0x11,0x00,0x20,0x80,0x40,0x40,0x80,0x20,0x00,0x00 };
char ni12S[]={ /* 你 */0x12,0x00,0x14,0x00,0x27,0xE0,0x68,0x20,0xB1,0x00,
        0x25,0x40,0x25,0x40,0x29,0x20,0x31,0x20,0x21,0x00,0x27,0x00,0x00,0x00 };
char wu12S2[]={ /* 无 */0x7F,0xC0,0x04,0x00,0x04,0x00,0x04,0x00,0xFF,0xE0,
        0x0A,0x00,0x0A,0x00,0x12,0x00,0x12,0x20,0x22,0x20,0xC3,0xE0,0x00,0x00 };
char quan12S[]={ /* 权 */0x20,0x00,0x27,0xC0,0xFC,0x40,0x24,0x40,0x24,0x40,
        0x72,0x80,0x6A,0x80,0xA1,0x00,0xA2,0x80,0x24,0x40,0x38,0x20,0x00,0x00 };
char jin12S[]={ /* 进 */0x44,0x80,0x24,0x80,0x1F,0xE0,0x04,0x80,0xC4,0x80,
        0x5F,0xE0,0x44,0x80,0x44,0x80,0x48,0x80,0xB0,0x80,0x9F,0xE0,0x00,0x00 };
char xi12S[]={  /* 系 */0x03,0xC0,0x7C,0x00,0x08,0x80,0x3F,0x00,0x04,0x00,
        0x08,0x80,0x3F,0xC0,0x15,0x00,0x24,0x80,0x44,0x40,0x9C,0x20,0x00,0x00 };
char tong12S[]={ /* 统 */0x21,0x00,0x27,0xE0,0x51,0x00,0xF2,0x00,0x24,0x40,
        0x47,0xE0,0xF2,0x80,0x02,0x80,0x32,0xA0,0xC4,0xA0,0x18,0xE0,0x00,0x00 };
void xscjglxt( );
void denglu( )
{
    int n ;
    char ch;
    FILE *fp;
    char pass[20]="",buf[20]="",star[20]="";
    int i,j,gdriver=DETECT,gmode;
    fp=fopen("pass1","wb");             /* 设置口令字 */
    fwrite("abcd1234",8,1,fp);
    fclose(fp);
    fp=fopen("pass1","rb");             /* 将口令字读入 buf 字符数组中 */
    fread(buf,8,1,fp);
    fclose(fp);
    textbackground(7);
    textcolor(0);
    initgraph(&gdriver,&gmode,"");
    cleardevice();
    setcolor(1);                        /* 画出标题栏 */
    setfillstyle(SOLID_FILL,1);
    bar3d(219,139,419,159,0,0);
    floodfill(319,140,1);
    drawmat(deng12S , 12 , 284 , 145 , WHITE );     /* 标题为“登录对话框” */
```

```
drawmat(lu12S , 12 , 298 , 145 , WHITE );
drawmat(dui12S , 12 , 312 , 145 , WHITE );
drawmat(hua12S , 12 , 326 , 145 , WHITE );
drawmat(kuang12S , 12 , 340 , 145 , WHITE );
setcolor(7);                    /* 画对话框的框体 */
setfillstyle(SOLID_FILL,7);
bar3d(219,160,419,279,0,0);
floodfill(319,239,7);
setlinestyle(0,0,3);            /* 以下在对话框中画线以便增强立体感 */
setcolor(EGA_WHITE);
line(219,139,219,279);
line(219,139,419,139);
line(221,160,418,160);
setlinestyle(0,0,1);
line(419,138,419,279);
line(219,279,419,279);
setcolor(EGA_DARKGRAY);
line(221,160,418,160);
line(219,139,219,278);
line(219,139,418,139);
drawmat(kou12S , 12 , 230 , 170 , BLACK );   /* 输出"口令："  */
drawmat(ling12S , 12 , 250 , 170 , BLACK );
drawmat(mao12S , 12 , 270 , 170 , BLACK );
setlinestyle(0,0,1);                         /* 画出口令输入框 */
setcolor(EGA_WHITE);
bar3d(229,185,400,205,0,0);
setcolor(EGA_DARKGRAY);
line(230,186,399,186);
line(230,186,230,204);
line(230,206,401,206);
line(401,186,401,206);
line(220,258,418,258);     /* 画出深灰色提示框分隔线 */
setcolor(15);              /* 画出白色提示框分隔线 */
line(220,259,418,259);
setcolor(0);
n = 3 ;
while(n)
{
   for(i=0;(ch=getch())!='\r';i++)
   {
      if(ch=='\b')
      {
         if(i!=0)
         {
         i--;pass[i]='\0';
         star[i]='\0';
      }
```

```
            i--;
            bar(250,192,399,203);
        }
          else
            {
             pass[i]=ch;
             star[i]='*';
            }
          moveto(250,192);
          outtext(star);
        }
        if(strcmp(pass,buf)==0)
        { xscjglxt()
        ;return;
        }
        else if(n>1)
        {
          drawmat(cuo12S , 12 , 238 , 264 , BLACK );
          drawmat(wu12S , 12 , 252 , 264 , BLACK );
          drawmat(plaint , 12 , 266 , 264 , BLACK );
          drawmat(qing12S , 12 , 280 , 264 , BLACK );
          drawmat(zhong12S , 12 , 294 , 264 , BLACK );
          drawmat(shu12S1 , 12 , 308 , 264 , BLACK );
          drawmat(ru12S , 12 , 322 , 264 , BLACK );
          drawmat(plaint , 12 , 336 , 264 , BLACK );
          getch();
          bar(222,264,417,275);   /*  清除提示行  */
          for( j = 0 ; j < 20 ; j++ )
          {
          pass[j]='\0';
          star[j]='\0';
          }
        }
        bar(250,192,399,203);
        n=n-1;
    }
    drawmat(ni12S , 12 , 238 , 264 , BLACK );
    drawmat(wu12S2 , 12 , 252 , 264 , BLACK );
    drawmat(quan12S, 12 , 266 , 264 , BLACK );
    drawmat(jin12S , 12 , 280 , 264 , BLACK );
    drawmat(ru12S , 12 , 294 , 264 , BLACK );
    drawmat(xi12S , 12 , 308 , 264 , BLACK );
    drawmat(tong12S , 12 , 322 , 264 , BLACK );
    drawmat(plaint , 12 , 336 , 264 , BLACK );
    getch();
    closegraph();
    exit(1);
}
```

```
void xscjglxt( ) {    }              /* 这是待编的学生成绩管理系统模块 */
void drawmat(char *mat,int matsize,int x,int y,int color)
{   /*点阵字显示函数*/
    int i,j,k,n;
    n=(matsize-1)/8+1;               /*有几个字符位*/
      for(j=0;j<matsize;j++)         /*行*/
        for(i=0;i<n;i++)
          for(k=0;k<8;k++)
            if(mat[j*n+i]&0x80>>k) putpixel(x+i*8+k,y+j,color);
}
int main( )                          /* 主函数 */
{
   denglu ( ) ;
 }
```

需要指出，例 4-16 的程序中设置口令字的 3 个语句是不该出现在该程序中的，可以编一个小程序，用这 3 个语句建立一个名为 pass1 的口令文件，建立后，这个小程序就不再使用了。

4.6 编程经验介绍

1. 编程入门的方法

根据本人 30 年前初学计算机语言和程序设计方法的经验，对于初学者来说，要想学会编程方法，首先，应注重基本语法，认真学习每一个语句的格式、语义和用法；其次，在此基础上认真读懂书中给出的例题，读程序时，应根据程序的流向，一个语句一个语句地读下去，还要在纸上画出相关的数据结构、记录每个语句执行后有关变量的当前值，总结程序中的算法和功能；在学了别人的编程方法后，应马上亲自动手练习编简单的程序，不要急于编写较难的程序。这样，一个语句、一个语句的学习，一个程序一个程序地认真读懂，一个程序一个程序地练习编写。这样由简到繁、循序渐进，就会逐步掌握编程方法，达到编程入门的目的。那种一卜功夫、一口吃个胖子的想法是不切实际的。至于上机，主要是学习上机的技能和调试程序的方法，并逐步掌握集成开发环境的使用方法，同时可验证所编程序的正确性，上机对学习编程方法只能起辅助作用。

2. 使程序中包含的头文件的数目正好的方法

如果缺少应包含的头文件，则编译时可能出错或给出警告。如果包含了不需要的头文件，则既浪费了存储空间，也浪费了编译和运行的时间，从而降低了程序的时空效率。采用“等候警告”法可使所包含的头文件不多不少。实现的方法是先将所有的包含头文件的命令都删掉，并依次选择 Turbo C++ 3.0 的“Options”→“Compiler”→“Messages”→“Less frequent erros…”命令，调出“Less Frequent Erros”（不常见错误）对话框，将其中的“[ ]Call to function with no pototype”复选框设置为“on”；编译后会出现警告信息，例如指出 scanf 函数没有原型（Call to function ’scanf ’ with no pototype），此时将光标置于 scanf 函数上，按〈Ctrl+F1〉键，显示出关于 scanf 函数的联机帮助，可看到 scanf 函数在 stdio.h 头文件中被声明，在文件开始位置加入#include <stdio.h>包含命令。像这样一个一个地加入头文件，直至没有警告为止，就可使所包含的头文件数目正好满足需要。

3．运行时给出不明出错信息的处理

当发出“Run”命令运行一个程序时，有时会给出莫名其妙的错误，这其实是程序中可能存在拼写等语法错误所致。例如，运行时给出连接错误 Linking Error: Undefined symbol _main in module c0.ASM，实际上是因为把主函数的名字 main ( )错误地输入成 Main ( )所造成的。

4．在窗口中输入输出的方法

在编程时，时常需要定义一个带颜色的窗口，并在窗口内进行输入输出操作。在头文件 conio.h 中列出的用字母 c 开头的一些函数，例如 cprintf、cscanf、cgets 和 cputs 等，能用于窗口，且可以保持颜色。而在 stdio.h 中定义的输入输出函数，例如 printf、gets 和 puts 等，很可能破坏窗口和颜色。

第 5 章　编程实用技术

5.1　窗口与菜单技术

一般，一个应用程序的界面总是以一个窗口的形式出现。在窗口中有标题栏、菜单栏、工具栏、窗口显示区、状态栏等。友好的界面可以给用户带来较大的方便。这里分别给出两种模式的窗口与菜单技术：一种是在文本模式下使用键盘操作的窗口菜单；另一种是在图形模式下使用鼠标操作的窗口菜单。程序案例都是针对“学生成绩管理系统”这一题目给出的。

5.1.1　文本模式下键盘操作的窗口菜单

为了方便地使用汉字，这里介绍一个使用 Win-TC 环境在文本模式下建立简单的窗口菜单的程序实例。该窗口菜单使用画边框字符画出窗体和下拉菜单的边框，使用结构体数组建立主菜单和各个下拉菜单的菜单项，使用设置文本前景色和背景色函数来设置各个菜单项的文本和背景颜色，使用 bioskey 函数接收按键并控制菜单操作。当菜单光条位于某一个菜单项时，按下回车键就可以执行相应的菜单命令，调用相应的函数。当然，这些被调函数只是一个空架子，是为测试窗口菜单程序而编写的模块，一般称其为“桩模块”，将来可以用实际的功能模块来代替。下面给出在文本模式下使用键盘操作的窗口菜单的程序实例。该程序的运行界面如图 5-1 所示。

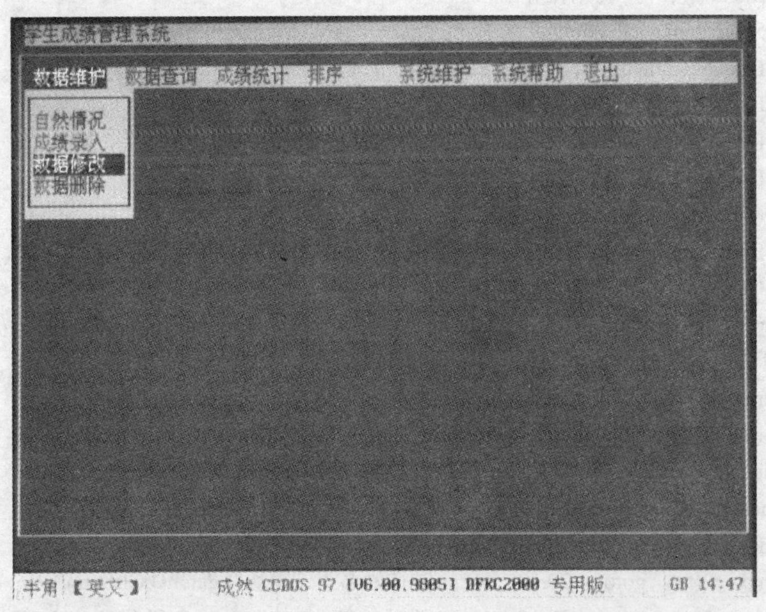

图 5-1　在文本模式下使用键盘操作的窗口菜单

【例 5-1】 在文本模式下使用键盘操作的窗口菜单的程序实例。

```
#include <dos.h>
#include <bios.h>
#include <conio.h>
#include <stdio.h>
#include <stdlib.h>
#include "string.h"
#include "ctype.h"
#include "alloc.h"
#define LEFT 0x4b00    /* 左 */
#define RIGHT 0x4d00   /* 右 */
#define DOWN 0x5000    /* 下 */
#define UP 0x4800      /* 上 */
#define SPACE 0x3920   /* 空格 */
#define Esc 0x011b     /*  Esc 键 */
#define Enter 0x1c0d   /* 回车键 */
#define Backspace 0xe08   /* 退格键 */
int   key ;  /* 按键变量 */
struct menustruct    /* 菜单用的结构体 */
{   char   name[10] ;  /* 主菜单名 */
    char   str[10][20] ;  /* 下拉菜单选项 */
    int    n ;   /* 下拉菜单选项数*/
} ml[7] ;
char   save[4096] ;  /* 保存整个屏幕空间 */
char   c[4096];   /* 清屏专用空间 */
void   Menu ( ) ;   /* 初始化界面 */
void   Selectitem ( ) ;   /* 定义菜单 */
void   DrawSelectitem ( ) ;   /* 显示主菜单 */
void   BlackText ( int   x , int   y , char   *z ) ;   /* 选中菜单 */
void   RedText ( int   x , int   y , char   *z ) ;   /* 正常菜单 */
void   DrawMl ( int   n ) ;   /* 显示下拉菜单 */
void   MoveMl ( int   n , int   x ) ;   /* 菜单选项的控制 */
void   Enter ( int   m , int   n ) ;        /* 菜单选项的具体功能 */
void   ClrScr ( ) ;   /* 自定义清屏函数 */
void DrawFrame(int left,int up,int right,int down,int textcolor,int backgroundcolor);   /*画框*/
/* 以下定义一些桩模块，当选中某一个菜单命令时，就调用相应的桩模块 */
void luru1( ){   gotoxy(20,10);cprintf("自然情况录入模块");getch();ClrScr();   }
void luru2( ){   gotoxy(20,10) ; cprintf("成绩录入模块");getch();ClrScr();   }
void xiugai( ){   gotoxy(20,10) ; cprintf("数据修改模块");getch();ClrScr();   }
void shanchu( ){   gotoxy(20,10) ; cprintf("数据删除模块");getch();ClrScr();   }
void chaxun1( ) {   gotoxy(20,10) ; cprintf("按学号查询模块");getch();ClrScr();   }
void chaxun2( ){   gotoxy(20,10) ; cprintf("按姓名查询模块");getch();ClrScr();   }
void chaxun3( ){   gotoxy(20,10) ; cprintf("组合查询模块");getch();ClrScr();   }
```

```
void fenbu( ){   gotoxy(20,10) ; cprintf("成绩分布统计模块");getch();ClrScr();  }
void jigelu( ){   gotoxy(20,10) ; cprintf("及格率统计模块");getch();ClrScr();  }
void youxiulu( ){   gotoxy(20,10) ; cprintf("优秀率统计模块");getch();ClrScr();  }
void paixu1( ){   gotoxy(20,10) ; cprintf("按学号排序模块");getch();ClrScr();  }
void paixu2( ){   gotoxy(20,10) ; cprintf("单科成绩排序模块");getch();ClrScr();  }
void paixu3( ){   gotoxy(20,10) ; cprintf("平均成绩排序模块");getch();ClrScr();  }
void beifen( ){   gotoxy(20,10) ; cprintf("数据备份模块");getch();ClrScr();  }
void huifu( ){   gotoxy(20,10) ; cprintf("数据恢复模块");getch();ClrScr();  }
void password( ){   gotoxy(20,10) ; cprintf("口令维护模块");getch();ClrScr();  }
void   help ( ) ;   /* 系统帮助 */
void   ver ( ) ;
void   aboutour ( ) ;
void quit ( ) {  clrscr ( ) ; exit ( 0 ) ;  }
void main ( )
{  Menu( ) ;   /* 初始化界面 */
   while(1)
   {  int   k = 0 ;
      gotoxy ( 2 , 4 ) ;   key = bioskey ( 0 ) ;                   /* 接收按键 */
      if ( key == Esc ) {   DrawMl ( 0 ) ; k = 1 ;  }     /* 显示下拉菜单 1 */
      if ( k > 0 )
      {  window(1,1,80,25);
         puttext(1,1,80,25,save);
      /* 恢复打开菜单前的样子 */
      }
   }
}
void   Menu ( )
{  int   i ;
   textbackground ( BLUE ) ;       /* 将背景设置为蓝色 */
   window ( 1 , 1 , 25 , 80 ) ;        /* 将整个屏幕定义为一个窗口 */
   clrscr ( ) ;   /* 将整个窗口清为蓝色 */
   gotoxy ( 1 , 2 ) ;   printf( "%c" , 218 ) ;                 /* 画左上角 */
   for ( i = 0 ; i < 78 ; i++ )   printf ( "%c" , 196 ) ;  /* 画水平直线 */
   printf ( "%c" , 191 ) ;        /* 画右上角 */
   for ( i = 3 ; i <= 23 ; i++ )
   {  gotoxy ( 1 , i ) ;
      printf ( "%c" , 179 ) ;          /* 画左边垂直线 */
      gotoxy ( 80 , i ) ;
      printf ( "%c" , 179 ) ;          /* 画右边垂直线 */
   }
   printf ( "%c" , 192 ) ;             /* 画左下角 */
   for ( i = 0 ; i < 78 ; i++ )   printf ( "%c" , 196 ) ;    /* 画底边水平线 */
   printf ( "%c" , 217 ) ;             /* 画右下角 */
   gotoxy ( 2 , 1 ) ;
```

```
    textbackground ( 7 ) ;
    textcolor ( 0 ) ;  /*  设置文本颜色为黑色  */
    cprintf ( "学生成绩管理系统" ) ;
    textcolor ( 7 ) ;  /*  设置灰色  */
    for ( i =17 ; i < 79 ; i++ )
        cprintf ( "%c" , 219 ) ;  /*  用符号实现画主菜单的灰色背景区  */
    Selectitem ( ) ;  /*  调用设置各个菜单选项函数  */
    DrawSelectitem ( ) ;  /*  显示主菜单  */
    gettext ( 2 , 3 , 78 , 23 , c ) ;  /*  保存界面  */
    help ( ) ;  /*  显示系统帮助信息  */
}
void Selectitem ( )  /*  定义菜单中各个选项函数  */
{   strcpy(ml[0].name,"数据维护");               /*具体选项补空格是为了各菜单黑色背景相同*/
    strcpy ( ml[0].str[0] , "自然情况    " ) ;      /*  输入自然情况  */
    strcpy ( ml[0].str[1] , "成绩录入    " ) ;      /*  成绩录入  */
    strcpy ( ml[0].str[2] , "数据修改    " ) ;      /*  学生数据修改  */
    strcpy ( ml[0].str[3] , "数据删除    " ) ;      /*  删除某学生数据  */
    ml[0].n = 4 ;  /* n 为子菜单的项数  */
    strcpy ( ml[1].name , "数据查询" ) ;
    strcpy ( ml[1].str[0] , "学号查询    " ) ;      /*  按学生学号查询  */
    strcpy ( ml[1].str[1] , "姓名查询    " ) ;      /*  按姓名查询  */
    strcpy ( ml[1].str[2] , "组合查询    " ) ;      /*  多条件组合查询  */
    ml[1].n = 3 ;
    strcpy ( ml[2].name , "成绩统计" ) ;
    strcpy ( ml[2].str[0] , "成绩分布    " ) ;
    strcpy ( ml[2].str[1] , "及格率      " ) ;
    strcpy ( ml[2].str[2],"优秀率      " ) ;
    ml[2].n = 3 ;
    strcpy ( ml[3].name , "排序        " ) ;      /*  成绩排序  */
    strcpy ( ml[3].str[0] , "按学号" ) ;
    strcpy ( ml[3].str[1] , "单科成绩    " ) ;
    strcpy ( ml[3].str[2] , "平均成绩    " ) ;
    ml[3].n = 3 ;
    strcpy ( ml[4].name , "系统维护" ) ;               /*  系统维护  */
    strcpy ( ml[4].str[0] , "数据备份    " ) ;
    strcpy ( ml[4].str[1] , "数据恢复    " ) ;
    strcpy ( ml[4].str[2] , "口令维护    " ) ;
    ml[4].n = 3 ;
    strcpy ( ml[5].name , "系统帮助" ) ;               /*  系统帮助  */
    strcpy ( ml[5].str[0] , "使用说明    " ) ;
    strcpy ( ml[5].str[1] , "版本信息    " ) ;
    strcpy ( ml[5].str[2] , "关于我们    " ) ;
    ml[5].n = 3 ;
    strcpy ( ml[6].name , "退出        " ) ;      /*  退出系统  */
```

```
    ml[6].n = 0 ;
}
void   DrawSelectitem ( )      /*  显示主单名函数  */
{  int   i ;
   textcolor ( 7 ) ;              /*  设置灰色  */
   gotoxy ( 3 , 3 ) ;
   for(i=3;i<=79;i++)   cprintf("%c",219);             /*用符号实现画主菜单的灰色背景区*/
   for (i = 0 ; i <7 ; i++ ) RedText(i,3,ml[i].name);  /*  显示主菜单名，且首字母为红色  */
}
void   RedText ( int   x , int   y , char   *z )          /*  正常显示菜单函数  */
{  int   i ;
   textbackground ( 7 ) ;                                /*  设置背景颜色为浅灰色  */
   gotoxy ( 3+x * 10 , y ) ;
   for(i=0;z[i];i++)
   {  if ( i == 0 || i == 1 )   textcolor ( RED ) ;      /*  第一个字显示红色  */
      else     textcolor ( BLACK ) ;                     /*  其余字设置黑色  */
      cprintf ( "%c" , z[i] ) ;                          /*  输出菜单名  */
   }
}
void BlackText ( int   x , int   y , char   *z )          /*  显示选中菜单函数  */
{  textbackground ( 0 ) ;              /*  设置背景颜色为黑色  */
   textcolor ( 15 ) ;                  /*  设置文本颜色为白色  */
   gotoxy ( 3 + 10 * x , y ) ;         /*  定位坐标  */
   cputs ( z ) ;                       /*  输出菜单名字符串  */
}
void   DrawFrame (int l , int u , int r , int d , int tcolor , int bcolor )  /*  画信息框函数  */
{  int   i , j ;
   textbackground ( bcolor ) ;         /*  设置背景颜色为 bcolor */
   textcolor ( bcolor ) ;              /*  设置文本颜色为 tcolor */
   for ( i = l ; i <= r ; i++ )        /*  输出背景区域  */
     for ( j = u ; j <= d ; j++ )
     {   gotoxy ( i , j ) ;
         printf ( "%c" , 219 ) ;       /*  输出背景字符  */
     }
   textcolor ( tcolor ) ;              /*  边框颜色  */
   for ( i = u + 1 ; i < d ; i++ )     /*  在背景区域内输出边框线  */
   {   gotoxy ( l , i ) ;   cprintf ( "%c" , 179 ) ;        /*  垂直线  */
       gotoxy ( r , i ) ;   cprintf ( "%c" , 179 ) ;
   }
   for ( i = l + 1 ; i < r ; i++ )
   {   gotoxy ( i , u ) ;   cprintf ( "%c" , 196 ) ;        /*  水平线  */
       gotoxy ( i , d ) ;   cprintf ( "%c" , 196 ) ;
   }
   gotoxy ( l , u ) ;   cprintf ( "%c" , 218 ) ;            /*  左上角  */
   gotoxy ( r , u ) ;   cprintf ( "%c" , 191 ) ;            /*  右上角  */
```

```
    gotoxy ( l , d ) ;   cprintf ( "%c" , 192 ) ;          /* 左下角 */
    gotoxy ( r , d ) ;   cprintf ( "%c" , 217 ) ;          /* 右下角 */
}
void   DrawMl ( int   n )                                  /* 显示具体下拉菜单选择项目函数 */
{   int   i ;
    gettext (1 , 1 , 80 , 25 , save ) ;                    /* 保存被掩盖的地方 */
    BlackText (n , 3 , ml[n].name ) ;                      /* 反选显示主菜单 */
    if ( ml[n].n > 0 )
    {   DrawFrame (3+10*n-1,4,3+10*n+10,4+ml[n].n+1,0,7);   }     /* 下拉菜单的边框 */
    for( i = 5 ; i < 5+ml[n].n ; i++ )                     /* 输出所选菜单各选项 */
    {   if ( i == 5 )   BlackText ( n , i , ml[n].str[i-5] ) ;    /* 默认选中第一项 */
        else     RedText ( n , i , ml[n].str[i-5] ) ;             /* 其余各项首字符红色显示 */
    }
    gotoxy ( 79 , 1 ) ;
    MoveMl ( n , 5 ) ;          /* 菜单选项的控制 */
}
void MoveMl(int n,int x)        /*菜单选项的控制，n 决定水平项，x 决定下拉的选项*/
{   int   flag = 1 ;
    while ( flag )
    {   gotoxy ( 79 , 1 ) ;
        key = bioskey ( 0 ) ;   /* 接收按键 */
        gotoxy ( 79 , 1 ) ;
        switch ( key )
        {   case Esc :   /* 退出循环 */
                puttext ( 1 , 1 , 80 , 25 , save ) ;        /* 恢复打开菜单前的样子 */
                flag = 0 ; break ;
            case LEFT:         /* 移到左边的选项 */
                puttext ( 1 , 1 , 80 , 25 , save ) ;        /* 恢复打开菜单前的样子 */
                if ( n == 0 )   DrawMl ( 6 ) ;              /* 往左移动越界的话移到最后一个选项 */
                else          DrawMl ( n - 1 ) ;
                flag = 0 ; break ;
            case RIGHT:   /* 移动右边的选项 */
                puttext ( 1 , 1 , 80 , 25 , save ) ;   /* 恢复打开菜单前的样子 */
                if ( n == 6 )     DrawMl ( 0 ) ;       /* 往右移动越界的话移到第一个选项 */
                else          DrawMl(n+1);
                flag = 0 ; break ;
            case UP:   /* 具体选项往上移动 */
                RedText ( n , x , ml[n].str[x-5] ) ;   /* 输出红色字体 */
                if ( x == 5 ) x = 5+ml[n].n - 1 ;      /* 移到最上面再按上键，就移到最下面 */
                else    x-- ;   /* 移动到新的要显示的内容 */
                BlackText ( n , x , ml[n].str[x-5] ) ;   /* 输出黑色字体 */
                flag = 1; break ;
            case DOWN:   /* 具体选项往下移动 */
                RedText ( n , x , ml[n].str[x-5] ) ;
```

```
            if ( x == (5+ml[n].n-1)) x = 5 ;   /* 移动到最底下再按下键就移到最上面 */
            else    x++ ;   /* 移动到新的要显示的内容 */
            BlackText ( n , x , ml[n].str[x-5] ) ;
            flag = 1 ; break ;
        case Enter:
            puttext ( 1 , 1 , 80 , 25 , save ) ;   /* 恢复打开菜单前的样子 */
            Enter (n , x-5 ) ;   /* 菜单选项的具体功能 */
            flag = 0 ; break ;
        default   : puttext ( 1 , 1 , 80 , 25 , save ) ;   /* 恢复打开菜单前的样子 */
                    flag=0;
    }
    gotoxy(79,1);   }   }
void  Enter ( int   m , int   n )   /* 执行菜单命令函数 */
{  switch ( m )
   {  case 0 : switch(n)
            {  case 0 :  luru1 ( ) ;  break ;
               case 1:  luru2 ( ) ;  break ;
               case 2:  xiugai ( ) ;  break ;
               case 3:  shanchu ( ) ;
            }  break ;
      case 1 : switch(n)
               {  case 0 :  chaxun1 ( ) ;   break ;   /* 调用查询 1 模块 */
                  case 1 :  chaxun2 ( ) ;   break ;   /* 调用查 2 模块 */
                  case 2 :  chaxun3 ( ) ;
               }  break ;
      case 2 : switch ( n )
               {  case 0 :  fenbu ( ) ;  break ;
                  case 1 :  jigelu ( ) ;  break ;
                  case 2 :  youxiulu ( ) ;  break ;
               }  break ;
      case 3 : switch ( n )
               {  case 0 :  paixu1 ( ) ;  break ;
                  case 1 :  paixu2 ( ) ;  break ;
                  case 2 :  paixu3 ( ) ;  break ;
               }  break ;
      case 4 : switch ( n )
               {  case 0 :  beifen ( ) ;  break ;
                  case 1 :  huifu ( ) ;  break ;
                  case 2 :  password ( ) ;  break ;
               }  break ;
      case 5 : switch ( n )
               {  case 0 :  help( ) ;  break ;
                  case 1 :  ver ( ) ;  break ;
                  case 2 :  aboutour ( ) ;
```

```
            } break ;
      case 6 : quit ( ) ;   }   /* 结束外层 switch */
}
void   ClrScr ( )
{  puttext ( 2 , 3 , 78 , 23 , c ) ;   /* 把开始用 gettext 保存下来的区域还原 */
   gotoxy ( 2 , 4 ) ;
}
void   help ( )  /* 帮助信息显示函数 */
{  ClrScr ( ) ;
   DrawFrame ( 15 , 5 , 60 , 22 , 0 , 7 ) ;   /* 画灰色的帮助信息框 */
   gotoxy ( 20 , 7 ) ;
   cprintf ( " 请按下 Esc 键弹出"数据维护"下拉菜单 " ) ;   /* 输出帮助信息 */
   gotoxy ( 20 , 9 ) ;
   cprintf ( "      按"←"、"→"进行主菜单选择    " ) ;
   gotoxy ( 20 , 11 ) ;
   cprintf ( "    按"↑"、、"↓"进行子菜单选择 " ) ;
   gotoxy ( 20 , 13 ) ;   cprintf ( "         按 Enter 键选择菜单命令          " ) ;
   gotoxy ( 20 , 15 ) ;   cprintf ( "          按 Esc 键退出菜单选择           " ) ;
   gotoxy ( 20 , 19 ) ;   cprintf ( "********按任意键退出帮助窗口******* " ) ;
   getch ( ) ;   /* 等待按任意键，以便给用户查看帮助信息的时间 */
   ClrScr ( ) ;   /* 清除帮助信息 */
}
void   ver ( )  /* 软件版本信息函数 */
{  ClrScr ( ) ;
   DrawFrame ( 15 , 5 , 60 , 21 , 0 , 7 ) ;   /* 画框 */
   gotoxy ( 20 , 8 ) ;   cprint f( "          学生成绩管理系统        " ) ;
   gotoxy ( 20 , 12 ) ;   cprintf ( "    开发者：曹  哲 、赵津燕、张玲玲 " ) ;
   gotoxy ( 20 , 16 ) ;   cprintf("           版本：2009 年第一版              ");
   gotoxy ( 20 , 20 ) ;
   cprintf("   *******按 Esc 键退出版本窗口******* ");      /*输出字符串*/
   gotoxy ( 22 , 30 ) ;
   getch ( ) ;
   ClrScr ( ) ;
}
void   aboutour ( )  /* 关于我们函数 */
{  ClrScr ( ) ;
   DrawFrame ( 15 , 5 , 60 , 21 , 0 , 7 ) ;   /* 画边框 */
   gotoxy ( 20 , 6 ) ;   cprintf ( "   北华大学、计算机科学技术学院     " ) ;
   gotoxy ( 18 , 9 ) ;   cprintf ( "  曹哲：    教授，C 语言课程组组长 " ) ;
   gotoxy ( 18 , 12 ) ;   cprintf ( "  赵津燕：    教授，计算机学院副院长" ) ;
   gotoxy ( 18 , 15 ) ;   cprintf( "  张玲玲：讲师，C 语言课程主讲教师   " ) ;
   gotoxy ( 20 , 20 ) ;   cprintf("   ********按 Esc 键退出此窗口******** " ) ;
   getch ( ) ;
   ClrScr ( ) ;
}
```

5.1.2 图形模式下鼠标操作的窗口菜单

在图形模式下可以画出较美观的窗口菜单，并且可以使用鼠标进行方便地操作，但使用汉字比较困难。这里使用最简单的用字符数组存汉字字模的方法显示汉字，从而可以绘制出带汉字的窗口菜单。下面就给出在图形模式下鼠标操作的窗口菜单的程序实例（见例 5-2）。该程序首先进入图形模式；接着调用 win01 函数画出窗口界面；然后调用 mainmenu 函数显示共有 7 个菜单选项的主菜单；接着从堆中申请足够的空间 buf，并将主菜单及其下拉菜单可能使用的区域的原位图像保存到 buf 所指向的空间中，以便在下拉菜单需要消失时用来恢复主菜单的原貌；然后调用鼠标驱动和控制函数 mouse，开始使用鼠标对菜单进行操作，鼠标单击不同的下拉菜单命令选项，就会调用不同的功能模块（目前用桩模块代替，仅输出一行信息）；直到鼠标单击“关闭”按钮或单击“退出”主菜单选项，才结束程序的运行。运行界面如图 5-2 所示。需要指出，可以把这两种窗口菜单技术结合起来，即制作在图形模式下使用鼠标或键盘都可以操作的窗口菜单，这并不难，就是程序量稍大，请读者自己思考。

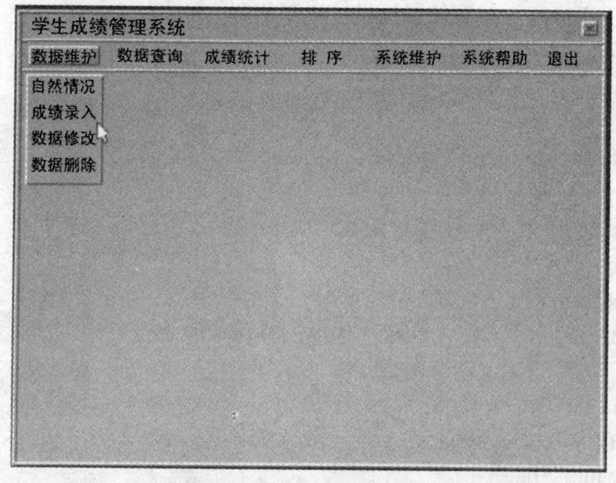

图 5-2 在图形模式下鼠标操作的窗口菜单

【例 5-2】 在图形模式下使用鼠标操作的窗口菜单程序实例。

```
#include <dos.h>
#include <bios.h>
#include <conio.h>
#include <stdio.h>
#include <stdlib.h>
#include <math.h>
#include "string.h"
#include "alloc.h"
#include<graphics.h>
#define WAITING 0xff00     /* 以下是鼠标信息宏定义 */
#define LEFTPRESS 0xff01
#define LEFTCLICK 0xff10
#define LEFTDRAG 0xff19
#define RIGHTPRESS 0xff02
```

```
#define RIGHTCLICK 0xff20
#define RIGHTDRAG 0xff2a
#define MIDDLEPRESS 0xff04
#define MIDDLECLICK 0xff40
#define MIDDLEDRAG 0xff4c
#define MOUSEMOVE 0xff08
int   mouse_draw[16][11]={   /* 定义画鼠标指针的16×11矩阵 */
        {1,1,3,3,3,3,3,3,3,3,3},{1,2,1,3,3,3,3,3,3,3,3},
        {1,2,2,1,3,3,3,3,3,3,3},{1,2,2,2,1,3,3,3,3,3,3},
        {1,2,2,2,2,1,3,3,3,3,3},{1,2,2,2,2,2,1,3,3,3,3},
        {1,2,2,2,2,2,2,1,3,3,3},{1,2,2,2,2,2,2,2,1,3,3},
        {1,2,2,2,2,2,2,2,2,1,3},{1,2,2,2,2,2,2,1,3,3,3},
        {1,2,2,2,2,2,1,3,3,3,3},{1,2,1,3,1,2,2,1,3,3,3},
        {1,1,3,3,1,2,2,1,3,3,3},{3,3,3,3,3,1,2,2,1,3,3},
        {3,3,3,3,3,1,2,2,1,3,3},{3,3,3,3,3,3,1,1,3,3,3}   };
int   pixel_save[16][11] ;   /* 存储鼠标指针所到位置原像素信息 */
char   save[4096] ;   /* 保存文本区域空间 */
unsigned   size ;
void   *buf ;
int   MouseExist , MouseButton , MouseX , MouseY ;
void   win01 ( ) ;   /* 画窗口函数声明 */
void   mainmenu ( ) ;   /* 显示主菜单函数声明 */
void   Selectitem ( ) ;   /* 定义菜单 */
void   DrawSelectitem ( ) ;   /* 显示主菜单 */
void   Enter ( int   m , int   n ) ;   /* 菜单选项的具体功能 */
void   ClrScr ( ) ;   /* 自定义清屏函数 */
void   MouseOn ( int   x , int   y ) ;
void   MouseOff ( int x , int   y ) ;
void   zhixing1 ( int   *flag ) ;
void   luru1 ( )   /* 以下是代替各个功能模块的19个桩模块 */
{   gotoxy ( 20 , 10 ) ;   ClrScr ( ) ;   printf ( "自然情况录入模块" ) ;
    getch ( ) ;   ClrScr ( ) ;   MouseOn ( MouseX , MouseY ) ;
}
void   luru2 ( )
{   gotoxy ( 20 , 10 ) ;   ClrScr ( ) ;   printf ( "成绩录入模块" ) ;
    getch ( ) ; ClrScr ( ) ;   MouseOn ( MouseX , MouseY ) ;
}
void   xiugai ( )
{   gotoxy ( 20 , 10 ) ;   ClrScr ( ) ;   printf ( "数据修改模块" ) ;
    getch ( ) ; ClrScr ( ) ;   MouseOn ( MouseX , MouseY ) ;
}
void   shanchu ( )
{   gotoxy ( 20 , 10 ) ;   ClrScr ( ) ;   printf ( "数据删除模块" ) ;
    getch ( ) ;   ClrScr ( ) ;   MouseOn ( MouseX , MouseY ) ;
}
void   chaxun1 ( )
```

```
{   gotoxy ( 20 , 10 ) ;   ClrScr ( ) ;   printf ( "按学号查询模块" ) ;
    getch ( ) ;   ClrScr ( ) ;   MouseOn ( MouseX , MouseY ) ;
}
void   chaxun2 ( )
{   gotoxy ( 20 , 10 ) ;   ClrScr ( ) ; printf ( "按姓名查询模块" ) ;
    getch ( ) ;   ClrScr ( ) ;   MouseOn ( MouseX , MouseY ) ;
}
void   chaxun3( )
{   gotoxy ( 20 , 10 ) ;   ClrScr( ) ;   printf ( "组合查询模块" ) ;
    getch ( ) ;   ClrScr ( ) ; MouseOn ( MouseX , MouseY ) ;
}
void   fenbu ( )
{   gotoxy ( 20 , 10 ) ; ClrScr ( ) ; printf ("成绩分布统计模块") ;
    getch( ) ;ClrScr(); MouseOn( MouseX, MouseY ) ;
}
void jigelu( )
{   gotoxy(20,10) ; ClrScr( ) ; printf("及格率统计模块") ;
    getch( ) ; ClrScr( ) ; MouseOn( MouseX, MouseY ) ;
}
void youxiulu( )
{   gotoxy(20,10) ; ClrScr( ) ; printf("优秀率统计模块") ;
    getch( ) ; ClrScr( ) ; MouseOn( MouseX, MouseY ) ;
}
void paixu1( )
{   gotoxy(20,10) ; ClrScr( ) ; printf("按学号排序模块") ;
    getch( ) ; ClrScr( ) ; MouseOn( MouseX, MouseY ) ;
}
void paixu2( )
{   gotoxy(20,10) ; ClrScr( ) ; printf("单科成绩排序模块") ;
    getch( ) ; ClrScr( ) ; MouseOn( MouseX, MouseY ) ;
}
void paixu3( )
{   gotoxy(20,10) ; ClrScr( ) ; printf("平均成绩排序模块") ;
    getch( ) ; ClrScr( ) ; MouseOn( MouseX, MouseY ) ;
}
void beifen( )
{   gotoxy(20,10) ; ClrScr( ) ; printf("数据备份模块") ;
    getch( ) ; ClrScr( ) ; MouseOn( MouseX, MouseY ) ;
}
void huifu( )
{   gotoxy(20,10) ; ClrScr( ) ; printf("数据恢复模块") ;
    getch( ) ; ClrScr( ) ; MouseOn( MouseX, MouseY ) ;
}
void passw1( )
{   gotoxy(20,10) ; ClrScr( ) ; printf("口令维护模块") ;
    getch( ) ; ClrScr( ) ; MouseOn( MouseX, MouseY ) ;
```

```
}
void help( )   /* 系统帮助 */
{   gotoxy(20,10) ; ClrScr( ) ; printf("系统帮助模块") ;
    getch( ) ; ClrScr( ) ; MouseOn( MouseX, MouseY ) ;
}
void ver( )
{   gotoxy(20,10) ; ClrScr( ) ; printf("版本信息模块") ;
    getch( ) ; ClrScr( ) ; MouseOn( MouseX, MouseY ) ;
}
void aboutour( )
{   gotoxy(20,10) ; ClrScr( ) ; printf("关于我们模块") ;
    getch( ) ; ClrScr( ) ; MouseOn( MouseX, MouseY ) ;
}
/* 以下是本程序中用到的汉字 12 点阵宋体显示字模 */
char xue12S[]={/*学*/0x28,0x80,0x14,0x80,0xFF,0xE0,0x80,0x20,0xBF,0x40,
      0x02,0x00,0x04,0x00,0xFF,0xE0,0x04,0x00,0x04,0x00,0x1C,0x00,0x00,0x00 };
char sheng12S[]={/*生*/0x04,0x00,0x24,0x00,0x24,0x40,0x7F,0xE0,0x44,0x00,
      0x84,0x00,0x3F,0xC0,0x04,0x00,0x04,0x00,0x04,0x00,0xFF,0xE0,0x00,0x00 };
char cheng12S[]={/*成*/0x02,0x80,0x02,0x40,0x7F,0xE0,0x42,0x00,0x42,0x40,
      0x7A,0x40,0x4A,0x80,0x49,0x00,0x69,0x20,0x52,0xA0,0x84,0x60,0x00,0x00 };
char ji12S[]={/*绩*/0x21,0x00,0x2F,0xE0,0x51,0x00,0x9F,0xE0,0xE1,0x00,
      0x4F,0xE0,0xB4,0x40,0xC5,0x40,0x35,0x40,0xC2,0x80,0x1C,0x60,0x00,0x00 };
char guan12S[]={/*管*/0x21,0x00,0x7B,0xE0,0x94,0x80,0xFF,0xE0,0x80,0x20,
      0x3F,0x00,0x21,0x00,0x3F,0x80,0x20,0x80,0x20,0x80,0x3F,0x80,0x00,0x00 };
char li12S[]={/*理*/0x0F,0xE0,0xF9,0x20,0x2F,0xE0,0x29,0x20,0xF9,0x20,
      0x2F,0xE0,0x21,0x00,0x27,0xC0,0x31,0x00,0xC1,0x00,0x1F,0xE0,0x00,0x00 };
char xi12S[]={/*系*/0x03,0xC0,0x7C,0x00,0x08,0x80,0x3F,0x00,0x04,0x00,
      0x08,0x80,0x3F,0xC0,0x15,0x00,0x24,0x80,0x44,0x40,0x9C,0x20,0x00,0x00 };
char tong12S[]={/*统*/0x21,0x00,0x27,0xE0,0x51,0x00,0xF2,0x00,0x24,0x40,
      0x47,0xE0,0xF2,0x80,0x02,0x80,0x32,0xA0,0xC4,0xA0,0x18,0xE0,0x00,0x00 };
char shu12S[]={/*数*/0x95,0x00,0x59,0x00,0xFD,0xE0,0x32,0x40,0x5A,0x40,
      0x95,0x40,0x21,0x40,0xFC,0x80,0x48,0x80,0x39,0x40,0xC6,0x20,0x00,0x00 };
char ju12S[]={/*据*/0x2F,0xC0,0x28,0x40,0xFF,0xC0,0x29,0x00,0x39,0x00,
      0x6F,0xE0,0xA9,0x00,0x2F,0xC0,0x2C,0x40,0x34,0x40,0xE7,0xC0,0x00,0x00 };
char wei12S[]={ /*维*/0x22,0x80,0x22,0x80,0x57,0xE0,0x94,0x80,0xEF,0xE0,
      0x24,0x80,0x54,0x80,0xE7,0xE0,0x14,0x80,0xE4,0x80,0x87,0xE0,0x00,0x00 };
char hu12S[]={ /*护*/0x21,0x00,0x20,0x80,0xF7,0xE0,0x24,0x20,0x24,0x20,
      0x37,0xE0,0xE4,0x00,0x24,0x00,0x28,0x00,0x28,0x00,0xF0,0x00,0x00,0x00 };
char cha12S[]={/*查*/0x04,0x00,0xFF,0xE0,0x0D,0x00,0x14,0x80,0x3F,0xC0,
      0xE0,0xA0,0x3F,0x80,0x20,0x80,0x3F,0x80,0x00,0x00,0xFF,0xE0,0x00,0x00 };
char xun12S[]={/*询*/0x44,0x00,0x27,0xE0,0x08,0x20,0x17,0xA0,0xC4,0xA0,
      0x44,0xA0,0x47,0xA0,0x44,0xA0,0x57,0xA0,0x60,0x20,0x01,0xC0,0x00,0x00 };
char ji12S1[]={/*计*/0x41,0x00,0x21,0x00,0x01,0x00,0x01,0x00,0xCF,0xE0,
      0x41,0x00,0x41,0x00,0x41,0x00,0x51,0x00,0x61,0x00,0x41,0x00,0x00,0x00 };
char pai12S[]={/*排*/0x22,0x80,0x22,0x80,0xFE,0xE0,0x22,0x80,0x32,0x80,
      0x6E,0xE0,0xA2,0x80,0x3E,0xE0,0x22,0x80,0x22,0x80,0xE2,0x80,0x00,0x00 };
```

```
char xu12S[]={/*序*/0x04,0x00,0x7F,0xE0,0x40,0x00,0x5F,0x80,0x45,0x00,
        0x42,0x00,0x7F,0xE0,0x42,0x40,0x42,0x00,0x82,0x00,0x8E,0x00,0x00,0x00 };
char bang12S[]={/*帮*/0x7D,0xE0,0x11,0x20,0x7D,0x40,0x11,0x20,0xFD,0xE0,
        0x25,0x00,0xFF,0xC0,0x24,0x40,0x24,0x40,0x25,0xC0,0x04,0x00,0x00,0x00 };
char zhu12S[]={/*助*/0x79,0x00,0x49,0x00,0x49,0x00,0x7F,0xE0,0x49,0x20,
        0x49,0x20,0x79,0x20,0x49,0x20,0x7E,0x20,0xC4,0x20,0x08,0xC0,0x00,0x00 };
char tui12S[]={/*退*/0x8F,0xC0,0x48,0x40,0x4F,0xC0,0x08,0x40,0xCF,0xC0,
        0x48,0x00,0x4B,0x40,0x48,0x80,0x4E,0x40,0xB0,0x00,0x8F,0xE0,0x00,0x00 };
char chu12S[]={/*出*/0x04,0x00,0x44,0x40,0x44,0x40,0x44,0x40,0x7F,0xC0,
        0x04,0x00,0x44,0x40,0x44,0x40,0x44,0x40,0x44,0x40,0x7F,0xC0,0x00,0x00 };
char zi12S[]={/*自*/0x04,0x00,0x3F,0xC0,0x20,0x40,0x20,0x40,0x3F,0xC0,
        0x20,0x40,0x20,0x40,0x3F,0xC0,0x20,0x40,0x20,0x40,0x3F,0xC0,0x00,0x00 };
char ran12S[]={/*然*/0x21,0x00,0x21,0x40,0x39,0x40,0x4F,0xE0,0xA9,0x00,
        0x52,0x80,0x24,0x40,0x48,0x20,0x80,0x00,0x52,0x40,0x89,0x20,0x00,0x00 };
char qing12S[]={/*情*/0x21,0x00,0x2F,0xE0,0xB1,0x00,0xAF,0xC0,0xA1,0x00,
        0x3F,0xE0,0x28,0x40,0x2F,0xC0,0x28,0x40,0x2F,0xC0,0x28,0x40,0x00,0x00 };
char kuang12S[]={/*况*/0x8F,0xC0,0x48,0x40,0x48,0x40,0x08,0x40,0x4F,0xC0,
        0x45,0x00,0xC5,0x00,0x85,0x00,0x85,0x20,0x89,0x20,0x71,0xE0,0x00,0x00 };
char lu12S[]={/*录*/0x7F,0x80,0x00,0x80,0x3F,0x80,0x00,0x80,0xFF,0xE0,
        0x24,0x40,0x16,0x80,0x0D,0x00,0x34,0x80,0xC4,0x60,0x1C,0x00,0x00,0x00 };
char ru12S[]={/*入*/0x18,0x00,0x04,0x00,0x04,0x00,0x04,0x00,0x0A,0x00,
        0x0A,0x00,0x11,0x00,0x11,0x00,0x20,0x80,0x40,0x40,0x80,0x20,0x00,0x00 };
char xiu12S[]={/*修*/0x22,0x00,0x23,0xC0,0x56,0x80,0x59,0x00,0xD2,0x80,
        0x5D,0x60,0x52,0x80,0x55,0x00,0x52,0x40,0x41,0x80,0x4E,0x00,0x00,0x00 };
char gai12S[]={/*改*/0xF2,0x00,0x13,0xE0,0x12,0x40,0x14,0x40,0xF4,0x40,
        0x8A,0x40,0x82,0x80,0x81,0x00,0x99,0x80,0xE2,0x40,0x0C,0x20,0x00,0x00 };
char shan12S[]={/*删*/0x77,0x20,0x55,0x20,0x55,0x20,0x55,0x20,0x55,0x20,
        0xFF,0xA0,0x55,0x20,0x55,0x20,0x55,0x20,0x55,0x20,0xBB,0x60,0x00,0x00 };
char chu12S1[]={/*除*/0xF1,0x00,0x92,0x80,0xA4,0x40,0xA8,0x20,0xA7,0xC0,
        0x91,0x00,0x9F,0xE0,0xF1,0x00,0x85,0x40,0x89,0x20,0x93,0x20,0x00,0x00 };
char hao12S[]={/*号*/0x3F,0x80,0x20,0x80,0x20,0x80,0x3F,0x80,0x00,0x00,
        0xFF,0xE0,0x10,0x00,0x1F,0x80,0x00,0x80,0x00,0x80,0x07,0x00,0x00,0x00 };
char xing12S[]={/*姓*/0x21,0x00,0x25,0x00,0xF5,0x00,0x57,0xE0,0x55,0x00,
        0x59,0x00,0x97,0xE0,0xE1,0x00,0x31,0x00,0x49,0x00,0x8F,0xE0,0x00,0x00 };
char ming12S[]={/*名*/0x08,0x00,0x0F,0xC0,0x10,0x80,0x31,0x00,0x4A,0x00,
        0x04,0x00,0x0F,0xC0,0x30,0x40,0xD0,0x40,0x10,0x40,0x1F,0xC0,0x00,0x00 };
char zu12S[]={/*组*/0x20,0x40,0x27,0xE0,0x54,0x40,0x94,0x40,0xE7,0xC0,
        0x24,0x40,0x54,0x40,0xE7,0xC0,0x14,0x40,0x64,0x40,0x9F,0xE0,0x00,0x00 };
char he12S[]={/*合*/0x04,0x00,0x0A,0x00,0x11,0x00,0x20,0x80,0xDF,0x60,
        0x00,0x00,0x00,0x00,0x3F,0x80,0x20,0x80,0x20,0x80,0x3F,0x80,0x00,0x00 };
char fen12S[]={/*分*/0x11,0x00,0x11,0x00,0x20,0x80,0x20,0x80,0x40,0x40,
        0xBF,0xA0,0x08,0x80,0x08,0x80,0x10,0x80,0x20,0x80,0xC7,0x00,0x00,0x00 };
char bu12S[]={/*布*/0x08,0x00,0x08,0x40,0xFF,0xE0,0x12,0x00,0x1F,0xC0,
        0x32,0x40,0x52,0x40,0x92,0x40,0x12,0x40,0x12,0xC0,0x02,0x00,0x00,0x00 };
char ji12S2[]={/*及*/0x7F,0x80,0x10,0x80,0x11,0x00,0x11,0x00,0x19,0xC0,
        0x14,0x40,0x14,0x80,0x23,0x00,0x23,0x00,0x4C,0x80,0xB0,0x60,0x00,0x00 };
```

```
char ge12S[]={/*格*/0x22,0x00,0x23,0xC0,0xF4,0x40,0x2A,0x80,0x61,0x00,
        0x72,0x80,0xAC,0x60,0xA7,0xC0,0x24,0x40,0x24,0x40,0x27,0xC0,0x00,0x00 };
char lv12S[]={/*率*/0x04,0x00,0xFF,0xE0,0x44,0x40,0x2A,0x80,0x15,0x00,
        0x2A,0x80,0xDF,0x40,0x04,0x00,0xFF,0xE0,0x04,0x00,0x04,0x00,0x00,0x00 };
char you12S[]={/*优*/0x22,0x80,0x22,0x40,0x22,0x00,0x7F,0xE0,0xA3,0x00,
        0x23,0x00,0x25,0x00,0x25,0x00,0x25,0x20,0x29,0x20,0x31,0xE0,0x00,0x00 };
char xiu12S1[]={/*秀*/0x7F,0x80,0x04,0x00,0xFF,0xE0,0x15,0x00,0x24,0x80,
        0xDF,0x60,0x09,0x00,0x0B,0xC0,0x10,0x40,0x20,0x40,0xC3,0x80,0x00,0x00 };
char an12S[]={/*按*/0x21,0x00,0x2F,0xE0,0xF8,0x20,0x22,0x00,0x32,0x00,
        0x6F,0xE0,0xA4,0x40,0x24,0x80,0x23,0x80,0x21,0x40,0xEE,0x20,0x00,0x00 };
char dan12S[]={/*单*/0x11,0x00,0x0A,0x00,0x3F,0xC0,0x24,0x40,0x3F,0xC0,
        0x24,0x40,0x3F,0xC0,0x04,0x00,0xFF,0xE0,0x04,0x00,0x04,0x00,0x00,0x00 };
char ke12S[]={/*科*/0x18,0x40,0xE2,0x40,0x21,0x40,0xF8,0x40,0x22,0x40,
        0x71,0x40,0x68,0x60,0xA7,0xC0,0xA0,0x40,0x20,0x40,0x20,0x40,0x00,0x00 };
char ping12S[]={/*平*/0x7F,0xC0,0x04,0x00,0x24,0x80,0x14,0x80,0x15,0x00,
        0xFF,0xE0,0x04,0x00,0x04,0x00,0x04,0x00,0x04,0x00,0x04,0x00,0x00,0x00 };
char jun12S[]={/*均*/0x22,0x00,0x22,0x00,0x27,0xE0,0xF4,0x20,0x2A,0x20,
        0x21,0x20,0x20,0x20,0x39,0xA0,0xE6,0x20,0x80,0x20,0x01,0xC0,0x00,0x00 };
char bei12S[]={/*备*/0x10,0x00,0x1F,0x80,0x29,0x00,0x46,0x00,0x09,0x00,
        0x30,0x80,0xFF,0xE0,0x24,0x80,0x3F,0x80,0x24,0x80,0x3F,0x80,0x00,0x00 };
char fen12S1[]={/*份*/0x25,0x00,0x25,0x00,0x24,0x80,0x48,0x80,0x50,0x40,
        0xCF,0xA0,0x44,0x80,0x44,0x80,0x44,0x80,0x48,0x80,0x53,0x80,0x00,0x00 };
char hui12S[]={/*恢*/0x44,0x00,0x5F,0xE0,0xC4,0x00,0xE5,0x00,0xC5,0x20,
        0x49,0x40,0x4B,0x80,0x51,0x00,0x42,0x80,0x44,0x40,0x58,0x20,0x00,0x00 };
char fu12S[]={/*复*/0x10,0x40,0x3F,0xE0,0x60,0x80,0xBF,0x80,0x20,0x80,
        0x3F,0x80,0x10,0x00,0x1F,0x80,0x69,0x00,0x06,0x00,0xF9,0xE0,0x00,0x00 };
char kou12S[]={/*口*/0x00,0x00,0x7F,0xC0,0x40,0x40,0x40,0x40,0x40,0x40,
        0x40,0x40,0x40,0x40,0x40,0x40,0x7F,0xC0,0x40,0x40,0x00,0x00,0x00,0x00 };
char ling12S[]={/*令*/0x04,0x00,0x0A,0x00,0x11,0x00,0x28,0x80,0xC4,0x60,
        0x02,0x00,0x3F,0x80,0x01,0x00,0x1A,0x00,0x04,0x00,0x02,0x00,0x00,0x00 };
char shi12S[]={/*使*/0x11,0x00,0x2F,0xE0,0x21,0x00,0x6F,0xE0,0xA9,0x20,
        0x29,0x20,0x2F,0xE0,0x25,0x00,0x22,0x00,0x25,0x00,0x38,0xE0,0x00,0x00 };
char yong12S[]={/*用*/0x7F,0xC0,0x44,0x40,0x44,0x40,0x7F,0xC0,0x44,0x40,
        0x44,0x40,0x7F,0xC0,0x44,0x40,0x44,0x40,0x84,0x40,0x85,0xC0,0x00,0x00 };
char shuo12S[]={/*说*/0x48,0x40,0x24,0x80,0x2F,0xC0,0x08,0x40,0xC8,0x40,
        0x4F,0xC0,0x45,0x00,0x45,0x00,0x55,0x20,0x69,0x20,0x51,0xE0,0x00,0x00 };
char ming12S1[]={/*明*/0x03,0xE0,0x7A,0x20,0x4A,0x20,0x4B,0xE0,0x7A,0x20,
        0x4A,0x20,0x4B,0xE0,0x7A,0x20,0x02,0x20,0x04,0x20,0x18,0xE0,0x00,0x00 };
char ban12S[]={/*版*/0x10,0xE0,0x57,0x00,0x54,0x00,0x7F,0xE0,0x44,0x40,
        0x46,0x40,0x75,0x40,0x54,0x80,0x55,0x80,0x9A,0x40,0x94,0x20,0x00,0x00 };
char ben12S[]={/*本*/0x04,0x00,0x04,0x40,0xFF,0xE0,0x04,0x00,0x0E,0x00,
        0x15,0x00,0x24,0x80,0x44,0x40,0xBF,0xA0,0x04,0x00,0x04,0x00,0x00,0x00 };
char xin12S[]={/*信*/0x21,0x00,0x3F,0xE0,0x20,0x00,0x4F,0xC0,0x40,0x00,
        0xCF,0xC0,0x40,0x00,0x4F,0xC0,0x48,0x40,0x4F,0xC0,0x48,0x40,0x00,0x00 };
char xi12S1[]={/*息*/0x08,0x00,0x3F,0x80,0x20,0x80,0x3F,0x80,0x20,0x80,
        0x3F,0x80,0x20,0x80,0x3F,0x80,0x54,0x40,0x52,0xA0,0x9F,0x80,0x00,0x00 };
```

```
char guan12S1[]={/*关*/0x10,0x80,0x09,0x00,0x7F,0xC0,0x04,0x00,0x04,0x00,
        0x04,0x00,0xFF,0xE0,0x0A,0x00,0x11,0x00,0x20,0x80,0xC0,0x60,0x00,0x00 };
char yu12S[]={/*于*/0x7F,0xC0,0x04,0x00,0x04,0x00,0x04,0x00,0xFF,0xE0,
        0x04,0x00,0x04,0x00,0x04,0x00,0x04,0x00,0x04,0x00,0x1C,0x00,0x00,0x00 };
char wo12S[]={/*我*/0x0A,0x80,0xF2,0x40,0x12,0x00,0xFF,0xE0,0x12,0x00,
        0x16,0x40,0x3A,0x80,0xD1,0x00,0x13,0x20,0x1C,0xA0,0x70,0x60,0x00,0x00 };
char men12S[]={/*们*/0x28,0x00,0x25,0xE0,0x4A,0x20,0x48,0x20,0xC8,0x20,
        0x48,0x20,0x48,0x20,0x48,0x20,0x48,0x20,0x48,0x20,0x48,0xE0,0x00,0x00 };
/*  显示汉字函数，参数依次为：字模指针、点阵大小、起始坐标(x,y)、颜色 */
void    drawmat(char *mat,int matsize,int x,int y,int color)
{   int    i , j , k , n ;
    n = (matsize - 1) / 8 + 1;
    for(j = 0; j < matsize; j++)
      for(i = 0; i < n; i++)
        for(k = 0;k < 8; k++)
          if(mat[j * n + i] & (0x80 >> k))    /*测试为 1 的位则显示*/
            putpixel(x + i * 8 + k, y + j, color);
  }
void    win01( )                  /*  画窗口函数  */
{   int i,j,r;
    textbackground(1);
    textcolor(0);
    clrscr();
    setviewport(80,50,560,400,1);
    setfillstyle(1,7);                /*画窗口的矩形，做背景*/
    bar(0,0,480,350);
    setlinestyle(0,0,1);              /*  以下为画窗体的边框线  */
    setcolor(WHITE);
    line(0,0,480,0);          line(0,0,0,350);
    line(2,348,478,348); line(477,3,477,358);
    setcolor(DARKGRAY);
    line(1,350,480,350); line(480,1,480,350);
    line(2,2,477,2);          line(3,2,3,347);
    setcolor(WHITE);
    line(4,23,477,23);      line(4,46,477,46);
    setcolor(DARKGRAY);
    line(3,24,477,24);      line(3,47,477,47);
    drawmat(xue12S, 12, 10, 7,0);     /*  输出“学生成绩管理系统”标题  */
    drawmat(sheng12S, 12, 30, 7,0);
    drawmat(cheng12S, 12, 50, 7,0);
    drawmat(ji12S, 12, 70, 7,0);
    drawmat(guan12S, 12, 90, 7,0);
    drawmat(li12S, 12, 110, 7,0);
    drawmat(xi12S, 12, 130, 7,0);
    drawmat(tong12S, 12,150,7,0);
    setcolor(WHITE);    /*  以下画出关闭按钮  */
```

```
    line(460,7,472,7);  line(460,7,460,17);
    setcolor(DARKGRAY); line(472,7,472,17); line(461,17,472,17);
    setcolor(RED); line(463,10,469,14); line(469,10,463,14);
}
void   mainmenu( )  /* 显示主菜单函数 */
{  drawmat(shu12S, 12, 12, 30,4);
    drawmat(ju12S, 12, 26, 30,0);
    drawmat(wei12S, 12, 40, 30,0);
    drawmat(hu12S, 12,54,30,0);
    drawmat(shu12S, 12, 82, 30,4);
    drawmat(ju12S, 12, 96, 30,0);
    drawmat(cha12S, 12, 110, 30,0);
    drawmat(xun12S, 12,124,30,0);
    drawmat(cheng12S, 12, 152, 30,4);
    drawmat(ji12S, 12, 166, 30,0);
    drawmat(tong12S, 12, 180, 30,0);
    drawmat(ji12S1, 12, 194, 30, 0);
    drawmat(pai12S, 12, 231, 30,4);
    drawmat(xu12S, 12, 255, 30,0);
    drawmat(xi12S, 12, 292, 30,4);
    drawmat(tong12S, 12, 306, 30,0);
    drawmat(wei12S, 12, 320, 30,0);
    drawmat(hu12S, 12, 334, 30, 0);
    drawmat(xi12S, 12, 362, 30,4);
    drawmat(tong12S, 12, 376, 30,0);
    drawmat(bang12S, 12, 390, 30,0);
    drawmat(zhu12S, 12, 404, 30, 0);
    drawmat(tui12S, 12, 432, 30,4);
    drawmat(chu12S, 12, 446, 30,0);
}
void ClrScr() {    putimage(0,24,buf,COPY_PUT);    }        /* 清视口菜单区域函数 */
void MouseOn(int x,int y)                                   /* 鼠标光标显示函数 */
{  int   i , j , color ;
    for(i=0;i<16;i++)                                       /* 画鼠标 */
    {  for(j=0;j<11;j++)
        {  pixel_save[i][j]=getpixel(x+j,y+i);              /*保存原来的颜色*/
      if( mouse_draw[i][j]==1 )   putpixel(x+j,y+i,0);
      else if(mouse_draw[i][j]==2)    putpixel(x+j,y+i,15);
        }
    }
}
void MouseOff(int x, int y )                                /* 原位置鼠标光标删除函数 */
{  int    i , j , color ;
    for(i=0;i<16;i++)    /* 原位置异或消去 */
      for(j=0;j<11;j++)
      {  if(mouse_draw[i][j]==3||mouse_draw[i][j]==4) continue;
```

```
            color=getpixel(x+j,y+i);
            putpixel(x+j,y+i,color^color);
            putpixel(x+j,y+i,pixel_save[i][j]);
        }
}
/*  鼠标加载函数。MouseExist:1=加载，0=未加载，MouseButton=按键数目  */
void MouseLoad( )
{   _AX=0x00;
    geninterrupt(0x33);
    MouseExist = _AX;
    MouseButton = _BX ;
}
void MouseReset( )                    /*  鼠标状态值初始化函数  */
{   _AX = 0x00 ;    geninterrupt(0x33);    }
void MouseSetX(int lx,int rx)         /*设置鼠标左右边界函数，lx=左边界，rx=右边界  */
{   _CX = lx ;   _DX = rx ;   _AX = 0x07 ;
      geninterrupt(0x33);
}
void MouseSetY(int uy,int dy)         /*设置鼠标上下边界函数，uy=上边界 dy=下边界  */
{   _CX=uy;   _DX=dy;   _AX=0x08;
    geninterrupt(0x33);
}
void MouseSetXY(int x,int y)          /*设置鼠标当前位置函数，x=横坐标，y=纵坐标  */
{   _CX=x;   _DX=y;    _AX=0x04;
    geninterrupt(0x33);
}
void MouseSpeed(int vx,int vy)        /*设置鼠标速度(默认值:vx=8,vy=1)值越大速度越慢*/
{   _CX=vx;
    _DX=vy;
    _AX=0x0f;
    geninterrupt(0x33);
}
/*  获取鼠标按下键的信息的几个函数  */
int LeftPress( )            /*  是否按下左键。  返回值: 1=按下，0=释放  */
{   _AX=0x03;
    geninterrupt(0x33);
    return( _BX & 1 ) ;
}
int MiddlePress( )          /*是否按下中键。  返回值: 1=按下，0=释放  */
{   _AX=0x03;
    geninterrupt(0x33);
    return(_BX&4);
}
int RightPress( )           /*是否按下右键。返回值: 1=按下，0=释放  */
{   _AX=0x03;
    geninterrupt(0x33);
    return(_BX&2);
}
```

```
void MouseGetXY( )  /* 获取鼠标当前位置函数 */
{  _AX=0x03;
   geninterrupt(0x33);
   MouseX = _CX ; MouseY = _DX ;
}
int MouseStatus( )              /* 鼠标状态处理函数 */
{  int   i , j , x , y , status , press = 0 ;
   static int   flag = 0 ;      /* 下拉子菜单标志 */
   status = 0 ;                 /* 默认鼠标没有移动 */
   x = MouseX ;   y = MouseY ;
   while(x==MouseX&&y==MouseY&&status==0&&press==0)
   {  zhixing1(&flag);
      MouseGetXY();
      if(MouseX!=x||MouseY!=y) status=1;
   }
      MouseOff(x,y);
      if(status||flag==1)      /*移动情况才重新显示鼠标*/
      {  if (( MouseX>10&&MouseX< 68)&&(MouseY>28&&MouseY<42)&&flag!=1)
         {  flag = 1;
            setcolor(15);line(10,28,67,28);line(10,28,10,42);
            setcolor(8); line(10,42,67,42);line(67,28,67,42);
            setcolor(15);
            setfillstyle(SOLID_FILL,7);
            bar3d(8,50,70,134,0,0);
            setcolor(8); line(9,134,70,134);line(70,51,70,134);
            drawmat(zi12S, 12, 12, 54,4);
            drawmat(ran12S, 12, 26, 54,0);
            drawmat(qing12S, 12, 40, 54,0);
            drawmat(kuang12S, 12,54,54,0);
            drawmat(cheng12S, 12, 12, 74,4);
            drawmat(ji12S, 12, 26, 74,0);
            drawmat(lu12S, 12, 40, 74,0);
            drawmat(ru12S, 12,54,74,0);
            drawmat(shu12S, 12, 12, 94,4);
            drawmat(ju12S, 12, 26, 94,0);
            drawmat(xiu12S, 12, 40, 94,0);
            drawmat(gai12S, 12, 54, 94, 0);
            drawmat(shu12S, 12, 12, 114,4);
            drawmat(ju12S, 12, 26, 114,0);
            drawmat(shan12S, 12, 40, 114,0);
            drawmat(chu12S1, 12, 54, 114, 0);
         }
     if (!(( MouseX>10&&MouseX< 68)&&(MouseY>28&&MouseY<134))&&flag==1)
         {  putimage(0,24,buf,COPY_PUT); flag = 0 ;   }
      }
      if(status||flag==2)      /*移动情况才重新显示鼠标*/
```

```
{  if (( MouseX>80&&MouseX< 138)&&(MouseY>28&&MouseY<42)&&flag!=2)
   {  flag = 2;
      setcolor(15);line(80,28,138,28);line(80,28,80,42);
      setcolor(8); line(80,42,138,42);line(138,28,138,42);
      setcolor(15);
      setfillstyle(SOLID_FILL,7);
      bar3d(78,50,140,114,0,0);
      setcolor(8); line(79,114,140,114);line(140,51,140,114);
      drawmat(xue12S, 12, 82, 54,4);
      drawmat(hao12S, 12, 96, 54,0);
      drawmat(cha12S, 12, 110, 54,0);
      drawmat(xun12S, 12,124,54,0);
      drawmat(xing12S, 12, 82, 74,4);
      drawmat(ming12S, 12, 96, 74,0);
      drawmat(cha12S, 12, 110, 74,0);
      drawmat(xun12S, 12,124,74,0);
      drawmat(zu12S, 12, 82, 94,4);
      drawmat(he12S, 12, 96, 94,0);
      drawmat(cha12S, 12, 110, 94,0);
      drawmat(xun12S, 12, 124, 94, 0);
      }
   if (!(( MouseX>80&&MouseX< 138)&&(MouseY>28&&MouseY<114))&&flag==2)
   {  putimage(0,24,buf,COPY_PUT); flag = 0 ;   }
}
if(status||flag==3)      /*移动情况才重新显示鼠标*/
{  if (( MouseX>150&&MouseX< 208)&&(MouseY>28&&MouseY<42)&&flag!=3)
   {  flag = 3;
      setcolor(15);line(150,28,208,28);line(150,28,150,42);
      setcolor(8); line(150,42,208,42);line(208,28,208,42);
      setcolor(15);
      setfillstyle(SOLID_FILL,7);
      bar3d(148,50,210,114,0,0);
      setcolor(8); line(149,114,210,114);line(210,51,210,114);
      drawmat(cheng12S, 12, 152, 54,4);
      drawmat(ji12S, 12, 166, 54,0);
      drawmat(fen12S, 12, 180, 54,0);
      drawmat(bu12S, 12,194,54,0);
      drawmat(ji12S2, 12, 152, 74,4);
      drawmat(ge12S, 12, 166, 74,0);
      drawmat(lv12S, 12, 180, 74,0);
      drawmat(you12S, 12, 152, 94,4);
      drawmat(xiu12S1, 12, 166, 94,0);
      drawmat(lv12S, 12, 180, 94,0);
   }
   if (!(( MouseX>150&&MouseX< 208)&&(MouseY>28&&MouseY<114))&&flag==3)
   {  putimage(0,24,buf,COPY_PUT); flag = 0 ;   }
```

```
        }
        if(status||flag==4)      /*移动情况才重新显示鼠标*/
        {   if (( MouseX>222&&MouseX< 278)&&(MouseY>28&&MouseY<42)&&flag!=4)
            {   flag = 4;
                setcolor(15);line(220,28,278,28);line(220,28,220,42);
                setcolor(8); line(220,42,278,42);line(278,28,278,42);
                setcolor(15);
                setfillstyle(SOLID_FILL,7);
                bar3d(218,50,280,114,0,0);
                setcolor(8); line(219,114,280,114);line(280,51,280,114);
                drawmat(an12S, 12, 222, 54,4);
                drawmat(xue12S, 12, 236, 54,0);
                drawmat(hao12S, 12, 250, 54,0);
                drawmat(dan12S, 12,222,74,0);
                drawmat(ke12S, 12, 236, 74,4);
                drawmat(cheng12S, 12, 250,74,0);
                drawmat(ji12S, 12, 264,74,0);
                drawmat(ping12S, 12, 222, 94,4);
                drawmat(jun12S, 12, 236, 94,0);
                drawmat(cheng12S, 12, 250, 94,0);
                drawmat(ji12S, 12, 264, 94, 0);   }
    if (!(( MouseX>222&&MouseX< 278)&&(MouseY>28&&MouseY<114))&&flag==4)
            {   putimage(0,24,buf,COPY_PUT); flag = 0 ;   }
        }
        if(status||flag==5)      /*移动情况才重新显示鼠标*/
        {   if (( MouseX>292&&MouseX< 348)&&(MouseY>28&&MouseY<42)&&flag!=5)
            {   flag = 5;
                setcolor(15);line(290,28,348,28);line(290,28,290,42);
                setcolor(8); line(290,42,348,42);line(348,28,348,42);
                setcolor(15);
                setfillstyle(SOLID_FILL,7);
                bar3d(288,50,350,114,0,0);
                setcolor(8); line(289,114,350,114);line(350,51,350,114);
                drawmat(shu12S, 12, 292, 54,4);
                drawmat(ju12S, 12, 306, 54,0);
                drawmat(bei12S, 12, 320, 54,0);
                drawmat(fen12S1, 12, 334, 54,0);
                drawmat(shu12S, 12,292,74,4);
                drawmat(ju12S, 12, 306, 74,0);
                drawmat(hui12S, 12, 320,74,0);
                drawmat(fu12S, 12, 334,74,0);
                drawmat(kou12S, 12, 292, 94,4);
                drawmat(ling12S, 12, 306, 94,0);
                drawmat(wei12S, 12, 320, 94,0);
                drawmat(hu12S, 12, 334, 94, 0);
                }
```

```
    if (!(( MouseX>292&&MouseX<348)&&(MouseY>28&&MouseY<114))&&flag==5)
        {   putimage(0,24,buf,COPY_PUT); flag = 0 ;   }  }
      if(status||flag==6)       /*移动情况才重新显示鼠标*/
      {  if (( MouseX>362&&MouseX< 418)&&(MouseY>28&&MouseY<42)&&flag!=6)
         {  flag = 6;
            setcolor(15);line(360,28,418,28);line(360,28,360,42);
            setcolor(8); line(360,42,418,42);line(418,28,418,42);
            setcolor(15);
            setfillstyle(SOLID_FILL,7);
            bar3d(358,50,420,114,0,0);
            setcolor(8); line(359,114,420,114);line(420,51,420,114);
            drawmat(shi12S, 12, 362, 54,4);
            drawmat(yong12S, 12, 376, 54,0);
            drawmat(shuo12S, 12, 390, 54,0);
            drawmat(ming12S1, 12, 404, 54,0);
            drawmat(ban12S, 12,362,74,4);
            drawmat(ben12S, 12, 376, 74,0);
            drawmat(xin12S, 12, 390,74,0);
            drawmat(xi12S1, 12, 404,74,0);
            drawmat(guan12S1, 12, 362, 94,4);
            drawmat(yu12S, 12, 376, 94,0);
            drawmat(wo12S, 12, 390, 94,0);
            drawmat(men12S, 12, 404, 94, 0);
         }
     if (!(( MouseX>362&&MouseX< 418)&&(MouseY>28&&MouseY<114))&&flag==6)
         {  putimage(0,24,buf,COPY_PUT); flag = 0 ;   }
      }
      if(status||flag==7)              /*移动情况才重新显示鼠标*/
      {  if (( MouseX>432&&MouseX< 468)&&(MouseY>28&&MouseY<42)&&flag!=7)
         {   flag = 7;
            setcolor(15);line(430,28,468,28);line(430,28,430,42);
            setcolor(8); line(430,42,468,42);line(468,28,468,42);     }
    if (!(( MouseX>432&&MouseX< 468)&&(MouseY>28&&MouseY<42))&&flag==7)
         {  putimage(0,24,buf,COPY_PUT); flag = 0 ;   }
      }
   MouseOn(MouseX,MouseY);  /*新位置显示*/
  return press;
}
void zhixing1( int   *flag )            /*  单击左按钮判断应执行的命令*/
{  if(LeftPress())                      /*鼠标判断*/
   {  if((MouseX<472&&MouseX>460)&&(MouseY<17&&MouseY>7))        /*点击退出*/
      {  cleardevice();closegraph();exit(0);   }
      switch( *flag)
      {  case   1 : if( MouseX > 10 && MouseX < 70)           /*判断单击第一个菜单内容*/
                    {  if( MouseY > 52 && MouseY < 68 ) { *flag=0; luru1(); }
                       if( MouseY > 72 && MouseY < 88 ) { *flag=0; luru2(); }
```

```
                            if( MouseY > 92 && MouseY < 108 ) { *flag=0;xiugai(); }
                            if( MouseY > 112 && MouseY < 128 ) { *flag=0 ; shanchu(); }
                        } break ;
            case    2 : if( MouseX > 80 && MouseX < 138)        /*判断单击第二个菜单内容*/
                        {   if( MouseY > 52 && MouseY < 68 ) { *flag=0; chaxun1(); }
                            if( MouseY > 72 && MouseY < 88 ) { *flag=0; chaxun2(); }
                            if( MouseY > 92 && MouseY < 108 ) { *flag=0; chaxun3(); }
                        } break ;
            case    3 : if( MouseX > 150 && MouseX < 208)       /*判断单击第三个菜单内容*/
                        {   if( MouseY > 52 && MouseY < 68 ) { *flag=0; fenbu(); }
                            if( MouseY > 72 && MouseY < 88 ) { *flag=0; jigelu(); }
                            if( MouseY > 92 && MouseY < 108 ) { *flag=0; youxiulu(); }
                        } break ;
            case    4 : if( MouseX > 220 && MouseX < 278)       /*判断单击第四个菜单内容*/
                        {   if( MouseY > 52 && MouseY < 68 ) { *flag=0; paixu1(); }
                            if( MouseY > 72 && MouseY < 88 ) { *flag=0; paixu2(); }
                            if( MouseY > 92 && MouseY < 108 ) { *flag=0; paixu3(); }
                        } break ;
            case    5 : if( MouseX > 290 && MouseX < 348)       /*判断单击第五个菜单内容*/
                        {   if( MouseY > 52 && MouseY < 68 ) { *flag=0; beifen(); }
                            if( MouseY > 72 && MouseY < 88 ) { *flag=0; huifu(); }
                            if( MouseY > 92 && MouseY < 108 ) { *flag=0; passw1(); }
                        } break ;
            case    6 : if( MouseX > 360 && MouseX < 418)       /*判断单击第六个菜单内容*/
                        {   if( MouseY > 52 && MouseY < 68 ) { *flag=0; help(); }
                            if( MouseY > 72 && MouseY < 88 ) { *flag=0; ver(); }
                            if( MouseY > 92 && MouseY < 108 ) { *flag=0; aboutour(); }
                        } break ;
            case    7 : cleardevice();closegraph();exit(0);
        }
    }
}
int mouse( )                        /*  鼠标驱动和控制函数  */
{   MouseSetY(0,350);
    MouseSetX(0,480);
    MouseSetXY(100,100);
    MouseGetXY();
    MouseOn(MouseX,MouseY);   /*第一次显示鼠标*/
    while(1)    MouseStatus();
}
void main()
{   int    graphdriver = DETECT , graphmode ;
    unsigned    size ;
    initgraph(&graphdriver,&graphmode,"d:\\win-tc\\projects");
    win01 ( ) ;             /*  画出窗口界面*/
    mainmenu ( ) ;          /*  显示主菜单  */
```

```
    size = imagesize ( 0 , 24 , 480 , 140 ) ;        /* 计算预保存区域所需字节数 */
    buf = malloc ( size ) ;                          /* 从堆中申请 size 字节空间，以便保存菜单区域 */
    getimage ( 0 , 24 , 480 , 140 , buf ) ;
    mouse ( ) ;
}
```

5.2 对话框中的按钮技术

在各种对话框中，常常使用“确定”、“取消”、“保存”等按钮来控制某些操作功能。本节介绍一个在 Turbo C++ 3.0 和 Win-TC 环境下都可运行，在图形模式下的“恢复确认对话框”中设计按钮的案例，供读者参考。由于每个按钮都有 2 种状态，一种是获得焦点，另一种是失去焦点，所以用一个整型变量 n1 记住“确定”按钮的状态。n1 = 1 表示无焦点，n1 = 2 表示有焦点。同样，用变量 n2 记住“取消”按钮的状态。为了快速画出各种状态的按钮，所以使用 getimage 函数保存各个按钮的几种状态，需要时再使用 putimage 函数输出到对话框中。该程序使用〈Tab〉键使焦点在各个按钮间移动。当焦点处于某个按钮上时，按下〈Enter〉键执行该按钮被按下的功能。完整的程序实例见例 5-3。该程序在运行时的某一刻的界面如图 5-3 所示。需要指出，如果再增加一种状态，即按钮被按下的状态，就会有动画的效果。这一点并不难，所以读者可以自己动手编程试一试。

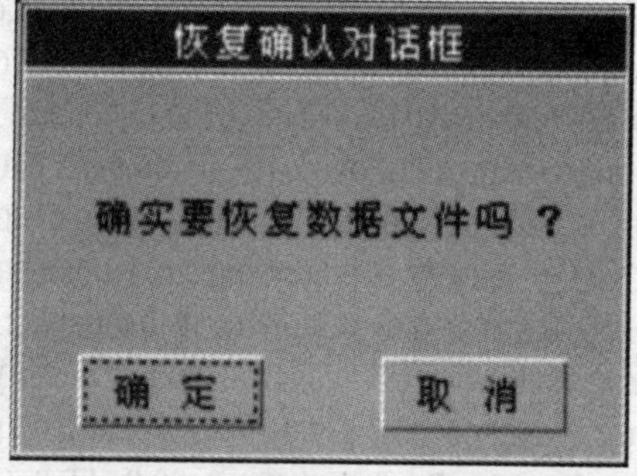

图 5-3　恢复确认对话框的运行界面

【例 5-3】 在恢复确认对话框中使用按钮的程序实例。

```
#include <stdio.h>
#include <graphics.h>
#include <alloc.h>
#include <bios.h>
#define Enter 0x1c0d
#define TAB 0x0f09
void    drawmat(char *mat,int matsize,int x,int y,int color) ;
void    anniu( ) ;
char hui12S[]={/*恢*/0x44,0x00,0x5F,0xE0,0xC4,0x00,0xE5,0x00,0xC5,0x20,
        0x49,0x40,0x4B,0x80,0x51,0x00,0x42,0x80,0x44,0x40,0x58,0x20,0x00,0x00 };
char fu12S[]={/*复*/0x10,0x40,0x3F,0xE0,0x60,0x80,0xBF,0x80,0x20,0x80,
        0x3F,0x80,0x10,0x00,0x1F,0x80,0x69,0x00,0x06,0x00,0xF9,0xE0,0x00,0x00 };
```

```
char que12S[]={/*确*/0x02,0x00,0xFB,0xC0,0x24,0x80,0x4F,0xE0,0x75,0x20,
        0xD7,0xE0,0x55,0x20,0x57,0xE0,0x75,0x20,0x55,0x20,0x09,0x60,0x00,0x00 };
char ren12S[]={/*认*/0x41,0x00,0x21,0x00,0x21,0x00,0x01,0x00,0xC1,0x00,
        0x41,0x00,0x42,0x80,0x42,0x80,0x54,0x40,0x68,0x40,0x10,0x20,0x00,0x00 };
char dui12S[]={ /* 对 */0x00,0x40,0xF8,0x40,0x08,0x40,0x4F,0xE0,0x28,0x40,
        0x12,0x40,0x11,0x40,0x29,0x40,0x48,0x40,0x88,0x40,0x01,0xC0,0x00,0x00 };
char hua12S[]={ /* 话 */0x40,0xE0,0x2F,0x00,0x21,0x00,0x0F,0xE0,0xE1,0x00,
        0x21,0x00,0x27,0xE0,0x24,0x20,0x2C,0x20,0x37,0xE0,0x24,0x20,0x00,0x00 };
char kuang12S[]={ /* 框 */0x4F,0xE0,0x48,0x00,0xFB,0xE0,0x48,0x80,0x68,0x80,
        0xDB,0xE0,0xC8,0x80,0x48,0x80,0x4B,0xE0,0x48,0x00,0x4F,0xE0,0x00,0x00 };
char shi12S[]={/*实*/0x04,0x00,0x7F,0xE0,0x40,0x20,0x92,0x40,0x0A,0x00,
        0x22,0x00,0x12,0x00,0xFF,0xE0,0x05,0x00,0x08,0x80,0x70,0x40,0x00,0x00 };
char yao12S[]={/*要*/0xFF,0xE0,0x0A,0x00,0x7F,0xC0,0x4A,0x40,0x7F,0xC0,
        0x08,0x00,0xFF,0xE0,0x11,0x00,0x3A,0x00,0x07,0x00,0xF8,0xC0,0x00,0x00 };
char shu12S[]={/*数*/0x95,0x00,0x59,0x00,0xFD,0xE0,0x32,0x40,0x5A,0x40,
        0x95,0x40,0x21,0x40,0xFC,0x80,0x48,0x80,0x39,0x40,0xC6,0x20,0x00,0x00 };
char ju12S[]={/*据*/0x2F,0xC0,0x28,0x40,0xFF,0xC0,0x29,0x00,0x39,0x00,
        0x6F,0xE0,0xA9,0x00,0x2F,0xC0,0x2C,0x40,0x34,0x40,0xE7,0xC0,0x00,0x00 };
char wen12S[]={/*文*/0x08,0x00,0x04,0x40,0xFF,0xE0,0x11,0x00,0x11,0x00,
        0x11,0x00,0x0A,0x00,0x0A,0x00,0x04,0x00,0x1B,0x00,0xE0,0xE0,0x00,0x00 };
char jian12S[]={/*件*/0x21,0x00,0x29,0x00,0x29,0x40,0x4F,0xE0,0xD1,0x00,
        0x41,0x00,0x5F,0xE0,0x41,0x00,0x41,0x00,0x41,0x00,0x41,0x00,0x00,0x00 };
char ma12S[]={/*吗*/0x0F,0xC0,0xF0,0x40,0x94,0x40,0x94,0x40,0x94,0x40,
        0x97,0xE0,0xF0,0x20,0x9F,0xA0,0x00,0x20,0x00,0x20,0x01,0xC0,0x00,0x00 };
char wenha12S[]={/*？ */0x00,0x00,0x3E,0x00,0x63,0x00,0x63,0x00,0x06,0x00,
        0x0C,0x00,0x0C,0x00,0x00,0x00,0x0C,0x00,0x0C,0x00,0x00,0x00,0x00,0x00 };
char ding12S[]={/*定*/0x04,0x00,0x7F,0xE0,0xC0,0x20,0x00,0x00,0x7F,0xC0,
        0x04,0x00,0x24,0x00,0x27,0xC0,0x34,0x00,0x4C,0x00,0x83,0xE0,0x00,0x00 };
char qu12S[]={/*取*/0xFC,0x00,0x4B,0xC0,0x4A,0x40,0x7A,0x40,0x4A,0x40,
        0x7A,0x40,0x4A,0x80,0x5D,0x00,0xE9,0x80,0x0A,0x40,0x0C,0x20,0x00,0x00 };
char xiao12S[]={/*消*/0x42,0x00,0x2A,0x40,0x0A,0x80,0xAF,0xC0,0x68,0x40,
        0x2F,0xC0,0x48,0x40,0x4F,0xC0,0xC8,0x40,0x48,0x40,0x49,0xC0,0x00,0x00 };
void anniu( )
{   int   n1 = 2 , n2 = 1 , key ;
    char ch;
    char   *buf11 ,*buf12 , *buf21,*buf22;
    unsigned int   size ;
    int i,j,gdriver=DETECT,gmode;
    textbackground(7);
    textcolor(0);
    initgraph(&gdriver , &gmode , "" ) ;
    cleardevice( ) ;
    setcolor(1);     /* 画出标题栏 */
    setfillstyle(SOLID_FILL,1);
    bar3d(219,139,419,159,0,0);
    floodfill(319,140,1);
```

```
drawmat(hui12S , 12 , 270 , 145 , WHITE );        /* 标题为“恢复确认对话框” */
drawmat(fu12S , 12 , 284 , 145 , WHITE );
drawmat(que12S , 12 , 298 , 145 , WHITE );
drawmat(ren12S , 12 , 312 , 145 , WHITE );
drawmat(dui12S , 12 , 326 , 145 , WHITE );
drawmat(hua12S , 12 , 340 , 145 , WHITE );
drawmat(kuang12S , 12 , 354 , 145 , WHITE );
setcolor(7);                                      /* 画对话框的框体 */
setfillstyle(SOLID_FILL,7);
bar3d(219,160,419,279,0,0);
floodfill(319,239,7);
setlinestyle(0,0,3);                              /* 以下在对话框中画线以便增强立体感 */
setcolor(EGA_WHITE);
line(219,139,219,279);
line(219,139,419,139);
line(221,160,418,160);
setlinestyle(0,0,1);
line(419,138,419,279);
line(219,279,419,279);
setcolor(EGA_DARKGRAY);
line(221,160,418,160);
line(219,139,219,278);
line(219,139,418,139);
drawmat(que12S , 12 , 245 , 200 , BLACK );       /* 输出“确实要恢复数据文件吗？” */
drawmat(shi12S , 12 , 259 , 200 , BLACK );
drawmat(yao12S , 12 , 273 , 200 , BLACK );
drawmat(hui12S , 12 , 287 , 200 , BLACK );
drawmat(fu12S , 12 , 301 , 200 , BLACK );
drawmat(shu12S , 12 , 315 , 200 , BLACK );
drawmat(ju12S , 12 , 329 , 200 , BLACK );
drawmat(wen12S , 12 , 343 , 200 , BLACK );
drawmat(jian12S , 12 , 357 , 200 , BLACK );
drawmat(ma12S , 12 , 371 , 200 , BLACK );
drawmat(wenha12S , 12 , 390 , 200 , BLACK );
setlinestyle(0,0,1);                              /* 画出确定按钮 */
setcolor(EGA_WHITE);
bar3d(240,248,300,270,0,0);
setcolor(EGA_DARKGRAY);
line(241,270,300,270);
line(300,249,300,270);
drawmat(que12S , 12 , 252 , 254 , BLACK );
drawmat(ding12S , 12 , 274 , 254 , BLACK );
size=imagesize( 240 , 248 , 300 , 270 ) ;
buf11 = malloc( size ) ; buf12 = malloc( size ) ;
buf21 = malloc( size ) ; buf22 = malloc( size ) ;
getimage( 240 , 248 , 300 , 270 , buf11 ) ;       /* 保存无焦点的确定按钮图像 */
```

```
setcolor(EGA_BLACK);
setlinestyle(1,0,1);                              /* 在确定按钮上画出虚线焦点框 */
line ( 242 , 250 , 298 , 250 ) ;
line ( 242 , 250 , 242 , 268 ) ;
line ( 242 , 268 , 298 , 268 ) ;
line ( 298 , 250 , 298 , 268 ) ;
getimage( 240 , 248 , 300 , 270 , buf12 ) ;       /* 保存有焦点的确定按钮图像 */
setlinestyle(0,0,1);                              /* 画出取消按钮 */
setcolor(EGA_WHITE);
bar3d(340,248,400,270,0,0);
setcolor(EGA_DARKGRAY);
line(341,270,400,270);
line(400,249,400,270);
drawmat(qu12S , 12 , 352 , 254 , BLACK );
drawmat(xiao12S , 12 , 374 , 254 , BLACK );
getimage( 340 , 248 , 400 , 270 , buf21 ) ;       /* 保存无焦点的取消按钮图像 */
setcolor(EGA_BLACK);
setlinestyle(1,0,1);                              /* 在取消按钮上画出虚线焦点框 */
line ( 342 , 250 , 398 , 250 ) ;
line ( 342 , 250 , 342 , 268 ) ;
line ( 342 , 268 , 398 , 268 ) ;
line ( 398 , 250 , 398 , 268 ) ;
getimage( 340 , 248 , 400 , 270 , buf22 ) ;       /* 保存有焦点的取消按钮图像 */
putimage( 340 , 248 , buf21 , COPY_PUT ) ;        /* 输出无焦点的取消按钮图像 */
while ( 1 )
{  while ( bioskey(1) == 0 ) ;
   key = bioskey( 0 ) ;
   if ( key == Enter   )
   {  closegraph( ) ;
      if ( n1 == 2 ) printf("OK");                /* 按下确定按钮，输出 OK */
      else   printf("CANCEL");                    /* 按下取消按钮，输出 CANCEL */
      return ;
   }
   else if ( key == TAB )
      if (n1 == 2 )
      {  putimage(240,248,buf11,COPY_PUT);        /* 输出无焦点的确定按钮 */
         putimage(340,248,buf22,COPY_PUT);        /* 输出有焦点的取消按钮 */
         n1 = 1 ; n2 = 2 ;                        /* 记住各按钮的状态 */
      }
      else
      {  putimage(240,248,buf12,COPY_PUT);        /* 输出有焦点的确定按钮 */
         putimage(340,248,buf21,COPY_PUT);        /* 输出无焦点的取消按钮 */
         n1 = 2 ; n2 = 1 ;                        /* 记住各按钮的状态 */
      }
 }
}
```

```
void drawmat(char *mat,int matsize,int x,int y,int color)
{       /*点阵字显示函数*/
        int i,j,k,n;
        n=(matsize-1)/8+1;              /*有几个字符位*/
           for(j=0;j<matsize;j++)       /*行*/
             for(i=0;i<n;i++)
               for(k=0;k<8;k++)
                 if(mat[j*n+i]&0x80>>k)
                     putpixel(x+i*8+k,y+j,color);
}
void   main ( )
{   anniu ( ) ;   }
```

5.3 数据录入技术

在开发每一个管理信息系统时，都要认真考虑如何录入大量的原始数据，所以首先要在需求分析和总体设计阶段事先规划好所采用的数据结构。数据结构是否合适，直接影响到录入数据是否方便快捷，数据的存储是否可靠。以学生成绩管理系统为例，为了处理一个学院各个班级的学生成绩，可以定义一个学生结构体类型 struct student，其成员包括两部分信息。一部分是自然情况，包括学号 int num、姓名数组 char name[10]、班级 char class1[10]、性别 char sex[3]、民族 char nation[7]、省份 char province[7]等；另一部分是学生成绩数组 int score[3]，存放学生各门课的成绩。为了简单，假设只有 3 门课程：高等数学、大学英语、C 程序设计。在内存中，可以定义一个足够大的 struct student 类型的结构体数组以便存放该学院所有学生的数据，顺序按班级、同班级的按学号来存储。而在磁盘中，则存放在 STUINFO 文件中。这里的班级成员重复率较高，数据冗余较大，但会给以后的处理带来方便。下面就分别给出录入自然情况和成绩的数据录入技术。

5.3.1 自然情况的录入

首先，学生入学时应将各个班级学生的自然情况录入到计算机中，并将所有的成绩都初始化为 0，表示还没有成绩。下面给出自然情况录入模块 luru1( )的简化算法流程图，如图 5-4 所示。其运行界面如图 5-5 所示。限于篇幅，此处不再给出文字叙述。

【例 5-4】 自然情况录入模块的程序实例。

```
#include <io.h>
#include <fcntl.h>
#include <conio.h>
#include <stdio.h>
#include <string.h>
struct student
{  int   num ;             /* 学号 1～100 */
   char  name[10] ;  /* 姓名、汉字 */
   char  class1[10] ; /* 班级、带汉字 */
   char  sex[3] ;       /* 性别、汉字 */
```

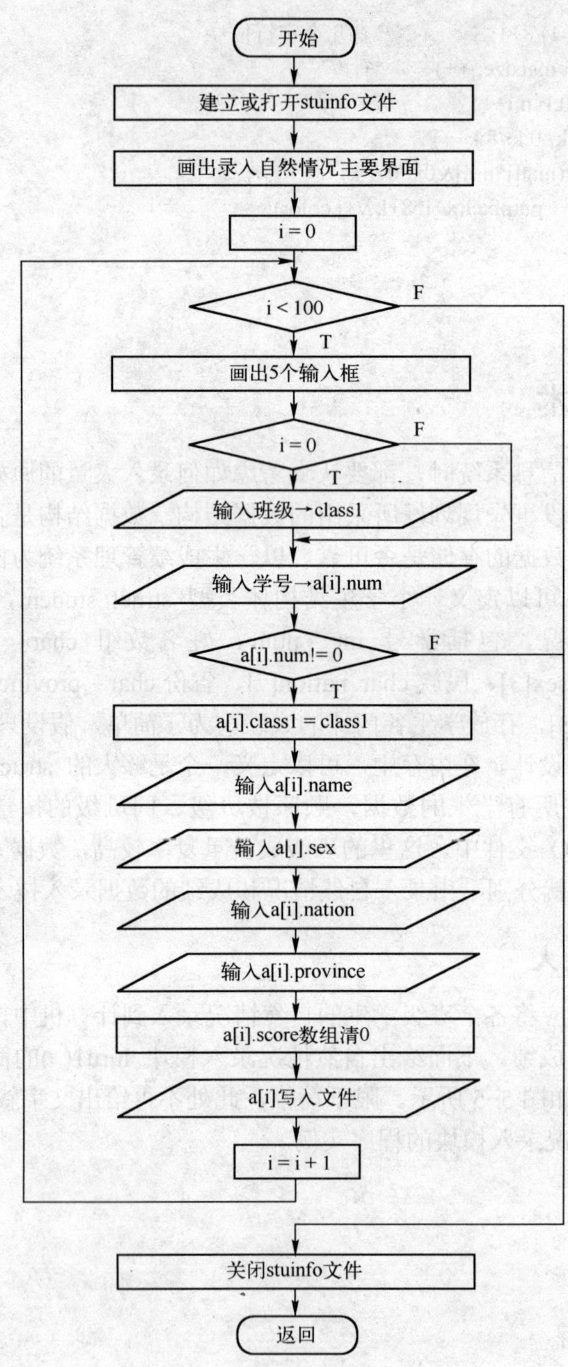

图 5-4 自然情况录入模块的简化程序框图

```
        char  nation[7];   /* 民族、汉字 */
        char  province[7];  /* 省份、汉字 */
        int   score[3];  /* 3 门成绩 */
        float  aver;   /* 平均成绩 */
        };
void  luru1( )
{  int   i , j ;
   FILE  *fp ;
   char  save[160] , class1[10] , ch ;
   struct student  a[100]= { { 0,"","","","","",{ 0,0,0 },0 } } ;
   fp = fopen ( "stuinfo" , "ab" ) ;
   clrscr ( ) ;
   textcolor ( 15 ) ;
   textbackground ( 0 ) ;
   window ( 1 ,1 , 16 , 1 ) ;
   clrscr();
   gettext ( 1 , 1 , 16 , 1 , save ) ;
   textbackground ( 7 ) ;   /* 将背景设置为浅灰色 */
   window ( 10 ,3 , 70 , 22 ) ;   /* 定义一个输入窗口 */
   clrscr ( ) ;  /* 将窗口清为浅灰色 */
   gotoxy ( 1 , 1 ) ;   /* 以下在窗口内的四周画白色框 */
   printf ( "%c" , 218 ) ;   /* 画左上角 */
   for ( j = 2 ; j <= 60 ; j++ )   printf ( "%c" , 196 ) ;   /* 画水平直线 */
   printf ( "%c" , 191 ) ;   /* 画右上角 */
   gotoxy ( 2 , 3 ) ;
   for ( j = 2 ; j <=60 ; j++ )   printf ( "%c" , 196 ) ;  /* 画水平直线 */
   for ( j = 2 ; j < 20 ; j++ )
   {  gotoxy ( 1 , j ) ;
      printf ( "%c" , 179 ) ;   /* 画左边垂直线 */
```


图 5-5　自然情况录入模块的运行界面

```
        gotoxy ( 61 , j ) ;
        printf ( "%c" , 179 ) ;                              /* 画右边垂直线 */
    }
    gotoxy ( 1 , 20 ) ;
    printf ( "%c" , 192 ) ;                                  /* 画左下角 */
    for ( j = 2 ; j <= 60 ; j++ )   printf ( "%c" , 196 ) ;  /* 画底边水平线 */
    printf ( "%c" , 217 ) ;                                  /* 画右下角 */
    gotoxy ( 22 , 2 ) ;                                      /* 以下输出窗口标题 */
    textbackground ( 7 ) ;
    textcolor ( 0 ) ;                                        /* 设置文本颜色为黑色 */
    cprintf ( "自然情况录入模块" ) ;
    textcolor ( 15 ) ;     textbackground ( 7 ) ;            /* 以下输出各输入项的名称 */
    gotoxy ( 13 , 6 ) ;    cprintf ( "班    级  ：" ) ;
    gotoxy ( 13 , 8 ) ;    printf ( "学    号  ：" ) ;
    gotoxy ( 13 , 10 ) ;   cprintf ( "姓    名  ：" ) ;
    gotoxy ( 13 , 12 ) ;   cprintf ( "性    别  ：" ) ;
    gotoxy ( 13 , 14 ) ;   cprintf ( "民    族  ：" ) ;
    gotoxy ( 13 , 16 ) ;   cprintf ( "省    份  ：" ) ;
    textcolor ( 15 ) ;
    textbackground ( 0 ) ;
    puttext ( 40 , 8 , 55 , 8 , save ) ;                /* 画出班级的黑色输入框 */
    for( i = 0 ; i < 100 ; i++ )                        /* 循环输入各学生的自然情况*/
    {   puttext ( 40 ,10 , 55 , 10 , save ) ;           /* 画出其余 5 个黑色输入框 */
        puttext ( 40 , 12 , 55 , 12 , save ) ;
        puttext (40 , 14 , 55 , 14 , save ) ;
        puttext (40 , 16 , 55 , 16 , save ) ;
        puttext ( 40 , 18 , 55 , 18 , save ) ;
        textcolor ( 15 ) ;
        if ( i == 0 )
        {   gotoxy ( 31 , 6 ) ;
            gets ( class1 ) ;
        }                                                    /* 因班级相同，只输入一次 */
        gotoxy ( 31 , 8 ) ;
        scanf ( "%d" , &a[i].num ) ; ch = getchar ( ) ;      /* 吃掉一个回车键 */
        if ( a[i].num == 0 )   break ; else   strcpy ( a[i].class1 , class1 ) ;
        gotoxy ( 31 , 10 ) ;   gets ( a[i].name ) ;
        gotoxy ( 31 , 12 ) ;   gets ( a[i].sex ) ;
        gotoxy ( 31 , 14 ) ;   gets ( a[i].nation ) ;
        gotoxy ( 31 , 16 ) ;   gets ( a[i].province ) ;
        a[i].aver = a[i].score[0] = a[i].score[1] = a[i].score[2] = 0 ;
        fwrite ( &a[i] , sizeof ( struct student ) , 1 , fp ) ;
        fflush ( fp ) ;   /* 刷新流，即将该流的输出缓冲区中的数据及时写到磁盘上 */
    }
    fclose ( fp ) ;   clrscr ( ) ;
}
void   main ( )
{   luru1 ( ) ;   }
```

5.3.2 各门课成绩的录入

学生一入学，就可以把自然情况录入到计算机中并存盘，以后每考完一门课程，就可以将该成绩录入到计算机中。下面给出录入一个班一门课程成绩的程序模块 luru2 ( )函数的源程序清单。该模块的算法与例 5-4 的算法有所类似，并在程序清单中加入了必要的注释，不难读懂。其录入界面如图 5-6 所示。

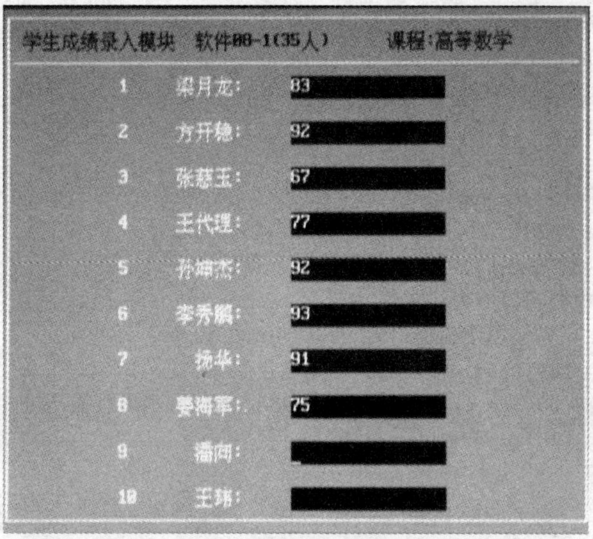

图 5-6　学生成绩录入模块的运行界面

【例 5-5】 录入一个班某门课程成绩的程序实例。

```
#include <io.h>
#include <fcntl.h>
#include <conio.h>
#include <stdio.h>
#include <string.h>
struct student
{   int   num ;   /* 学号 1～100 */
    char   name[10] ;  /* 姓名、汉字 */
    char   class1[10] ;  /* 班级、带汉字 */
    char   sex[3] ;  /* 性别、汉字 */
    char   nation[7] ;  /* 民族、汉字 */
    char   province[7] ;  /* 省、汉字 */
    int   score[3] ;  /* 3 门成绩 */
    float   aver ;  /* 平均成绩 */
}   stu[1000] ;
void luru2 ( )
{   FILE   *fp ;
    int   i , j   , m , m1 , n , n1 , n2 , n3 , k , kehao ;
    char   kecheng[3][20] = {  "高等数学" , "大学英语" , "程序设计基础"  } ;
    char   save[160] , save1[4096] , class1[10] ;
```

```
clrscr ( ) ;
if( ( fp = fopen ( "stuinfo" , "rb" ) ) ==NULL )
{   printf ( "应首先录入学生自然情况\n" ) ; getch ( ) ;   return ;   }
for ( i = 0 ; i < 1000 && !feof ( fp ) ; i++ )
  fread ( &stu[i] , sizeof ( struct student ) , 1 , fp ) ;
fclose ( fp ) ;
n1 = i - 1 ;   /* n1 为 STUINFO 文件中的各班学生总数 */
textcolor ( 15 ) ;
textbackground ( 0 ) ;
clrscr ( ) ;
window ( 1 ,1 , 16 , 1 ) ;
clrscr ( ) ;
gettext ( 1 , 1 , 16 , 1 , save ) ;
textbackground ( 7 ) ;   /* 将背景设置为浅灰色 */
window ( 10 ,2 , 70 , 24 ) ;   /* 定义一个输入窗口 */
clrscr ( ) ;   /* 将窗口清为浅灰色 */
gotoxy ( 1 , 1 ) ;   /* 以下在窗口内的四周画白色框 */
printf ( "%c" , 218 ) ;   /* 画左上角 */
for ( j = 2 ; j <= 60 ; j++ )   printf ( "%c" , 196 ) ;   /* 画水平直线 */
printf ( "%c" , 191 ) ;   /* 画右上角 */
gotoxy( 2,3);
for ( j = 2 ; j <=60 ; j++ )   printf ( "%c" , 196 ) ;   /* 画水平直线 */
for ( j = 2 ; j < 23 ; j++ )
{   gotoxy ( 1 , j ) ;
    printf ( "%c" , 179 ) ;   /* 画左边垂直线 */
    gotoxy ( 61 , j ) ;
    printf ( "%c" , 179 ) ;   /* 画右边垂直线 */
}
gotoxy ( 1 , 23 ) ;
printf ( "%c" , 192 ) ;   /* 画左下角 */
for ( j = 2 ; j <=60 ; j++ )   printf ( "%c" , 196 ) ;   /* 画底边水平线 */
printf ( "%c" , 217 ) ;   /* 画右下角 */
gotoxy ( 3 , 2 ) ;   /* 以下输出窗口标题 */
textbackground ( 7 ) ;
textcolor ( 0 ) ;   /* 设置文本颜色为黑色 */
cprintf ( "学生成绩录入模块" ) ;
gettext ( 10 , 5 , 70 , 24 , save1 ) ;   /* 保存原始录入界面 */
gotoxy ( 13 , 6 ) ;   cprintf ( "请输入班级 ：" ) ;
textcolor ( 15 ) ;
textbackground ( 0 ) ;
puttext (40 , 7 , 55 , 7, save ) ;   /* 画出班级的黑色输入框 */
gotoxy ( 31 , 6 ) ;   scanf ( "%s" , class1 ) ;   /* 在框中输入班级名 */
for ( i = 0 ; i < n1 && strcmp(stu[i].class1 , class1 ) != 0 ; i++ ) ;
if ( i >= n1 )
{   gotoxy ( 13 , 9 ) ;   cprintf ( "没有该班级的信息！ " ) ;
    return ;
```

```
    }
    n2 = n3 = i ;   /* n2 为该班 1 号学生在 stu 数组中的下标 */
    for ( i = n2 ;i < n1 &&   strcmp(stu[i].class1 , class1 ) == 0 ; i++ ) n3++ ;
    textcolor( 0 ) ;   /* 上句的 n3=该班最后一个学生的下标+1 */
    textbackground ( 7 ) ;
    gotoxy ( 21 , 2 ) ; cprintf ( "%s(%d 人)" , class1 , n = n3 - n2 ) ;   /* n = 该班人数 */
    textcolor ( 15 ) ;
    gotoxy ( 3 , 9 ) ;   cprintf ( "请输入课程号：0--高数；1--外语；2--C 语言" ) ;
    textcolor ( 15 ) ;
    textbackground ( 0 ) ;
    puttext (40 , 11 , 55 , 11 , save ) ;   /* 画出课程号的黑色输入框 */
    gotoxy ( 31 , 10 ) ;   scanf ( "%d" , &kehao ) ;   /* 输入课程号 */
    textcolor ( 0 ) ;
    textbackground ( 7 ) ;
    gotoxy ( 41 , 2 ) ; cprintf ( "课程:%s" , kecheng[kehao] ) ;   /* 在标题栏输出课程名 */
    textcolor ( 15 ) ;   textbackground ( 7 ) ;   /* 以下二重循环输入成绩 */
    if ( n % 10   == 0 ) k = n / 10 ; else k = n / 10 + 1 ;   /* k = 输入界面数 */
    for ( i = 0 , m = m1 = n2 ; i < k ; i ++ )
    {   puttext ( 10 ,5 , 70 , 24 , save1 ) ;
        for ( j = 0 ; j < 10 && i*10+j+m < n3 ; j++ )   /* 画输入界面的 j 循环 */
        {   gotoxy ( 13 , 4+2*j ) ;
            cprintf ( "%-4d%8s:" , stu[i*10+j+m].num , stu[i*10+j+m].name ) ;
            puttext ( 40 , 5+2*j , 55 , 5+2*j , save ) ;   /* 画出成绩的黑色输入框 */
        }
        for ( j = 0 ; j < 10 && i*10+j+m < n3 ; j++ )   /* 输入 10 人成绩 j 循环 */
        {   gotoxy ( 31 , 4+2*j ) ;
            scanf ( "%d" , &stu[i*10+j+m].score[kehao] ) ;
        }
    }
    fp = fopen ( "stuinfo" , "wb" ) ;   /* 以二进制写方式打开文件 */
    for ( i = 0 ; i < n1 ; i++ )   /* 将 stu 数组中数据循环写入文件 */
    {   fwrite ( &stu[i] , sizeof ( struct student ) , 1 , fp ) ;   /* 将数据写入缓冲区 */
        fflush ( fp ) ; /* 刷新 fp 流，即将缓冲区中的一个学生数据写入磁盘文件中 */
    }
    fclose ( fp ) ;   clrscr ( ) ;   /* 关闭 fp 所指文件，清除窗口 */
}
void main ( )
{   luru2 ( ) ;   }
```

最后指出，数据录入技术是数据维护技术的主要部分，数据维护技术还应包括数据修改和删除等。在掌握了数据录入技术后，数据的修改与删除就简单多了，这部分程序的编写就留给读者自己来完成。

5.4 数据查询技术

在信息管理系统中，数据查询功能是使用最频繁的功能模块，其编写质量的优劣直接影响软件的质量和可用程度。查询可以分为单项查询、多项组合查询、模糊查询等多种查询方法。单项查询是针对某一个数据项进行查询，例如，按学号查询、按姓名查询等；多项组合查询是指同时满足多个条件的查询，例如，要查找某一个班级朝鲜族女学生的信息，就是要查找同时满足 3 个条件的所有学生的信息；模糊查询是指仅给出数据部分信息的查询，例如仅给出姓名中的“姓”进行的查询。这里给出一个多项组合查询的程序实例，以便使读者能够初步掌握数据查询的编程技术。

在例 5-6 给出的源程序中，可以对班级、省份、民族、性别、某门课程的成绩范围等多个条件进行组合查询。其基本思想是：首先，以二进制只读方式打开名为 stuinfo 的学生数据文件，并将所有学生数据读入 stu 结构体数组中，共有 n 个记录，以备查询；其次，建立组合查询界面，在界面中键入各个查询条件；再次，将 5 个查询条件分为两组，先把满足第一组 3 个条件的所有学生记录查出并放到 a 所指向的从堆中申请的结构体数组中，共查出 n1 个满足 3 个条件的记录，之后再从 a 所指向数组的 n1 个记录中查出满足第二组两个条件的记录查出并放到 b 所指向的从堆中申请的结构体数组中，共查出 n2 个学生记录，于是，满足 5 个条件的记录只有 n2 个；最后将查询结果分屏输出显示。这样分步查询的优点是程序简洁易懂，缺点是占用空间较多。组合查询模块的输入组合条件的界面如图 5-7 所示。

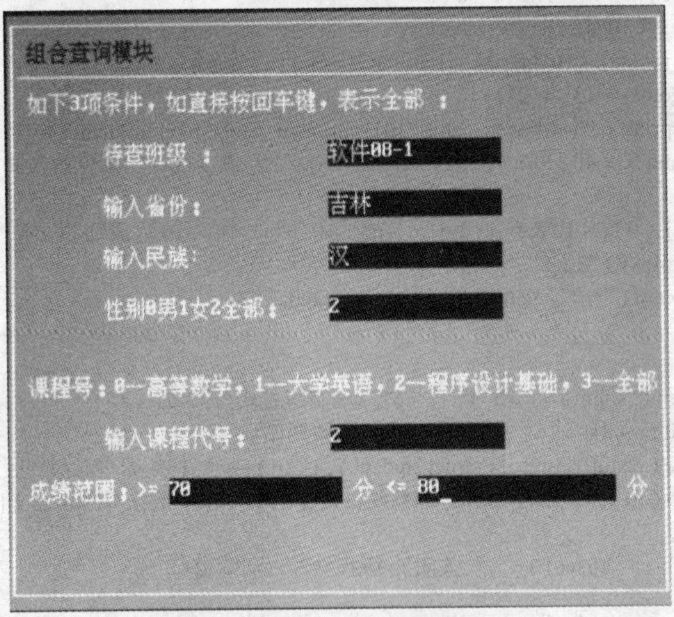

图 5-7　组合查询模块的运行界面

【例 5-6】 组合查询模块的程序实例。

```
#include <io.h>
#include <fcntl.h>
#include <conio.h>
#include <stdio.h>
#include <string.h>
#include <alloc.h>
struct student
{  int   num ;   /* 学号 1～100 */
```

```
    char   name[10] ;   /* 姓名、汉字 */
    char   class1[10] ;  /* 班级、带汉字 */
    char   sex[3] ;   /* 性别、汉字 */
    char   nation[7] ;  /* 民族、汉字 */
    char   province[7] ;  /* 省、汉字 */
    int   score[3] ;   /* 3 门成绩 */
    float   aver ;   /* 平均成绩 */
} stu[1000] ;
void chaxun3( )
{  FILE   *fp ;
    int   i , j , kehao , max , min , n , n1 , n2 ,   sex1 ;
    char   save[160] , save1[4096] , class1[10],provin1[7] , nation1[7] ;
    struct student   *a , *b ;
    a = ( struct student * ) malloc ( 1000 * sizeof ( struct student ));
    b = ( struct student * ) malloc ( 1000 * sizeof ( struct student ));
    clrscr ( ) ;
    if( ( fp = fopen ( "stuinfo" , "rb" ) ) ==NULL )
    {  printf( "不能打开数据文件！ \n" ) ; getch( ) ;  return ;  }
    for ( i = 0 ; i < 1000 && !feof( fp ) ; i++ )
      fread ( &stu[i] , sizeof(struct student) , 1 , fp ) ;
    fclose( fp);
    n = i - 1 ;  /*  共有 n 个学生数据 */
    textcolor(15);
    textbackground ( 0 ) ;
    clrscr();
    window ( 1 ,1 , 16 , 1 ) ;                   /* 画一个输入窗口样板 */
    gettext ( 1 , 1 , 16 , 1 , save ) ;           /* 将样板窗口保存到 save 数组中 */
    textbackground ( 7 ) ;                      /* 将背景设置为浅灰色*/
    window ( 10 ,2 , 70 , 24 ) ;                 /* 定义一个输入窗口 */
    clrscr ( ) ;                                /* 将窗口清为浅灰色 */
    gotoxy(1,1);                                /* 以下在窗口内的四周画白色框 */
    printf("%c",218);                           /* 画左上角*/
    for(j=2;j<=60;j++) printf("%c",196);        /* 画水平直线*/
    printf("%c",191);                           /* 画右上角*/
    gotoxy( 2,3);
    for(j=2;j<=60;j++) printf("%c",196);        /* 画水平直线*/
    for(j=2;j<23;j++)
    {  gotoxy(1,j);   printf("%c",179);        /* 画左边垂直线*/
       gotoxy(61,j);   printf("%c",179);       /* 画右边垂直线*/
    }
    gotoxy(1,23) ;   printf("%c",192);          /* 画左下角 */
    for(j=2;j<=60;j++)   printf("%c",196);      /* 画底边水平线 */
    printf("%c",217);                           /* 画右下角 */
    textcolor(0);                               /* 设置文本颜色为黑色*/
    gotoxy(3,2);   cprintf("组合查询模块");     /* 输出窗口标题 */
    textcolor(15);                              /* 设置文本颜色为白色*/
```

```
gettext( 10 ,5 , 70 , 24 ,save1 );          /* 保存原始查询界面 */
gotoxy( 3 , 4 );   cprintf("如下 3 项条件，如直接按回车键，表示全部 ：");
gotoxy( 10 , 6 );   cprintf("待查班级 ：");
puttext(40 , 7 , 55 , 7, save);             /* 画出班级的黑色输入框 */
gotoxy( 10 , 8 );   cprintf("输入省份：");
puttext(40 , 9 , 55 , 9, save);             /* 画出省份黑色输入框 */
gotoxy( 10 , 10 );   cprintf("输入民族:");
puttext(40 , 11 , 55 , 11, save);           /* 画出性别代号黑色输入框 */
gotoxy( 10 , 12 );   cprintf("性别 0 男 1 女 2 全部：");
puttext(40 , 13 , 55 , 13, save);           /* 画出性别代号的黑色输入框 */
gotoxy( 3 , 15 );
cprintf("课程号：0--高等数学，1--大学英语，2--程序设计基础，3--全部");
gotoxy( 10 , 17 );   cprintf("输入课程代号：");
puttext(40 , 18 , 55 , 18, save);           /* 画出课程代号黑色输入框 */
gotoxy ( 31 , 6 );   gets ( class1 );   /* 输入班级名 */
gotoxy ( 31 , 8 );   gets ( provin1 );   /* 输入省份 */
gotoxy ( 31 ,10 );   gets ( nation1 );   /* 输入民族 */
gotoxy ( 31 , 12 ); scanf ( "%d" , &sex1 );        /* 输入性别代号 */
gotoxy ( 31 , 17 );   scanf ( "%d" , &kehao );    /* 输入课程代号 */
if ( kehao >= 0 && kehao < 3 )
{   gotoxy( 3 , 19 );
    cprintf("成绩范围：>=                     分 <=               分");
    puttext(25 , 20 , 40 , 20, save);       /* 画出最低成绩黑色输入框 */
    puttext(48 , 20 , 65 , 20, save);       /* 画出最高成绩黑色输入框 */
    gotoxy ( 16 ,19 );   scanf ( "%d" , &min );   /* 输入最低分数 */
    gotoxy ( 39 ,19 );   scanf ( "%d" , &max );   /* 输入最高分数 */
}
n1 = 0 ;
if ( strcmp( class1 , "" ) == 0 )           /* 以下根据 3 个条件进行组合查询 */
{   if ( strcmp( provin1 , "" ) == 0 )
    {   if ( sex1 == 0 )
        {   for( i = 0 ; i < n ; i++ )
                if ( strcmp ( stu[i].sex , "男" ) == 0   )
                {   a[n1] = stu[i] ; n1++ ;   }
        }
        else if ( sex1 == 1 )
        {   for( i = 0 ; i < n ; i++ )
                if ( strcmp ( stu[i].sex , "女" ) == 0 )
                {   a[n1] = stu[i] ; n1++ ;   }
        }
        else
            for( i = 0 ; i < n ; i++ ) {   a[n1] = stu[i] ; n1++ ;   }
    }
    else
    {   if ( sex1 == 0 )
        {   for( i = 0 ; i < n ; i++ )
```

```
            if ( strcmp ( stu[i].province , provin1 ) == 0 &&
                strcmp ( stu[i].sex , "男" ) == 0   )
              {   a[n1] = stu[i] ;   n1++ ;   }
        }
        else if ( sex1 == 1 )
        {   for( i = 0 ; i < n ; i++ )
            if ( strcmp ( stu[i].province , provin1 ) == 0 &&
                strcmp ( stu[i].sex , "女" ) == 0 )
              {   a[n1] = stu[i] ;   n1++ ;   }
        }
        else
        {   for( i = 0 ; i < n ; i++ )
            if ( strcmp ( stu[i].province , provin1 ) == 0 )
            {   a[n1] = stu[i] ;   n1++ ;   }
        }
      }
    }
  else
  {   if ( strcmp( provin1 , "" ) == 0 )
      {   if ( sex1 == 0 )
          {   for( i = 0 ; i < n ; i++ )
                  if ( strcmp ( stu[i].class1 , class1 ) == 0 &&
                          strcmp ( stu[i].sex , "男" ) == 0   )
                  {   a[n1] = stu[i] ;   n1++ ;   }
          }
          else if ( sex1 == 1 )
          {   for( i = 0 ; i < n ; i++ )
                  if ( strcmp ( stu[i].class1 , class1 ) == 0 &&
                          strcmp ( stu[i].sex , "女" ) == 0 )
                  {   a[n1] = stu[i] ;   n1++ ;   }
          }
          else
          {   for( i = 0 ; i < n ; i++ )
                  if( strcmp ( stu[i].class1 , class1 ) == 0 )
                  {   a[n1] = stu[i] ;   n1++ ;   }
          }
      }
      else
      {   if ( sex1 == 0 )
          {   for( i = 0 ; i < n ; i++ )
                  if ( strcmp ( stu[i].class1 , class1 ) == 0 &&
                          strcmp ( stu[i].province , provin1 ) == 0 &&
                          strcmp ( stu[i].sex , "男" ) == 0   )
                  {   a[n1] = stu[i] ;   n1++ ;
          }
      }
```

```
        else if ( sex1 == 1 )
        {   for( i = 0 ; i < n ; i++ )
                if ( strcmp ( stu[i].class1 , class1 ) == 0 &&
                     strcmp ( stu[i].province , provin1 ) == 0 &&
                     strcmp ( stu[i].sex , "女" ) == 0 )
                {   a[n1] = stu[i] ;   n1++ ;   }
        }
        else
        {   for( i = 0 ; i < n ; i++ )
                if ( strcmp ( stu[i].class1 , class1 ) == 0 &&
                     strcmp ( stu[i].province , provin1 ) == 0 )
                {   a[n1] = stu[i] ;   n1++ ;   }
         }
    }
}
n2 = 0 ;
if ( strcmp( nation1 , "" ) == 0 )      /* 以下根据两个条件进行组合查询 */
{   if ( kehao >= 3 )
        for( i = 0 ; i < n1 ; i++ ) {   b[n2] = a[i] ; n2++ ;   }
    else
        for( i = 0 ; i < n1 ; i++ )
            if ( a[i].score[kehao] >= min && a[i].score[kehao] <= max )
            {   b[n2] = a[i] ; n2++ ;   }
}
else
{   if ( kehao >= 3 )
        for( i = 0 ; i < n1 ; i++ )
        {   if ( strcmp( nation1 , a[i].nation ) == 0 )
            {   b[n2] = a[i] ; n2++ ;   }
        }
    else
        for( i = 0 ; i < n1 ; i++ )
            if ( strcmp( nation1 , a[i].nation ) == 0 && a[i].score[kehao]
                 >= min && a[i].score[kehao] <= max )
            {   b[n2] = a[i] ;   n2++ ;   }
}
free ( a ) ;
puttext( 10 ,5 , 70 , 24 ,save1 ); /* 清除查询界面，以便输出查询结果 */
if ( n2 == 0 )
{   gotoxy(13,10);cprintf("没有符合条件的记录！！！") ; getch(); }
else
   for(i=0;i<n2;i++)   /* 循环输出查询结果 */
   {   if( i != 0 && i%18==0) {   getch(); puttext( 10 ,5 , 70 , 24 ,save1 ); }
       if ( i == 0 ) gotoxy(3,4) ; else gotoxy(3,i%18+4) ;
       printf("%2d,%6s,%2s,%10s,%4s,%6s,%4d,%4d,%4d\n",b[i].num,b[i].name,
          b[i].sex,b[i].class1,b[i].nation,b[i].province,
```

```
        b[i].score[0],b[i].score[1],b[i].score[2]);
    }
  free ( b ) ;
  getch ( ) ;
  clrscr();
}
void   main ( )   {   chaxun3 ( ) ;   }
```

5.5 数据统计技术

对于信息管理系统来说，数据统计是十分重要的，统计的结果往往用于管理层对于重要问题的决策。对于学生成绩管理系统来说，数据统计主要是针对成绩的统计。比如，可以统计一个班或多个班一门课程的成绩分布，也可以统计不同省份、性别、班级的学习成绩等。统计的结果对于找出问题所在、改进教学方法、提高教学质量都会起到指导作用。下面给出一个可以统计一个班或多个班一门课程的成绩分布的程序实例（见例 5-7），来说明数据统计的一种实现方法。该实例的功能是可以统计 1～10 个班某门课的成绩分布情况，并画出 3 维成绩分布直方图，其运行结果如图 5-8 所示。

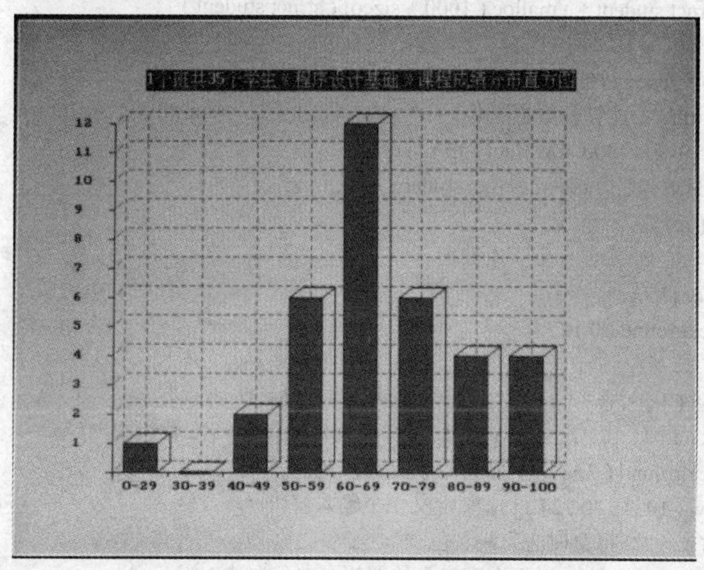

图 5-8　统计模块的运行结果

【例 5-7】 统计成绩分布模块的程序实例。

```
#include <io.h>
#include <fcntl.h>
#include <conio.h>
#include <stdio.h>
#include <string.h>
#include <alloc.h>
```

```
#include <graphics.h>
struct student
{   int   num ;   /*  学号 1～100 */
    char   name[10] ;   /*  姓名、汉字  */
    char   class1[10] ;   /*  班级、带汉字  */
    char   sex[3] ;   /*  性别、汉字  */
    char   nation[7] ;   /*  民族、汉字  */
    char   province[7] ;   /*  省、汉字  */
    int   score[3] ;   /* 3 门成绩  */
    float   aver ;   /*  平均成绩  */
}   stu[1000] ;
void   fenbu ( )
{  FILE   *fp ;
    int   gdriver = DETECT , i , j , kehao , gmode , n , n1 , n2 ;
    int   rsmax = 0 , rs[8] = { 0 } , dw , k , ys , ls ;
    float   xs ;
    char   ch , cl[10][20] , save[160] , save1[4096] , buf[10] ;
    char   kecheng[3][20] = {   "高等数学","大学英语","程序设计基础"   } ;
    struct student   *a ;
    a = ( struct student * ) malloc ( 1000 * sizeof ( struct student ) ) ;
    clrscr ( ) ;
    if ( ( fp = fopen ( "stuinfo" , "rb" ) ) ==NULL )
    {   printf ( "不能打开数据文件！ \n" )   ;   getch ( ) ;   return ;   }
    for ( i = 0 ; i < 1000 && !feof ( fp ) ; i++ )
       fread ( &stu[i] , sizeof (struct student ) , 1 , fp ) ;
    fclose ( fp) ;
    n = i - 1 ;   /*  共有 n 个学生数据  */
    textcolor (15 ) ;
    textbackground ( 0 ) ;
    clrscr ( ) ;
    window ( 1 ,1 , 16 , 1 ) ;   /*  画一个输入窗口样板  */
    gettext ( 1 , 1 , 16 , 1 , save ) ;   /*  将样板窗口保存到 save 数组中  */
    textbackground ( 7 ) ;   /*  将背景设置为浅灰色  */
    window ( 10 ,2 , 70 , 24 ) ;   /*  定义一个输入窗口  */
    clrscr ( ) ;   /*  将窗口清为浅灰色  */
    gotoxy ( 1 , 1 ) ;   /*  以下在窗口内的四周画白色框  */
    printf ( "%c" , 218 ) ;   /*  画左上角  */
    for ( j = 2 ; j <= 60 ; j++ )   printf ( "%c" , 196 ) ;   /*  画水平直线  */
    printf ( "%c" , 191 ) ;   /*  画右上角  */
    gotoxy ( 2 , 3 ) ;
    for ( j = 2 ; j <=60 ; j++ )   printf ( "%c" , 196 ) ;   /*  画水平直线  */
    for ( j = 2 ; j < 23 ; j++ )
    {   gotoxy ( 1 , j ) ;   printf ( "%c" , 179 ) ;   /*  画左边垂直线  */
        gotoxy ( 61 , j ) ;   printf ( "%c" , 179 ) ;   /*  画右边垂直线  */   }
    gotoxy ( 1 , 23 ) ;   printf ( "%c" , 192 ) ;   /*  画左下角  */
```

```
for ( j = 2 ; j <= 60 ; j++ )   printf ( "%c" , 196 ) ;   /* 画底边水平线 */
printf ( "%c" , 217 ) ;   /* 画右下角 */
textcolor ( 0 ) ;   /* 设置文本颜色为黑色 */
gotoxy ( 3 , 2 ) ;   cprintf ( "统计成绩分布模块" ) ;   /* 输出窗口标题 */
textcolor ( 15 ) ;   /* 设置文本颜色为白色 */
gettext ( 10 , 5 , 70 , 24 , save1 ) ;   /* 保存原始统计界面 */
gotoxy ( 3 , 6 ) ;   cprintf ( "请输入待统计的班级数( 1<= 班级数 <= 10 )" ) ;
gotoxy ( 10 , 9 ) ;   cprintf ( "待统计班级数 ：" ) ;
puttext (40 , 10 , 55 , 10 , save ) ;   /* 画出班级数的黑色输入框 */
gotoxy ( 31 , 9 ) ;   scanf ( "%d" , &n1 ) ; /* 输入班级数 */
ch = getchar ( ) ;   /* 吃掉键入的回车，以防之后的 gets 函数读入一个空串 */
puttext ( 10 , 5 , 70 , 24 , save1 ) ; /* 清除统计界面，以便输入各班名称 */
textcolor ( 15 ) ;   textbackground ( 7 ) ;
for ( i = 0 ; i < n1 ; i ++ )   /* 画班级名输入界面的 i 循环 */
{   gotoxy ( 10 , 4 + 2 * i ) ;
    cprintf ( "输入第 %2d 个班级名:" , i + 1 ) ;
    puttext ( 45 , 5+2*i , 60 , 5+2*i , save ) ;   /* 画出黑色输入框 */   }
for ( i = 0 ; i < n1 ; i++ )   /* 输入 n1 个班级名的 i 循环 */
{   gotoxy ( 36 , 4 + 2 * i ) ;
    gets ( cl[i] ) ;
}
puttext ( 10 , 5 , 70 , 24 , save1 ) ;   /* 清除统计界面，以便输入课程号 */
gotoxy ( 3 , 8 ) ;   cprintf ( "课程号：0--高等数学，1--大学英语，2--程序设计基础" ) ;
gotoxy ( 10 , 11 ) ;   cprintf ( "输入课程代号：" ) ;
puttext (40 , 12 , 55 , 12 , save ) ;   /* 画出课程代号黑色输入框 */
gotoxy ( 31 , 11 ) ;   scanf ( "%d" , &kehao ) ;   /* 输入课程代号 */
while ( kehao < 0 || kehao >= 3 )
{   gotoxy ( 10 , 11 ) ;   cprintf ( "课号错,请重输入：" ) ;
    puttext (40 , 12 , 55 , 12 , save ) ;   /* 画出课程代号黑色输入框 */
    gotoxy ( 31 , 11 ) ;   scanf ( "%d" , &kehao ) ;   /* 输入课程代号 */   }
textcolor ( 0 ) ;   /* 设置文本颜色为黑色 */
gotoxy ( 30 , 2 ) ;   cprintf ( "课程：%s，共%d 个班级" , kecheng[kehao] , n1 ) ;
textcolor ( 15 ) ;   /* 设置文本颜色为白色 */
gotoxy ( 25 , 13 ) ;   cprintf ( "正在统计,请稍候..." ) ;
getch ( ) ;
n2 = 0 ;
for ( i = 0 ; i < n ; i++ )   /* 二重循环挑选出待统计的学生，n2=人数 */
{   for ( j = 0 ; j < n1 ; j++ )
        if ( strcmp ( stu[i].class1 , cl[j] ) == 0 ) {   a[n2] = stu[i] ; n2++ ;   }   }
for ( i = 0 ; i < n2 ; i++ )   /* 统计出各分数段人数放入 rs 数组中 */
{   if ( a[i].score[kehao] >= 90 )             rs[7]++ ;
    else   if ( a[i].score[kehao] >= 80 )   rs[6]++ ;
    else   if ( a[i].score[kehao] >= 70 )   rs[5]++ ;
    else   if ( a[i].score[kehao] >= 60 )   rs[4]++ ;
    else   if ( a[i].score[kehao] >= 50 )   rs[3]++ ;
```

```
    else    if ( a[i].score[kehao] >= 40 )   rs[2]++ ;
    else    if ( a[i].score[kehao] >= 30 )   rs[1]++ ;
    else    if ( a[i].score[kehao] >= 0 )    rs[0]++ ;   }
rsmax = 0 ;   /*  找出人数最多的分数段的人数  */
for ( i = 0 ; i < 8 ; i++ ) if ( rsmax < rs[i] ) rsmax = rs[i] ;
initgraph ( &gdriver ,&gmode , "" );
setcolor ( 15 ) ;   setfillstyle ( 1 , 7 ) ;
bar3d ( 10 , 10 , 629 , 470 , 0 , 0 ) ;   /*  画出直方图的界面  */
gotoxy ( 8 , 3 ) ;
printf ("%d 个班共%d 个学生《%s》课程成绩分布直方图" , n1 , n2 , kecheng[kehao] ) ;
floodfill ( 300 , 200 , 15 ) ;
setcolor ( 0 ) ;
line ( 94 , 400 , 510 , 400 ) ;   /*  以下几句画出直方图的横坐标轴  */
for ( i = 1 ; i <= 8 ; i++ )      line ( 100 + i * 50 , 400 , 100 + i * 50 , 403 ) ;
gotoxy( 8 , 23 ) ;
outtextxy ( 110 , 408 , "0-29" ) ;
outtextxy ( 155 , 408 , "30-39" ) ;
outtextxy ( 205 , 408 , "40-49" ) ;
outtextxy ( 255 , 408 , "50-59" ) ;
outtextxy ( 305 , 408 , "60-69" ) ;
outtextxy ( 355 , 408 , "70-79" ) ;
outtextxy ( 405 , 408 , "80-89" ) ;
outtextxy ( 455 , 408 , "90-100" ) ;
line ( 100 , 406 ,100 , 100 ) ;    /*  以下几句画出直方图的纵坐标轴  */
xs = 300.0 / rsmax ; dw = rsmax / 8 ;
if ( rsmax % 8 > 4 ) dw++ ;
k = rsmax / dw ;
for ( i = 0 ; i < k ; i++ )
{   setlinestyle ( 0 , 0 , 1 );
    setcolor ( 0 ) ;
    line ( 95 , ls = 400 - dw*xs*( i + 1 ) , 100 , 400-dw*xs*(i+1) ) ;
    itoa ( dw * ( i + 1) , buf , 10 ) ;   /*  将整数单位转字符串放 buf 数组中  */
    outtextxy ( 64 , ls-4 , buf ) ;   /*  在纵轴标注单位  */
    setlinestyle ( 3 , 0 , 1 ) ;   /*  设置线型为短虚线，线宽为 1 个像素  */
    setcolor ( 8 ) ;
    line ( 100 , ls , 110 , ls - 10 ) ;     /*  画斜虚线，以便产生立体感  */
    line (110 , ls-10 , 510 , ls-10 ) ;
}
line (100 , 400 , 110 , 390 ) ;   /*  以下画出网格虚线和直方图  */
line (110 , 390 , 510 , 390 ) ;
line (500 , 400 , 510 , 390 ) ;
if ( ys = rsmax % dw )
{   setlinestyle ( 0 , 0 , 1 ) ;
    setcolor ( 0 ) ;
    line ( 95 , ls = 400 - dw * xs * k - ys * xs , 100 , 400 - dw * xs * k - ys * xs ) ;
    itoa ( rsmax , buf , 10 ) ;
```

```
            outtextxy ( 64 , ls-4 , buf ) ;
            setlinestyle ( 3 , 0 , 1 ) ;
            setcolor ( 8 ) ;
            line ( 100 , ls , 110 , ls - 10 ) ;
            line (110 , ls-10 , 510 , ls-10 ) ;
        }
        setlinestyle ( 3 , 0 , 1 );
        setcolor ( 8 ) ;
        line ( 110    , 390 , 110 , 90 ) ;
        line ( 510    , 390 ,    510 , 90 ) ;
        setfillstyle ( SOLID_FILL , RED ) ;
        for ( i = 0 ; i < 8 ; i++ )
        {   setlinestyle ( 3 , 0 , 1 );
            setcolor ( 8 ) ;
            line (130 + i*50 , 390 , 130 + i * 50 , 90 ) ;
            setlinestyle ( 0 , 0 , 1 );
            setcolor ( 0 ) ;
            bar3d ( 110 + i * 50 , 400 ,140 + i * 50 ,400 - xs * rs[i] ,12 , 1 ) ;
        }
        getch();
        closegraph ( ) ;
    }
    void main ( )   {    fenbu ( ) ;   }
```

5.6 系统维护技术

系统维护主要是指数据文件的备份和恢复、用户和口令的维护等。系统维护主要考虑系统和数据的安全问题。

1．数据的备份和恢复

数据的备份和恢复其实可以直接利用 Windows XP 操作系统的复制和粘贴功能来简单地实现。这里准备使用 Turbo C++ 3.0 的文件处理函数来实现备份和恢复功能。例 5-8 给出了一种数据备份的实现方法，其算法的基本思想是先将要备份的数据文件读到 stu 结构体数组中，然后画出数据备份窗口界面，要求用户输入要备份到的目标盘符和路径，之后在指定的目标盘和路径下建立一个同名文件，并将 stu 数组中的数据写入新建的文件中，从而达到了数据备份的目的。例 5-8 给出了数据备份模块的源程序，其运行界面如图 5-9 所示。

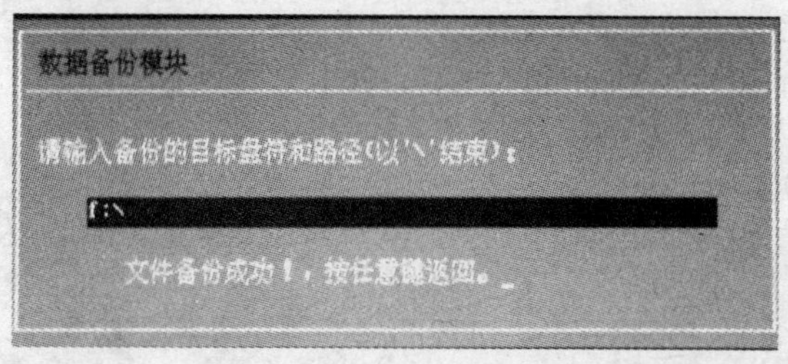

图 5-9　数据备份模块的运行界面

数据恢复模块的实现方法和数据备份模块的实现方法类似，只是要求用户输入待恢复的文件的盘符和路径，然后将其恢复到当前目录下。读者可以自己试着编写数据恢复模块。

【例 5-8】 数据备份模块的程序实例。

```
#include <io.h>
/*#include <fcntl.h>*/
#include <conio.h>
#include <stdio.h>
#include <string.h>
struct student
{  int   num ;   /* 学号 1～100 */
   char  name[10] ;  /* 姓名、汉字 */
   char  class1[10] ;  /* 班级、带汉字 */
   char  sex[3] ;  /* 性别、汉字 */
   char  nation[7] ;  /* 民族、汉字 */
   char  province[7] ;  /* 省、汉字 */
   int   score[3] ;  /* 3 门成绩 */
   float  aver ;  /* 平均成绩 */
} stu[1000] ;
void  beifen( )
{  FILE  *fp ;
   int  i , j  , n ;
   char  save[512] ,   filename[60] = "" ;
   if ( ( fp = fopen ( "stuinfo" , "rb" ) ) ==NULL )
   {  printf ( "不能打开数据文件！ \n" ) ; getch ( ) ;  return ;  }
   for ( i = 0 ; i < 1000 && !feof( fp ) ; i++ )
     fread ( &stu[i] , sizeof(struct student) , 1 , fp ) ;
   fclose ( fp ) ;
   n = i - 1 ;  /*   共有 n 个学生数据 */
   textcolor (15 ) ;
   textbackground ( 0 ) ;
   clrscr ( ) ;
   window ( 1 , 1 , 50 , 1 ) ;  /* 画一个输入窗口样板 */
   gettext ( 1 , 1 , 50 , 1 , save ) ;  /* 将样板窗口保存到 save 数组中 */
   textbackground ( 7 ) ;  /*将背景设置为浅灰色*/
   window ( 10 , 2 , 70 , 12 ) ;  /* 定义一个输入窗口 */
   clrscr ( ) ;  /* 将窗口清为浅灰色 */
   gotoxy ( 1 , 1 ) ;  /* 以下在窗口内的四周画白色框 */
   printf ( "%c" , 218 ) ;  /* 画左上角 */
   for ( j = 2 ; j <= 60 ; j++ )  printf ( "%c" , 196 ) ;  /* 画水平直线 */
   printf ( "%c" , 191 ) ;  /* 画右上角 */
   gotoxy ( 2 , 3 ) ;
   for ( j = 2 ; j <= 60 ; j++ )  printf ( "%c" , 196 ) ;  /* 画水平直线 */
   for ( j = 2 ; j < 11 ; j++ )
   {  gotoxy ( 1 , j ) ;  printf ( "%c" , 179 ) ;  /* 画左边垂直线 */
      gotoxy ( 61 , j ) ;  printf ( "%c" , 179 ) ;  /* 画右边垂直线 */
```

```
    }
    gotoxy ( 1 , 11 ) ;   printf ( "%c" , 192 ) ;   /*  画左下角  */
    for ( j = 2 ; j <= 60 ; j++ )   printf ( "%c" , 196 ) ;   /*  画底边水平线  */
    printf ( "%c" , 217 ) ;   /*  画右下角  */
    textcolor ( 0 ) ;   /*  设置文本颜色为黑色  */
    gotoxy ( 3 , 2 ) ;   cprintf ( "数据备份模块" ) ;   /*  输出窗口标题  */
    textcolor ( 15 ) ;   /*  设置文本颜色为白色  */
    gotoxy ( 3 , 5 ) ;   cprintf ( "请输入备份的目标盘符和路径(以'\\'结束): " ) ;
    puttext ( 16 , 8 , 65 , 8 , save ) ;   /*  画出目录的黑色输入框  */
    gotoxy ( 7 , 7 ) ; gets ( filename ) ;
    gotoxy ( 10 , 9 ) ;
    strcat ( filename , "stuinfo" ) ;
    if ( ( fp = fopen ( filename , "wb" ) ) ==NULL )
      cprintf ( "不能建立备份文件！按任意键返回。" ) ;
    else
    {   for ( i = 0 ; i < n ; i++ )
        {   fwrite ( &stu[i] , sizeof ( struct student ) , 1 , fp ) ;   fflush ( fp ) ;   }
        fclose ( fp ) ;
        if ( ferror ( fp ) )   cprintf ( "文件备份失败！，按任意键返回。" ) ;
        else    cprintf ( "文件备份成功！，按任意键返回。" ) ;
    }
    getch ( ) ;
}
 void   main ( )
{  beifen ( ) ;   }
```

2．口令维护模块

为了软件系统和信息的安全，口令需要经常更换。口令维护模块的基本功能就是首先要求用户输入原来的口令，如果连续 3 次输入的口令都不正确，则认为是非法用户，立刻强行退出系统；如果口令正确，则出现输入新口令的界面，要求新口令必须输入 2 次以便确认；之后将确认的新口令存盘，并提示口令修改成功的信息。在例 5-9 中给出了在文本模式下口令维护模块的程序实例，其运行界面如图 5-10 所示。

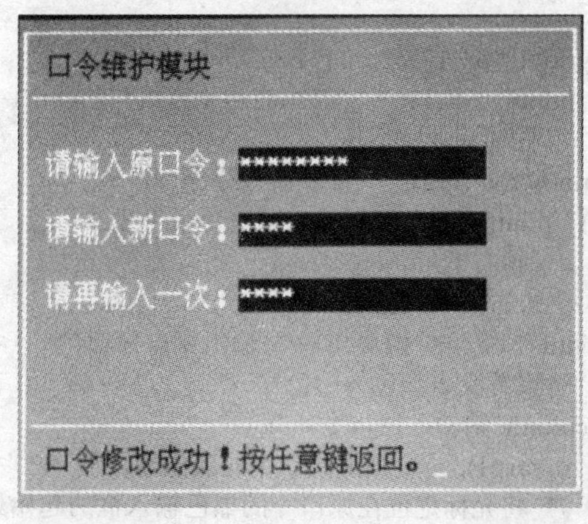

图 5-10　口令维护模块的运行界面

【例 5-9】 在文本模式下口令维护模块的程序实例。

```
#include <io.h>
#include <conio.h>
#include <stdio.h>
#include <string.h>
void  password( )
{  FILE   *fp ;
   int   i , j  , n ;
   char   save1[100] , save2[100] ;
   char   pass[20] = "" , buf[20] = "" , newpass[20] = "1" , newpass1[20] = "2" ;
   char   ch , star[20] = "" ;
   fp = fopen ( "pass1" , "rb" ) ;
   for ( i = 0 ; !feof(fp) ; i++ )
      buf[i] = fgetc(fp);   /* 原口令读入 buf 数组中 */
   buf[ i - 1 ] = '\0' ;   /* 去掉多读的一个字符 */
   textcolor ( 15 ) ;   /* 设置文本前景色为白色 */
   textbackground ( 7 ) ;   /* 设置文本背景色为浅灰色 */
   clrscr();     /* 将屏幕清为浅灰色 */
   gettext ( 1 , 1 , 37 , 1 , save2 ) ;   /* 将 1 行 37 列区域保存到 save2 数组中 */
   textbackground ( 0 ) ;     /* 设置文本背景色为黑色 */
   clrscr ( ) ;     /* 将屏幕清为黑色 */
   gettext ( 1 , 1 , 18 , 1 , save1 ) ;   /* 将黑色样板输入框保存到 save1 数组中 */
   textbackground ( 7 ) ;               /* 将背景设置为浅灰色*/
   window ( 20 ,2 , 60 , 16 ) ;         /* 定义一个输入窗口 */
   clrscr ( ) ;               /* 将窗口清为浅灰色 */
   gotoxy(1,1);               /* 以下在窗口内的四周画白色框 */
   printf("%c",218);   /*画左上角*/
   for(j=2;j<=40;j++) printf("%c",196);   /*画水平直线*/
   printf("%c",191);   /*画右上角*/
   gotoxy(2,13);
   for(j=2;j<=40;j++) printf("%c",196);      /*在提示行上一行画水平直线*/
   gotoxy( 2,3);
   for(j=2;j<=40;j++) printf("%c",196);      /*在标题栏下一行画水平直线*/
   for(j=2;j<15;j++)
   {  gotoxy(1,j);   printf("%c",179);       /*画左边垂直线*/
      gotoxy(41,j);   printf("%c",179);      /*画右边垂直线*/
   }
   gotoxy(1,15) ;   printf("%c",192);        /* 画左下角 */
   for(j=2;j<=40;j++)   printf("%c",196);   /* 画底边水平线 */
   printf("%c",217);   /* 画右下角 */
   textcolor(0);           /*设置文本颜色为黑色*/
   gotoxy(3,2);   cprintf("口令维护模块");   /* 输出窗口标题 */
   textcolor(15);          /*设置文本颜色为白色*/
   gotoxy( 3 , 5 ) ;   cprintf("请输入原口令：");
   puttext(36 , 6 , 53 , 6, save1);   /* 画出原口令的黑色输入框 */
   gotoxy( 17 , 5 ) ;    /* 将光标定位在原口令的黑色输入框的起始处 */
   n = 3 ;
```

```
while ( n )
{   for ( i = 0 ; ( ch = getch ( ) ) != '\r' ; i++ )
    {   if ( ch == '\b')
        {   if(i==0) i--;
            else {   i-- ; pass[i] = '\0' ; star[i] = '\0' ; i-- ;  }
        }
        else {   pass[i] = ch ; star[i] = '*' ;  }
        puttext (36 , 6 , 53 , 6 , save1 ) ;   /* 重画原口令的黑色输入框 */
        textcolor ( 15 ) ; textbackground ( 0 ) ;
        gotoxy (17 , 5 ) ; cprintf ( "%s" , star ) ;
    }
    if ( strcmp ( pass , buf ) == 0 )   break ;
    else if ( n > 1 )
    {   textbackground ( 7 ) ;   textcolor ( 0 ) ;
        gotoxy ( 3 , 14 ) ; cprintf ( "口令错误，按任意键可重输入！" ) ;
        getch ( ) ;
        puttext ( 22 , 15 , 58 , 15 , save2 ) ; /*  清除提示行  */
        for ( j = 0 ; j < 20 ; j++ ) {   pass[j] = '\0' ; star[j] = '\0' ;   }
    }
    puttext (36 , 6 , 53 , 6 , save1 ) ;   /*  重画原口令的黑色输入框 */
    gotoxy ( 17 , 5 ) ;
    n = n - 1 ;
}
if ( n < 1 )
{   textbackground ( 7 ) ;
    textcolor(0);
    gotoxy ( 3 , 14 ) ; cprintf ( "你不是合法用户，无权修改口令！" ) ;
    getch ( ) ;   exit ( 0 ) ;
}
else
{   n = 0 ;
    while ( strcmp ( newpass , newpass1 ) != 0 )
    {   for( j = 0 ; j < 20 ; j++ )
            newpass[j] = newpass1[j] = star[j] = '\0';
        if ( n > 0 )
        {     textbackground ( 7 ) ;
              textcolor(0);
              gotoxy ( 3 , 14 ) ;
              cprintf ( "口令不一致，请重输！按任意键继续。" ) ;
              getch();
              puttext ( 22 , 15 , 58 , 15 , save2 ) ; /*  清除提示行  */
        }
        textcolor(15);   /*设置文本颜色为白色*/
        textbackground ( 7 ) ;
        gotoxy( 3 , 7 ) ;   cprintf("请输入新口令：");
        puttext(36 , 8 , 53 , 8 , save1);   /*  画出新口令的黑色输入框  */
        gotoxy( 3 , 9 ) ;   cprintf("请再输入一次：");
        puttext(36 , 10 , 53 , 10 , save1);   /*  画出再次输入新口令的黑色输入框  */
```

```
            gotoxy( 17 , 7 ) ;
            for ( i = 0 ; ( ch = getch ( ) ) != '\r' ; i++ )
            {   if ( ch == '\b')
                {   if(i==0) i--;
                    else { i--;newpass[i]='\0'; star[i]='\0'; i--; }
                }
                else {   newpass[i] = ch ; star[i] = '*' ;   }
                puttext(36 , 8 , 53 , 8, save1);   /*  重画原口令的黑色输入框 */
                gotoxy (17,7); textcolor(15); textbackground ( 0 ) ; cprintf("%s",star);
            }
            for( j = 0 ; j < 20 ; j++ ) star[j] = '\0';
            gotoxy ( 17 , 9 ) ;
            for ( i = 0 ; ( ch = getch ( ) ) != '\r' ; i++ )
            {   if ( ch == '\b')
                {   if ( i == 0 ) i-- ;
                    else { i-- ; newpass1[i] = '\0' ; star[i]='\0'; i-- ;   }
                }
                else {   newpass1[i] = ch ; star[i] = '*' ;   }
                puttext(36 , 10 , 53 , 10, save1);   /*  重画原口令的黑色输入框  */
                textcolor(15); textbackground ( 0 ) ;
                gotoxy (17,9);    cprintf("%s",star);
            }
            n++ ;
        }
    }
    fp = fopen ( "pass1" , "wb" ) ;
    fwrite ( newpass , strlen( newpass ) , 1 ,fp ) ;
    gotoxy ( 3 , 14 ) ;
    textcolor ( 0 ) ;   /*  设置文本颜色为黑色  */
    textbackground ( 7 ) ;   /*  设置文本背景颜色为浅灰色  */
    cprintf ( "口令修改成功！按任意键返回。" ) ;
    getch ( ) ;
    puttext ( 22 , 15 , 58 , 15 , save2 ) ; /*  清除提示行    */
    window ( 1 , 1 , 80 , 25 ) ;
    textcolor(15);   /*设置文本颜色为白色*/
    textbackground ( 0 ) ;   /*设置文本背景颜色为白色*/
    clrscr ( ) ;
}
void main( )   {   password ( ) ;   }
```

*5.7 软件测试技术

1. 软件测试基础知识

在软件，特别是大型软件的开发过程中，在开发的每一个阶段都可能引出错误。软件测试是对软件需求、软件设计和编码的最全面也是最后的审查。通过软件测试，可以发现软件中绝大部分潜伏的错误，从而可以大大提高软件产品的正确性、可靠性，进而可显著提高产品质量。统计表明，软件测试工作量往往占软件开发总工作量的40%以上。而对于那些对可靠性要求极高的系统，如性命攸关的实时嵌入式计算机系统的软件测试成本可能是软件开发其他阶段总成本的3～5倍以上。可见，软件测试是十分重要的。

软件测试的过程也是运行程序的过程，运行程序需要数据，为了进行有效的测试而设计的输入数据和预期的输出结果数据称为测试用例。测试程序时，输入测试用例中的输入数据，将程序的运行结果与测试用例中的预期结果进行比较，以判断程序中是否存在错误。

软件测试可大致分为“单元测试”、“集成测试”、“验收测试”和“系统测试”等步骤。单元测试就是对一个程序模块所进行的测试，多采用白盒测试技术。白盒测试是把被测的程序看成一个透明的白匣子，即完全了解程序的内部结构和详细的处理过程，测试是在程序的内部结构上进行的。白盒测试要求针对每一条逻辑路径都要设计测试用例，检查每一个分支和每一次循环的情况。遗憾的是，要做到完全的程序内部结构的测试（即穷举测试）往往是不现实的。所以在进行测试时，一般选用少量最有效的测试用例，以便覆盖每一个条件、每一个路径和每一个语句，从而以最少的代价发现尽可能多的错误。集成测试是将各个部件组装起来，按照系统和程序设计规格说明中的期望进行验证的过程，以确保部件之间的接口被正确地定义和处理。集成测试保证了信息在各个模块之间的畅通，在此基础上，即可进行验收和系统测试。在软件系统交付之前进行验收测试，即开发者和用户或客户一起对软件产品进行验收，以便检查系统是否和用户需求的期望相符。此时多采用黑盒测试，黑盒测试是把被测的程序模块看成一个黑匣子，即完全不考虑程序的内部结构和处理过程，测试仅在程序的接口上进行。黑盒测试仅检查程序是否具有需求规格说明书中所规定的功能、能否适当地接收输入数据并产生正确的结果信息、能否保持数据库或文件等外部信息的完整性。黑盒测试又称为功能测试。这里不介绍更多的测试理论，下面仅举例说明一种白盒测试方法。

【例5-10】 编写一个程序，要求从键盘输入任意3个整数给a、b、c，然后对其按由小到大的顺序排序后并输出。编写的程序如下：

```
#include <stdio.h>
void  main ( )
{  int  a , b , c , t ;
   scanf ("%d%d%d" , &a , &b , &c ) ;
   if ( a > b )  {  t = a ; a = b ; b = t ;  }
   if ( b > c )  {  t = b ; b = c ; c = t ;  }
   if ( a > c )  {  t = a ; a = c ; c = t ;  }
   printf ("%d,%d,%d\n" , a , b , c ) ;
}
```

要比较充分地测试该程序模块，首先应设计好测试用例。根据本例输入3个数据的顺序不同，可以设计出如下的6个测试用例。

测试用例1：输入：1，2，3；期望结果：输出1，2，3。

测试用例2：输入：1，3，2；期望结果：输出1，2，3。

测试用例1：输入：2，1，3；期望结果：输出1，2，3。

测试用例1：输入：2，3，1；期望结果：输出1，2，3。

测试用例1：输入：3，1，2；期望结果：输出1，2，3。

测试用例 1：输入：3，2，1；期望结果：输出 1，2，3。

使该程序运行 6 次，分别输入各个测试用例中需要输入的数据，查看输出结果与该测试用例的期望结果是否相同，测试过程和结果如下：

1␣2␣3↙　　（输入测试用例 1 的输入数据）
1，2，3　　（输出结果与期望结果相同）
1␣3␣2↙　　（输入测试用例 2 的输入数据）
1，2，3　　（输出结果与期望结果相同）
2␣1␣3↙　　（输入测试用例 3 的输入数据）
1，2，3　　（输出结果与期望结果相同）
2␣3␣1↙　　（输入测试用例 4 的输入数据）
2，1，3　　（输出结果与期望结果不同）
3␣1␣2↙　　（输入测试用例 5 的输入数据）
1，2，3　　（输出结果与期望结果相同）
3␣2␣1↙　　（输入测试用例 6 的输入数据）
2，1，3　　（输出结果与期望结果不同）

由上述测试结果可以看出，用前 3 个和第 5 个测试用例进行测试，结果正确；用第 4、第 6 个测试用例测试，结果出错。这说明一个程序模块只有进行充分的测试，才能找出尽可能多的潜伏错误。分析出错的场景，发现该程序有逻辑错误，将 if (b > c) { t = b ; b = c ; c = t ; }和 if (a > c) { t = a ; a = c ; c = t ; }两个语句对调后，再用上面给出的 6 个测试用例进行测试，结果都与期望结果相同，程序单元测试完成。

软件测试的目标就是发现并改正错误。一个成功的测试是发现了至今尚未发现的错误的测试。为了实现测试目标，需要制定测试计划，在测试计划中应精心设计测试用例，以便在测试阶段的各个测试步骤中使用相应的测试用例，系统地揭露各种类型的错误。为了进行有效的测试，进而提高软件的质量和可靠性，测试用例的设计、测试过程应遵循以下原则：

1）应尽早和不断地进行软件“测试”，即将这种“测试”贯穿于软件开发的各个阶段，以便尽早地发现和预防错误。

2）测试用例中不仅要选择合理的输入数据，还要选择不合理的输入数据。

3）在开发的各个阶段应事先分别制定出相应的测试计划，在测试开始后应严格执行，防止随意性。

4）对发现错误较多的程序模块，应进行重点测试。Pareto 指出，测试发现错误的 80%集中在 20%的模块中。发现错误较多的模块质量较差，其中可能隐藏了更多的错误，需要作为重点测试对象进行反复测试和修改，并且还要测试修改是否引入了新的错误。

5）用穷举测试是不现实的，一般通过设计测试用例，充分覆盖所有条件或所有语句即可。

由于软件测试技术已超出了本书的范围，此处不准备过多叙述，感兴趣的读者可参考软件工程或软件测试技术的资料。

2．程序的动态调试方法

动态调试即上机调试。由于上机调试程序时的情况千差万别，错误是各种各样的，因此，调试过程比较复杂，问题也比较多。下面分别介绍在程序编译、连接与运行过程中的调试。

（1）编译过程中的调试

编译程序在对源程序进行编译的过程中，要对语法进行检查，如果发现源程序中有语法错误，就会显示出错信息，指出语法错误的类型和发现错误的位置。程序调试者可以根据这些错误的提示信息，找到程序中的错误之处，并作相应的修改。需要指出，有时编译程序给出许多出错信息，但并不表示程序中真的有许多错误，有可能是由于一个错误所造成的。例如，如果程序中用到的某个变量没有定义，则在程序中所有使用该变量的地方都会出错。

（2）连接过程中的调试

一个程序编译通过后，还需要进行连接。在连接过程中，要涉及到各模块之间以及各模块与系统之间的一些关系。连接过程中常见的错误是外部调用有错，此时，系统会指出外部调用中出错的模块名，有时会指出找不到某个库函数，此时要检查程序中是否漏掉了包含命令或函数名有错等。

（3）运行过程中的调试

运行过程中的错误可以归纳为以下两种情况。

1）运行过程中给出错误信息。此时，调试者首先要仔细分析出错信息的内容，分清错误的性质，找出程序中的错误并修改之。

2）运行过程中不正常或运行结果不正确。程序运行不能正常结束，即通常所说的“死机”。造成这种现象的原因，往往是循环结构有错，或者是系统程序被破坏。运行过程不正常有各种各样的表现，常见的有：程序运行过程中没有出错并且正常结束，但不输出任何结果。造成这种现象的原因，往往是缺少输出语句，或者是包含输出语句的分支或模块没有执行到。

（4）常用的调试语句

在程序的动态调试过程中，除了使用集成开发环境提供的调试手段（如 Debug 中的设置断点、监视窗口、单步执行等）以外，还可以在程序中插入一些调试语句，根据调试语句执行的情况来寻找程序中的错误。常用的调试语句有以下三种。

1）回声打印。这种打印语句的作用是检查数据的输入或传送是否正确。具体做法是：在输入语句后设置一个输出语句，输出刚输入的数据，看其输入是否正确；或者在调用语句之前以及被调用模块的入口处设置打印语句，检查调用中数据传递是否正确。得到这些信息对缩小出错点的范围，最后找出错误是非常有用的。

2）选择打印。在一些可疑点插入打印语句，以得到有关的变量值或一些中间结果。这对于排除一些可疑点，确定出错位置是很有帮助的。

3）跟踪打印。这种打印语句的作用类似调试工具中的跟踪功能，主要是为调试者提供程序执行的路径。例如，在循环结构中设置打印语句，可以反映出循环的执行情况；在分支结构中对每个分支设置不同的打印语句，能使调试者了解程序执行的路径。总之，凡是调试者想了解程序“走向”的地方都可以设置打印语句，这样可以为调试者分析程序逻辑结构上的问题提供足够的依据。

第 6 章　课程设计案例

为了使读者能够理解整个课程设计各个开发阶段的设计内容和课程设计报告的具体撰写方法，本章以“贪吃蛇游戏”作为案例，以完整的课程设计报告的形式给出了具体的撰写和实现方法。在研读该课程设计报告时，应注意课程设计各个开发阶段的任务和阶段成果。

需要指出，为了节省篇幅，该案例并没有把窗口菜单模块包括在内，音乐也比较简单，没有使用中断函数，目的是突出各个开发阶段的任务和报告的内容。报告也没有按照课程设计报告撰写规范的要求来排版，而是按照本书的要求排版，这点应注意。另外，在详细设计的描述中，应插入相应的运行界面图，由于篇幅的原因也没有插入。

6.1　概述

本课程设计以软件工程方法为指导，采用了结构化、模块化的程序设计方法，以 C 语言技术为基础，使用 Turbo C++ 3.0 为主要开发工具，对贪吃蛇游戏进行了需求分析、总体设计、详细设计，最终完成系统的实现与测试。

6.1.1　研究的背景及意义

随着社会的发展，人们生活的节奏日益加快，越来越多的人加入了全球化的世界。人们不再拘泥于一小块天地，加班、出差成了现代人不可避免的公务。而此时一款可以随时随地娱乐的游戏成为了人们的需要。此次课程设计完成的贪吃蛇小游戏，正是为了满足上述需求而设计出来的。

贪吃蛇游戏虽小，却涉及诸多的知识点。通过开发贪吃蛇游戏系统，可使读者初步了解使用软件工程的方法、技术和工具开发软件的过程，进一步掌握结构化、模块化的程序设计方法和步骤，进一步掌握总体数据结构设计、模块划分方法，掌握局部变量、全局变量、结构体、共用体、数组、指针、文件等数据结构的使用方法，掌握图形、声音、随机数等多种库函数的使用方法，学习动画、音乐、窗口、菜单、键盘等多项编程技术，进一步学会软件调试、测试、组装等软件测试方法，为后续课程的学习和将来实际软件开发打下坚实的基础。

6.1.2　设计的任务和需要的知识点

1．课程设计主要完成的任务

本次课程设计的主要任务如下：

1）通过编写“贪吃蛇游戏”程序，掌握结构化、模块化程序设计的思想，培养解决实际问题的能力。

2）设计好数组元素与蛇、食物的对应关系。

3）随机产生食物。

4）有分数统计、排行榜、分数存储等功能。

5）有同步播放的动画、声音效果。

通过此次课程设计，希望使读者能更深入地理解和掌握课程教学中的基本概念，培养读者应用基本技术解决实际问题的能力，从而进一步提高分析问题和解决问题的能力。

2. 需要掌握和运用的知识点

本次课程设计需要掌握和运用如下的知识点：

1）数组的应用。

2）全局变量的使用。

3）按键处理。

4）结构体的应用。

5）图形、音乐和动画的有关知识。

6）随机函数的使用。

7）文件的基本操作。

8）结构化、模块化的设计方法

6.1.3 具体完成的设计内容

在本次课程设计中需要完成的任务有：包含命令、全局变量的定义和宏定义、函数声明等（50 行），主控模块（main 函数、14 行），动画、音乐播放模块（DrawSnow 函数、33 行），画出游戏开始界面模块（DrawK 函数、15 行），具体游戏过程模块（GamePlay 函数、85 行），游戏结束处理模块（EndPlay 函数、18 行）。开发总工作量约为 215 行源代码。

6.2 需求分析

贪吃蛇游戏是个简单的小游戏，能让游戏者的身心得到娱乐，从而能够更好地投入到学习或工作中。虽然现在市面上存在着各种各样的游戏版本，可是贪吃蛇这类的小游戏其市场还是相当大的，因为它玩法简单，又富有趣味性。随着蛇身不断加长，其刺激性也更强。可以说该游戏的优势在于它的简单易行，不论是手机，还是小游戏机，都能很顺利地运行。对于在外忙碌的人，不可能花费大量时间在娱乐上，大型游戏是行不通的，这样的小游戏刚好迎合了他们的需求。

6.2.1 功能需求

要开发贪吃蛇游戏程序，首先要分析该程序应实现哪些功能。对贪吃蛇游戏程序的功能需求可描述如下：

程序运行后显示动画、音乐，按〈Esc〉键退出欢迎界面。进入游戏界面后，左边有一个矩形区，为游戏区域，在矩形区中有食物和贪吃蛇，上方有统计分数及关数显示区域。

蛇在封闭围墙里用绿色矩形表示，围墙里随机出现一个食物，通过按键盘四个光标键控制蛇向上、下、左、右四个方向移动，蛇头撞到食物，则食物被吃掉，蛇身体长一节，接着又出现食物，等待蛇来吃。食物用一个点表示，并且每次食物的位置是随机出现的。游戏中要使贪吃蛇尽可能的长，但不能使贪吃蛇撞到四周的墙壁，而且蛇的身体不能撞到一起，否则游戏结束。

游戏中每吃掉一个食物要有积分，随着分数的增加可进入下一关，即速度会加快。

游戏结束时，如果分数进入前 5 名则重新排榜并存储，显示排行榜。

由于有关贪吃蛇和食物的数据较多，而且关系密切，贪吃蛇及食物都是定义的结构体数据类型，这样定义便于操作与处理。

6.2.2 操作方法

本游戏使用键盘操作。

1．进入游戏

进入游戏后，首先出现的是游戏片头。在这里，可以看到一个同步播放的动画音乐以及在屏幕中央且颜色不断变换的欢迎文字等。此时，可以按回车键跳至游戏界面。

2．游戏界面

游戏界面的左上边为游戏标题和版本、右上边是目前的游戏成绩和关数。界面中部是围墙，围墙中有一个正在向右爬行的两节蛇，还在某处有一个食物。现在就可以开始游戏了。

3．游戏操作

在游戏中，游戏者可用上、下、左、右方向键控制蛇的行动，按〈Esc〉键可结束游戏。

4．游戏结束

若打出高分进入排行榜，则提示输入姓名，并将画出排行榜界面，显示出前 5 名的游戏者姓名及分数。

6.3 总体设计

确定贪吃蛇游戏体系结构，给出总体模块结构图，确定程序的主要函数及之间的调用关系，同时设计蛇与游戏者等的数据结构。

6.3.1 模块划分

本程序采用结构化程序设计的方法，按照自顶向下、逐步细化的方法对要解决的问题进行逐层分解。首先画出顶层模块（第 0 层），即主控模块，只完成对下层模块的调用功能，即调用其他的功能模块；接着，按需求分析中的功能需求设计第 1 层模块，有音乐动画、图形驱动、画主界面、游戏过程、结束处理、退出等 6 个主要功能；接着，画出第二层模块。总体模块结构图如图 6-1 所示。

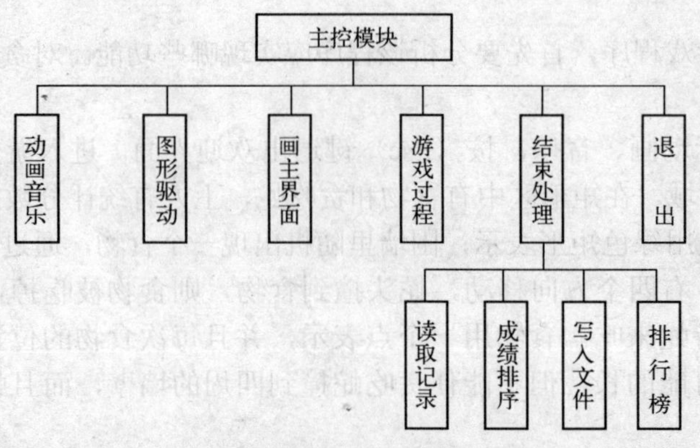

图 6-1 软件总体模块结构图

（1）主控模块

主控模块由 main 函数实现，主要用来依次调用各个下层模块，从而控制完成整个程序的功能。

（2）动画音乐模块

该模块用来同步播放下雪的动画和简单的音乐，并在屏幕的中间输出颜色不断变换的欢迎词语。

（3）画主界面模块

画主界面模块由函数 DrawK 实现，它画出一个封闭的围墙。用两个循环语句分别在水平和垂直方向输出连续的宽度和高度均为 10 单位（像素）的浅青色矩形方块，围成密闭图形，表示围墙。函数 setlinestyle 设置线形宽度为 3 像素。设置 3 像素围墙线，蛇贴墙走时，会擦掉部分围墙线，使线变细，图形变得不好看，如果不想这种情况发生，可将线型宽度设置为 1 像素。

（4）游戏过程模块

该模块是整个程序的核心模块，它完成整个游戏过程，用函数 GamePlay 实现。每次蛇移动的时候，从最后一节开始到第二节，将前一节的坐标赋给后一节的坐标，移动后把最后一节用背景色覆盖，然后蛇头按方向键更改位置。要确保食物出现在 10 的倍数位置上，判断蛇是否吃到食物的是蛇头坐标和食物坐标是否相同。

（5）游戏结束处理模块

当游戏结束时，则调用 EndPlay 函数进行游戏结束处理。在该模块中，将依次调用读取记录、成绩排序、写入文件、排行榜等模块实现有关处理功能。

（6）读取记录模块

该模块由 ReadFiles 函数来实现，即用来读取排行榜信息记录。如果是首次读取文件，将调用 InitScoreFiles 函数，初始化记录文件，设置 5 名选手，初始姓名都为“nobody”，初始分数都为 0。

（7）成绩排序模块

该模块由 CompareScore 函数实现。当游戏者的成绩比排行榜中第 5 名的成绩高时，即调用该模块将该成绩加入排行榜中并排序，将原来第 5 名删除。

（8）写入文件模块

该模块由 WriteFiles 函数来实现，即将新的排行榜信息写入文件。

（9）排行榜模块

该模块由 pain_board 函数实现。主要功能是建立排行榜界面，输出 5 个最高分的玩家姓名和成绩。

（10）退出

显示排行榜后，返回 main 函数，按任意键关闭图形系统，并退出程序。

6.3.2 总体数据结构设计

设计思路：程序的关键在于表示蛇的图形及蛇的移动。用一个小矩形方块表示蛇的一节身体，身体每长一节，增加一个矩形块，蛇头也用同样的一节小矩形方块表示。移动时必须从蛇头开始，要求蛇在爬行时不能向相反的方向移动。如果没有按下方向键，蛇自行在当前方向上向前爬行，当按下有效方向键后，蛇头朝着该方向移动，一步移动一节身体。所以按下有效方向键后，应先确定蛇头的位置，而后蛇的身体随蛇头移动，图形的实现是从蛇头新位置开始画出蛇。这时，由于未清屏的原因，原来的蛇的位置和新蛇的位置差一节蛇身，即看起来蛇多一节身体，所以将蛇的最后一节用背景色覆盖。食物的出现与消失也是画矩形块和覆盖矩形块。为了便于理解，定义两个结构体：食物与蛇。下面介绍贪吃蛇游戏程序的主要数据结构。

1．食物与蛇的数据结构

表示食物与蛇的矩形块设计为 10*10 个像素单位，食物的基本数据域为它所出现的位置，用 x 和 y 坐标表示，则矩形块用函数 rectangle(x,y,x+10,y+10)或 rectangle(x,y,x+10,y-10)可以画出。由于每次只出现一个食物，所以设定 yes 表示是否需要出现食物。yes=1 表示没有食物或食物已经被蛇吃掉，需要画出食物。放置食物后，置 yes=0。蛇的一节身体为一个矩形块，表示矩形块只需左上角点坐标（x，y）。由于在游戏过程中蛇的身体不断增长，需用数组存放每节坐标，最大设定为 N=200，node 表示当前节数。direction 是保存蛇的移动方向的变量，其值可为 1、2、3、4 之一，分别表示右、左、上、下的方向。life 是表示生命的变量，life=0 表示蛇活着，一旦 life=1，表示蛇死，结束游戏。

```
#define  N   200
struct  Food
{  int   x ;  /* 食物的横坐标 */
   int   y ;  /* 食物的纵坐标 */
   int   yes ;  /* 判断是否要出现食物的变量 */
} food ;  /* 食物的结构体 */
struct  Snake
{  int  x[N] ;
   int  y[N] ;
   int  node ;  /* 蛇的节数 */
   int  direction ;  /* 蛇移动方向 */
   int  life ;  /* 蛇的生命,0 活着,1 死亡 */
} snake ;  /* 蛇的结构体 */
```

2．排行榜中优胜者的数据结构

排行榜主要记录优胜者的姓名和成绩。为了存放排行榜信息，可定义如下的结构体类型，其中字符数组 name 成员存放优胜者的姓名，整型变量 score 成员存放优胜者的成绩。

```
struct  person
{  char  name[20] ;  /* 优胜者的姓名 */
   int  score ;  /* 优胜者的分数 */
} ;
```

3．其他全局变量的定义

```
struct  person  per[5] ;  /* 存放 5 名优胜者 */
int  score = 0 ;  /* 记录游戏分数 ，初值为 0 分 */
```

```
int    gamespeed = 400;  /* 控制蛇移动速度的变量，初值为 400ms */
```

4．符号常量的宏定义

```
#define  LEFT   0x4b00   /* 左移方向键 */
#define  RIGHT   0x4d00   /* 右移方向键 */
#define  DOWN   0x5000   /* 下移方向键 */
#define  UP   0x4800   /* 上移方向键 */
#define  ESC   0x011b   /* Esc 键 */
#define  FILENAME   "c:\\person.dat"   /* 保存排行榜的文件全名 */
```

6.4 详细设计

根据总体设计的模块功能和结构，完成所承担的程序模块的算法设计。给出每个模块的详细的算法，算法分别用传统流程图或N-S流程图和文字说明来描述。

6.4.1 主控模块 main 函数

主函数是程序的主控模块。首先初始化图形系统，然后调用 DrawSnow 函数播放动画和音乐，接着调用 Init 函数初始化图形系统，之后调用 DrawK 函数画出游戏开始画面，再调用 GamePlay 函数，即开始了游戏的具体过程，游戏结束后调用 EndPlay 函数进行游戏结束处理：从文件中读取记录信息、排序、显示排行榜信息，最后关闭图形系统，结束程序。主控模块的算法流程图如图 6-2 所示。其中带有两个竖线的矩形框表示对自定义函数的调用。

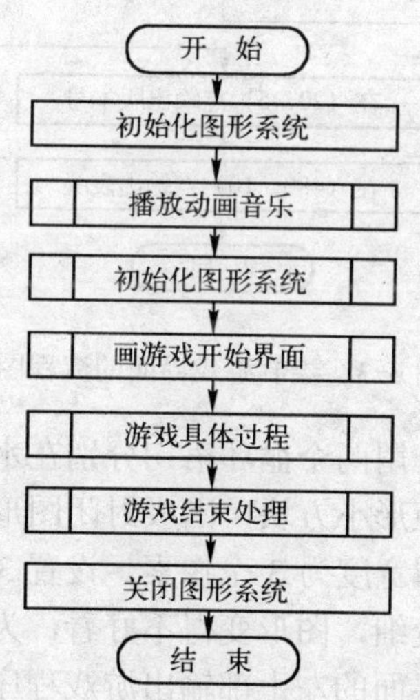

图 6-2 主控模块算法流程图

6.4.2 绘制游戏开始界面 DrawK 函数

绘制游戏界面的函数的算法流程图如图 6-3 所示。

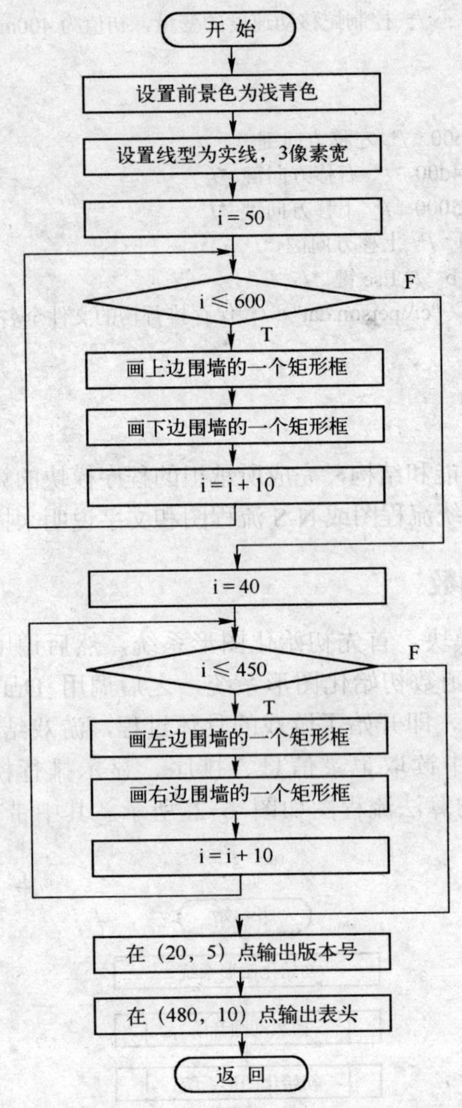

图 6-3　绘制游戏界面的流程图

主界面就是一个封闭的围墙，用两个循环语句分别在水平方向和垂直方向输出连续的宽度和高度均为 10 个像素单位的矩形小方块，围成封闭图形表示围墙，为了醒目，设置为淡青色，用函数 setlinestyle 设置线型宽度为 3 个像素。设置 3 个像素的围墙线，蛇在贴墙走的时候，会擦掉部分围墙线，使线变细，图形变得不好看，为了避免这种情况出现，可将线型宽度设置为 1 个像素。最后，在界面的左上部输出游戏程序的版本信息，在右上部输出游戏成绩（score）和关(level)的表头。

6.4.3　游戏具体过程 GamePlay 函数

该函数是游戏的核心部分。游戏具体过程 GamePlay 函数的大致算法流程图如图 6-4 所示。下面对该算法不够详细的地方作进一步的描述。

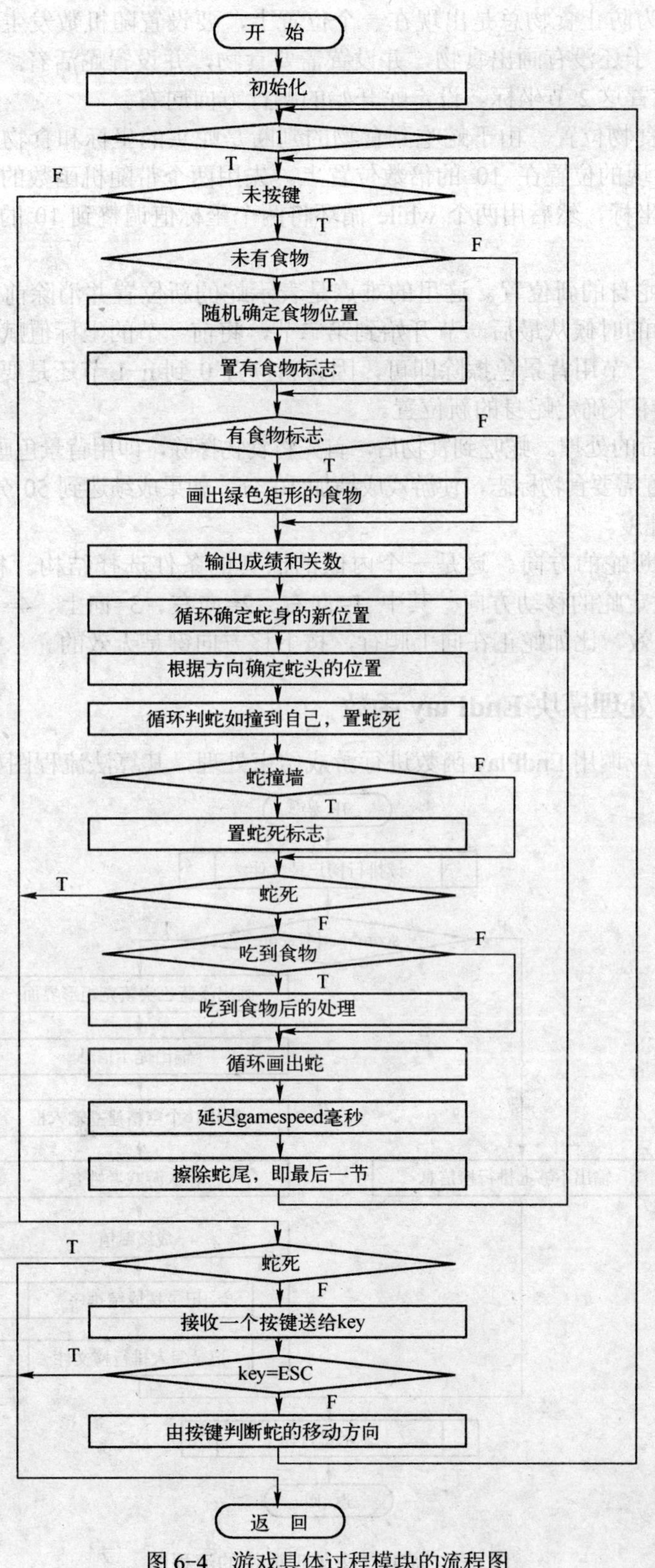

图 6-4 游戏具体过程模块的流程图

1）初始化。为防止食物总是出现在一个位置上，要设置随机数发生器的种子数，产生真正的随机数。由于还没有画出食物，并设置需要食物，并设置蛇活着。初始时，蛇只有蛇头和 1 节蛇身，设置这 2 节坐标。设定蛇开始的爬行方向向右。

2）随机确定食物位置。由于蛇吃到食物的判断是蛇头的坐标和食物的坐标相等，所以要确保食物随机出现的位置在 10 的倍数位置上。先用两个带随机函数的表达式产生一个位于围墙内的 x、y 坐标，然后用两个 while 循环将两个坐标值调整到 10 的倍数上，这样就可以让蛇吃到。

3）循环确定蛇身的新位置。这里的难点是表示蛇的新位置并消除前一次的图形。采用的方法是每次移动的时候从最后一节开始到第二节，将前一节的坐标值赋给后一节的坐标，移动后只要把最后一节用背景色擦除即可，因为新位置 0 到 n−1 节还是要出现在画面上的。这里用一个 for 循环来确定蛇身的新位置。

4）吃到食物后的处理。蛇吃到食物后，首先将食物擦除，即用背景色画出该食物，然后给蛇的节数加 1，设置需要食物标志，使游戏成绩加 10 分，如果成绩达到 50 分的倍数，则给关数加 1，并加快游戏速度。

5）由按键判断蛇的方向。这是一个内嵌的嵌套的条件选择结构。根据按动上、下、左、右方向键来设定蛇的移动方向。其中 1=向右、2=向左、3=向上、4=向下。判断时还考虑了相反方向键无效，比如蛇正在向上爬行，按下移方向键是无效的。

6.4.4　游戏结束处理模块 EndPlay 函数

游戏结束时，应调用 EndPlay 函数进行游戏结束处理，其算法流程图如图 6-5 所示。

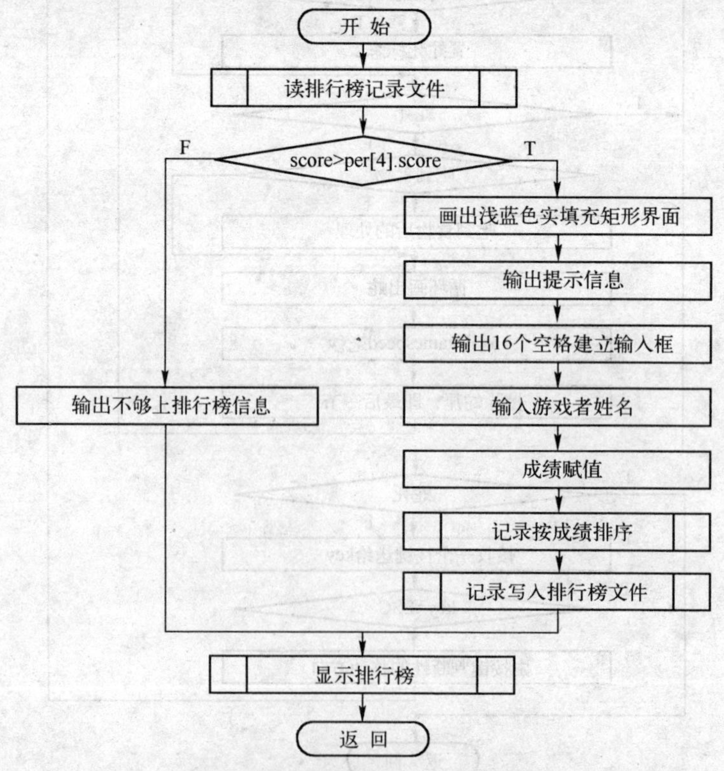

图 6-5　游戏结束处理模块的流程图

该模块首先调用读排行榜记录文件 ReadFiles 函数读取排行榜文件记录，如果文件不存在，则在 ReadFiles 函数中调用 InitScoreFiles 函数建立该文件，然后再读出记录。

其次，判断游戏者的成绩是否可以上排行榜。如果可上榜，则画出浅蓝色矩形界面，在界面中输入游戏者姓名，对成绩进行赋值，然后调用 CompareScore 函数对记录排序，并调用 WriteFiles 函数将记录写入排行榜文件；如果不能上榜，则直接在游戏界面输出不能上榜信息。

最后，调用 pain_board 函数显示排行榜信息。

6.4.5 显示排行榜信息模块 pain_board 函数

函数 void pain_board 完成排行榜的绘制，流程图如图 6-6 所示。运行结果如图 6-7 所示。

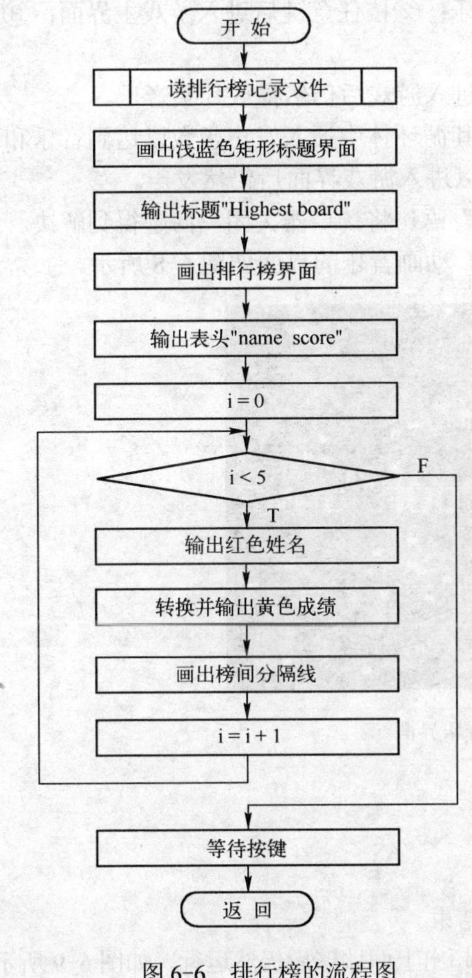

图 6-6 排行榜的流程图

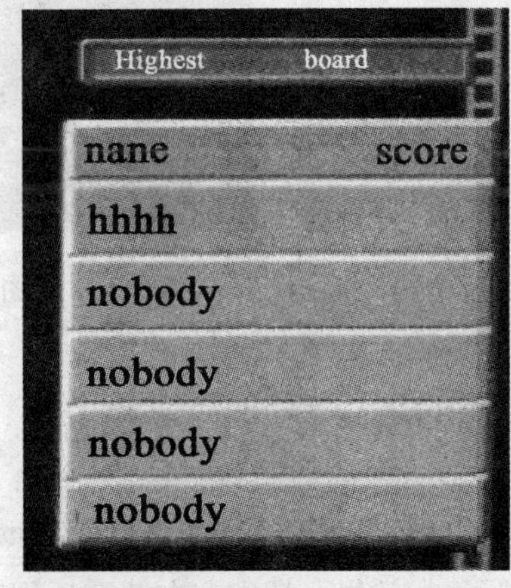

图 6-7 正确的排行榜界面

6.5 程序的调试与测试

调试与测试软件的目标就是发现并改正潜伏的错误。一个程序，必须经过认真的调试和测试，才能尽量减少错误、保证程序满足功能、性能需求，达到最初的设计、使用要求，从而保证程序的开发质量。

详细设计完成后，就可以用 C 语言根据各个模块的算法来设计程序，每个模块都要设计成一个自定义函数。几个模块可以放在一起构成一个源程序文件，也可以一个模块构成一个源程序文件。源程序设计好后，输入到计算机中，并存储到磁盘上；然后对每个源程序文件都进行了独立编译和调试（具体代码可参看程序清单）；并针对不同的模块设计测试用例进行单元测试；最后，将几个分别开发的模块组装在一起，形成一个完整的程序，进行集成测试，从而发现并改正了程序中存在的一些潜藏的错误，并使程序的容错能力大大增强。调试与测试过程及结果如下所述。

6.5.1 动画与音乐的同步播放

预期结果：①片头在显示动画的同时播放音乐；②按任意键后进入游戏主界面；③进入游戏主界面后动画音乐同时停止。

实际运行效果：满足①和②，不满足③，即进入游戏后仍然播放片头音乐。

错误分析：程序中使用循环播放动画，并在其循环体中插入发声函数以达到音乐和动画的同步。由于在结束动画时没有关闭扬声器，所以进入游戏界面后仍然发声。

修改：在动画播放完后加一条“nosound ( ) ;”语句将扬声器关闭，问题得到解决。

修改后程序运行的实际效果与预期效果一致。动画音乐的界面如图 6-8 所示。

图 6-8　动画音乐界面

6.5.2 蛇的运行

（1）蛇撞到墙

预期结果：蛇运行时如果撞到墙壁，则游戏结束。

实际运行效果：超出左右墙壁后程序结束，但超出上面墙壁后仍然运行，如图 6-9 所示。

错误分析：错误程序段在蛇运行中的条件判断语句中，其判断条件是：

if (snake.x[0]<55 || snake.x[0] > 595)，即 少了上、下两个方向的判断。

修改：在蛇的运行中添加 2 个逻辑表达式，判断蛇是否撞到上边及下边围墙，代码如下：

```
if ( snake.x[0] < 55 || snake.x[0] > 595 || snake.y[0] < 55 || snake.y[0] > 455 )
```

修改后的运行效果与预期结果一致。

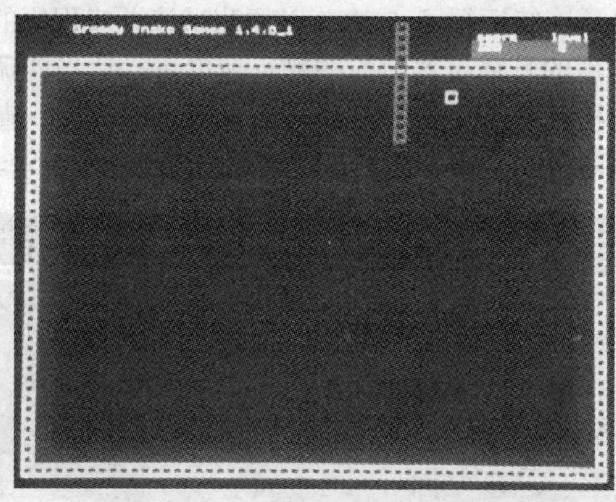

图 6-9　蛇撞到上部围墙

（2）蛇头撞到蛇身

预期结果：当蛇的头部与蛇身相撞时，游戏应当结束。

实际运行效果：蛇头撞到蛇身时，程序并不停止。如图 6-10 所示。

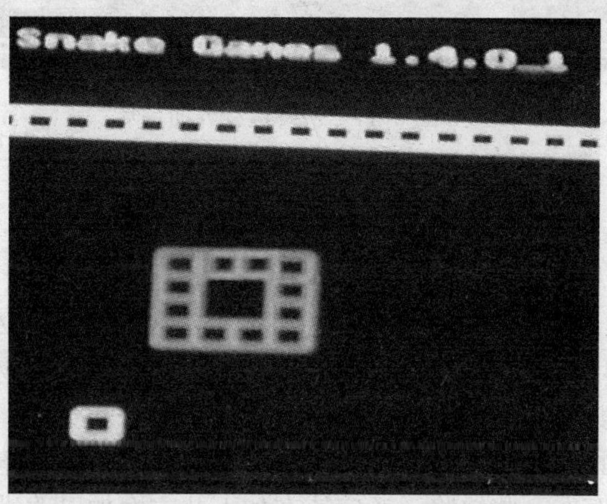

图 6-10　蛇头撞到蛇身最后一节

错误分析：在蛇运行判断的程序段中出错，其代码如下：

```
for ( i = 3 ; i < snake.node ; i++ )
{  if ( snake.x[i] == snake.x[0] && snake.y[i] == snake.y[0] )
    {    snake.life = 0;    break ;    }
}
```

修改：将 for 循环体中的“snake.life = 0;”改为“snake.life = 1;”。

修改后的运行效果与预期结果一致。

6.5.3　终止程序

经过对各个模块的调试和单元测试并修改了错误后，将各个模块组装成一个软件系统，并进行集成测试。在集成的过程中发现了一些错误，比如全局变量重复定义、函数重复声明等，分别进行了改正。最后连续运行了 5 次，以便测试该游戏程序的功能、性能是否达到了预期的目标，并根据所使用的具体机器对蛇的爬行速度进行适当的调整。测试内容包括蛇的运行、分数、关数、排行榜及排序、文件存储、音乐动画等功能，情况均正常。其中第 4 次运行结束时要求输入游戏者姓名并显示排行榜的界面如图 6-11 所示。

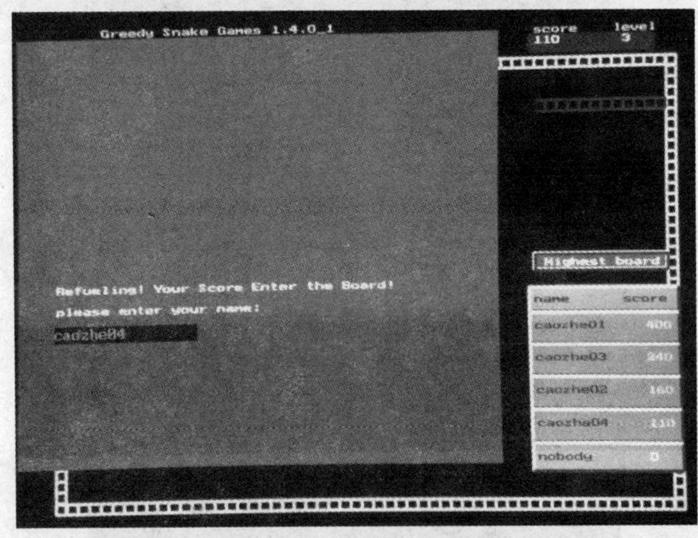

图 6-11　最终运行界面

6.6　结论

通过 2 周的课程设计，在开发小组共同的努力下，终于完成了贪吃蛇游戏程序的开发任务。该游戏程序实现了用方向键控制蛇在围墙内爬行、随机产生食物、控制蛇吃掉食物并加分、控制游戏中闯关的数目和蛇的运行速度、实时显示得分和关数、结束时处理和显示排行榜等功能。该游戏程序具有界面友好、操作方便、控制准确和容错能力强等特点。

这个贪吃蛇游戏还存在一些缺陷，还应该在如下几方面加以改进。

1）进入游戏后，到蛇死亡，只能玩一次就会退出程序。应加入实现多次游戏的控制功能。

2）蛇的样子不美观，应将蛇头、蛇尾和蛇身进一步美化，使其更像真实的蛇。

3）当分数达到 400 分时，蛇的速度变得非常快，一下子就撞到围墙上了，应适当控制蛇的速度和关数，以便使游戏更具有吸引力。

6.7　结束语

通过贪吃蛇游戏的编程练习思考数据结构的使用，比如定义食物的坐标来控制它出现的位置，用函数 rectangle 来画出矩形，用 life 变量的值表示蛇的生命，用 direction 变量的值表示蛇移动的方向等，还有用数组来存放蛇身各节的坐标，这些都让我们熟悉了对数组的操作，此外还熟悉了各种函数的应用。

对于初学者来说，学习编写贪吃蛇的游戏对掌握C语言的知识有很大的帮助。通过编程实践，还能拓展思路，让我们去寻找需要调用哪些函数，怎样提高程序的质量等。

要写出好的程序，需要我们有扎实的基础，这样遇到一些基本算法的时候就会游刃有余了。在编程时我们要有丰富的想象力，不要拘泥于固定的思维方式，遇到问题的时候要多想几种解决问题的方案。丰富的想象力是建立在丰富的知识的基础上，所以我们要通过多个途径来帮助自己建立较丰富的知识结构。

在编程时我们碰到了很多的困难，这就需要我们多与别人交流。在编程的过程中，我们也发现有良好的编程风格是十分重要的，至少在时间效率上就体现了这一点。养成良好的习惯，代码的缩进编排，变量的命名规则要始终保持一致，这些都是提高我们编程能力的要点。

还有在编程中最能体现简单的原则，简单的方法更容易被人理解，更容易实现，也更容易维护。遇到问题时要优先考虑最简单的方案，只有简单方案不能满足要求时再考虑复杂的方案。

在进行课程设计的过程中我们也学到了许多别的东西。首先，我们学会了合作，要以别人的眼光看看问题，也许这样得到的会比各自得到的都要多；其次，我们学会了分工，分工是为了更好地合作，分工才能提高合作的效率；最后，我们学会了奋斗，我们相信，通过四年的学习，我们一定能写出更精彩的程序，将来会描绘出更精彩的人生。

在这里，我们要感谢指导课程设计的 XXX 老师，给予我们悉心的指导。老师多次询问编写进程，并为我们指点迷津，帮助我们开拓研究思路，精心点拨、热忱鼓励。老师一丝不苟的工作作风，严谨求实的态度，踏踏实实的精神，不仅授我以文，而且教我做人，给以终生受益无穷之道。我还要感谢我们开发小组的其他同学，在设计中他们给我很大的帮助。正是由于我们团结协作，才顺利地完成了课程设计任务。

6.8　程序清单

```
#include <stdio.h>
#include <time.h>
#include <graphics.h>
#include <conio.h>
#include <stdlib.h>
#include <dos.h>
#define N   200                    /* 蛇的最大节数 */
#define LEFT 0x4b00                /* 左移方向键 */
#define RIGHT 0x4d00               /* 右移方向键 */
#define DOWN 0x5000                /* 下移方向键 */
#define UP 0x4800                  /* 上移方向键 */
#define ESC 0x011b                 /* Esc 键 */
#define FILENAME "c:\\person.dat"   /* 排行榜文件的文件全名 */

/* 排行榜结构 */
```

```
struct  person
{
    char  name[20];
    int  score;
};
/* 定义全局变量 */
struct person  per[5];
/* 雪花结构体 */
struct Snow
{
    int  x;
    int  y;
    int  speed;
} snow[100];
/* 定义全局变量 */
int  snownum = 0;          /* 雪花数目 */
int  size;
int  change = 10;
int  score = 0;            /* 记录游戏分数 */
void  *save;
int  i, key;
int  gamespeed = 400;      /* 游戏速度，可根据计算机速度自己调整 */
struct Food
{
    int  x;       /* 食物的横坐标 */
    int  y;       /* 食物的纵坐标 */
    int  yes;     /* 判断是否要出现食物的变量 */
} food;           /* 食物的结构体 */
/* 蛇的结构体 */
struct Snake
{
    int  x[N];
    int  y[N];
    int  node;          /* 蛇的节数 */
    int  direction;     /* 蛇的移动方向 */
    int  life;          /* 蛇的生命，0 活着，1 死亡*/
} snake;
void  DrawSnow();                /* 动画音乐函数 */
void  ReadFiles();               /* 从文件中读取记录信息 */
void  WriteFiles( struct person  * );   /* 将记录写入文件中 */
void  InitScoreFiles();          /* 初始化记录文件 */
void  CompareScore( struct person );   /* 排行榜按分数进行排序 */
void  EndPlay();                 /* 游戏结束处理函数 */
void  pain_board();              /* 绘制排行榜函数 */
/* 输出欢迎词并播放声音函数 */
void  Pr()
```

```
{   int s[15]={0,100,150,200,150,200,250,150,250,300,250,150,100,250,350};
    setcolor( change / 10 ) ;   /*  改变欢迎词的颜色  */
    settextstyle( 0 , 0 , 4 ) ;
    outtextxy( 20 , 200 , "WELCOME TO OUR GAME!!" ) ;   /*  输出欢迎词  */
    sound( s[change / 10] ) ;   /*  使扬声器以 s[change/10]的频率发声  */
}
/*  下雪的动画并同步播放音乐函数  */
void   DrawSnow( )
{   int   i ;
    int   sx[62] ;
    setlinestyle( SOLID_LINE , 0 , THICK_WIDTH ) ;
    line( 1 , 1 , 9 , 9 ) ;          /*  一次 3 行画出白色雪花的 3 条线  */
    line( 0 , 5 , 10 , 5 ) ;
    line( 9 , 1 , 1 , 9 ) ;
    save = malloc( 200 ) ;           /*  在堆中申请 200 字节空间  */
    getimage( 0 , 0 , 10 , 10 , save ) ;   /*  将雪花位图保存到 save 中  */
    cleardevice( ) ;                 /*  清屏  */
    randomize( ) ;                   /*  设置随机数的种子数  */
    for( i = 0 ; i < 62 ; i++ )
        sx[i] = (i+2) * 10 ;         /*  计算雪花位置的横坐标数组  */
/*  以下的键控 while 循环控制播放音乐和下雪动画  */
    while( !kbhit( ) )               /*  如果未按键，执行循环体  */
    {   Pr( ) ;                      /*  调用 Pr 函数输出欢迎词并播放声音  */
        if( snownum != 100 )
        {   snow[snownum].speed = 2 + random( 5 ) ;
            i = random ( 62 ) ;
            snow[snownum].x = sx[i] ;                         /*  取横坐标  */
            snow[snownum].y = 10 - random( 100 ) ;            /*  计算纵坐标  */
        }
        /*  循环放置 snownum 个雪花  */
        for( i = 0 ; i < snownum ; i++ )
            putimage(snow[i].x , snow[i].y , save , COPY_PUT ) ;
        delay( 100 ) ;               /*  延迟 100ms 以便看到雪花  */
        cleardevice( ) ;             /*  清屏  */
        Pr( ) ;                      /*  调用 Pr 函数输出欢迎词并播放声音  */
        if( snownum != 100 )   snownum++ ;
        setfillstyle( SOLID_FILL , 15 ) ;
        for( i = 0 ; i < snownum ; i++ )    /*  循环画出 snownum 个雪花  */
        {   snow[i].y += snow[i].speed ;
             putimage( snow[i].x , snow[i].y , save , COPY_PUT ) ;
             if( snow[i].y > 500 ) snow[i].y = 10 - random(200);
        }
        change++ ;
        if( change == 140 )    change = 10 ;
    }
    nosound ( ) ;                    /*  关闭扬声器  */
```

```
    cleardevice ( ) ;        /*  清屏  */
}
/*  图形系统初始化函数  */
void    Init( void )
{   int    gd = DETECT , gm ;
    initgraph ( &gd , &gm , "D:\\tc3\\BGI" ) ;
    cleardevice ( ) ;
}
/*  游戏开始画面，左上角坐标为（50，40），右下角坐标为（610，460）的围墙*/
void    DrawK( void )
{   int    i ;
    setcolor( 11 ) ;
    setlinestyle( SOLID_LINE , 0 , THICK_WIDTH ) ;          /*  设置线型  */
    for( i = 50 ; i <= 600 ; i += 10 )                      /*  循环画围墙  */
    {
        rectangle( i , 40 , i + 10 , 49 ) ;                 /*  上边  */
        rectangle( i , 451 , i + 10 , 460 ) ;               /*  下边  */
    }
    for(i=40;i<=450;i+=10)
    {
       rectangle( 50 , i , 59 , i + 10 ) ;                  /*  左边  */
       rectangle( 601 , i , 610 , i+10 ) ;                  /*右边*/
   }
   outtextxy( 20 , 5 , "            Greedy Snake Games 1.4.0_1" ) ;
   outtextxy( 480 , 10 ,"score        level" ) ;
}
/*玩游戏具体过程*/
void    GamePlay( void )
{
    int    level = 1 ;              /*  记录游戏的等级  */
    char    buffer[10] ;            /*  字符数组用于转换整型数据  */
    randomize( ) ;                  /*  设置随机数的种子数  */
    food.yes = 1 ;                  /* 1 表示需要出现新食物，0 表示已经存在食物  */
    snake.life = 0 ;                /*  蛇活着  */
    snake.direction = 1 ;           /*  方向往右  */
    snake.x[1] = 100 ;   snake.y[1] = 100 ;         /*  蛇身坐标初值  */
    snake.x[0]=110;snake.y[0]=100;                  /*  蛇头坐标初值  */
    snake.node = 2 ;                /*  蛇节数初值  */

    while( 1 )                      /*  玩游戏“死”循环，按 ESC 键或蛇死时结束  */
    {   while( !kbhit( ) )          /*  在没有按键的情况下，蛇自己移动身体  */
        {   if( food.yes == 1 )                     /*  需要出现新食物  */
            {   food.x = rand( ) % 400 + 60 ;
                food.y = rand( ) % 350 + 60 ;
                /*食物随机出现后必须让食物能够在整格内，这样才可以让蛇吃到*/
                while( food.x % 10 != 0 )
```

```
            food.x++;
        while( food.y % 10 != 0 )  food.y++ ;
        food.yes=0;                 /*画面上有食物了*/
    }
    if( food.yes == 0 )             /* 画面上有食物了就要显示 */
    {   setcolor( GREEN ) ;
        rectangle( food.x , food.y , food.x + 10 , food.y - 10 ) ;
}
setfillstyle( 1 , 1 ) ;
bar( 475 , 18 , 590 , 35 ) ;        /* 画出显示分数及关数蓝色矩形条 */
setcolor( 15 ) ;
itoa( score , buffer , 10 ) ;       /* 将整型数据分数转换成字符串 */
outtextxy( 480 , 20 , buffer ) ;    /* 输出分数 */
itoa( level , buffer , 10 ) ;       /* 将整型数据关数转换成字符串 */
outtextxy( 560 , 20 , buffer ) ;    /* 输出关数 */
/* 循环使蛇的每个环节往前移动，也就是贪吃蛇的关键算法 */
for( i = snake.node - 1 ; i > 0 ; i-- )
{   snake.x[i] = snake.x[i-1] ;
    snake.y[i] = snake.y[i-1] ;
}
/* 1、2、3、4 表示右、左、上、下四个方向，通过这个判断来移动蛇头 */
switch( snake.direction )
{   case   1 : snake.x[0] += 10 ;  break ;
    case   2 : snake.x[0] -= 10 ;  break ;
    case   3 : snake.y[0] -= 10 ;  break ;
    case   4 : snake.y[0] += 10 ;  break ;
}
/* 从蛇的第 4 节开始判断是否撞到自己了，因为第 3 节不可能拐过来 */
for( i = 3 ; i < snake.node ; i++ )
{   if( snake.x[i] == snake.x[0] && snake.y[i] == snake.y[0] )
    {   snake.life = 1 ;            /* 置蛇死标志 */
        break;
    }
}
/* 判断蛇是否撞到墙壁 */
if(snake.x[0]<55||snake.x[0]>595||snake.y[0]<55||snake.y[0]>455)
    snake.life = 1 ;                /* 置蛇死标志 */
/* 以上两种判断以后，如果蛇死就跳出内循环 */
if( snake.life == 1)
    break ;
if( snake.x[0] == food.x && snake.y[0] == food.y )     /* 吃到食物以后 */
{   setcolor( 0 ) ;                 /* 把画面上的食物擦除 */
    rectangle( food.x , food.y , food.x + 10 , food.y - 10 ) ;
    snake.node++ ;                  /* 蛇的身体长一节 */
    food.yes = 1 ;                  /* 画面上需要出现新的食物 */
    score += 10 ;                   /* 每吃一个食物增加 10 分 */
```

```
            if( score % 50 == 0)            /* 吃够 5 个食物进入下一关 */
            {   level += 1 ;                /* 关数加 1 */
                gamespeed -= 50 ;           /* 控制速度的值减少 50，以便加快速度 */
            }
        }
        setcolor( 4 ) ;                   /* 画出红色蛇的循环 */
        for( i = 0 ; i < snake.node ; i++ )
            rectangle(snake.x[i],snake.y[i],snake.x[i]+10,snake.y[i]-10);
        delay( gamespeed ) ;              /* 延迟 gamespeed 毫秒，以便控制蛇的爬行速度 */
        setcolor( 0 ) ;                   /* 用背景色黑色去除蛇的的最后一节 */
        rectangle( snake.x[snake.node-1] , snake.y[snake.node-1] ,
           snake.x[snake.node-1] + 10 , snake.y[snake.node-1] - 10 ) ;
    }  /* endwhile（！ kbhit）*/
    if( snake.life == 1)  break ;         /* 如果蛇死就跳出循环 */
    key = bioskey( 0 ) ;                  /* 接收按键 */
    if( key == ESC )   break ;            /* 按 ESC 键退出 */
    else if( key == UP && snake.direction != 4 ) snake.direction = 3 ;
    /* 判断是否往相反的方向移动 */
    else if(key==RIGHT&&snake.direction!=2)
            snake.direction = 1 ;
    else   if( key == LEFT && snake.direction != 1 )
            snake.direction = 2 ;
     else    if( key == DOWN && snake.direction != 3)
            snake.direction = 4 ;
    }   /* endwhile( 1 ) */
}   /* 游戏结束 */

/*读取文件操作函数*/
void   ReadFiles( )
{
    FILE *fpread;
    /* 如果文件不存在，则创建一个空文件，否则打开该文件 */
    if(( fpread = fopen( FILENAME , "ab+" )) == NULL )
    {
        printf( "can't open the file person.dat!" ) ;
         exit( 0 ) ;
    }
    /* 如果文件内容为空，则进行记录初始化工作 */
    if( fgetc(fpread ) == EOF )   InitScoreFiles( ) ;
    rewind( fpread ) ;              /* 重新复位文件位置指针 */
    /* 将排行榜信息读入 per 数组中 */
    fread( per , sizeof( struct person ) , 5 , fpread ) ;
    fclose( fpread ) ;              /* 关闭排行榜文件 */
}
/* 文件写入操作函数 */
void   WriteFiles( struct person   *tmp )
```

```
{   FILE   *fpwrite ;
    /* 以读写方式打开文件，文件内原有的数据将被清空 */
    if(( fpwrite = fopen( FILENAME , "wb+" )) == NULL )
    {   printf( "can't open the file person.dat!" ) ; exit( 0 ) ;
    }
    fwrite( tmp , sizeof( struct person ) , 5 , fpwrite ) ;
    fclose( fpwrite ) ;
}
/* 初始化记录函数，默认的分数值和名字可以自行更改 */
void   InitScoreFiles( )
{   int   i ;
    struct person   a[5] ;
    for( i = 0 ; i < 5 ; i++ )
    {   a[i].score = 0 ;
        strcpy( a[i].name , "nobody" ) ;
    }
    WriteFiles( a ) ;
}
```

/* 排序函数，如果玩家分数超过最低记录，则将玩家分数插入到合适的位置，同时删除原先的最低记录 */

```
void   CompareScore( struct person   des )
{   int   i , j ;
    for( i = 0 ; i < 5 ; i++ )
    {   if( des.score >= per[i].score )
        {   if( i < 5 )
            {   for( j = 4 ; j >= i + 1 ; j-- )
                    per[j] = per[j-1] ;
            }
            per[i] = des ;
            break;
        }
    }
}
/* 显示排行榜函数 */
void   pain_board( )
{
    int   i ;
    char   string[10] ;
    ReadFiles( ) ;
    setfillstyle( 1 , 9 ) ;
    bar( 482 , 227 , 599 , 239 ) ;
    outtextxy( 490 , 230 , "Highest board" ) ;
    setcolor( 15 ) ;
    rectangle( 480 , 225 , 600 , 240 ) ;
    setcolor( 8 ) ;
    rectangle( 481 , 226 , 601 , 241 ) ;
```

```
    setfillstyle( 1 , 7 ) ;
    bar( 475 , 257 , 610 , 426 ) ;
    setcolor( 15 ) ;
    line( 475 , 257 , 610 , 257 ) ;
    line( 475 , 257 , 475 , 426 ) ;
    setcolor( 8 ) ;
    line( 475 , 426 , 610 , 426 ) ;
    line( 610 , 257 , 610 , 426 ) ;
    setcolor( 1 ) ;
    outtextxy( 480 , 265 , "name            score" ) ;
    for( i = 0 ; i < 5 ; i++ )
    {   setcolor( 4 ) ;
        outtextxy( 480 , 290 + i * 30 , per[i].name ) ;
        itoa( per[i].score , string , 10 ) ;
        setcolor( 14 ) ;
        outtextxy( 580 , 290 + i * 30 , string ) ;
        setcolor( 8 ) ;
        line( 476 , 280 + i * 30 , 609 , 280 + i * 30 ) ;
        setcolor( 15 ) ;
        line( 476 , 281 + i * 30 , 609 , 281 + i * 30 ) ;
    }
    getch( ) ;
}
/* 游戏结束处理函数 */
void   EndPlay( )
{   struct person   CurPerson ;
    ReadFiles( ) ;                          /* 调用从文件中读取排行榜信息的函数 */
    /* 比较当前玩家分数和最低记录分数，如满足条件，则将玩家分数写入记录中 */
    if( score > per[4].score )
    {   setfillstyle( 1 , 9 ) ;
        bar( 14 , 14 , 447 , 419 ) ;
        outtextxy( 50 , 250 , "Refueling! Your Score Enter the Board!" ) ;
        outtextxy( 50 , 270 , "please enter your name:" ) ;
        gotoxy( 7 , 19 ) ;
        printf( "                    " ) ;      /* 用背景色输出空格，建立姓名输入框 */
        gotoxy( 7 , 19 ) ;
        scanf( "%s" , CurPerson.name ) ;
        CurPerson.score = score ;
        CompareScore( CurPerson ) ;         /* 调用排序函数，对进榜的 5 人排序 */
        WriteFiles( per ) ;                 /* 调用写文件函数，写入排行榜记录 */
    }
  else outtextxy( 70 , 250 , "Your Score is not enough on the Board!" ) ;
  pain_board( ) ;                           /* 调用显示排行榜函数 */
}
void main()
{   struct person   CurPerson;
```

```
    int    gd = DETECT , gm ;
    initgraph( &gd , &gm , "d:\\TC3\\BGI" ) ;
    DrawSnow( ) ;                        /*  调用动画音乐函数  */
    printf( "Press Enter key to continue...\n" ) ;
    getchar( ) ;
    Init( ) ;                  /*  调用图形系统初始化函数  */
    DrawK( ) ;                 /*  开始画面  */
    GamePlay( ) ;              /*  玩游戏具体过程  */
    EndPlay( ) ;               /*  调用游戏结束处理函数  */
    getch( ) ;                 /*  等待按任意键  */
    closegraph();              /*  关闭图形系统  */
} /*  整个程序结束  */
```

6.9 参考文献

[1] 谭浩强. C 程序设计（第三版）[M]. 北京：清华大学出版社，2005.

[2] 王成端，魏先民. C 语言程序设计实训——题解、实验、课程设计与样题[M]. 北京：中国水利水电出版社，2005.

[3] 谭浩强. C 程序设计题解与上级指导（第三版）[M]. 北京：清华大学出版社，2005.

第 7 章　Turbo C++ 3.0 命令菜单详解

Turbo C++ 3.0 的主菜单共有 11 个菜单项，如图 7-1 所示。只要按〈Alt〉键加上某项中第一个字母键（即红色大写字母），就可进入该项的下拉菜单中。也可以按下〈F10〉功能键激活主菜单，然后用〈→〉、〈←〉键选择某一菜单项，之后用〈↓〉键即可调出下拉菜单，再用〈↓〉或〈↑〉选择下拉菜单中的某一命令项，最后按〈Enter〉键即可执行该命令或者调出下一级子菜单。还可以用鼠标单击某一菜单项，直接调出其下拉菜单。

≡ File Edit Search Run Compile Debug Project Options Window Help

图 7-1　Turbo C++ 3.0 的主菜单

7.1　≡（系统）菜单

用鼠标单击“≡”菜单项，将向下展开一个系统子菜单，如图 7-2 所示。

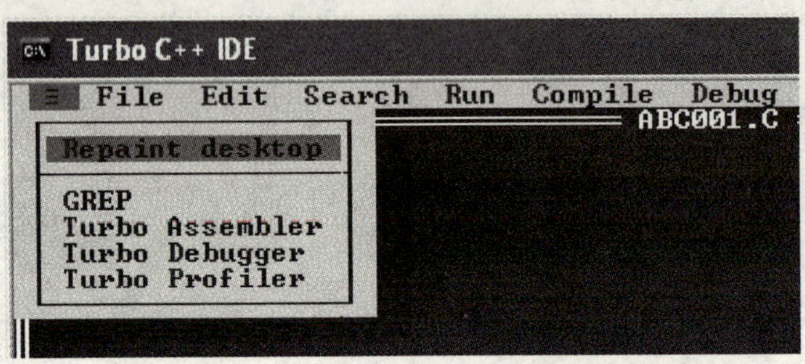

图 7-2　≡（系统）子菜单

系统子菜单中各项命令的功能如下：

1）“Repaint desktop”（重画桌面）命令：当想要重画屏幕时，可选择该命令。例如，要清除一个内存驻留程序在屏幕上遗留的一些零散的字符，就需要使用该命令。

2）“Transfer Program”（传送程序）列表：在重画桌面命令的下面给出一些传送程序的列表。通过“Options”菜单的“Transfer”命令安装的程序，其名字将显示在该列表中。要运行列表中的传送程序，只要用鼠标单击该程序名即可。

7.2　File（文件）菜单

“File”下拉菜单，提供了有关创建新文件、装入已存在的文件、保存文件、改变目录、暂时转到操作系统和退出 Turbo C++等功能。按〈Alt+F〉键可进入“File”下拉菜单，该菜单如图 7-3 所示。

1）“New”（新建文件）命令：该命令是要在当前目录下建立一个默认文件名为 NONAME××.C 的新文件，其中××为序号，如 00、01 等，存盘时应将其改为想要的文件名。

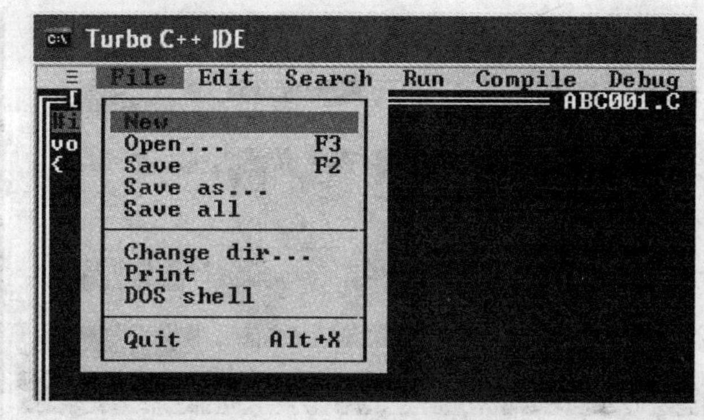

图 7-3 “File”（文件）菜单

2）“Open...　　F3”（打开文件）命令：选择“打开文件”命令将调出“Open a File”（打开文件）对话框，如图 7-4 所示。

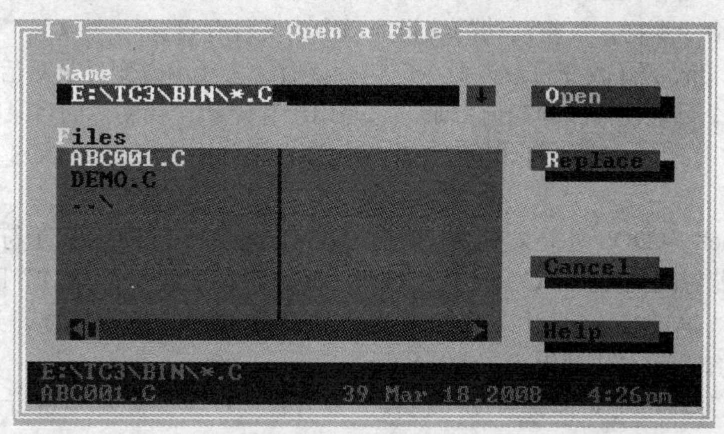

图 7-4 “Open a File”（打开文件）对话框

在“Open a File”对话框中，有一个名为“Name”的带历史下拉列表的输入框，在该框中可以输入目录路径和带通配符的文件名（如*.C、*.H、*.PRJ 等），也可以通过下拉列表中的历史数据来选择，选择好后按〈Enter〉键，在其下方的可横向移动的“Files”文件列表框中就会显示出符合条件的所有文件的列表，从中即可选择想要打开的文件。该项的快捷键为〈F3〉，即只要按〈F3〉键即可调出“Open a File”对话框，而不需要先进入“File”下拉菜单再选此项。

3）“Save　　F2”（存盘）命令：该命令将编辑区中的文件存盘。若是第一次存盘，即文件名为“NONAMEXX.C”时，将显示如图 7-5 所示的“Save File As”（文件另存为）对话框，询问是否更改文件名。可以在其中的“Save File As”输入框中输入新的目录路径和文件名，之后单击“OK”按钮，即以新文件名存盘。之后再存盘时将不再显示该对话框，直接存储在该文件名下，其快捷键为〈F2〉。

4）“Save as...”（另存为）命令：执行该命令总是显示如图 7-5 所示的“Save File As”

（文件另存为）对话框，可由用户给出文件全名将编辑区中的文件存盘，若该文件已存在，则询问要不要覆盖。

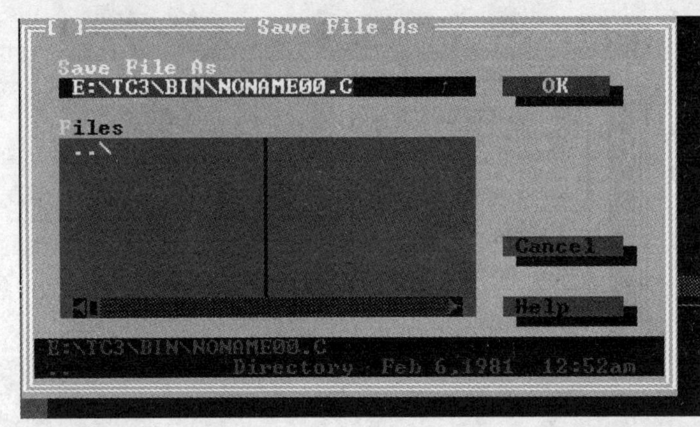

图 7-5 “Save File As”（文件另存为）对话框

5）“Save all”（存储全部）命令：该命令将所有编辑窗口中的内容都存储到磁盘上，而不是像“Save”命令那样，仅将活动的编辑窗口中的文件存盘。

6）“Change dir…”（改变目录）命令：执行该命令将显示改变目录对话框，在该对话框中，可以规定一个目录使其成为当前目录。它是用于存储和查找文件的目录。

7）“Print”（打印）命令：打印输出活动编辑窗口中的内容（需要 DOS 下的打印机驱动程序的支持）。

8）“DOS shell”（DOS 外壳）命令：暂时退出 Turbo C++到 DOS 提示符下，此时可以运行 DOS 命令，若想回到 Turbo C ++ 中，只要在 DOS 状态下键入“EXIT”即可。

9）“Quit Alt+X”（退出）命令：退出 Turbo C++的集成环境，返回到 DOS 或 Windows 操作系统中，其快捷键为〈Alt+X〉。

说明：以上各项可用光标键移动“色棒”或者称为“菜单光标”进行选择，回车则执行。也可以用每一项的第一个大写字母直接选择，也可鼠标单击选择。若要退到主菜单或从它的下一级菜单列表框退回可按〈Esc〉键，Turbo C ++的所有菜单均采用这种方法进行操作，以下不再说明。

7.3 Edit（编辑）菜单

按〈Alt+E〉键可进入“Edit”（编辑）菜单，如图 7-6 所示。编辑菜单各项命令的功能如下：

1）“Undo Alt+BkSp”（撤消）命令：撤回在一个行上最近编辑命令所做的操作。

2）“Redo Shift+Alt+BkSp”（重做）命令：能反作用于绝大多数最近的撤消（Undo）命令。

3）“Cut Shift+Del”（剪切）命令：可以将在编辑区中选中的内容复制到剪贴板，并将选中的内容删除。

4）“Copy Ctrl+Ins”（复制）命令：可以将在编辑区中选中的内容复制到剪贴板，但选中的内容并不删除。

5）“Paste　　Shift+Ins”（粘贴）命令：将剪贴板中的内容插入到编辑窗口的光标处。

6）“Clear　　Ctrl+Del”（清除）命令：删除编辑窗口中被选择的文本，但是并不把它放到剪贴板上。

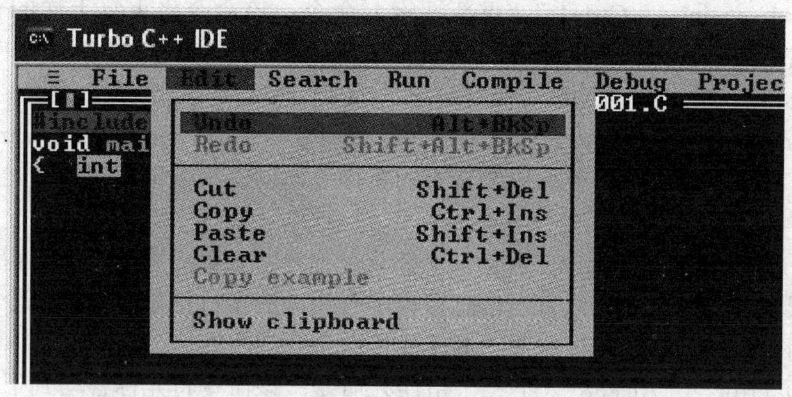

图 7-6“Edit”（编辑）菜单

7）“Copy example”（复制例子）命令：该命令能够将从当前帮助窗口预选的例子的文本复制到剪贴板，然后就可以利用“Paste”粘贴命令粘贴到编辑窗口中。

8）“Show clipboard”（显示剪贴板）命令：该命令打开剪贴板窗口，在其中存储着从其他窗口剪切或复制的文本。当前被高亮选择的文本就是当选择“Edit”菜单中的“Paste”命令时 Turbo C++所使用的文本。在显示的剪贴板窗口中，可以选择所需的内容，让其高亮显示，以便粘贴使用。

7.4 Search（搜索）菜单

按下〈Alt+S〉键可进入“Search”（搜索）菜单，如图 7-7 所示。下面介绍该下拉菜单中各项命令的功能。

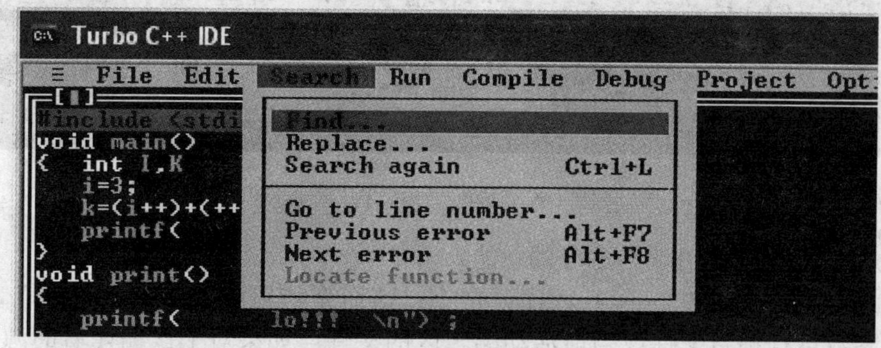

图 7-7 “Search”（搜索）菜单

1）“Find...”（查找）命令：查找命令显示“Find Text”（查找文本）对话框，在该对话框中可键入要搜索的文本字符串。在该对话框中还可对几个对搜索起作用的选项进行设置，如搜索的起点、范围、方向、是否区分大小写、是否匹配整个词、是否启用规则表达式等。

2）“Replace”（替换）命令：选择“Replace”（替换）命令将调出“Replace Text”（替换文本）对话框。在该对话框中可以分别键入想要搜索的文本字符串和想要替换的新文本字符串。与查找命令类似，有些选项需要设置。

3）“Search again　　Ctrl+L”（重新搜索）命令：该命令将重复上次的查找或替换命令。当选择该命令时，在上次“Find”（查找）或“Replace”（替换）对话框中所做的所有设置仍保持有效。

4）“Go to line number”（转去行号）命令：该命令将调出“Go to Line Number”（转去行号）对话框，在该对话框中可键入想要转去的新行号，以便将编辑窗口中的光标定位到新行号的位置。

5）“Previous error　　Alt+F7”（前一个错误）命令：该命令将活动编辑窗口的光标移动到前一个错误或警告的位置。只有当信息窗口中有相关的多行信息时，该命令才可用。这些信息是由使用一个捕获信息的过滤器的编译或传送命令产生的。

6）“Next error　　Alt+F8”（下一个错误）命令：该命令将光标移动到下一个错误或警告信息的位置，与“Pievious error”（前一个错误）命令类似。

7）“Locate function…”（定位函数）命令：该命令显示“Locate Function”定位函数对话框，在该对话框中可键入一个函数名以便寻找。只有在动态调试期间这个命令才可用。这个命令与“Find”（查找）命令不同，它查找函数的定义性声明，而不是函数使用的实例。库函数不能被定位，因其源代码是不可用的。

7.5 Run（运行）菜单

按〈Alt+R〉键可进入“Run”（运行）菜单，如图 7-8 所示。

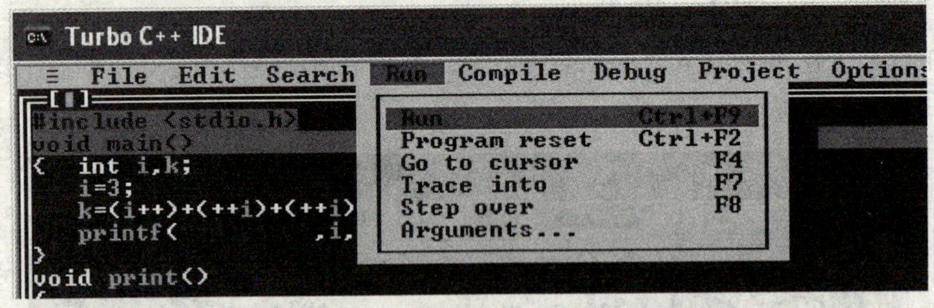

图 7-8 “Run”（运行）菜单

下面介绍该下拉菜单中各项命令的功能。

1）“Run　　Ctrl+F9”（运行程序）命令：该命令使用通过“Arguments”命令传给它的任何参数运行项目文件或当前活动编辑区的文件。如果对上次编译后的源代码未做过修改，则直接运行到下一个断点（没有断点则运行到结束），否则先进行编译、连接后才运行。

如果不想动态调试程序，可以在编译和连接前将“Options”菜单中的“Debugger”对话框中的“Source Debugging”设置成“None”或“Standalone”两者中的任何一个。

反之，如果将“Source Debugging”设置为“on”，则编译、连接后所生成的可执行代码将含有动态调试信息，这些信息以下列方式影响“Run”命令：

① 如果自从上次编译后没有修改源代码，“Run”命令使程序运行到下一个断点（break point），若没有设置断点，将运行到结束。

② 如果自从上次编译后已经修改了源代码，则分为两种情况：

- 如果正在用“Step Over”或“Trace Into”命令单步执行程序，“Run”命令将提示是否想要重新建立程序。如果回答“yes”，项目管理器将重新编译和连接该程序；若回答“no”，程序将运行到下一个断点或运行到结束。
- 如果没有单步执行程序，项目管理器将编译、连接该程序并设置从头开始运行。

2）“Program reset　　Ctrl+F2”（程序复位）命令：该命令中止当前的调试，释放分给程序的存储空间，关闭该程序正在使用的任何打开的文件。该命令释放那些用于调试信息的存储空间。如果正在对一个程序进行处理，需要尽可能多的存储空间以便编译，所以在一个动态调试阶段结束时，就应使用一次“Program reset”命令。

3）“Go to cursor　　F4”（运行到光标处）命令：调试程序时使用，选择该项可使程序从开始或从“Run Bar（运行条）”（表示高亮显示的代码行是将被执行的下一条语句）运行到光标所在行。光标所在行必须为一条可执行语句, 否则提示错误。

如果使用该命令在到达光标所在行之前遇到一个断点，它允许程序停在该固定断点处，此时必须再次选择该命令以便将“运行条”推进到光标处。

4）“Trace into　　F7”（跟踪进入）命令：该命令逐语句地运行程序。当运行条到达一个函数调用时，再选择该命令将使运行条停在被调函数的首部，再用该命令，则运行条将跟踪到该被调函数内部去执行。

需要指出，仅当下面两个选项被选择后，再编译源文件中的自定义函数，“Trace into”命令才有效：

① 在“Advanced Code Generation”（高级代码生成）对话框中的“Debug Into in OBJs”选项必须设置为“on”。

② 在“Debugger”对话框中，选项“Source Debugging”必须被选择。

还有，应确保调试器在磁盘上能够找到源文件。

5）“Step over　　F8”（单步执行）命令：该命令执行当前函数的下一条语句，即使在该函数中调用了低层函数，　运行条也不会跟踪进入低层函数的内部。

6）“Arguments…”（参数）命令：该命令调出“Program Arguments”（程序参数）对话框，在其中键入正好用于运行程序的命令行参数（command-line arguments），就好像在 DOS 命令行上键入了它们一样。如果已经在调试程序并且想要改变参数，可选择“Program Reset”命令，以便用新参数启动程序。

7.6 Compile（编译）菜单

“Compile”（编译）菜单如图 7-9 所示，能完成以下功能：编译成目标文件、生成可执行文件、连接成可执行文件、组装所有文件、设置主文件，以及获得上次编译或运行的编译信息。

按〈Alt+C〉键可进入“Compile”菜单，该菜单有以下几个内容：

1）“Compile　　Alt+F9”（编译）命令：该命令将活动编辑器中的.C 源文件翻译成一个.OBJ 目标文件。当 Turbo C++正在编译时，弹出一个状态框（Status Box）以便显示编译结果，包括被编译的文件名、行数、错误和警告的个数，以及可利用的存储空间等。当编译完成时，如果有错误，按任意键使信息窗口（Message Window）变成活动的，并且高亮显示第一个错误，而此时在编辑窗口中也以高亮显示发生该错误的位置。

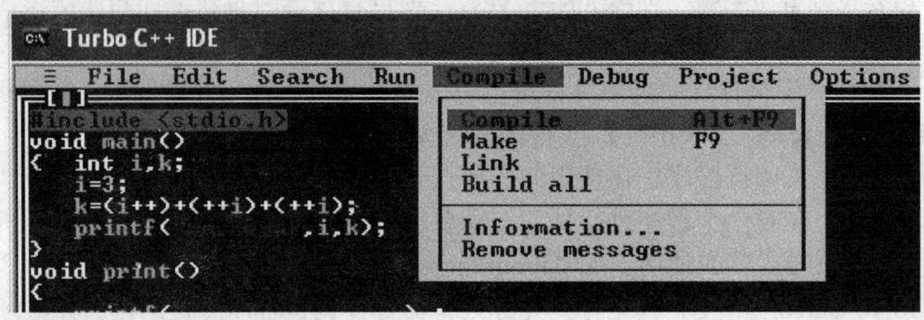

图 7-9　编译菜单

2）“Make　　F9”（生成可执行文件）命令：该命令生成一个.EXE 文件，并显示生成的.EXE 文件名。其中.EXE 文件名按下面顺序从两项之一得到：

① 用“Project”→“Open Project”命令规定的.PRJ 项目文件名。

② 在活动编辑窗口中的文件名。

如果未定义项目，使用由 TCDEF.DPR 文件中定义的默认项目。当这些文件不是当前文件时，“Make”命令将重新建立这些文件。

3）“Link”（连接）命令：把当前.OBJ 文件及库文件连接在一起生成.EXE 文件。

4）“Build all”（建立所有文件）命令：重新编译项目里的所有文件，并进行装配生成.EXE 文件。该命令不作过时检查（上面的几条命令要作过时检查，即如果目前项目里源文件的日期和时间与目标文件相同或更早，则拒绝对源文件进行编译）。

该命令完成下列步骤：

① 如果存在的话，删除预编译的.SYM 头文件。

② 删除项目中任何自动相关的信息。

③ 将项目中的所有.OBJ 目标文件的日期和时间设置成 0。

④ 执行一次“Make”命令。

如果通过按〈Ctrl+Break〉键退出“Build All”命令，可以简单地通过选择“Compile”→“Make”命令从离开的地方恢复。

5）“Information…”（信息）命令：该命令将显示一个信息框，其中列出了与当前文件有关的信息和统计数字，主要有：当前路径、当前源文件名、在使用中的 EXS 和 EMS 存储空间的大小，源文件字节大小、编译中的错误和警告的数目、可用内存空间等信息。

6）“Remove messages”（删除信息）命令：该命令将删除信息（Message）窗口中的所有信息。

7.7 Debug（调试）菜单

按〈Alt + D〉键可选择“Debug”（调试）菜单，如图 7-10 所示。该菜单主要用于查错，它包括以下内容：

1）“Inspect…　　Alt+F4”（检查）命令：该命令调出“Data Inspect”（数据检查）对话框，在其中可键入要检查的元素（变量或表达式等）。如果元素中的量已定义，单击该对话框中的“OK”按钮即可显示一个“Inspecting”（正在检查）窗口，通过该窗口可以检查分析元素的当前值。可分别打开多个检查窗口，这在调试程序时很有用。

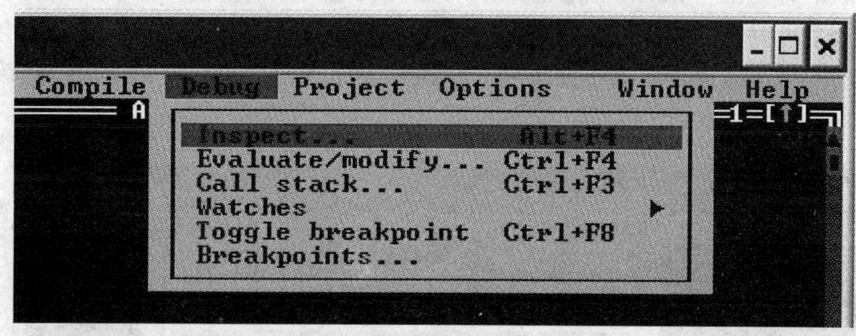

图 7-10 “Debug”（调试）菜单

还可用如下的步骤打开“Inspect”窗口：

① 把光标放到想要检查的数据元素处或下一格处。

② 选择“Debug Inspect”命令。

Turbo C++可以检查的元素有简单数据类型（如 char 型或 unsigned long 型）、数组、指针、结构体、类型、共用体和函数。

2）“Evaluate/modify…　　Ctrl+F4”（计算或修改）命令：该命令调出“Evaluate and Modify”（计算和修改）对话框，在该对话框中有一个“Expression”（表达式）输入列表框、一个“Result”结果显示框和一个“New Value”（新值）输入框。在“Expression”（表达式）输入框中可以输入或选择任何有效的 C 表达式，但不包括函数调用、用#define 或 typedef 定义的符号（symbols）或宏（macros），以及不在正在执行的函数范围内的局部（local）或静态（static）变量。输入表达式后按回车键或按下“Evaluate”按钮即可在“Result”结果显示框中显示表达式的值。如果“Expression”输入框中是一个变量或一个简单数据元素（如 i、a[i]或*p 等），则可以修改其值，只要在“New Value”输入框中输入新值并按回车键或单击“Modify”按钮即可。

3）“Call stack…　　Ctrl+F3”（调用栈）命令：该命令打开“Call Stack”（调用栈）对话框，在其中显示程序调用到达的正在执行的函数的顺序（以相反的顺序）和传到每一个函数的参数的值。

4）“Watches　　▶”（监视）菜单：选择该菜单项将显示“Wathes”（监视）子菜单，该子菜单含有 4 个控制监视点使用的命令，如图 7-11 所示。在跨越对话期间，要存储“Watch”表达式，应在“Desktop Preference”（桌面偏好）对话框中打开“Watch

Expressions”（监视表达式）选项。下面介绍“Watches”子菜单中的 4 个命令。

① “Add watch…　Ctrl+F7”（添加监视）命令：该命令打开“Add Watches”（添加监视）对话框，在该对话框中有一个“Watch Expression”（监视表达式）输入框，在其中可输入一个监视表达式，之后按“OK”按钮，即可将监视表达式插入到监视窗口中。

② “Delete watch”（删除监视）命令：该命令从监视窗口删除当前监视表达式（当前监视表达式由在其左边的一个点来标记）。还可以按〈Del〉或〈Ctrl+Y〉键去删除当前监视表达式。

③ “Edit watch…”（编辑监视）命令：该命令打开“Edit Watch”（编辑监视）对话框，在对话框中有一个“Watch Expression”（监视表达式）编辑输入框，其中有一个当前监视表达式的一个可编辑的副本。编辑该表达式并按回车键，调试器（Debugger）会用修改后的去替换原来的当前监视表达式。要编辑一个监视表达式，也可从编辑窗口选择该表达式，再按回车键。

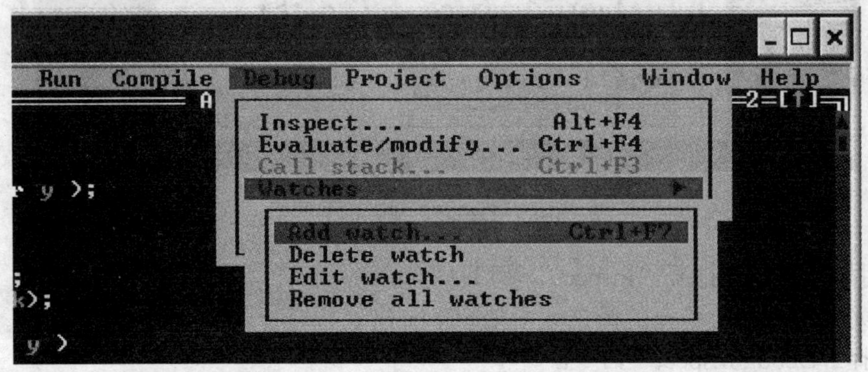

图 7-11 “Watches”（监视）子菜单

④ Remove all watches（删除所有监视）命令：该命令从监视窗口删除所有监视表达式。

对于表达式的格式，调试器利用表达式的数据类型去选择一个合适的显示格式来显示在“Evaluate/Modify”、“Add Watch”和“Edit Watch”命令中规定的表达式。调试器自动地处理表达式结果的大小。表 7-1 列出了一些默认格式。

表 7-1　一些默认格式

格　式	意　义
整型	十进制数字
char *	指向字符串的指针
其他指针	地址按段地址 ：偏移量（Segment ：Offset）
float	像 printf 中的%f
structure（结构）	{ 每个成员的值 }

格式字符及功能如表 7-2 所示。表达式的一般格式为：

表达式，[重复] <<格式字符>>

表 7-2　表达式中可使用的格式字符和功能

格式字符	功　能
C	显示 ASCII 码字符
D	十进制整数
F(n)	浮点，n 是一个已选择的数字的位数
H 或 X	十六进制整数
M	显示内存转储（memory dump）
P	Far pointer（远指针）；以段地址：偏移量格式
R	结构；显示每一个成员的名字和值
S	使用 C 换码顺序显示控制字符当做 ASCII 值

5）“Toggle breakpoint　Ctrl+F8”（设置或清除断点）命令：该命令是一个乒乓命令。乒乓命令指的是，如果光标所在行原来无断点，发出该命令将设置断点；再发该命令将清除断点，如此反复，像打乒乓球一样，也可称为双向命令。使用该命令可在当前光标所在行设置或清除一个无条件断点。一个断点“设置”后该行被标记成高亮。要保存跨越运行期的那些断点，应在“Desktop Preferences”（桌面偏好）对话框中将“Breakpoints”选项选中。

6）“Breakpoints...”（断点）命令：该命令打开“Breakpoints”（断点）对话框，可规定有条件或无条件断点的要素，并可对多个已经设置的断点进行编辑。

7.8　Project（项目）菜单

一个较大的程序为了便于编写和并行开发，往往由多个源程序文件组成。例如有一个程序由 FILE1.C、FILE2.C、FILE3.C 共 3 个源程序文件组成，Turbo C++允许为该程序建立一个项目文件，如 FILE.PRJ（.PRJ 是项目文件的扩展名），其主要内容包括 FILE1.C、FILE2.C、FILE3.C。

建立了 FILE.PRJ 项目文件后，以后对其进行编译时将自动对项目文件中规定的三个源文件分别进行编译。然后，连接成 FILE.EXE 可执行文件，十分方便。

选择“Poject”（项目）菜单项，可调出如图 7-12 所示的下拉菜单。该菜单中的一组命令，可用来把多个源文件和目标文件联结成一个完整的程序。按〈Alt+P〉键可进入“Project”菜单。下面简单介绍该菜单中的各项命令的功能。

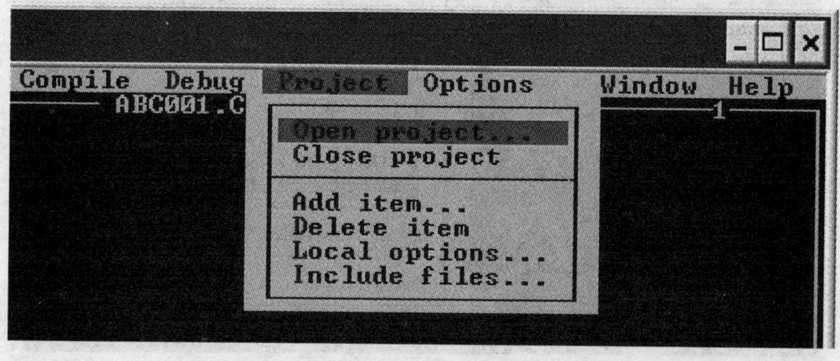

图 7-12　“Project”（项目）下拉菜单

1）“Open project…”（打开项目）命令：该命令将调出“Open Project File”（打开项目文件）对话框，在该对话框中可选择并装载一个已存在的项目文件或建立一个新项目文件。在该对话框中，有一个项目文件名输入框和一个文件名列表框。要建立一个新的项目文件，可以在项目文件名输入框中键入新的项目名，然后单击“OK”按钮。要打开一个已存在的项目文件，只要在文件名列表框中选择一个项目文件，然后单击“OK”按钮。建立或打开项目文件后，将出现项目窗口。

2）“Close project”（关闭项目）命令：使用该命令可关闭已打开的项目并返回到默认项目：TCDEF.PRJ。

3）“Add item…”（添加项）命令：该命令调出“Add to Project List”（添加项到项目列表）对话框，在该对话框中可添加一个或多个文件到项目窗口的项目列表中。该对话框是一个标准“load dialog box”（装入对话框），它有一个带文件名输入框的历史下拉列表框，还有一个文件名列表框，从中可以选择要加入到项目中的文件。每选择或键入一个文件名，单击“Add”（添加）按钮，即可将该文件添加到项目中，也可双击文件名列表框中的某文件直接添加。添加完成后，单击其上的“Done”（做完）按钮即可关闭该对话框。

4）“Delete item”（删除项）命令：该命令从活动的项目窗口中删除当前选中（以高亮显示）的文件。当项目窗口是活动的时，还可以按〈Del〉键去删除选中的文件。

5）“Local optons…”（本身选项）命令：该命令调出“Local Options”（本身选项）对话框，在其中可以包含一个命令行选项，用于规定的项目模块；可以为目标文件给出一个特定的目录路径和文件名；可以为该模块选择一个翻译器。

6）“Include files…”（包含文件）命令：该命令调出“Include Files”（包含文件）对话框，在其中可以查看从项目窗口所选择的文件包含了哪些文件。当项目窗口处于活动状态并选中其中的某个文件时，还可以按空格键去显示该文件所包含的文件信息。

7.9 Options（选项）菜单

按〈Alt+O〉键可进入“Options”（选项）菜单，如图 7-13 所示。该菜单对初学者来说要谨慎使用。

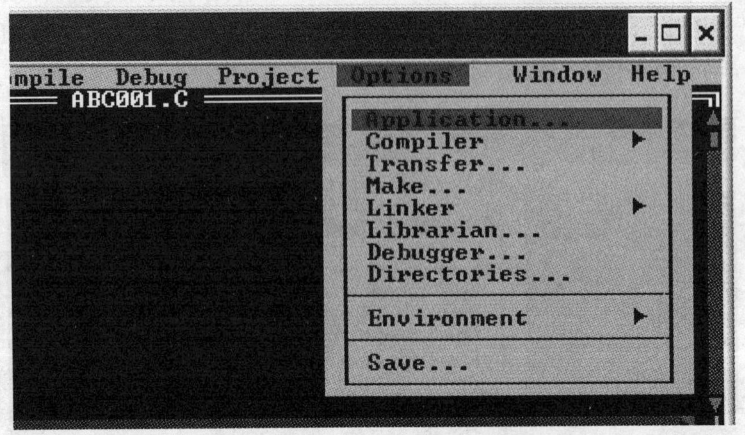

图 7-13 “Options”（选项）菜单

7.9.1 Application…（应用）命令

该命令将调出“Set Application Options”（设置应用选项）对话框，在其中可选择编译和连接的初始设置，这些设置将影响生成的 DOS 可执行文件。在“Set Application Options”（设置应用选项）对话框中有 3 个按钮（Button）：“Standard”（标准）按钮、“Overlay”（覆盖）按钮和“Library”（库）按钮，其设置效果如表 7-3 所示。

表 7-3 “Set Application Options”对话框 3 个按钮设置效果

设 置	按 钮		
	Standard（标准）	Overlay（覆盖）	Library（库）
连接器输出	标准.EXE 文件	覆盖.EXE 文件	标准.LIB 文件
Prolog/Epilog（开始/结束）	Standard（标准）	Overlay（覆盖）	Standard（标准）
Model（模式）	Small（小模式）	Medium（中等模式）	Small（小模式）
假设 SS=DS	默认存储模式	默认存储模式	默认存储模式

“Standard”标准按钮：选择该按钮告诉编译器（Compiler）去生成代码，该代码用于覆盖可能是不安全的。如果不打算建立一个覆盖的应用程序，可使用这个选项。

“Overlay”覆盖按钮：该按钮告诉编译器去生成一个覆盖安全代码。当要建立一个覆盖的应用程序时，使用这个按钮。当设置了该全局（globol）选项时，将自动设置其他一些选项：如将“Linker”对话框中的“Overlaid EXE”（覆盖的 EXE）自动设置为“on”。

7.9.2 Compiler ►（编译器）命令

选择该命令可显示编译器子菜单，如图 7-14 所示。在该下拉子菜单中，大多数命令将调出一个对话框，在其中可以设置影响代码编译的选项；其中有一个命令“Messages”还将再调出更下一层的下拉子菜单。下面就对其各个命令进行介绍。

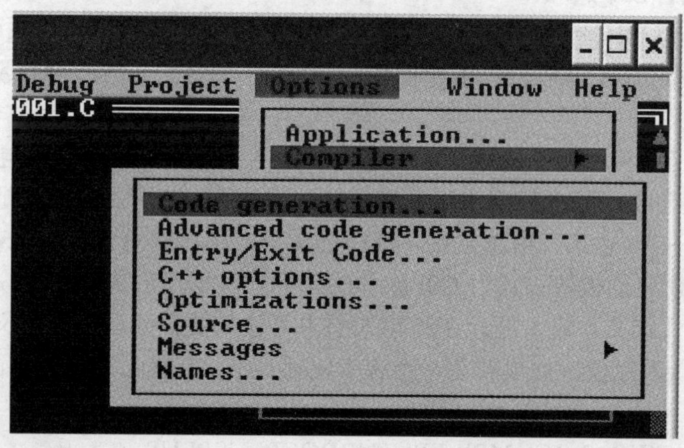

图 7-14 选择下拉菜单中的编译子菜单

1．Code generation…（代码生成）命令

该命令显示“Code Generation”（代码生成）对话框，在其中的设置可告诉编译器以某种方式去生成目标代码。在“Code Generation”（代码生成）对话框中包括如下几类选项：

1）“Model”（模式）选项。可在“Tiny”（微模式）、“Small”（小模式）、“Medium”（中等模式）、“Compact”（压缩模式）、“Large”（大模式）和“Huge”（巨型模式）共 6 种存储器模式中选择一种，它们是单选按钮，即 6 个中只能选中 1 个。选中后标记成“(•)”，即中间有个“•”。

2）“Options”（选项）检查框。可打开或关闭各种代码生成选项，它们都是复选框，即可同时选中多项。下面说明各选项的作用：

① “[X]Treat enums as ints”（把枚举作为整数对待）选项。当该项设置为“on”时，[ ]变成[X]，编译器总是分配一个整字（Word）；当其设置为“off”时，如果枚举的最小最大值在 0～255 或–128～127 两者之内，编译器将分配一个无符号（unsigned）或有符号（signed）字节。

② “[ ]Word alignment”（字定位）选项。当该项设置为“on”时，Turbo C++以连续的地址定位非字符数据（仅结构体和共用体）；当设置为“off”时，Turbo C++用字节定位，结构体或共用体中的数据可以根据下一个可利用的地址以不连续或连续的地址进行定位。字定位可提升处理器存取数据的速度。

③ “[ ]Duplicate strings merged”（完全一样的字符串合并）选项。当其设置为“on”时，当一个字符串与另一个字符串匹配时，Turbo C++合并两个字符串，这会使程序更小。

④ “[ ]Unsigned characters”（无符号字符）选项。该选项是“on”时，Turbo C++把所有的字符声明都处理成无符号字符类型。该选项默认设置为“off”。

⑤ “[ ]Pre-compiled headers”（预编译头部）选项。当设置为“on”时，IDE（集成开发环境）建立和使用预编译头部文件；当设置为“off”时，将不建立和使用预编译头部文件。默认设置为“off”。预编译头部可显著地加快编译速度，但需要较多的磁盘空间。预编译头部文件被存储在<项目名>.SYM 文件中。

3）“Assume SS Equals DS”（设定 SS = DS）选项。该选项规定编译器如何设置堆栈段和数据段。其中包含 3 个选项：

①“(•) Default for memory model”（由存储模式默认）单选按钮。选中该项，则由所使用的存储模式来决定堆栈段是否等于数据段。通常在“Tiny”、“Small”或“Medium”下，编译器默认 SS = DS。

②“() Never”（从不）单选按钮。当选择了该选项后，编译器不设定 SS = DS 。通常在“Compact”（压缩）、“Large”（大型）和“Huge”（巨型）模式中，总是这种情况。

③“() Always”（总是）单选按钮。选中该选项，编译器总是设定 SS = DS。该选项导致 IDE 用 C0x .OBJ 启动模块去代替 C0Fx . OBJ，并在数据段放置栈。

4）“Defines”（定义）输入框。在该输入框中可输入要预处理的宏定义。可用“;”分隔多个宏定义并用“=”赋值。如果要在一个宏中包括一个“;”，必须在它前面加一个“\”进行转义。

例：BTEST；TWO=2；COMPILER=TURBOCPLUSPLUS

该例子定义了：①符号 BTEST。②TWO 等于 2。③COMPILER 等于字符串 TURBOCPLUSPLUS。

2．Advanced code generation…（高级代码生成）命令

该命令将调出 Advanced Code Generation（高级代码生成）对话框。在其中可以规定如

何生成代码的附加选项。下面对该对话框中的各个选项分别加以介绍。

1）“Floating Point”（浮点）选项。该选项规定 Turbo C++如何处理浮点数。可在 4 个单选按钮中选一个。

①（）“None”（没有）单选按钮。如果不使用浮点数，可选择 None。如果选择了 None 并且在程序中使用了浮点运算，将发生连接错误。

②（•）“Emulation”（仿真）单选按钮。如果想要 Turbo C++去检测计算机是否有一个 80x87 协处理器，则选择该项。如果有，则使用该处理器；如果没有，则仿真它。该项默认为选择。

③（）“8087”（8087 协处理器）单选按钮。选择该项生成检测 8087 协处理器的内嵌代码。

④（）“80287”（80287 协处理器）单选按钮。选择该项生成检测 80287 协处理器的内嵌代码。

2）“Instruction Set”（指令集）选项。该选项确定编译器生成代码所使用的指令集。可在 3 个单选按钮中选一个。

①“8088/8086”（8088/8086 CPU 指令集）选项。该选项为默认选项，它告诉编译器用 8088/8086 CPU 指令集去生成代码。

②“80186”（80186 CPU 指令集）选项。该选项告诉编译器用 80186 CPU 指令集去生成代码。

③“80286”（80286 CPU 指令集）选项。该选项告诉编译器用 80286 CPU 指令集去生成代码。

3）“Options”（选项）设置框。该框中有 7 个复选框（或称检查框），用于对代码生成的细致调整。

①“[X]Generate Underbars”（产生下划线）选项。当为“on”时，Turbo C++在每一个全局标识符（函数和全局变量）的前面放置一个下划线“_”字符。如果正在用标准库连接，该选项必须为“on”。

②“[ ]Line Numbers Debug Info”（行号调试信息）选项。当该项是“on”时，编译器在目标文件和目标映像文件（由符号调试器使用）中包括行号。这将增加目标和映像文件的大小，但不影响可执行程序的速度。该选项默认设置为“off”。需要指出，由于编译器可能在转移优化时将源代码的重复行组合成公共代码或者重排序行号，这将使行号跟踪困难。因此，在该选项设置为“on”时，要确保将“Optimization Options”（优化选项）对话框中的“Jump Optimization”（转移优化）选项设为“off”。

③“[X]Debug info in OBJs”（调试信息放在目标文件中）选项。当该选项是“on”时，调试信息被包含在目标文件中。该选项默认设置为“on”。做集成调试以及用 Turbo 调试器调试时需要这些调试信息。

④“[X]Fast floating point”（快速浮点）选项。当该项为“on”时，如果不考虑显式的或隐含的类型问题，可优化浮点操作。该选项默认设置为“on”。当该项设置为“off”时，编译器将遵循严格的 ANSI 浮点转换的规则。

⑤“[ ]Fast huge pointers”（快速大型指针）选项。当该选项设为“on”时，编译器规格化大型指针（即仅考虑其偏移量部分），这要求偏移量（offset）在一个段（segment）的范围

内。这将加快大型指针的计算。注意：使用该选项要小心，对于大型数组，如果数组元素跨越一个段的边界（boundary），便可能出现错误。

⑥“[X]Generate COMDEFs”（生成公共定义）选项。如果一个变量的定义出现在头文件中，并且没有被初始化，该头文件又被包含在许多模块中。当该选项设置为“on”时，编译器把它作为一个公用变量（一个 COMDEF 记录而不是一个 POBDEF 记录），然后，连接器仅生成该变量的一个实例，这样将不会产生重复定义的连接错误。

⑦“[X]Automatic far data”（自动远数据）选项。该项与“Far Data Threshoid”（远数据界限 32767）输入框一起工作。当该选项为“on”时，编译器自动生成远对象。而“Far Data Threshoid<32767>”规定实现命令所需的大小部分；如设为“off”，该大小值被忽略。

4）“Far Data Threshold”（远数据界限 32767）输入框。该输入框告诉编译器实现远对象时所用的大小，即规定实现“Automatic far data”选项所需的大小部分。

3．Entry/Exit Code…（进入/退出代码）命令

该命令显示“Entry/Exit Code Generation”（进入/退出代码生成）对话框，在其中可设置合适的应用程序（C 或 C++、标准的或覆盖的）。如果已经在“Set Application Options”（设置应用选项）对话框中进行了设置，则“Entry/Exit Code…”（进入/退出代码生成）对话框中各项已被设置，以适用于所选择的应用程序类型。下面介绍该对话框中的选项。

1）“Prolog/Epilog Code Generation”（开始/结束代码生成）选项。该选项可在两个单选按钮中选择 1 个。

①“(•) Standard”（标准）单选按钮。该选项告诉编译器生成的程序代码用于覆盖可能是不安全的。如果不打算建立一个覆盖的应用程序，可将该选项设置为“on”。

②“( ) Overlay”（覆盖）单选按钮。该选项告诉编译器生成覆盖安全的代码。当正在生成一个覆盖安全的代码时，应将其设置为“on”。但其设置为“on”时，将自动设置其他几个选项，如“Lingker”（连接器）对话框中的“Output”（输出）选项中的“Overlaid EXE”（覆盖的.EXE 文件）项。

2）“Calling Convention”（调用习惯）选项。该选项告诉编译器程序使用的函数调用顺序。可在“C”或“Pascal”两个单选按钮中选择一个。如果不是资深开发人员并已阅读了语言指南，就不要改变这个选项（默认为 C）。C 和 Pascal 调用习惯的不同点包括：栈的清除；参数的顺序；全局标识符（global identifiers）的首字符（下划线）；case。

3）“Stack Options”栈选项。该选项中有两个复选框。

①“[ ]Standard Stack Frame”（标准栈框架）复选框。默认设置为“off”。当设置为“on”时，编译器生成一个标准栈框架（标准函数进入和退出代码）。当使用一个调试器时是有用的——它通过调用子程序的栈简化向下跟踪（Trace）的过程。如果用该项为“off”时编译一个源文件，调试时不能使用任何函数的局部变量，并且参数也不编译成简略的进入和退出代码。这虽然使目标代码更短且更快，但却不让 Debug/Call Stack“看”该函数。

②“[ ]Test Stack Overflow”（测试栈溢出）复选框。该项设置为“on”时，编译器生成在运行期间检测栈溢出的代码。这在程序运行时尽管要花费空间（Space）和时间（Time），但它可能是一个真正的大救星，因为跟踪一个栈溢出故障往往非常困难。默认设置为“off”。

4．C++ options…（C++选项）命令

该命令调出“C++ Options”（C++选项）对话框，设置其中的选项告诉编译器用指定的方法制备目标代码。应将“Use C++ Compiler”（使用 C++编译器）选项中的“CPP extension”（CPP 扩展）单选按钮设置为“on”，以便编译生成 C 代码而不是 C++代码。该对话框中的其他几个选项不作介绍。

5．Optimizations…（优化）命令

该命令调出“Optimizations Options”（优化选项）对话框。其中提供一些设置，告诉编译器在制备目标代码时以指定的方法去优化可执行代码的大小或速度。

1）“Optimization Options”（优化选项）选项。该选项有两个复选框。

①“[ ]Suppress Redundant Loads”（禁止重复装入）复选框。其设置为“on”时，禁止已在寄存器中的值重复装入。

②“[ ]Jump optimization”（转移优化）复选框。当设置为“on”时，编译器删去重复的转移并整理循环和 Switch 语句，以减少代码量。需要指出，如果进行了转移优化，在集成调试中会给跟踪和单步执行造成混乱。所以，在调试时，转移优化最好设置为“off”。

2）“Register Variables”（寄存器变量）选项。该选项禁止或允许使用寄存器变量。可在 3 个单选按钮中选定一个。

①“( ) None”（没有）单选按钮。其为“on”时，即使使用了 register 关键字，也不能使用寄存器变量。

②“( ) Register keyword”（寄存器关键字）单选按钮。该项为“on”时，只有使用 register 关键字定义了变量并且有可利用的寄存器时，编译器才使用寄存器变量。

③“(•) Automatic”（自动）单选按钮。该项为“on”时，寄存器变量被自动地分配。建议将该项设置为“on”。

3）“Optimize For”（优化策略）选项。该选项改变 Turbo C++代码生成的优化策略。可在两个单选按钮中选中 1 个。

①“(•) Size”（大小优化）单选按钮。告诉 Turbo C++按大小优化，即选择最小的可能代码序列。

②“( ) Speed”（速度优化）单选按钮。即选择最快的代码序列。

6．Source…（源代码）命令

该命令显示“Source Options”（源代码选项）对话框，在其中可设置某些选项，告诉编译器所期望的源代码的类型。

1）“Keywords”（关键字）选项

①“(•) Turbo C++”单选按钮。该项告诉编译器去识别 Turbo C++扩展的关键字。此为默认选择。

②“( ) ANSI”单选按钮。仅识别 ANSI 关键字，并把任何 Turbo C++扩展的关键字都当做普通标识符。

③“( ) UNIX V”单选按钮。仅识别 UNIX V 关键字。

④“( ) Kernighan and Ritchie”单选按钮。仅识别 K&R 扩展关键字。

2）“[ ]Nested Comments”（嵌套注释）选项。该选项用于确定在 Turbo C++源文件中是否能使用嵌套注释。

3）“Identifire length”（标识符长度）输入框。该输入框中的数值规定在标识符中有效字符的个数，默认为 32。

7. Messages ►（信息）命令

该命令将显示再下一层的下拉命令子菜单，如图 7-15 所示。其中每一个菜单命令都调出它自己的对话框，在其中可对影响错误信息报告的错误类型做出选择。

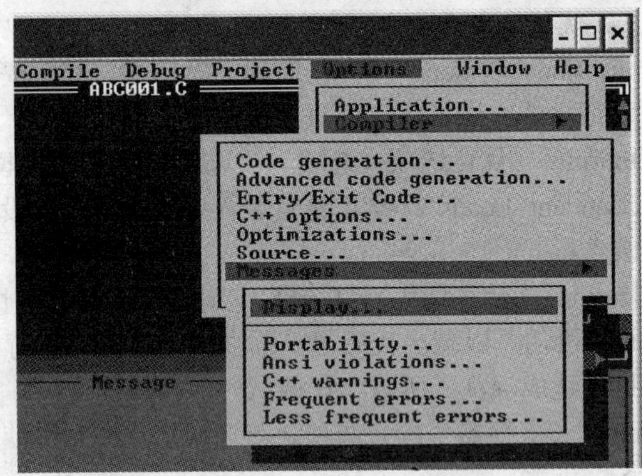

图 7-15 “Message”（信息）下拉子菜单

（1）Display...（显示）命令

该命令调出“Compiler Message”（编译器信息）对话框，在其中提供了在 Turbo C++环境中影响错误信息显示的选项。

1）“Display warnings”（显示警告）选项。该选项确定显示哪些警告。可在 3 个单选按钮中选择 1 个。

①“() All”（全部）单选按钮。如设为“on”，将显示所有的警告。

②“(•) Selected”（已选择的）单选按钮。如设置为“on”，可以在“Message”菜单中的有关命令调出的对话框中选择要显示哪些警告。

③“(•) None”（没有）单选按钮。当该项是“on”时，则不显示警告信息。

2）“Errors：Stop After 25”（25 个错误后停止）输入框。该项告诉编译器在检测到规定的错误数后停止编译，默认为 25 个。可在该输入框中输入 0～255 中任意一个数。输入 0 将导致编译无限制地进行。

3）“Warnings：Stop After100”（100 个警告后停止）输入框。该项告诉编译器在检测到规定的警告数后停止编译。默认为 100 个。可在该输入框中输入 0～255 中任一个数。输入 0 将导致编译无限制地进行或达到了规定的错误数为止。

（2）Portability...（可移植性）命令

该命令将调出“Portability Warnings”（可移植性警告）对话框，其中有 6 个复选框，用于选择显示哪些可移植性警告。这些警告可以告诉用户将该代码用于其他编译器可能出现的问题。要报告一个警告，可将该复选框设置为“on”。

1）“[X] Non-portable pointer conversion”（不可移植的指针转换）复选框。在给指针变量赋值时，使用了在某范围内的一个非 0 的整数值，需要在该范围内的一个指针或一个整型值；整型值或指针的大小是相同的。如果真需要这样去做，应使用明确的类型。

2）“[X] Non–portable pointer comparison”（不可移植的指针比较）复选框。在源文件中把一个指针与一个除了常数 0 以外的非指针数据进行了比较。如果该比较是正常的，应使用一个类型去制止该警告。

3）“[X] Constant out of range in comparison”（在比较中超出常量范围）复选框。指在源文件中有一个比较，当其中的一个常量子表达式超出了另一个子表达式类型的范围时，发出该警告。例如，把一个 unsigned 量与–1 相比较是没有意义的。要获得一个大于十进制 32767 的 unsigned 量，可以把该常量转换成无符号型，例如（unsigned）65535，或者附加一个字符 u 或 U 后缀，如 65535u。编译器即使发布了该警告信息，仍能生成做比较的代码。

4）“[ ] Constant is long”（常量是 long 型）复选框。编译器遇到下列情况之一时，发出该警告：一个十进制常量大于 32767，或者一个八进制、十六进制、或十进制常量大于 65535 并且没有加 l 或 L 后缀，这个常量被当做 long 型对待。

5）“[ ] Conversion may lose significant digits”（转换可能丢失有效数字）复选框。对于一些赋值（assignment）操作或其他情况，源文件中需要一个从 long 或 unsigned long 到 int 或 unsigned int 的转换，由于 int 型和 long 型变量的大小不同，这种转换可能改变程序的工作情况。

6）“[ ] Mixing pointers to signed and unsigned char”（混淆指向有符号和无符号字符指针）复选框。把一个有符号字符指针转换成一个无符号字符指针，反之亦然，没有使用一个明确的类型。严格地说，这是不正确的，但它常常是无害的。

（3）Ansi violations…（ANSI 违法）命令

该命令调出“ANSI Violations”（ANSI 违法）对话框，在其中可设置哪些 ANSI 违法的警告需要报告。ANSI 违法警告的代码中，有的代码可被 Turbo C++接受，但不在 ANSI 标准 C 的定义中。该对话框可以对 12 项警告的复选框进行单独设置。下面分别加以介绍。

1）“[X] Void functions may not return a value”（Void 函数不可以返回一个值）复选框。源文件声明当前函数无返回值，但编译器却遇到了一个带返回值的 return 语句。return 语句的返回值将被忽略。

2）“[X] Both return and return of a value used”（return 和带一个值的 return 两者都被使用）复选框。当前函数有带值和不带值的 return 语句，这是合法的 C，但几乎总是一个错误。其常见的原因是在一个函数的结尾的一个 return 语句被遗漏了。

3）“[X] Suspicious pointer conversion”（可疑的指针转换）复选框。编译器遇到了一个指针的某种转换使其指向一个不同的类型。如果该转换是需要的，应使用强制类型转换。

4）“[X] Undefined structure 'ident'”（未定义结构‘标识符’）复选框。在源程序的某行使用了命名的结构，在该行之前指示该错误（很可能在一个指向该结构的指针处），但没有对于该结构的定义。这很可能是由于缺失了结构名或遗漏了声明引起的。

5）“[X] Redefinition of 'ident' is not identical”（标识符重定义不完全相同）复选框。源文件重定义的‘标识符’使用的文本与第一次宏定义的文本不完全相同。将以新文本代替旧文本。

6）“[X] Hexadecimal value more than three digits”（十六进制值多于 3 位）复选框。在较老的 C 版本下，一个十六进制转义字符中含有的数字应不多于 3 位。ANSI 标准允许显示任何位数，只要该值适合 1 字节存储。当源文件中有一个带许多前导 0 的长十六进制转义字符

（如\x00045）时，将产生该警告。

7）“[ ] Bit fields must be signed or unsigned int”（“位段”必须是有符号或无符号整型）复选框。在 ANSI C 中，位段不允许是有符号或无符号字符型。当不是在严格的 ANSI 模式下编译时，编译器允许这些结构，但用这个警告标识它们。

8）“[X] 'ident' declared as both external and static”（标识符被声明为外部和静态）复选框。标识符出现在一个声明中，该声明显式或隐含地标记它为全局的或外部的，然而它还出现在一个静态的声明中。此时将给出该警告，并把该标识符当作静态的标识符。

9）“[X] Declare 'ident' prior to use in prototype”（声明标识符之前在原型中使用）复选框。当一个函数原型涉及到一个结构体类型，而该结构体还没有预先被声明。例如：

```
int func ( struct s    *ps ) ;
struct    s { /*……*/ } ;
```

由于在函数原型范围内没有 struct s，参数 ps 的类型是指向未定义的 struct s 的指针，并且它不同于在之后声明的 struct s。要解决这个问题，可将“struct s”的声明放在任何参照它的原型的前面，或在任何参照它的原型前面加入一个不完全的声明“struct s”。如果函数参数是一个结构，而不是一个指向结构的指针，该不完全声明是不充分的，于是必须把结构声明放在原型的前面。

10）“[X] Division by zero”（用 0 除）复选框。一个除法或求余数的表达式用 0 值作除数。

11）“[X] Initializing 'ident' with 'ident'”（用标识符初始化标识符）复选框。试图把一个 enum（枚举）变量初始化成不同的类型。例如，下列的初始化将导致该警告，因为 2 是 int 型，不是 enum count 类型：

```
enum count {   zero , one , two   } x = 2 ;
```

实际上，这是一个错误，但被降低为一个警告，以便给现行程序一个运行的机会。当赋值或初始化一个 enum 类型时，使用枚举标识符而不是字面整数值就不会发出警告。

12）“[ ] Initialization is only partially bracketed”（初始化仅部分地括以括号）复选框。当结构体被初始化时，需要使用一对花括号将结构体每个成员的初始化值的列表括起。如果一个成员本身是一个数组或结构体，可以嵌套使用一对花括号。这样做是为了防止编译器产生误解。当这些可选择的花括号被省略时，编译器发出该警告。

（4）C++ warnings…（C++警告）命令

该命令显示“C++ Warnings”（C++警告）对话框。在其中有 14 个复选框可以设置，主要是用于警告在 C++代码中可能由于过时的条目或不正确的语法所造成的错误。由于其中大部分是 C++的内容，只要全部设置为“on”即可，这里不作介绍。

（5）Frequent errors…（常见的错误）命令

该命令显示“Frequent Errors”（常见错误）对话框，可设置显示哪些常见错误。这些选项用于警告常见的程序设计错误。这些警告信息指出并不违背 Turbo C++语法，但可能得出错误结果的情况。

1）“[X] Function should return a value”（函数应返回一个值）复选框。函数被声明（多

半隐含地）返回一个值，编译器发现一个不带返回值的 return 语句，或者直到函数体的结尾也没有发现一个 return 语句。这时可返回一个值或将函数声明改成 void。

2）“[X] Unreachable code”（不可到达的代码）复选框。一个 goto 语句后没有跟一个标号，在循环体中的一个 break、continue 语句可能使其后的语句永远执行不到，函数体中的 return 语句可能使其后的函数体语句永远执行不到。另外，编译器检查带常量测试条件的 while、do 和 for 循环，如果条件为 0，也会给出该警告。对于 for 循环，如果作为条件的常量表达式为 0（假），除了给出该警告外，还仅执行一次循环体，这显然是一个错误。

3）“[X] Code has no effect”（代码无效）复选框。当编译器遇到一个带有无效操作的语句时发出该警告。例如，语句：a + b ;由于该操作是不需要的，所以显示一个警告。

4）“[X] Possible use of 'ident' before definition”（可能在定义之前使用了标识符）复选框。如果一个变量在被赋值之前已经在一个表达式中使用了，将产生该警告。

5）“[X] 'ident' is assigned a value which is never used”（标识符被赋一个值，但该值从未被使用）复选框。如果一个变量被赋值之后直到程序结束从来未被使用过，将产生该警告。

6）“[X] Parameter 'ident'is never used”（参数标识符从未被使用）复选框。即在函数中声明该命名参数，但在该函数体中从未被使用。这可能是一个错误，并且常常是由于拼写错误引起的。如果该标识符在函数体中被当做自动（局部）变量重复声明，该参数将被自动变量屏蔽并保持不用。

7）“[X] Possibly incorrect assignment”（可能不正确的赋值）复选框。当编译器遇到一个赋值运算符作为一个条件表达式（if、while、或 do-while 语句的一部分）的主运算符时，将发出该警告。这通常是一个书写错误。如果真的需要这样做，可将该赋值表达式用圆括号括起并将整个东西与 0 进行明确的比较。例如：

```
if( a = b )……
```

应写为：

```
if ( ( a = b ) != 0 ) ……
```

（6）Less frequent errors…（不常见的错误）命令

该命令调出“Less Frequent Errors”（不常见的错误）对话框，在其中可设置是否显示附加的错误信息，用于警告不常见的程序设计错误。这些警告信息指出并不违背 Turbo C++语法，但可能得出错误结果的情况。

1）“[ ] Superfluous & with function”（多余的&用于函数）复选框。一个取地址运算符（&）对函数名进行运算是不需要的，任何这样的运算符都将被抛弃。

2）“[ ] Ambiguous operators need parentheses”（含糊运算需要圆括号）复选框。无论何时，当两个移位、关系或位逻辑运算符在一起使用时即发出该警告。还有，一个不带括号的加法或减法运算符带一个移位运算符将产生该警告。程序员常常混淆这些运算符的优先次序，用圆括号把优先次序赋予它们，既直观又可防止出错。

3）“[ ] Structure passed by value”（结构体按值传递）复选框。当一个结构体当做一个自变量按值传递时将产生该警告。

4）“[ ] No declaration for function 'ident'”函数标识符未声明）复选框。如果调用一个函

数而没有首先声明这个函数，将给出该警告信息。

5）“[ ] Call to function with no prototype”（调用了没有原型的函数）复选框。如果调用一个函数没有首先为该函数给出原型，将给出“Prototypes required”（要求原型）警告信息。

6）“[ ] Unknown assembler instruction”（未知的汇编程序指令）复选框。编译器遇到了一个内嵌的汇编语句，其中带有不允许的操作码。检查操作码（opcode）的拼写是否有错。

7）“[X] Ill-formed pragma”（不良的 pragma 形式）复选框。一个 pragma 不能匹配 Turbo C++所期望的那些 pragmas 之一。#pragma 语法：

```
#pragma <命令名>
```

如：

```
#pragma exit
```

8）“[X] Condition is always (true/false)”（条件总是 true 或 false）复选框。无论何时编译器遇到一个常量比较总是 true 或总是 false，它将发出该警告，并在编译阶段判断该条件。例如，

```
void proc ( unsigned   x )
{   if ( x >= 0 )        /* always 'true' */
    {  ……  }    }
```

9）“[X] Array variable 'ident' is near”（数组变量标识符是 near）复选框。当设置了“Far Data Threshold”（远数据界限）选项时，编译器自动使大于该大小界限的任何全局变量（global variables）为 far。当变量是未规定大小的被初始化的数组，编译器必须决定使它是 near 或 far 时，它的整个大小是未知的，于是编译器使它是 near。如果给出的用于该数组的初值的个数导致整个变量的大小超过数据大小界限，编译器发出该警告。如果编译器使变量是 near 这个事实产生了问题，应使违法的变量明确为 far。为做到这一点，可把关键字 far 直接插到声明的变量名的左边。

10）“[ ] 'ident' declared but never used”（标识符被声明但从未使用）复选框。变量的声明出现在复合语句（compound statement）或函数的开头。当编译器遇到复合语句或函数的结尾大括号（closing brace），发现声明的变量未被使用时，将发出该警告。

8．Names…（名字）命令

该命令显示“Segment Names”（段名）对话框，在其中用户可以改变用于代码（code）、数据（data）、和 BSS 段的默认的段（segment）、组（group）和类（class）的名字。在该对话框中的每一个输入框中，使用一个星号（*）去选择默认名，一般不要修改。

7.9.3 Transfer…（传送）命令

该命令显示“Transfer”（传送）对话框。在其中可以添加或删除在≡菜单（系统菜单）中的程序。传送去的这些程序称为传送程序（tansfer program）。可以从≡菜单选择某一个传送程序来运行，此时并没有真正离开 Turbo C++。要从一个传送程序返回到 Turbo C++，必须首先退出（exit）该传送程序。

7.9.4 Make…（生成）命令

该命令显示“Make”（生成）对话框，在其中可设置用于项目管理的条件。有 3 个可选择的条件。

1．Break Make On（中断生成过程）选项

该选项规定停止项目管理器的条件，可在 4 个单选按钮中选择一个。

1）“（）Warnings”（警告）单选按钮。该选项设置为“on”，则当编译器遇到警告时便停止生成。

2）“(•) Errors”（错误）单选按钮。当编译器遇到错误时停止生成。

3）“（）Fatal Errors”（致命错误）单选按钮。告诉项目管理器为项目中的所有文件生成一个错误和警告的列表。如果没有错误，项目管理器将去连接。

4）“（）All Sources Prosessed”（所有源被处理）单选按钮。在所有源已被处理后停止生成。

2．After Compiling（编译后）选项

该选项规定所有源代码模块已被编译之后要做什么。可在 3 个单选按钮中选中 1 个。

1）“（）Stop”（停止）单选按钮。在所有源代码模块都已被编译后停止处理，保存.OBJ 文件。

2）“(•) Run Linker”（运行连接器）单选按钮。运行连接器并生成.EXE 文件。

3）“（）Run Librarian”（运行库管理程序）单选按钮。运行库管理程序，去把项目的.OBJ 文件组合成 1 个.LIB 库文件。

3．[X]Check Auto-Dependencies（自动检查相关文件）复选框

该选项告诉项目管理器自动地检查在项目列表中的每一个.C 或.CPP 源文件在盘中与之对应的.OBJ 文件。当源模块被编译时，Turbo C++把有关包含文件的信息放置到.OBJ 文件中。

7.9.5 Linker ►（连接器）命令

该命令下拉出一个如图 7-16 所示的命令子菜单，其中的命令都可调出对话框，在其中可作对连接起作用的选择。

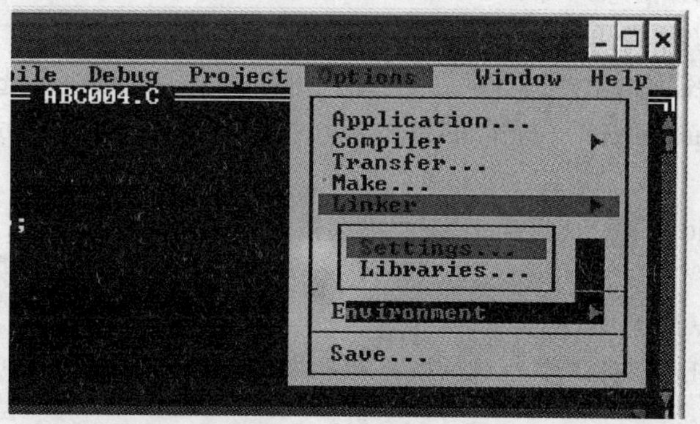

图 7-16 “Linker”（连接器）下拉命令子菜单

1．Settings…（设置）命令

该命令显示“Linker”（连接器）对话框，在其中可设置对连接起作用的各种选项。

（1）Options（选项）选项

该选项中有 5 个复选框。

1）“[ ] Initialize segments”（初始化段）复选框。该选项为“on”时，连接器初始化未被初始化的段。该选项一般不需要设置为“on”。

2）“[X] Default libraries”（默认库）复选框。当正在用一个 Turbo C++以外的编译器建立模块时，该编译器可能已把一个默认库的列表放在目标文件中。该项如设为“on”，连接器除了在 Turbo C++提供的默认库中寻找外，还试图在这些库中寻找未定义的程序。否则，仅在 Turbo C++默认库中寻找。

3）“[ ] Warn duplicate symbols”（警告重复的符号）复选框。当该选项设置为“on”时，连接器将警告在目标和库文件中的重复符号。

4）“[X] "No stack" warning”（“没有栈”警告）复选框。该选项如设置为“on”，如果在“tiny modle”（微模式）下生成一个程序，将发出“No Stack”警告信息。

5）“[X] Case-sensitive link”（区分大小写连接）复选框。该选项为“on”，连接器是区分大小写的。由于 C 或 C++语言是区分大小写的，所以一般设为“on”。

（2）Map File（映像文件）选项

该选项规定在连接时要产生的映像文件的类型。可在 4 个单选按钮中选择一个。对于除了“off”外的其他设置，该映像文件被存放在“Options”菜单下“Directories”对话框中定义的“output directory”（输出目录）中。

1）“（•）Off”（关）单选按钮。告诉连接器不建立映像文件。这是默认设置。

2）“（）Segments”（段）单选按钮。选中该项，告诉连接器生成一个映像文件，内容包括 List of segments（段列表）、Program start address（程序起始地址）和在连接期间产生的任何 Warning/error messages（警告/错误信息）。

3）“（）Publics”（公有）单选按钮。该选项告诉连接器产生一个与“( ) segments”所产生的同样的映像文件，只是外加一个公有符号（按字母排序）的列表。

4）“（）Detailed”（详细）单选按钮。该项产生与“（）Publics”同样的映像文件，外加一个详细的段映像（Detailed segment map）。详细段映像包括地址、字节的长度、类、段名、组、模块和 ACBP 信息。

（3）Output（输出）选项

该选项规定连接器输出的应用程序的类型。可在两个单选按钮中选择一个。

1）“（•）Standard EXE”（标准 EXE）单选按钮。告诉连接器生成一个标准的.EXE 可执行文件。

2）“（）Overlaid EXE”（覆盖 EXE）单选按钮。告诉连接器生成一个覆盖的.EXE 可执行文件。

2．Libraries...（库）命令

该命令显示“Libraries”（库）对话框，在那里可选择把哪些库连接到应用程序中。其中有 4 个复选框。

1）“[ ] Container Class”（容器类）复选框。当该选项设置为“on”时，连接器自动连接容器类库。

2）“[ ] Turbo Vision”（Turbo 显示）复选框。当该选项设置为“on”时，连接器自动连接 Turbo 应用程序显示框架库。

3）“[X] Graphics library”（图形库）复选框。该选项控制自动搜索 BGI 图形库。当该选项为“on”时，可建立和运行单个文件的图形程序而不是用项目文件；如果该项设为“off”，由于连接器不连接 BGI 图形库文件，会使连接步骤加快。当然，也可以把该项设置为“off”，仍可建立使用 BGI 图形的程序。这时只要把图形库的名字加入到项目文件中即可。

4）“[X] Standard Run Time”（标准运行）复选框。当该选项设置为“on”时，连接器自动地连接标准运行库（standard run-time library）。

7.9.6 Librarian…（库管理程序）命令

该命令显示“Librarian Options”（库管理程序选项）对话框，在其中可设置影响内嵌的库管理程序的选项。

1．Options（选项）选项

该选项中有 4 个复选框。

1）“[ ] Generate list file”（建立列表文件）复选框。当该选项为“on”时，库管理程序自动地产生一个列表文件，其中列出了所建立的库的内容。

2）“[ ] Case sensitive library”（区分大小写库）复选框。当该选项为“on”时，库管理程序把大小写当做在库里面所有符号中重要的符号来对待。

3）“[ ] Purge comment records”（清除注释记录）复选框。当该选项为“on”时，库管理程序将删除加到库中的那些模块中的所有注释记录。

4）“[ ] Create extended dictionary”（建立扩充的代码字典）复选框。当该选项为“on”时，库管理程序包括额外的信息，这些信息可帮助连接器更快地处理库文件。

2．Library Page Size　16（库页面大小）输入框

库页面大小输入框是设置每一个库的“页面（字典条目）”字节数的地方。该页面的大小决定了库的最大尺寸，库文件不能超过 65536 个页面。默认页面大小为 16B。允许一个库的大小为 65536×16B=1MB。要建立一个更大的库，如将页面大小修改为 32B，则可达到 2MB。

7.9.7 Debugger…（调试器）命令

该命令显示“Debugger”（调试器）对话框，在其中可设置对集成调试器起作用的选项。

1．Source Debugging（源调试）选项

该选项规定包含在可执行文件中的调试信息的种类，即规定连接器是否在.EXE 文件中放置调试信息和集成调试器是否装载该调试信息。可在 3 个单选按钮中选定一个。3 个单选按钮的作用见表 7-4。

表 7-4　源代码调试选项

源代码调试选项	在.EXE 中调试信息	用集成调试器调试	用 Turbo 调试器调试
(•) On	是	是	是
( ) Standalone（独立）	是	否	是
( ) None	否	否	否

如果要选择“(•) On”，应在编译和连接程序之前设置它。在调试器中想要去访问源文件，该源文件还必须将“Debug Info in OBJs”选项设置为“on”来编译。

2. Display Swapping（显示交换）选项

该选项规定当集成调试器运行一个程序时，它是否改变显示窗口。可在 3 个单选按钮中选择一个。默认为“Smart”。

1）“（）None”（没有）单选按钮。该选项设置为“on”时，则从不交换显示屏幕。

2）“（•）Smart”（灵活的）单选按钮。当该选项为“on”时，如果有输出，调试器把屏幕从编辑窗口交换到用户屏幕足够长时间，然后再交换回来。

3）“（）Always”（总是）单选按钮。当该选项为“on”时，任何时候正在运行程序就好像是重写编辑窗口一样。

3. Inspectors（检查器）选项

该选项分为两部分。

（1）显示内容的选项

该部分有两个复选框，当在检查一个对象时，它们告诉编译器去分别地显示和统计哪些方法。

1）“[X] Show inherited”（显示继承）复选框。当该选项设置为“on”时，集成调试器显示所有的函数和方法——无论它们是在被检查的对象类内定义的，还是从一个祖先对象类继承的。如果该选项设置为“off”，则仅在继承对象类中定义的那些信息才被显示。

2）“[X] Show methods”（显示方法）复选框。当该选项设置为“on”时，集成调试器显示其成员函数。

（2）如何显示值的选项

该选项控制调试器在检查器窗口如何显示值。可在 3 个单选按钮中选择一个。

1）“（）Show decimal”（显示十进制）单选按钮。选择该项，检查器窗口的值用十进制数显示。

2）“（）Show hex”（显示十六进制）单选按钮。选择该项，检查器窗口的值用十六进制数显示。

3）“（•）Show both”（显示两者）单选按钮。选择该项，检查器窗口的值用十六进制数和与之相等的十进制数两者来显示。

4. Program Heap Size 64 K bytes（程序堆的大小）输入框

该输入框可规定当调试程序时，Turbo C++应给该程序多大的内存，默认为 64KB。如果程序使用动态分配的对象，应增加该值。Turbo C++试图分给该程序的内存的实际数量等于<可执行映像数量> + <在此处规定的数量>。

7.9.8 Directories…(目录)命令

该命令打开“Directories”（目录）对话框，使用该对话框去告诉 Turbo C++到哪里去找需要编译、连接的文件，以及可执行文件输出到哪里。

1. Include Directories（包含目录）输入框

该输入框可规定含有标准包含文件（头文件）的目录。可以给出多个目录，其间应用“;”分隔。

2．Library Directories（库目录）输入框

该输入框可规定含有 Turbo C++启动目标文件（C0?.OBJ）和运行库文件（.LIB 文件）的目录。可以给出多个目录，其间应用“;”分隔。

3．Output Directories（输出目录）输入框

该输入框可规定存储.OBJ、.EXE 和.MAP 文件的目录。当执行一个“Make”或“Run”命令时，Turbo C++寻找输出目录。如果该输入框为空，则存储在当前目录下。

4．Source Directories（源目录）输入框

该输入框可规定集成编译器寻找不属于打开项目的库的源文件的目录。如果该输入框为空，则 Turbo C++在当前目录下寻找文件。

7.9.9 Environment ►（环境）命令

该命令将打开一个如图 7-17 所示的下拉命令子菜单，可使用该命令子菜单对 Turbo C++的整个环境设置进行定制（customize）。

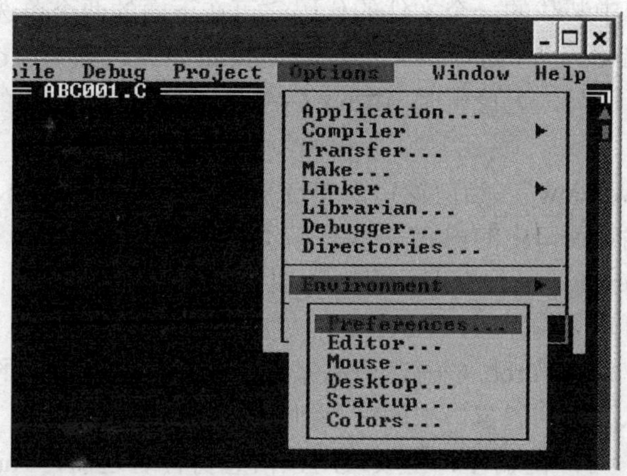

图 7-17 “Environment”（环境）下拉命令子菜单

1．Preferences...（偏爱）命令

该命令显示“Preferences”（偏爱）对话框，在其中可进行关于 Turbo C++集成开发环境（IDE）的功能和外观的选择。

（1）Screen Size（屏幕大小）选项

该选项可选择 Turbo C++环境使用的屏幕显示的类型。可在两个单选按钮中选择一个。

1）“（•）25 lines”（25 行）单选按钮。该选项为“on”时，Turbo C++使用 25 行 80 列。只有这个选项适用于具有一个单色显示器或 CGA（彩色图形适配器）的系统。

2）“（）43/50 lines”（43 或 50 行）单选按钮。如果 PC 有一个 EGA 或 VGA 显示器，可将该选项设置为“on”。若为 EGA，则显示 43 行 80 列；如为 VGA，则显示 50 行 80 列。

（2）Auto-Save（自动保存）选项

该选项确定 Turbo C++何时和如何经常保存有关打开的文件、设置和选项的信息，有 4 个复选框。

1）“[ ] Editor files”（编辑器中的文件）复选框。该选项设置为“on”时，如果从最近一

次保存它以来修改过该源文件，无论何时当选择“Run”菜单的“Run”命令或“File”菜单的“DOS Shell”命令时，Turbo C++将自动地保存该文件。

2）“[ ] Environment”（环境）复选框。通常，仅当选择“Options”下的“Save”命令时，Turbo C++保存环境的当前设置（把它们写到一个磁盘文件中）。当环境复选框设为“on”时，在下列情况下 Turbo C++也要把这些设置保存到磁盘文件中：

① 当选择“Run”→“Run”或“File”→“DOS Shell”命令时。

② 当退出该 IDE，环境设置文件从未被保存或最近保存后已被修改时。

3）“[X] Desktop”（桌面）复选框。该选项设为“on”时，当退出时，Turbo C++保存桌面，并且当返回到 IDE 时，Turbo C++恢复它。

4）“[X] Project”（项目）复选框。该选项为“on”时，退出时 Turbo C++保存项目、自动附属物和模块设置，而且当返回到 IDE 时恢复它们。

（3）Source Tracking（源代码跟踪）选项

该选项规定 Turbo C++在单步执行时是否打开一个新的编辑窗口或使用当前窗口来显示还未曾在一个编辑窗口中装载的一个文件的代码。可在下面的两个单选按钮中选中一个。

1）“（•）New window”（新窗口）单选按钮。如果该选项为“on”，单步执行源代码（或从信息窗口观察源代码），无论何时 Turbo C++遇到一个未曾装入的源文件，它都会打开一个新的编辑窗口。

2）“（）Current window”（当前窗口）单选按钮。如果选中该项，Turbo C++用尚未装入的文件更换该活动编辑窗口中的内容。

（4）[ ] Save old messages（保存旧信息）选项

该选项规定当进行逐个编译时，Turbo C++是否继续添加错误信息到信息窗口。

当该选项是“on”时，Turbo C++自动地保存目前在信息窗口中的所有错误信息，并且把之后编译的任何信息附加到该窗口中的信息组。

当该选项为“off”时，在编译、生成或用该信息窗传送之前，Turbo C++自动地清除信息窗中的全部信息。

（5）Command Set（命令集）选项

该选项规定用哪一个命令集作为编辑器的接口。可在如下的 3 个单选按钮中选择一个。

1）“（）CUA（CUA）”单选按钮。选中该单选按钮，即使用 CUA 命令集作为编辑器接口。

2）“（）Alternate”（补充）单选按钮。选中该单选按钮，即使用补充命令集作为编辑器的接口。

3）“（•）Native”（本地）单选按钮。选中该单选按钮，即使用 IDE 的本地命令集。对于 Turbo C++，这就是补充的命令集。

2．Editor…（编辑器）命令

该命令调出“Editor Options”（编辑器选项）对话框，在其中可作出选择以便确定 Turbo C++如何处理在编辑窗口中的文本。

1）“[X] Create backup files”（建立备份文件）复选框。当该选项是“on”时，如果选择“File”→“Save”命令存储文件，Turbo C++自动地建立一个在编辑窗口中的源文件的一个备份文件。该备份文件的扩展名为.BAK。该选项默认设置为“on”。

2）"[X] Insert mode"（插入方式）复选框。当该选项是"on"时，键入的文本被插入到光标处（将现存的文本向右推）。该选项默认设置为"on"。当该选项为"off"时，键入的任何文本将覆盖已存在的文本。如果没改变默认设置，当在编辑窗口中工作时，按〈Ins〉或〈Insert〉键可将插入方式改变为改写方式，再按一次又改回来。所以，〈Ins〉是一个乒乓键。

3）"[X] Autoindent mode"（自动缩进方式）复选框。当该选项为"on"时，在一个编辑器窗口中，按回车键将把光标定位在下一行的在前面非空行中的第一个非空字符的那一列处。这个特点可帮助程序员增强程序代码的可读性。

4）"[X] Use tab character"（使用 Tab 字符）复选框。如果该选项是"on"，当按〈Tab〉键时，Turbo C++插入一个真正的制表字符（ASCII 9）。该选项默认设置为"on"。当该项为"off"时，Turbo C++用一些空格代替那些制表符。"Tab Size"（制表符大小）输入框可确定用于代替一个 Tab 的空格数。

5）"[X] Optimal fill"（最佳填充）复选框。当该选项是"on"时，Turbo C++用可能的最少个数的字符开始每一个自动缩进的行，当需要时使用 Tab 符和空格来填充。这将导致这样的行比当最佳填充设置为"off"时具有更少的字符。默认设置为"on"。注：复选框又叫检查框，不被检查就是设置为 off。

6）"[X] Syntax Highlighting"（语法高亮）复选框。当该选项为"on"时，在编辑窗口中的 C 或 C++代码的各种元素将以不同的颜色（或在单色显示器上用不同的属性）显示。当该选项为"off"时，在编辑器中的所有代码将用默认的前景色和背景色去显示。

那么如何使用 Syntax Highlighting 呢？下面是 C 或 C++代码的元素，可修改它们的颜色/属性，以便在编辑窗口中显示。

字符（Character）	注释（Comment）	浮点（Float）
十六进制（Hex）	标识符（Identifire）	非法字符（Illegal Char）
整数（Integer）	八进制（Octal）	预处理（Preprocessor）
保留字（Reserved）	字符串（String）	符号（Symbol）

要修改用于代码各个元素的默认颜色/属性，步骤如下：

① 打开"Colors"（颜色）对话框（依次选择"Options"→"Environment"→"Colors"命令）。

② 在"Group"（组）列表框中，选择编辑窗口。

③ 在"Item"（项）列表框中，选择代码的一个元素去重新定义。

④ 在前景色调色板中，选择新的文本颜色或属性。

⑤ 在背景色调色板中，选择新的文本颜色或属性。

⑥ 要接受所有颜色的修改并关闭该对话框，选择"OK"或按回车键。

7）"[X] Backspace unindents"（退格不缩进）复选框。当该选项为"on"时，并且光标位于一个空行上或处在一行的第一个非空字符上，该退格键（Backspace）将使光标对齐缩出（Outdents）这一行到前一个缩进级别。该选项默认设置为"on"。

8）"[X] Cursor through tabs"（光标通过 Tabs）。当该选项是"on"时，光标移动一个一个地通过该行，如同按箭头键水平移动光标一样。该选项默认设置为"on"。当该选项为"off"时，当移动光标越过一个制表符时，光标将跳过若干列。

9）"[ ] Group undo"（组撤消）复选框。当该选项是"on"时，选择"Edit"→

"Undo"命令将撤销前一个命令以及所有紧接着在之前的同类型命令的作用。组命令如下：插入（insertions）、删除（deletions）、改写（overwrites）、光标移动（movements）。

例如，如果键入 ABC，假设"Group Undo"复选框是"on"，则选择"Undo"一次即可将 ABC 删除；当"Group Undo"是"off"时，则必须选择"Undo"三次去删除字符：C，然后是 B，然后是 A。

在组的项中，插入一个回车（Carriage return）被看做一个插入再加上一个光标移动。

10）"[X] Persistent blocks"（持久的块）复选框。当该选项为"on"时，被标记的块就好像它们在 Turbo C++中总是存在一样。该选项默认设置为"on"。当该选项设置为"off"时，如果把光标移出一个被选择的块，该整个文本块将不被选择。

11）"[ ] Overwrite blocks"（改写块）复选框。当该选项是"on"时，可以改写被标记的块。当该选项是"on"并且"Persistent Blocks"是"off"时，被标记的块的不同表现为：

① 按〈Del〉（或〈Delete〉）或〈Backspace〉键，将清除整个被选择的文本。

② 插入文本，并用插入的文本代替整个被选择的文本。

12）"Tab Size 8"（制表站大小）输入框。该输入框用来规定对于每一个制表站，光标移动多少个字符。该选项默认为 8 个字符。

13）"Default Extension CPP"（默认扩展名）输入框。该输入框告诉 Turbo C++源文件所要使用的扩展名，默认为 CPP，可以将其改为 C 或 H 等。

3. Mouse...（鼠标）命令

该命令调出"Mouse Options"（鼠标选项）对话框，在其中可设置鼠标如何工作的各种选项。

1）"Right Mouse Button"（鼠标右键）选项。该选项确定当按下鼠标右键（或者鼠标左键，如果"Reverse Mouse Button"（调换鼠标按键）复选框是"on"）时，将发生什么。在表 7-5 中给出了如果在 10 个单选按钮中选择一个，按鼠标右键将做什么。

表 7-5　鼠标右按钮选项各个单选按钮的作用

鼠标右键选项	等价于依次选择的菜单项
( ) Nothing（没什么）	什么也不做
( ) Topic search（主题检索）	"Help" → "Topic Search"
( ) Search（检索）	"Search" → "Find"
( ) Search again（重新检索）	"Search" → "Search Again"
( ) Replace（替换）	"Search" → "Replace"
( ) Go to cursor（到光标处）	"Run" → "Go to Cursor"
(•) Breakpoint（断点）	"Debug" → "Toggle Breakpoint"
( ) Inspect（检查）	"Debug" → "Inspect"
( ) Evaluate（计算）	"Debug" → "Evaluate"
( ) Add watch（添加监视）	"Debug" → "Watches" → "Add Watches"

2）"Mouse Double Click"（鼠标双击）滑动器。该鼠标双击滑动条调节鼠标双击的速度，可使用箭头键去改变滑动器控制条。

① Fast（快）：如果把滑块移近 Fast，Turbo C++要求两个单击之间较短的时间去确认一

个双击。

② Slow（慢）：如果把滑块移近 Slow，即使两个单击之间间隔时间较长，Turbo C++仍然认为是一个双击。

③ Test（测试）：要用不同的设置去试验（experiment），可双击位于滑动条上方的 Test 按钮。当双击成功时，该条以高亮显示。

3）“[ ] Reverse mouse buttons”（调换鼠标按键）复选框。当该选项是“on”时，在鼠标上常用的按键是最右边的按键，而不是最左边的按键。

4．Desktop…（桌面）命令

该命令调出“Desktop Preferences”（桌面偏爱）对话框，在其中规定当超过一定时间时，桌面上的内容是否保存。有 6 个复选框可设置在超过一段时间后，想要保存 IDE 的哪些元素。

1）“[X] History lists”（历史列表）复选框。当该选项是“on”时，在超过一段时间后，该历史列表（history lists）被保存。该选项默认设置为“on”。

2）“[ ] Clipboard”（剪贴板）复选框。当该选项是“on”时，在超过一段时间后，剪贴板的内容被保存。该选项默认设置为“off”。

3）“[ ] Watch expressions”（监视表达式）复选框。当该选项是“on”时，超过一段时间后，监视表达式被保存。该选项默认设置是“off”。

4）“[ ] Breakpoints”（断点）复选框。当该选项是“on”时，在超过一段时间后，断点被保存。该选项默认设置为“off”。

5）“[ ] Open windows”（打开窗口）复选框。当该选项是“on”时，在超过一段时间后，打开的窗口被保存。该选项默认设置为“on”。

⑥“[X] Closed windows”（关闭窗口）复选框。当该选项是“on”时，在超过一段时间后，关闭的窗口被保存。该选项默认设置为“on”。

5．Startup…（启动）命令

该命令调出“Startup Options”（启动选项）对话框，在其中可为 Turbo C++的 IDE 规定各种启动选项。

1）“Video Startup Options”（视频启动选项）。该选项规定显示驱动器的启动选项。有 3 个复选框供选择。

①“[ ] Save entire palette”（保存整个调色板）复选框。当该选项是“on”时，Turbo C++保存调色板。当 Turbo C++在图形和文本模式间切换去运行或调试一个图形程序时，视频显示可能变得不可靠，除非在切换期间将整个 EGA 或 VGA 视频调色板保存到一个单独的缓冲区中。如果不是正在运行或正在调试一个图形程序，就不要检查这个选项，因为保存调色板会降低执行速度。

②“[ ] Dual monitor mode”（双监视器方式）复选框。当该选项为“on”时，可在一个监视器上运行程序，而在另一个监视器中调试。

③“[ ] Snow checking”（雪花干扰校正）复选框。当该选项是“on”时，Turbo C++校正视频雪花干扰。如果显示驱动器没有雪花干扰问题，应将该项设置为“off”。

2）“Video Mode”（视频模式）选项。该选项规定 Turbo C++以什么视频模式运行。可在 4 个单选按钮（即 4 种模式）中选择 1 个。

①“(•) Auto detect”（自动检测）单选按钮。该选项为“on”时，告诉 Turbo C++在启

动时检测硬件并自动地设置它的视频模式。

②“( ) Color”(彩色)单选按钮。该选项为“on”时,告诉Turbo C++以彩色模式运行。

③“( ) Black & White / LCD”(黑与白/LCD)单选按钮。该选项为“on”时,告诉Turbo C++以黑与白模式运行。这种模式应该用于板面LCD监视器。

④“( ) Monochrome”(单色)单选按钮。该选项为“on”时,告诉Turbo C++总是以单色模式运行。

3)“Swap File Drive”(交换文件驱动器)输入框。交换文件驱动器输入框是指定一个磁盘驱动器作为一个交换文件来使用。如果当Turbo C++正在编译或连接一个项目时内存用尽,该交换文件被使用。如果有一个RAM驱动器,指定它作为交换驱动器可提高速度。

4)“Use Extended Memory 2000 kilobytes”(使用扩展内存)输入框。在该输入框中的值告诉IDE保留多少扩展内存给自己使用。

5)“Use EMS Memory 16K pages”(使用EMS内存)输入框。在该输入框中的值告诉IDE保留多少EMS内存(即扩充内存)给自己使用。

6. Color…(颜色)命令

该命令调出“Colors”(颜色)对话框,在其中可为Turbo C++ IDE的每一个部件(component)规定颜色。这也是定制颜色用于编辑窗口中的语法高亮(syntax highlighting)的地方。

1)“Group”(组)列表框。在组列表框中可单击选择想要设置颜色的某一个组。

2)“Item”(项)列表框。当在组列表框中选中某一个组后,该组中的所有项将显示在项列表框中,可单击选择其中的某一项去设置颜色。

3)“Foreground Palette”(前景色调色板)设置框。在此处可单击选择所选项的前景色。

4)“Background Palette”(背景色调色板)设置框。在此处可单击选择所选项的背景色。

5)“Item Color”(项颜色)显示框。显示所选择项的颜色(前景色、背景色),以便观察。其中用4个TEXT来显示。

7.9.10 Save…(保存)命令

该命令显示“Save Options”(保存选项)对话框,在该对话框中,可保存:①在“Search”(检索)对话框(“Search”→“Find”和“Search”→“Replace”)中所做的那些设置;②在“Options”菜单和它的那些对话框中所做的那些设置。

Turbo C++使用3个文件保存用户的选择,分别为:①用户定制的环境(TCCONFIG.TC);②当前桌面(<文件名>.DSK);③当前项目(<文件名>.PRJ)。

当开始Turbo C++时,它首先在当前目录下查看用于保存选项的文件。如果它在当前目录下未找到这些文件,它将在Turbo C++目录下查看同样的文件。

在“Save Options”对话框中,有3个复选框,分别叙述如下:

1)“[X] Environment”(环境)复选框。当该选项为“on”时,如果选择“Options”→“Save”命令,IDE将把所有环境信息保存到TCCONFIG.TC文件中。环境信息包括下列信息:

① 编辑器组合键和宏;

② 编辑器方式设置(例如自动缩进,使用Tabs制表符等);

③ 颜色表；

④ 25/43 行设置；

⑤ 鼠标偏爱；

⑥ 自动保存标志。

2）“[X] Desktop”（桌面）复选框。当该选项是“on”时，如果选择“Options”→“Save”，IDE 将保存桌面文件（文件名.DSK）。每一个项目有一个相应的桌面文件，其中含有与该项目有关的状态信息。该.DSK 桌面文件包括下列内容：

① 在该项目中每一个文件的上下文关系信息（在文件中的位置，窗口在屏幕上的位置，等等）；

② 用于各个输入框的历史列表（检索的字符串，文件掩码，等等）；

③ 窗口在桌面上的布局。

在.DSK 文件包含的信息中，没有一个是建立该项目所需要的，但所有这些信息都与该项目直接相关。

3）“[X] Project”（项目）复选框。当该选项是“on”时，如果选择“Options”→“Save”命令时，IDE 保存项目文件（文件名.PRJ）。项目文件含有需要建立该项目相应的可执行文件（文件名.EXE）的信息。建立信息包括：

① 编译器（Compiler）选项；

② INCLUDE/LIB/OUTPUT 路径；

③ 连接器（Linker）选项；

④ 生成（Make）选项；

⑤ 传送项（Transfer Items）。

7.10 Window（窗口）菜单

选择“Windows”（窗口）菜单，将显示如图 7-18 所示的下拉菜单。该窗口菜单含有窗口管理命令。从这个菜单打开的大多数窗口都具有标准窗口的所有元素，如滚动条（scroll bars）、一个关闭框（close box）和缩放图标（zoom icons）。

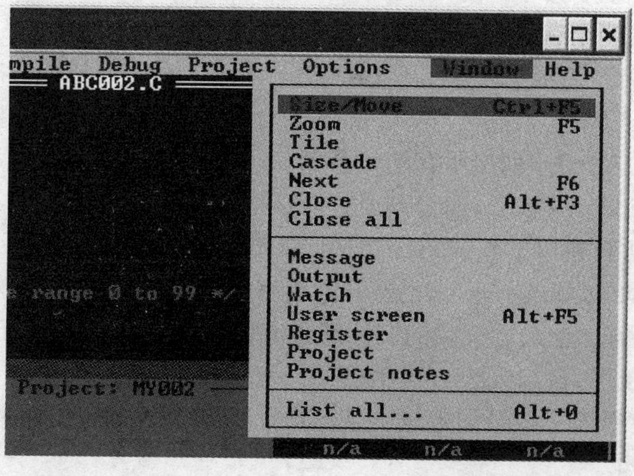

图 7-18 Window（窗口）下拉菜单

7.10.1 管理窗口命令

1．Size/Move　　Ctrl+F5（大小/移动窗口）命令

该命令可改变活动窗口的大小或位置。

1）改变窗口的大小。要改变活动窗口的大小，步骤如下：

① 选择“Windows”→“Size/Move”命令；

② 按下〈Shift〉键不放；

③ 按下一个箭头键（arrow key）；

④ 当它的尺寸是用户想要的时，按回车键。

如果一个窗口有一个重新设置大小的角（Resize corner），可拖动那个角，或任何其他的角，以便重新设置窗口大小。

2）移动（Move 窗口）命令。要移动活动窗口，步骤如下：

① 选择“Window”→“Size/Move”命令；

② 按下一个箭头键；

③ 当窗口移动到想要让它去的地方时，按下回车键。

还可以通过拖动（drag）一个窗口的标题栏（title bar）来移动它。

2．Zoom　　F5（缩放窗口）命令

该命令重新把活动窗口的大小设置成最大尺寸。如果该窗口已经被放大了，该命令使窗口恢复到原来的大小。还可以双击标题栏上除了出现图标（icon）以外的任何地方去放大或缩小该窗口。

3．Tile（平铺窗口）命令

该命令平铺已打开的所有窗口。

4．Cascade（层叠窗口）命令

该命令层叠所有打开的窗口。

5．Next　　F6（下一个窗口）命令

该命令使下一个窗口变成活动窗口，并使它变成最上面的打开的窗口。

6．Close　　Alt+F3（关闭窗口）命令

该命令关闭活动窗口。

7．Close all（关闭所有的窗口）命令

该命令关闭所有窗口并清除所有历史列表。当要开始一个新项目时，这个命令是有用的。

8．List all…　　Alt+0（列出所有的）命令

该命令打开“Window List”（窗口列表）对话框，其中列出了：

1）当前打开的所有窗口。

2）自从最近启动 Turbo C++以来已打开的所有编辑窗口源文件。

在列表中，几乎每一个最近关闭的文件都会出现“Closed”（已关闭）这个词。

在“Window List”（窗口列表）对话框中，可选择列表中的一项，然后单击“OK”按钮，即可打开或切换到该窗口。如果选中某项后，单击“Delete”按钮，即可删除该列出的窗口。

7.10.2 可从 Windows 菜单打开的窗口

1．Message（信息窗口）命令

该命令可打开或激活信息窗口。该信息窗口显示 Turbo C++编译和连接时的状态、所产生的警告和错误信息。要关闭信息窗口，可使用如下两种方法之一：

1）单击它的关闭框。

2）选择“Window”→“Close”命令。

当通过在信息窗口中的信息向上或向下跟踪时，编辑窗口中的光标移动到源文件的对应行上，这叫做“自动错误跟踪”。

当信息窗口中的信息涉及一个文件，而该文件不是当前被装载的文件时，可以按〈Spacebar〉（空格）键去装载该文件。还可以在信息窗口中显示传送程序（transfer program）的输出。

要展示信息窗口中被选择的错误在编辑窗口中的位置（但留在信息窗口中），按〈Spacebar〉键；要激活编辑窗口并把光标放在错误处，按回车键。

2．Output（输出窗口）命令

该命令打开输出窗口。

输出窗口显示由任何 DOS 命令行和用户程序产生的任何文本模式的输出（但没有图形模式的输出）。要关闭该窗口，可采用以下两种方法之一：

1）单击它的关闭框。

2）选择“Window”→“Close”命令。

当正在调试程序时，这个输出窗口是很方便的，因为可同时观察源代码、变量和输出。

当在“Options”→“Environment”→“Preferences”命令中的“Preferences”（偏爱）对话框中已经设置 Screen Size（屏幕大小）选项为 43/50 行，并且正在以标准 25 行模式运行一个程序时，输出窗口是特别有用的。此时可以看到几乎所有的程序输出，并且仍然有足够的行去观察源代码和变量。

如果宁愿在满屏上查看程序文本，或者程序产生图形模式的输出，则应选择“Window”→“User Screen”命令。

3．Watch（监视窗口）命令

该命令打开监视窗口。监视窗口显示监视表达式的当前值，每次处理程序的执行，调试器重新计算这些监视表达式的值。要关闭该窗口，可采用以下两种方法之一：

1）单击它的关闭框。

2）选择“Window”→“Close”命令。

可使用在“Debug”→“Watches”菜单中的命令从该窗口添加或删除监视表达式。当添加的监视表达式较多，监视窗口放不下时，一些表达式将卷出窗口。可用〈PgUp〉、〈PgDn〉和箭头键滚动该窗口的内容。

4．User screen　　Alt+F5（用户屏幕）命令

该命令将切换到用户屏幕。使用该命令可观察程序的满屏输出（IDE 暂时变成不可见）。

在用户屏幕，可观察到文本和图形输出两者。如果宁愿在 IDE 内部的一个 Turbo C++窗

口查看程序，可使用“Window”→“Output”命令打开输出窗口。要从用户屏幕返回到 IDE 有两种方法：单击鼠标左键或按任意键。

5．Register（寄存器窗口）命令

该命令打开寄存器窗口。使用该窗口可观察 CPU 寄存器和标志的内容。要关闭该窗口，可采用以下两种方法之一：

1）单击它的关闭框。

2）选择“Window”→“Close”命令。

该窗口的上半部（top half）显示 CPU 寄存器的内容，下半部（bottom half）显示 CPU 8 个标志的内容：

C = Carry flag（进位标志）；

Z = Zero flag（零标志）；

S = Sign flag（符号标志）；

O = Overflow flag（溢出标志）；

P = Parity flag（奇偶标志）；

a = Auxiliary flag（辅助进位标志）；

i = Interrupt flag（中断标志）；

d = Direction flag（方向标志）。

6．Project（项目窗口）命令

该命令将切换到项目窗口。该项目窗口显示：

1）当前项目文件名（我的程序 MYPROG）。

2）有关已选择为当前项目的一部分的那些文件的信息。

3）用于每一个文件的名字和路径。

一旦这些文件被编译，该窗口还显示：

1）在源文件中的行数。

2）由编译器生成的代码和数据的字节数。

要关闭该窗口，可采用以下两种方法之一：

1）单击它的关闭框。

2）选择“Window”→“Close”命令。

位于屏幕底部的状态行可显示出在此处可完成哪些操作（actions），见表 7-6。

表 7-6　项目窗口的快捷键

键	功　能
F1	调出帮助
Ins	添加文件到该项目
Del	从该项目删除一个文件
Ctrl-O	显示用于一个文件的选项
Spacebar（空格键）	显示活动项目窗口中当前被选文件所需的包含文件的信息
F10	转到菜单栏

当添加文件到项目窗口时，在 Lines（行数）、Code（代码）和 Data fields（数据段）中

都显示“n/a”，它的含义是这些信息是不可用的，除非该模块被实际编译。要为建立的每一个项目保存一个注释文件（note File），可使用“Window”→“Project Notes”命令。该注释文件作为项目文件的一部分被保存。

7．Project notes（项目注释）命令

该命令在一个编辑窗口打开一个项目注释文件。可使用注释文件写下任何细节、做一些列表、或列出有关项目文件的任何其他信息，这些注释信息是写给其他人看的。

7.11 Help（帮助）菜单

该菜单命令将调出如图 7-19 所示的“Help”（帮助）下拉菜单，在其中提供了对在线帮助系统进行访问的命令。在线帮助显示在一个专门的帮助窗口中。在帮助窗口中的文本组成一个帮助屏幕。

该帮助系统提供集成开发环境（IDE）和 Turbo C++的所有方面的信息。一行菜单和提示显示在状态行中，在其中可选择一个菜单命令或对话框中的项。

1．Contents（目录）命令

该命令打开一个帮助窗口，其中显示可从中选择的各种主题（Topic）。有两种方法可获得帮助目录屏幕：

1）如果已处在一个“Turbo Help”（对话框类型）的窗口，单击该窗口中的“Contents”按钮。

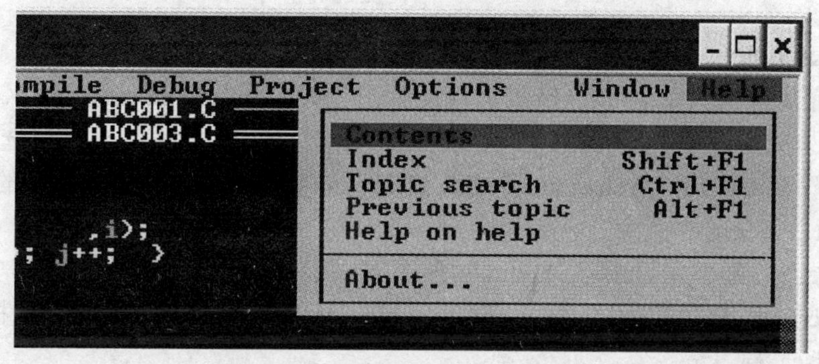

图 7-19 Help（帮助）下拉命令菜单

2）如果处于一个普通的帮助窗口（或没有打开任何帮助窗口），从“Help”菜单选择“Contents”命令。

2．Index Shift+F1（索引）命令

Turbo C++在线帮助系统提供一个全面的按字母顺序排序的索引。有 3 种方法可调出帮助索引：

1）一旦处在帮助中，按 Shift+F1 键。

2）如果已处在一个 Turbo Help（对话框类型）的窗口，单击该窗口中的“Index”按钮。

3）如果处于一个普通的帮助窗口（或没有打开任何帮助窗口），从“Help”菜单选择

"Index"命令。

当处于索引窗口，可以：①滚动通过索引；②移动光标到所想要的项；③键入项的开头几个字母，以便激活增量检索特性。

一旦想要的项被高亮显示，按回车键或双击即可转到该项的帮助屏幕。

3．Topic search　Ctrl+F1（主题检索—语言帮助）命令

当处于编辑窗口时，可以把光标放在一个词上，并且选择"Help"→"Topic Search"（或按〈Ctrl+F1〉键）获得关于那个特定词的语言帮助。语言帮助（Language Help）是Turbo C++许多元素的在线参考，包括函数（functions）、关键字（keyword）、头文件（header files）、常量（constants）、全局变量（global variables），等等。

如果光标所在的词不在帮助系统的索引中，帮助索引屏幕将使最接近的项高亮显示。例如，如果把光标放在词"fred"处并按〈Ctrl+F1〉键，该索引帮助屏幕将使"fread"被选中。

4．Previous topic　Alt+F1（前一个主题）命令

当处于帮助系统中并且想要回到先前的帮助屏幕，可以多次使用该命令向回翻页通过最近浏览过的20个帮助屏幕。有3种方法去浏览先前的帮助屏幕：

1）按〈Alt+F1〉键。

2）如果已处在一个"Turbo Help"（对话框类型）的窗口，选择该窗口中的"Previous"按钮；

3）如果处于一个普通的帮助窗口（或没有打开任何帮助窗口），从"Help"菜单选择"Previous"命令。

5．Help on help（关于帮助的帮助）命令

一旦处于帮助系统中，再按〈F1〉键以便弹出"Welcom to Online Help"（欢迎到在线帮助）屏幕。如果处于一个普通帮助窗口，或者如果根本不在帮助系统中，可选择"Help"→"Help on Help"命令调出"Welcom to Online Help"屏幕。该屏幕介绍了帮助的用法。

6．About…（关于）命令

当从"Help"菜单中选择"About"命令时，将调出一个对话框，其中显示Turbo C++的版权（copyright）和版本（version）信息。可用3种方法关闭该对话框：

1）按〈Esc〉键。

2）单击"OK"按钮。

3）单击"Cancel"（撤销）按钮。

第 8 章　常用 C 语言库函数

Turbo C++ 3.0 中的 C 语言库函数包括由 ANSI 标准定义的标准库函数、已有的 UNIX 标准函数，以及 Turbo C++ 3.0 所补充的函数，如 Turbo C++ 3.0 提供的一套完整的屏幕和作图函数等。

本章将介绍 C 语言库函数有关的概念，并重点叙述 Turbo C++ 3.0 中常用的 C 语言库函数。

8.1　C 语言库函数的相关概念

一个 C 程序可由多个源程序文件组成，每个源程序文件可以用编辑程序单独进行编辑，并以.C 扩展名存盘。然后，可以使用编译程序对每个源程序文件进行独立编译，生成扩展名为.obj 的可重定位的目标文件。之后，再用连接程序将这些目标文件和用到的库函数的目标代码连接起来，生成一个扩展名为.exe 的可执行文件，该文件即可在 Turbo C++ 3.0 集成环境下运行。

8.1.1　连接程序的作用

连接程序（Linker，也称连接器）所起的作用有以下几点：

1）把一个程序的各个目标文件组合起来，构成一个程序文件。

2）解决外部访问和存储地址问题。所谓外部访问，是指一个文件中的代码在调用标准或外部自定义函数、访问外部变量时，要涉及到其他文件中的代码。

【例 8-1】 如下面的一个程序，由两个文件组成，即要解决外部访问问题。

```
file1.c
int   n ;
void main( )
{
    n = 100 ;
    print ( ) ;
}
```

```
file2.c
#include <stdio.h>
extern int n ;
print( )
{
    printf ("%d\n" , n ) ;
}
```

连接程序在把 file1.c 和 file2.c 连接并生成一个可执行文件时，必须解决 file2.c 访问在 file1.c 中定义的变量 n 的问题，即连接程序应“告诉”file2.c 中的代码，到内存中什么地方可以找到 n。同样，连接程序也应“告诉”file1.c，print( )函数放在何处，以使之能够调用。

当 Turbo C++ 3.0 的编译程序（compiler，即编译器）对 file2.c 进行单独编译生成目标代码时，它用一个地址保存器（Place-holder）代替 n 的地址，因为此时还无法知道 n 被放到内存中什么地方。当单独编译 file1.c 文件时，print（）的入口地址也不知道，所以也要使用一个地址保存器。这种处理构成了“可重定位代码”（relocatable code）的基础。

在早期的计算机中，一个程序通常被指定在一个确定的内存区中运行。在该种编译方法中，整个程序必须在一个文件中，这是个明显的缺陷。由于地址固定，程序只能装入到内存的一个固定区域才能运行，这是由此带来的又一个缺陷。与之相反，编译为可重定位代码，其地址信息是不固定的。在可重定位目标文件中，每个调用、跳转或全局变量的地址与地址偏移量相关联，即给出的是相对地址。当文件装入内存去运行时，装入程序自动地根据装入的内存区把相对地址转换为该文件所装入的内存区的地址，用来在该内存区中定位。这就意味着可重定位的程序可以装入到不同的内存区中去运行。由此，一个程序可由多个源程序文件组成，并且经过编译和连接后，生成可重定位的可执行文件，这样就克服了上面提到的两个缺陷，使程序能够并行开发。

8.1.2　库文件和目标文件的区别

库文件与用户的目标文件比较，既相似，又有一个本质的差别。

当用户连接一个由若干个目标文件组成的程序时，每一个目标文件的代码都成为最终的可执行程序的一部分，不论代码是否确实要用到都会这样做，即在连接时，指定的所有目标文件是连接到一起构成程序的。

库文件则不是这样。C 语言的一个函数库是一个函数集合。与一个目标文件不同，一个库文件存放着每个函数的名字、目标代码和连接过程所必需的重新定位信息。当用户程序要调用一个库中的某一个函数时，连接程序就在库中找出该函数，并把它的目标代码嵌入到用户程序中。注意，仅把用户程序实际用到的函数嵌入到用户的可执行文件中，这就是库文件与目标文件的本质差别。

8.1.3　头文件

在 Turbo C++ 3.0 的函数库中有许多函数必须与相关的特定类型的数据和变量一起工作，用户的程序也必须访问这些数据和变量。这些变量和类型由 Turbo C++ 3.0 提供的“头文件”（Header File）所定义。此外，函数库中所有的函数均在相应的头文件中有它们的原型声明，以便提供一个更强的类型检查手段。

【例 8-2】 以下程序嵌入 string.h 头文件，该程序在编译时会产生错误信息。

```
#include <string.h>
#include <stdio.h>
char s1[80] = "Hello␣" ;
char s2[ ] = "World!" ;
void main ( )
{
    int a ;
    a = strcat ( s1 , s2 ) ;
    printf ("%s\n" , s1 ) ;
}
```

在例 8-2 中，由于在 string.h 头文件中把 strcat 函数声明为返回一个字符型指针（char

*）类型，所以编译时会出现"Cannot convert 'char *' to 'int'"（不能把 char *类型转换成 int 型）的错误信息，即指出把字符指针值赋给整型变量是错误的。Turbo C++3.0 中的 C 语言部分头文件在表 8-1 中给出。

表 8-1　C 语言主要头文件

头 文 件 名	用　途	头 文 件 名	用　途
alloc.h	动态内存管理函数	math.h	数学库函数
assert.h	定义 assert( )宏	mem.h	内存管理函数
bios.h	访问基本输入/输出服务	process.h	进程管理函数
conio.h	直接 MSDOS 控制台输入/输出	search.h	检索函数
ctype.h	定义字符操作函数（宏）	setjmp.h	设置跳转函数
dir.h	目录路径名操作函数	share.h	文件共享
direct.h	处理目录路径名函数	signal.h	定义信号值
dirent.h	目录操作函数	stdarg.h	允许函数参数变量数的定义
dos.h	处理 MSDOS 和 CPU 函数	stddef.h	常用类型和 NULL 的定义
errno.h	定义出错代码	stdio.h	标准流输入/输出函数
fcntl.h	定义 open( )使用的标志值	stdlib.h	常见类型、变量和函数定义
float.h	定义环境工具中的浮点值	string.h	存储器和字符串函数
graphics.h	图形函数	time.h	系统时间函数
io.h	低级（UNIX 型）I/O 函数	values.h	重要常数，包括依赖于机器的常数
limits.h	定义环境工具有关类型值的限制	stat.h	用于文件状态的函数

8.1.4　头文件中的宏定义

在 Turbo C++ 3.0 中，一些库函数根本不是函数，只不过是头部文件中的一个宏定义。例如 max (a，b)，它返回两个数 a 和 b 中的最大值，在 stdlib.h 中就被定义为一个带参数的宏，如下所示：

```
#define   max ( a , b )   ( ( ( a ) > ( b ) ) ? ( a ) : ( b ) )
```

一般情况下，一个标准函数是定义为宏还是定义为普通 C 语言的函数并没有什么影响。只在极少数情况下宏定义是不合适的，比如内存有限，要减少代码的长度，就应该定义一个真正的函数去代替宏。

要迫使编译程序使用一个库中的或用户自己定义的函数，而不使用库中同名的宏，就必须使编译器在遇到该函数的名字时，避免使用宏代换。有几种方法可以实现这一点，比如不使用库中的函数，另外编写一个功能相同但名字不同的自定义函数等。最好的，也是最简单易行的方法是使用# undef 命令来删除该宏名字。例如，要迫使编译程序用一个函数来代替库中的宏 max (a , b)，可以在用户编写的程序中接近开头的地方插入如下一条命令：

```
#undef   max
```

该命令的作用就是取消 max 的宏定义。由于 max 已经不具有定义了，用户就可以定义自己的 max 函数，从而达到减小代码长度的目的。

8.2 数学函数

在 Turbo C++3.0 库中定义了一些数学函数，包括三角函数、双曲线函数、指数和对数函数以及其他函数等。在用户的程序中要使用这些函数中的某一个，必须用包含命令将头文件 math.h 中的内容嵌入到用户程序的开头。在 math.h 中，还定义了 EDOM、ERANGE 和 HUGE_VAL 等符号常量。如果数学函数的某个参数不在定义域内，则返回环境工具所定义的值，并将 errno 设置为 EDOM。如果产生了一个比双精度数还大的结果，则返回 HUGE_VAL，并将 errno 设置为 ERANGE，指出是超界错误。若出现下溢，则返回 0，并设置 errno 为 ERANGE。

8.2.1 abs（绝对值）函数

函数声明：int abs (int x) ;

该函数返回 x 的绝对值。其中参数 x 应该在–32767 到 32767 范围内，此时返回值的范围为 0 到 32767。如果 x = –32768，则返回值仍是–32768，这是溢出造成的。

【例 8-3】 求–3267 的绝对值。

```
#include <stdio.h>
#include <math.h>
void main(void)
{
 int x = -3267 ;
 printf("x: %d, absolute value: %d\n", x, abs(x)) ;
}
```

运行结果：

```
x:␣-3267,␣absolute␣value:␣3267
```

其中的“␣”表示空格，即空出一格。

8.2.2 acos 和 acosl（反余弦）函数

函数声明：double acos (double x) ;

long double acosl (long double x) ;

这两个函数都返回 x 的反余弦值。其中参数 x 必须在-1 到 1 之间，否则会产生定义域错误。函数返回值在π rad 到 0 rad 之间，即角度用 rad（弧度）表示。

【例 8-4】 求出从-1 到 1 的每次递增 0.1 的反余弦值。

```
#include <stdio.h>
#include <math.h>
void main( )
{
    double x;
    for(x=-1;x<=1;x+=0.1)
```

```
        printf("arccos(%lf)=%lf\n",x,acos(x));
    }
```

8.2.3 asin 和 asinl（反正弦）函数

函数声明：double asin (double x) ;

long double asinl (long double x) ;

这两个函数返回 x 的反正弦值。其中参数 x 必须在-1 到 1 之间，否则会产生定义域错误。函数返回值在-π/2 rad 到π/2 rad 之间，即角度用 rad（弧度）表示。

【例 8-5】 求出从-1 到 1 的每次递增 0.1 的反正弦值。

```
#include <stdio.h>
#include <math.h>
void  main( )
{
    double x;
    for(x=-1;x<=1;x+=0.1)
    printf("arcsin(%lf)=%lf\n",x,asin(x));
}
```

8.2.4 atan 和 atanl（反正切）函数

函数声明：double atan (double x) ;

long double atanl (long double x) ;

这两个函数返回 x 的反正切值。其中参数 x 不应超过双精度数或长双精度数的范围，否则会产生定义域错误。函数返回值在-π/2 rad 到π/2 rad 之间，即角度用 rad（弧度）表示。

【例 8-6】 求出从-1 到 1 的每次递增 0.1 的反正切值。

```
#include <stdio.h>
#include <math.h>
void  main( )
{  double x;
   for(x=-1;x<=1;x+=0.1)
   printf("arctan(%lf)=%lf\n",x,atan(x));
}
```

8.2.5 atan2 和 atan2l（2 个参数的反正切）函数

函数声明：double atan2 (double y , double x) ;

long double atan2l (long double y , long double x) ;

这两个函数返回 y/x 的反正切值。该函数即使在 x 接近于 0 时，即函数返回值接近-π/2 rad 或π/2 rad 时，也能产生正确的结果，角度也用 rad（弧度）表示。

【例 8-7】 求出 y 从-1 到 1 的每次递增 0.1 的反正切值。

```
#include <stdio.h>
#include <math.h>
```

```
void   main( )
{
    double x=1 , y ;
    for(y=-1;y<=1;y+=0.1)
    printf("arctan2(%lf)=%lf\n",y,atan2(y,x));
}
```

8.2.6 atof 和_atold（字符串转换成浮点数）函数

函数声明：double   atof (const   char   *s) ;

long double   _atold (const   char   *s) ;

这两个函数将字符串转换成一个双精度数或长双精度数。

atof 函数识别一个浮点数的字符表达式，该表达式可由下列组成：

1）一个可选的制表符和空格的串。

2）一个可选的符号（sign）。

3）一个数字串和一个可选的小数点（数字可以位于小数点的两边）。

4）一个可选的 e 或 E 后跟一个可选符号的整数。

这些字符必须匹配如下的格式：

```
[whitespace] [sign] [ddd] [.] [ddd] [e | E [sign] ddd ]
```

其中 whitespace（空白）是指由制表符和空格组成的串。

atof 函数还识别：

1）+INF 和-INF，即正负无穷大（plus and minus infinity）。

2）+NAN 和-NAN，即不是一个数（Not-a-Number）。

在 atof 中，遇到第一个非识别字符结束转换。

如果转换成功，该函数返回所给字符串的转换值；如果所给字符串不能转换，该函数返回 0；如果发生了溢出，该函数返回正或负的 HUGE_VAL，并将 errno 设置为 ERANGE，且不调用 matherr 函数。

【例 8-8】 将字符串转换成浮点数的实例。

```
#include <stdlib.h>
#include <stdio.h>
void main(void)
{
    double y ;
    char *s = "12345.67E-2" ;
    y = atof(s) ;
    printf("string = %s double = %f\n", s, y ) ;
}
```

运行结果：

```
string␣=␣12345.67E-2␣double␣=␣123.456700
```

8.2.7 cabs 和 cabsl（复数的绝对值）函数

函数声明：double cabs (struct complex z) ;

long double cabsl (struct _complexl z) ;

说明：这两个函数是求复数 z 的绝对值，它们实际是宏，其中的 struct complex 结构体类型的定义如下：

```
struct complex { double  x , double  y } ;
```

这两个函数返回复数 z 的绝对值，即求出 $A=\sqrt{x^2+y^2}$ 。如果溢出，则返回 HUGE_VAL，并将 errno 置为 ERANGE（结果超界）。

【例 8-9】 求出复数 z=2+3i 的绝对值。

```
#include <stdio.h>
#include <math.h>
void  main( )
{
    struct complex z ;
    z.x = 2 ;  z.y = 3 ;
    printf("cabs(z)=%lf\n" , cabs(z)) ;
}
```

运行结果为：

```
cabs(z)=3.605551
```

8.2.8 ceil 和 ceill（取最小整数值）函数

函数声明：double ceil (double x) ;

long double ceill (long double x) ;

这两个函数返回不小于 x 的最小整数值（以双精度数或长双精度数表示）。

【例 8-10】 如下的程序可对两个数“向上”取整。

```
#include <stdio.h>
#include <math.h>
void  main( )
{
    printf("%lf,%lf\n" , ceil(3.2),ceil(-3.9)) ;
}
```

运行结果为：

```
4.000000,-3.000000
```

8.2.9 cos 和 cosl（余弦值）函数

函数声明：double cos (double x) ;

long double cosl (long double x) ;

这两个函数返回 x 的余弦值，其范围在-1 到 1 之间。参数 x 的值的单位必须以 rad 表示。

【例 8-11】 求出π/4 的余弦值。其中，M_PI 为在 math.h 中定义的π的符号常量，它含有 21 位有效数字，即 M_PI=3.14159265358979323846。

```
#include <stdio.h>
#include <math.h>
void   main( )
{
    printf("%lf\n" , cos(M_PI/4)) ;
}
```

运行结果为：

```
0.707107
```

8.2.10 cosh 和 coshl（双曲余弦值）函数

函数声明：double cosh (double x) ;

long double coshl (long double x) ;

这两个函数返回 x 的双曲余弦值，即求$(e^{x}+e^{-x})/2$。

【例 8-12】 求出 x=0.5 的双曲余弦值。

```
#include <stdio.h>
#include <math.h>
int main(void)
{
    double x = 0.5 , result ;
    result = cosh(x);
    printf("The hyperbolic cosine of %lf is %lf\n", x, result);
    return 0;
}
```

运行结果为：

```
The␣hyperbolic␣cosine␣of␣0.500000␣is␣1.127626
```

8.2.11 exp 和 expl（指数）函数

函数声明：double exp (double x) ;

long double expl (long double x) ;

这两个函数计算 e^x，其中 e 为自然对数的底。如果成功，这两个函数返回 e^x 的值；如果上溢出，则返回 HUGE_VAL，并将 errno 设置为 ERANGE（结果超界）；如果下溢出，结果为 0。

【例 8-13】 求出 e^3 的值。

```
#include <stdio.h>
#include <math.h>
```

```
int main(void)
{
    double x = 3.0 , result ;
    result = exp(x);
    printf("e**%.0lf␣=␣%lf\n", x , result) ;
    return 0 ;
}
```

运行结果为：

```
e**3␣=␣20.085537
```

8.2.12 fabs 和 fabsl（浮点数绝对值）函数

函数声明：double fabs (double x) ;

long double fabsl (long double x) ;

这两个函数返回 x 的绝对值，这是一个 double 或 long double 型的返回值。

【例 8-14】 求两个浮点数的绝对值。

```
#include <stdio.h>
#include <math.h>
void main(void)
{
    printf("%.1lf,%.1lf\n", fabs(1.00) , fabs(-1.0)) ;
}
```

运行结果为：

```
1.0,1.0
```

8.2.13 floor 和 floorl（取最大整数值）函数

函数声明：double floor (double x) ;

long double floorl (long double x) ;

这两个函数返回不大于 x 的最大整数值（以双精度数或长双精度数表示）。

【例 8-15】 如下的程序可对两个数“向下”取整。

```
#include <stdio.h>
#include <math.h>
void main(void)
{
    printf("%lf,%lf\n", floor(9.12) , floor(-9.12)) ;
}
```

运行结果为：

```
9.000000,-10.000000
```

8.2.14 fmod 和 fmodl（浮点求余数）函数

函数声明：double fmod (double x , double y) ;

long double fmodl (long double x , long double y) ;

这两个函数计算 x 对 y 的模运算，即求出 x/y 的余数（remainder）。

余数 f 的定义是：对于某一整数 k，x = ky + f，并且 0 < f < y。

当 y = 0 时，这两个函数返回 0；当 y 不为 0 时，这两个函数返回余数 f，其符号与 x 符号相同。fmod 函数将余数的概念引申到实数中。

【例 8-16】 如下的程序可计算出 5/0.3 的余数。

```
#include <stdio.h>
#include <math.h>
void main(void)
{
    double x = 5.0, y = 0.3;
    double result;
    f = fmod(x,y);
    printf("The remainder of (%lf / %lf) is %lf\n", x, y, f );
}
```

运行结果：

```
The␣remainder␣of␣(5.000000␣/␣0.300000)␣is␣0.200000
```

8.2.15 frexp 和 frexpl（浮点数的分解）函数

函数声明：double frexp (double x , int *p) ;

long double frexpl (long double x , int *p) ;

这两个函数把一个双精度数或长双精度数 x 分解（split）成尾数（mantissa）和指数（exponent）。

给出 x（双精度数或长双精度数），这两个函数计算尾数 m（双精度数或长双精度数）和指数 n(整数)，即 $x = m \times 2^n$，这里 m 应满足：$0.5 \le m < 1$。

其中的尾数由函数返回，并将指数 n 存放到指针变量 p 所指向的整型变量中。

【例 8-17】 如下的程序可将 8.0 分解为尾数 0.5 和指数 4，即 $8.0 = 0.5 \times 2^4$。

```
#include <math.h>
#include <stdio.h>
void main( )
{
    double mantissa, number;
    int exponent;
    number = 8.0;
    mantissa = frexp(number, &exponent);
    printf("The number %lf is ", number);
    printf("%lf times two to the ", mantissa);
    printf("power of %d\n", exponent);
```

}

运行结果：

```
The␣number␣8.000000␣is␣0.500000␣times␣two␣to␣the␣power␣of␣4
```

8.2.16 hypot 和 hypotl（求斜边）函数

函数声明：double　hypot (double　x , double　y) ;

　　　　　long double　hypotl (long double　x , long double　y) ;

对于给定的直角三角形的两个直角边 x 和 y，这两个函数可求出其斜边（hypotenuse）的长度。如果计算成功，则返回所求的斜边值。

【例 8-18】 当直角三角形的两个直角边分别为 3.0 和 4.0，如下的程序可计算出斜边的长度。

```
#include <stdio.h>
#include <math.h>
void main(void)
{
    double x = 3.0, y = 4.0, z ;
    z = hypot(x, y);
    printf("The hypotenuse is: %lf\n", z );
}
```

运行结果：

```
The␣hypotenuse␣is:␣5.000000
```

8.2.17 labs（长整型绝对值）函数

函数声明：long int　labs (long int　x) ;

该函数可返回长整型数 x 的绝对值。

【例 8-19】 如下的程序可计算出-12345678L 的绝对值。

```
#include <stdio.h>
#include <math.h>
void main(void)
{
    long x = -12345678L, y ;
    y = labs(x) ;
    printf(" %ld absolute value: %ld\n", x, y ) ;
}
```

运行结果：

```
-12345678␣absolute␣value: ␣12345678
```

8.2.18 ldexp 和 ldexpl（x 乘以 2 的 n 次幂）函数

函数声明：double　ldexp (double　x , int　n) ;

long double　ldexpl (long double　x , int　n) ;

这两个函数计算 $x \times 2^n$ 的值。如果计算成功，则返回所求的值。如果发生溢出，则返回 HUGE_VAL。

【例 8-20】 如下的程序可计算出 5×2^3 的值。

```
#include <stdio.h>
#include <math.h>
void main( )
{
    double   x = 5 , n = 3 , y ;
    y = ldexp ( x , n ) ;
    printf ("The ldexp value is: %lf\n" , y ) ;
}
```

运行结果：

```
The␣ldexp␣value␣is: ␣40.000000
```

8.2.19　log 和 logl（自然对数）函数

函数声明：double　log (double　x) ;

long double　logl (long double　x) ;

这两个函数计算 x 的自然对数（natural logarithm）的值。如果计算成功，则返回 x 的自然对数。当出错时，如果 x ＝ 0，这两个函数将 errno 置为 ERANGE，并返回负的 HUGE_VAL；如果 x 为实数且小于 0，这两个函数将 errno 置为 EDOM（domain error，域错误）。

【例 8-21】 如下的程序可计算出 8.6872 的自然对数的值。

```
#include <math.h>
#include <stdio.h>
void main(void)
{
    double x = 8.6872 , y ;
    y = log(x) ;
    printf("The natural log of %lf is %lf\n", x, y ) ;
}
```

运行结果：

```
The␣natural␣log␣of␣8.687200␣is␣2.161851
```

8.2.20　log10 和 log10l（常用对数）函数

函数声明：double　log10 (double　x) ;

long double　log10l (long double　x) ;

这两个函数计算以 10 为底的 x 的对数（常用对数）的值。如果计算成功，则返回以 10 为底的 x 的对数。当出错时，如果 x ＝ 0，该函数将 errno 置为 ERANGE，并返回负的

HUGE_VAL；如果 x 为实数且小于 0，该函数将 errno 置为 EDOM（domain error，域错误）。

【例 8-22】 如下的程序可计算出 1000 的常用对数的值。

```
#include <math.h>
#include <stdio.h>
void main(void)
{
    double x = 1000 , y ;
    y = log10(x) ;
    printf("The common log of %lf is %lf\n", x, y ) ;
}
```

运行结果：

```
The␣common␣log␣of␣1000.000000␣is␣3.000000
```

8.2.21 matherr 和_matherrl（数学错误）函数

函数声明：int matherr (struct exception *e) ;

int _matherrl (struct _exceptionl *e) ;

这两个函数是用户可编辑数学错误处理程序。以 matherr 为例，当调用一个数学库中的函数产生一个错误时，matherr 函数被调用。matherr 的每次服务作为一个用户陷阱（hook,一个可订制的函数），该函数可由用户写出自己的数学错误处理程序来代替。matherr 对于捕获由数学函数引起的域（domain）和范围（range）错误是有用的。matherr 不捕获浮点异常，比如用 0 除，可参看 signal 用于捕获这类错误。

该函数用类型为 struct exception 的指针的参数来调用，该结构体类型在 math.h 中定义如下：

```
struct exception
{
    int  type ;
    char  *name ;
    double arg1 , arg2 , retval ;
} ;
```

其中成员 type 保存错误类型，其值为下列枚举值之一。

符号	含义
DOMAIN	定义域错
SING	产生异常结果
OVERFLOW	上溢出
UNDERFLOW	下溢出
TLOSS	有效数字位丢失

成员 name 保存指向出错函数名的字符串的指针；arg1、arg2 成员存放出错函数的参数，如果该函数只有一个参数，则只用到 arg1。Retval 成员存放默认的 matherr 返回值。

用户可以对于一个常规错误处理（例如捕获并解决某些类型错误）定义自己的 matherr 程序。这个自己编制的函数将覆盖 C 库中的默认的版本。自己定义的 matherr 函数如果解决错误失败，则应返回 0，如果错误被解决，则应返回非 0 值。

调用 C 库中的 matherr 函数，如果错误是 UNDERFLOW 或 TLOSS，默认返回值是 1；此外，默认返回值为 0。当 matherr 返回 0（表明它不能解决该错误），它置 errno 为 0 并输出一个错误信息。当 matherr 返回非 0（表明它能解决该错误），errno 不被设置并且不输出信息。matherr 还能修改 e->retval，该值传送回给出错的原始主调函数，使其得到一个函数值。

【例 8-23】 如下的程序可对计算 sqrt (-2)进行出错处理，计算出 sqrt (2)的值。

```
#include <math.h>
#include <string.h>
#include <stdio.h>
int matherr (struct exception *a)
{   if (a->type == DOMAIN)
        if (!strcmp(a->name,"sqrt"))
        {
            a->retval = sqrt (-(a->arg1)); return 1 ;
        }
    return 0 ;
}
void main(void)
{
    double x = -2.0, y;
    y = sqrt(x);
    printf("Matherr corrected value: %lf\n",y) ;
}
```

运行结果：

```
Matherr␣corrected␣value: ␣1.414214
```

8.2.22 modf 和 modfl（实数分解）函数

函数声明：double modf (double x , double *ipart) ;

long double modfl (long double x , long double *ipart) ;

这两个函数把 x 分解成其整数和小数部分。这两个函数返回小数部分，并把整数部分放在由指针变量 ipart 所指向的变量中。

【例 8-24】 如下的程序对 100000.567 进行了分解。

```
#include <math.h>
#include <stdio.h>
void main(void)
{
    double f, i, x = 100000.567 ;
    f = modf( x, &i ) ;
    printf("%lf = %lf + %lf\n", x, i, f ) ;
```

```
}
```

运行结果：

```
100000.567000␣=␣100000.000000␣+␣0.567000
```

8.2.23 poly 和 polyl（多项式）函数

函数声明：double poly (double x , int n , double c[ ]) ;

long double polyl (long double x , int n , long double c[ ]) ;

这两个函数计算一个系数为 c[0]、c[1]、…、c[n]的 x 的 n 次多项式。例如，如果 n = 4，该多项式为：

$$c[4]x^4 + c[3]x^3 + c[2]x^2 + c[1]x + c[0]$$

该函数返回用给定的 x 计算出的该多项式的值。

【例 8-25】 如下的程序可求出 $x^3 - 2x^2 + 5x - 1$ 在 x=2.0 时的值。

```
#include <stdio.h>
#include <math.h>
void main(void)
{
    double c[] = { -1.0, 5.0, -2.0, 1.0 } , y ;
    y = poly( 2.0, 3, c );
    printf("x**3 - 2.0x**2 + 5x - 1 at 2.0 is %lf\n", y ) ;
}
```

运行结果：

```
x**3␣-␣2.0x**2␣+␣5x␣-␣1␣at␣2.0␣is␣9.000000
```

8.2.24 pow 和 powl（幂）函数

函数声明：double pow (double x , double y) ;

long double powl (long double x , long double y) ;

这两个函数计算 x^y 的值。当计算成功，pow 函数返回 x^y 的值；如果 x 和 y 的值两者同时为 0，pow 函数返回 1；如果 x 是实数且小于 0，并且 y 不是一个整数，则该函数将 errno 置为 EDOM（定义域错误）；当发生上溢出时，返回 HUGE_VAL，并将 errno 置为 ERANGE（结果超界）。

【例 8-26】 如下的程序可求出 10^3=1000。

```
#include <math.h>
#include <stdio.h>
void main(void)
{
    double x = 2.0, y = 3.0 ;
    printf("%lf raised to %lf is %lf\n", x, y, pow(x, y)) ;
}
```

运行结果：

```
2.000000␣raised␣to␣3.000000␣is␣8.000000
```

8.2.25 pow10 和 pow10l（以 10 为底的幂）函数

函数声明：double pow10 (int x) ;
long double pow10l (int x) ;

这两个函数计算 10^x 的值。x 的值为整数。

【例 8-27】 如下的程序可求出 10^3=1000。

```
#include <math.h>
#include <stdio.h>
void main(void)
{
    int x = 3 ;
    printf("Ten raised to %d is %lf\n", x, pow10(x));
}
```

运行结果：

```
Ten␣raised␣to␣3␣is␣1000.000000
```

8.2.26 sin 和 sinl（正弦）函数

函数声明：double sin (double x) ;
long double sinl (long double x) ;

这两个函数计算 x 的正弦值，x 的值必须用 rad 表示。函数值的范围从-1 到 1。

【例 8-28】 如下的程序可求出π/2 的正弦值。其中的符号常量 M_PI_2 在 math.h 中定义，其值为 1.57079632679489661923，即π/2 rad。

```
#include <stdio.h>
#include <math.h>
void main(void)
{
    double x = M_PI_2, y ;
    y = sin(x) ;
    printf("The sin of %lf is %lf\n", x, y ) ;
}
```

运行结果：

```
The␣sin␣of␣1.570796␣is␣1.000000
```

8.2.27 sinh 和 sinhl（双曲正弦）函数

函数声明：double sinh (double x) ;
long double sinhl (long double x) ;

这两个函数计算 x 的双曲正弦值（$e^{x}-e^{-x}$）/2。如果计算成功，则返回 x 的双曲正弦值；如果失败，即发生了溢出，则返回带合适符号的 HUGE_VAL，并将 errno 置为 ERANGE（超界）。

【例 8-29】 如下的程序可求出 0.5 的双曲正弦值。

```
#include <stdio.h>
#include <math.h>
void main(void)
{
    double x = 0.5, y ;
    y = sinh(x) ;
    printf("The hyperbolic sin of %lf is %lf\n", x, y ) ;
}
```

运行结果：

```
The␣hyperbolic␣sin␣of␣0.500000␣is␣0.521095
```

8.2.28 sqrt 和 sqtl（平方根）函数

函数声明：double sqrt (double x) ;
long double sqrtl (long double x) ;

这两个函数返回 x 的平方根。如果 x 为负数，则出现定义域错误。

【例 8-30】 如下的程序可求出 4 的平方根 2。

```
#include <math.h>
#include <stdio.h>
void main(void)
{
    double x = 4.0, y ;
    y = sqrt(x) ;
    printf("The square root of %lf is %lf\n", x, y ) ;
}
```

运行结果：

```
The␣square␣root␣of␣4.000000␣is␣2.000000
```

8.2.29 tan 和 tanl（正切）函数

函数声明：double tan (double x) ;
long double tanl (long double x) ;

这两个函数返回 x 的正切值，其中 x 的值必须以 rad 为单位。

【例 8-31】 如下的程序可求出 0.5 rad 角的正切值。

```
#include <stdio.h>
#include <math.h>
void main(void)
```

```
{
    double x =0.5, y ;
    y = tan(x);
    printf("The tan of %lf is %lf\n", x, y ) ;
}
```

运行结果：

```
The␣tan␣of␣0.500000␣is␣0.546302
```

8.2.30 tanh 和 tanhl（双曲正切）函数

函数声明：double tanh (double x) ;

long double tanhl (long double x) ;

这两个函数计算双曲正切值 sinh(x)/cosh(x)。如果计算成功，则返回该正切值。

【例 8-32】 如下的程序可求出 0.5 的双曲正切值。

```
#include <stdio.h>
#include <math.h>
void main(void)
{
    double y , x = 0.5;
    y = tanh(x) ;
    printf ("The hyperbolic tangent of %lf is %lf\n", x, y ) ;
}
```

运行结果：

```
The␣hyperbolic␣tangent␣of␣0.500000␣is␣0.462117
```

8.3 stdio.h 中声明的输入/输出函数

C 语言输入输出系统的函数可以分为 3 种主要类型，即控制台 I/O（需要包含头文件 conio.h）、缓冲型文件 I/O（ANSI 标准的 I/O 系统，需要包含头文件 stdio.h）和 UNIX 非缓冲型文件 I/O（需要包含头文件 io.h）。需要指出，UNIX 非缓冲型文件 I/O 系统的函数不是按 ANSI 标准定义的，预计今后它不会再广泛地流行。但是，为了保证对现有程序的兼容性，UNIX 系统 I/O 函数也包含在 Turbo C++ 3.0 库中。在出现错误时，许多 I/O 函数要把预定义的全程整型变量 errno 设置为恰当的出错代码，该变量在 errno.h 中定义。本节主要介绍头文件 stdio.h 中声明的 I/O 函数。

8.3.1 clearerr（清除错误）函数

函数声明：void clearerr (FILE *stream) ;

clearerr 函数没有返回值。该函数把文件指针 stream 所指向的文件（即流）的出错标记复位，并将文件结束标志置 0。一旦出现错误，就设置出错标记，并一直保持到调用了 clearerr 或 rewind 函数。每一个输入操作，文件结束（EOF，即 end-off-file）标志都被重新设置。

【例 8-33】 clearerr 函数的使用。完整的程序需包含 stdio.h 头文件。

```
FILE  *fp ;
char  ch ;
fp = fopen ( "DUMMY.FIL" , "w" ) ;
ch = fgetc ( fp ) ;          /* 由于试图读强制产生一个错误情况 */
if ( ferror ( fp ) )         /* 判文件操作是否出错 */
{
    printf ( "Error reading from DUMMY.FIL\n" ) ;  /* 显示一个错误信息 */
    clearer ( fp ) ;         /* 复位该错误和 EOF（文件结束）标志 */
}
fclose ( fp ) ;
```

运行结果：

```
Error␣reading␣from␣DUMMY.FIL
```

8.3.2 fclose（关闭文件）函数

函数声明：int fclose (FILE *stream) ;

该函数关闭文件指针 stream 所指向的文件，与该文件有关的所有缓冲区在关闭之前会将内容写入文件。在关闭时，系统分配的缓冲区被释放。用 setbuf 或 setvbuf 分配的缓冲区会自动释放（但如果 setvbuf 被传递空（null）缓冲区指针，在关闭时将释放该缓冲区）。如果关闭成功，fclose 函数返回 0；当出错时，返回 EOF（即-1）。

【例 8-34】 fclose 函数的使用。完整的程序需包含 stdio.h、string.h 等头文件。

```
FILE *fp;
char buf[11] = "0123456789";
fp = fopen("TEST.TXT", "w");      /* 以只写方式建立并打开一个文件 */
fwrite(&buf, strlen(buf), 1, fp);  /* 将 buf 中 10B 写入文件输出缓冲区 */
fclose(fp);                        /* 将缓冲区中 10B 写入 TEST.TXT 文件中后关闭该文件 */
```

8.3.3 fcloseall（关闭所有文件）函数

函数声明：int fcloseall (void) ;

该函数不是由 ANSI C 标准定义的。该函数关闭除了 stdin、stdout、stderr、stdaux 和 stdprn 之外的所有已打开的流。如果关闭成功，fcloseall 函数返回它所关闭的流的个数；当出错时，返回 EOF（即-1）。

【例 8-35】 fcloseall 函数的使用。完整的程序需包含 stdio.h 头文件。

```
int  n ;
fopen ( "FILE1" , "w" ) ;  fopen ( "FILE2" , "w" ) ;      /* 打开 2 个流 */
n = fcloseall ( ) ;                                        /* 关闭打开的这 2 个文件 */
if (n == EOF)  perror ( "Error" ) ;                        /* 发布一个错误信息 */
else  printf ( "%d streams were closed.\n" , n ) ;         /* 输出关闭文件个数 */
```

运行结果：

```
2␣streams␣were␣closed.
```

8.3.4　fdopen（联结文件）函数

函数声明：FILE　*fdopen (int　handle , char　*type) ;

fdopen 函数不是由 ANSI　C 标准定义的。该函数把一个流和一个从 creat、dup、dup2 或 open 获得的文件句柄联系起来。其中参数 handle（即文件句柄）是一个有效的文件说明符，它是通过调用 UNIX 型 I/O 函数所获得的。参数 type 是该流的类型，它必须与打开该文件时使用的模式匹配。在概念上，fdopen 是连接以流为基础的 ANSI 文件系统和 UNIX 型文件的桥梁。如果执行成功，该函数返回一个指向一个新的被打开的流的指针，该流共享与 handle 相联结的文件；当出错时，返回 NULL。

【例 8-36】 fdopen 函数的使用。完整的程序需包含 sys\stat.h 、stdio.h、fcntl.h、io.h 等头文件。

```
int　handle ;
FILE　*stream ;
handle = open ("DUMMY.FIL" , O_CREAT , S_IREAD | S_IWRITE ) ;  /* 打开一个文件 */
stream = fdopen ( handle , "w" ) ;                              /* 现在把文件句柄转换成一个流 */
if (stream == NULL)   printf ( "fdopen failed\n" ) ;            /* 转换不成功，输出失败信息 */
else
{
    fprintf ( stream , "Hello world\n" ) ;                      /* 转换成功，输出问候语 */
    fclose ( stream ) ;
}
```

8.3.5　feof（判文件尾）函数

函数声明：int　feof (FILE　*stream) ;

feof 函数实际是一个宏，它检测文件尾指示器，以便确定是否到达了与 stream 相联结的文件的结尾。一旦该指示器被置位，对该文件的读操作将返回该指示器，除非 rewind 被调用或该文件被关闭。每一个输入操作，该文件尾指示器被重新设置。

如果在最近一次对该文件的输入操作的文件尾指示器被检测到，该函数返回非零值；如果还没有到达文件尾，该函数返回 0。

【例 8-37】 feof 函数的使用。完整的程序需包含 stdio.h 头文件。

```
FILE *fp;
fp = fopen ( "ABC.TXT" , "w" ) ;                    /* 为写打开一个文件 */
fclose ( fp ) ;                                     /* 关闭该文件，该文件是一个空文件 */
fp = fopen ( "ABC.TXT" , "r" ) ;                    /* 为读打开该文件 */
fgetc ( fp ) ;                                      /* 从该文件读一个字符 */
if ( feof ( fp ) )                                  /* 检测是否到达文件尾 */
    printf ( "We have reached end-of-file\n" ) ;    /* 是，输出到达文件尾信息 */
fclose ( fp ) ;                                     /* 关闭该文件 */
```

运行结果：

```
We␣have␣reached␣end-of-file.
```

8.3.6 ferror（测试文件出错）函数

函数声明：int　ferror (FILE　*stream)；

ferror 函数实际是一个宏，它检测指定的流是否发生一个读或写错误。如果该流的出错标记已经被设置，它一直要保持到调用了 clearerr 或 rewind 函数，或该流被关闭为止。

如果一个文件读或写错误被检测到，该函数返回非零值；如果没有错误，该函数返回 0。

【例 8-38】 ferror 函数的使用。完整的程序需包含 stdio.h 头文件。

```
FILE *fp;
fp = fopen ( "ABC.TXT" , "w" ) ;                       /* 为写打开一个文件 */
( void ) getc ( fp ) ;                                 /* 通过试图读强迫发生出错情况 */
if ( ferror ( fp ) )                                   /* 检测该流是否出错 */
{
    printf ( "Error reading from ABC.TXT\n" ) ;        /* 显示一个错误信息 */
    clearerr ( fp ) ;                                  /* 复位该错误和 EOF 标记 */
}
fclose ( fp ) ;
```

运行结果：

```
Error␣reading␣from␣ABC.TXT
```

8.3.7 fflush（刷新流）函数

函数声明：int　fflush (FILE　*stream)；

若 stream 联结着一个为写操作打开的文件，调用 fflush 函数将使输出缓冲区的内容被实际地写入该文件。如果 stream 指向一个输入文件，则输入缓冲区中的内容被清除。在这两种情况下，文件仍保持打开状态。如果刷新成功，该函数返回 0；当出错时，返回 EOF（即-1）。

在程序正常结束或者缓冲区存满时，缓冲区中的内容会自动地全部写入文件并刷新该缓冲区。关闭一个文件也会把缓冲区中的内容全部写入文件。

【例 8-39】 fflush 函数的使用。完整的程序需要包含 string.h、stdio.h、conio.h 和 io.h 等头文件。

```
void　flush ( FILE　*stream ) ;
void　main( void )
{
    FILE　*stream ;
    char　msg[ ] = "This is a test" ;
    stream = fopen ( "ABC.TXT" , "w" ) ;     /* 建立一个文件 */
    fwrite ( msg , strlen ( msg ) , 1 , stream ) ;  /* 向该文件写一些数据 */
    clrscr ( ) ;                             /* 清屏 */
    printf ( "Press any key to flush ABC.TXT:" ) ;
    getch ( ) ;
    flush ( stream ) ;                       /* 刷新数据到 ABC.TXT 而没有关闭该文件 */
    printf ( "\nFile was flushed, Press any key to quit:" ) ;
```

```
    getch ( ) ;
}
void   flush ( FILE   *stream )
{
    int   duphandle;
    fflush ( stream ) ;                          /* 刷新该流的内部缓冲区 */
    duphandle = dup ( fileno ( stream ) ) ;      /* 产生一个备份的文件句柄 */
    close ( duphandle ) ;                        /* 关闭该备份的文件句柄以便刷新 DOS 缓冲区 */
}
```

运行结果：

```
Press␣any␣key␣to␣flush␣ABC.TXT:
File␣was␣flushed, ␣Press␣any␣key␣to␣quit:
```

8.3.8 fgetc（读字符）函数

函数声明：int fgetc (FILE *stream) ;

fgetc 函数从指定输入流的当前位置返回一个字符，并将当前文件位置指针增 1，它是 getc 宏的函数版本。如果成功，该函数返回所读取的字符，然后将其转换成没有符号扩展的整型数；当到达文件尾或出错时，返回 EOF（即-1）。

【例 8-40】 fgetc 函数的使用。完整的程序需要包含 string.h、stdio.h 和 conio.h 3 个头文件。

```
FILE   *fp;
char   s[ ] = "This is a test" , ch ;
fp = fopen ( "ABC.TXT" , "w+" ) ;          /* 为更新打开一个文件 */
fwrite (s , strlen ( s ) , 1, fp ) ;       /* 将字符串写入该文件 */
fseek ( fp , 0 , SEEK_SET ) ;              /* 将文件当前位置指针指向文件的开头 */
while ( ( ch = fgetc ( fp ) ) != EOF )     /* 从文件读一个字符 */
putch ( ch ) ;                             /* 若不是 EOF，则显示该字符 */
printf ( "\n" ) ;   fclose ( fp ) ;
```

运行结果：

```
This␣is␣a␣test
```

8.3.9 fgetchar（读字符）函数

函数声明：int fgetchar (void) ;

fgetchar 函数不是由 ANSI C 标准定义的。该函数从 stdin（标准输入设备，即键盘）获得一个字符。该函数的功能相当于 fgetc(stdin)，详细情况请参阅 fgetc()函数。如果成功，该函数返回所读取的字符，然后将其转换成没有符号扩展的整型数；当到达文件尾或出错时，返回 EOF（即-1）。

【例 8-41】 fgetchar 函数的使用。完整的程序需要包含 stdio.h 头文件。

```
char   ch ;
```

```
printf ( "Enter a character followed by <Enter>: " ) ;          /* 提示用户输入 */
ch = fgetchar ( ) ;                                             /* 从 stdin 读一个字符 */
printf ( "The character read is: '%c'\n" , ch ) ;               /* 显示所读字符 */
```

运行结果：

```
Enter␣a␣character␣followed␣by␣<Enter>:␣A↙
The␣character␣read␣is: ␣'A'
```

8.3.10 fgetpos（获得文件当前位置指针）函数

函数声明：int fgetpos (FILE *fp, fpos_t *pos) ;

fgetpos 函数用于获得文件当前位置指针的值。其中 fpos_t 是在 stdio.h 中定义的新类型名，实际就是 long 型。该函数把与 fp 联结的流的文件当前位置指针的值保存到 pos 所指向的 fpod_t（即 long）型变量中，以便以后需要时用 fsetpos 函数及该值来设置文件当前位置指针。如果成功，该函数返回 0；当出错时，返回一个非零值并把 errno 设置为 EBADF 或 EINVAL。

【例 8-42】 fgetpos 和 fsetpos 函数的使用。完整的程序需要包含 stdlib.h、stdio.h 等头文件。

```
void   showpos ( FILE   *stream ) ;
void   main ( void )
{
    FILE   *fp ;
    fpos_t   filepos ;
    fp = fopen ( "ABC.txt" , "w+" ) ;        /* 为更新打开一个文件 */
    fgetpos ( fp , &filepos ) ;              /* 存储文件当前位置指针对应值到 filepos 变量中 */
    fprintf ( fp , "This is a test" ) ;      /* 把一些数据写到文件中 */
    showpos ( fp ) ;                         /* 显示当前文件位置 */
    if ( fsetpos ( fp , &filepos) == 0)   showpos(fp); /* 设置一个新的文件位置并显示它 */
    else
    {
        fprintf ( stderr , "Error setting file pointer.\n" ) ;
        exit ( 1 ) ;
    }
    fclose ( fp ) ;                          /* 关闭该文件 */
}
void   showpos ( FILE *stream )
{
    fpos_t   pos;
    /* 显示一个流的文件当前位置指针的对应值 */
    fgetpos ( stream , &pos ) ;
    printf ( "File position: %ld\n" , pos ) ;
}
```

运行结果：

```
File␣position: ␣14
File␣position: ␣0
```

8.3.11 fgets（从流读字符串）函数

函数声明：char *fgets (char *s, int n, FILE *fp) ;

fgets 函数用于从一个流读取一个字符串，并把读取的字符串存储到 s 指向的字符数组中。当它或者读取了 n-1 个字符，或者遇到了换行符，无论哪个首先出现，都会停止读取。在 s 的结尾处将保留该换行符，并在字符串的最后添加一个空字节（即'\0'字符）作为字符串结束标志。如果成功，该函数返回由 s 所指向的字符串的指针；当文件结束或出错时，返回 NULL，即空指针。

【例 8-43】 fgets 函数的使用。完整的程序需要包含 string.h、stdio.h 几个头文件。

```
FILE *fp;
char  s[ ] = "This is a test." ;
char  s1[20] ;
fp = fopen ( "ABC.TXT" , "w+" ) ;         /* 为更新打开一个文件 */
fwrite ( s , strlen ( s ) , 1 , fp ) ;   /* 将 s 数组中字符串写入文件中 */
fseek ( fp , 0 , SEEK_SET ) ;            /* 找到文件的开始位置 */
fgets ( s1, strlen(s)+1 , fp ) ;         /* 从该文件读一个字符串 */
printf ( "%s\n" , s1 ) ;                 /* 显示所读取的字符串 */
fclose ( fp )   ;
```

运行结果：

```
This␣is␣a␣test.
```

8.3.12 fileno（获得文件句柄）函数

函数声明：int fileno (FILE *fp) ;

fileno 函数不是由 ANSI C 标准定义的。该函数实际是一个宏，它返回与 fp 相联结的流的文件句柄。如果流有多于一个的句柄，则 fileno 返回首先被打开并赋予流的句柄。

该函数返回一个与流联结的文件句柄整数。

【例 8-44】 fileno 函数的使用。完整的程序需要包含 stdio.h 头文件。

```
FILE  *fp ;
int  handle ;
fp = fopen ( "ABC.TXT" , "w" ) ;                  /* 建立一个文件 */
handle = fileno ( fp ) ;                          /* 获得与该流相联结的文件句柄 */
printf ( "handle number: %d\n" , handle ) ;       /* 显示句柄数值 */
fclose ( fp ) ;                                   /* 关闭该文件 */
```

运行结果：

```
handle␣number: ␣7
```

8.3.13 flushall（刷新所有打开的流）函数

函数声明：int　flushall (void) ;

flushall 函数不是由 ANSI　C 标准定义的。该函数清除与打开的输入流相联结的所有缓冲区，并把与打开的输出流相联结的所有缓冲区的内容分别写到它们相应的文件中。在 flushall 后的任何读操作将从输入文件读取新的数据到缓冲区。在 flushall 执行后，流仍保持打开。

该函数返回一个整数，即打开的输入和输出流的个数。

【例 8-45】 使用 flushall 函数刷新所有的流。完整的程序需要包含 stdio.h 头文件。

```
FILE    *fp;
fp = fopen ( "ABC.TXT" , "w" ) ;                              /*  建立一个文件  */
printf ( "%d streams were flushed.\n" , flushall ( ) ) ;      /*  刷新所有打开的流  */
fclose ( fp ) ;                                               /*  关闭该文件  */
```

运行结果：

```
6␣streams␣were␣flushed.
```

8.3.14 fopen（打开一个流）函数

函数声明：FILE　*fopen (char *filename ,　char　*mode) ;

fopen 函数打开一个 filename 指向的文件并用它联结一个流。该函数返回一个指向该流的指针，该指针在接着发生的操作中用来标识该流。参数 filename 必须是一个字符串常量或指向一个字符串，它由一个有效的文件名组成，还可以带路径说明。允许在该流上做什么类型的操作由打开方式 mode 来决定。表 8-2 给出了可使用的打开文件的方式。

表 8-2　打开文件的方式

mode	含　义
"r"或"rt"	以只读方式打开一个文本文件
"w"或"wt"	以只写方式建立一个文本文件，如果指定文件已存在，它将被覆盖
"a"或"at"	打开一文本文件在文件尾添加，如果文件不存在，则为写建立该文件
"rb"	以只读方式打开一个二进制文件
"wb"	以只写方式打开一个二进制文件。如果指定文件已存在，它将被覆盖
"ab"	打开一个二进制文件在文件尾添加。如文件不存在，则为写建立该文件
"r+"或"rt+"	打开一个已存在的文本文件用于更新（读和写）
"w+"或"wt+"	建立一个新文本文件用于更新（读和写）。如果指定文件已存在，它将被覆盖
"a+"或"at+"	打开一个文本文件在文件尾更新，或如果该文件不存在则建立该文件
"rb+"	打开一个已存在的二进制文件用于更新（读和写）
"wb+"	建立一个新二进制文件用于更新（读和写）。如果指定文件已存在，它将被覆盖
"ab+"	打开一个二进制文件在文件尾更新，或如果该文件不存在则建立该文件

当打开成功时，该函数返回一个新的被打开的流的指针；当出错时，返回 NULL，即空指针。

如表 8-2 所示，一个文件可以以文本或二进制两种方式之一打开。在文本方式中，输入时回车换行将被转换为换行符；输出时再将换行符转换为回车换行符。而在二进制文件中，则不进行这种转换。

还有，当一个文件为更新而打开时，则在该流上输入和输出两者都可以进行。但是输出不能直接地跟在输入的后边进行而中间没有插入 fseek 或 rewind。同样，输入也不能直接地跟在输出的后边进行而中间没有插入 fseek 或 rewind，或一个输入遇到了文件尾也是错误的。

【例 8-46】 建立 ABC.TXT 文件的备份。完整程序需包含 stdio.h 头文件。

```
FILE   *in , *out ;
if ( ( in = fopen ( "ABC.TXT" , "r" ) ) == NULL )
{
    fprintf ( stderr , "Cannot open input file.\n" ) ;
    return 1 ;
}
if ( ( out = fopen ("ABC.BAK" , "w" ) ) == NULL )
{
    fprintf ( stderr , "Cannot open output file.\n" ) ;
    return 1 ;
}
while ( !feof ( in ) )
    fputc ( fgetc ( in ) , out ) ;
fclose ( in ) ;
fclose ( out ) ;
```

8.3.15 fprintf（格式输出到流）函数

函数声明：int fprintf (FILE *fp， char *format , [参数表列]) ;

fprintf 函数计算参数列表中各个参数表达式的值，并以 format（格式控制串）所指定的格式输出到 fp 所指向的流中去。当成功时，该函数返回实际输出的字符的个数；当出错时，返回 EOF。

格式控制串的作用与 printf 函数中的相同，详细情况请参看 printf 函数。

【例 8-47】 fprintf 函数的使用。完整的程序需要包含 stdio.h 头文件。

```
FILE   *fp ;
int    i = 100 ;
char   c = 'A' ;
float  f = 1.2345678 ;
fp = fopen ( "ABC.TXT" , "w+" ) ;          /* 为更新（即读写）打开一个文件 */
fprintf (fp , "%d %c %f" , i , c , f ) ;    /* 把一些数据写入该文件 */
fclose ( fp ) ;                            /* 关闭该文件 */
```

8.3.16 fputc（输出字符到流）函数

函数声明：int fputc (int ch, FILE *fp) ;

fputc 函数把字符 ch 输出到 fp 所指向的流的当前位置，并使该文件的位置指针增 1。由于历史原因，ch 被声明为一个整型量，但在调用时，用户可以用字符做实参来使用，此时，字符型实参被转换成整型量传递给形参，再由 fputc 函数将其转换为一个无符号字符后输出到流中。当成功时，该函数返回所写的字符；当出错时，返回 EOF。对于二进制文件，由于 EOF 可能是有效字符，这样就必须使用 ferror 函数来判断是否确实出现了错误。

【例 8-48】 fputc 函数的使用。其中，stdout 是指向标准输出设备（即显示器）的流文件的指针。

```
#include <stdio.h>
void main ( void )
{
    char s[] = "I am a student." ;
    int   i = 0 ;
    while ( s[i] )
    {
    fputc ( s[i] , stdout ) ;
    i++ ;
    }
    fputc ( '\n' , stdout ) ;
}
```

运行结果：

```
I␣am␣a␣student.
```

8.3.17 fputchar（输出字符到屏幕）函数

函数声明：int   fputchar (int   ch) ;

fputchar 函数不是由 ANSI   C 标准所定义的。该函数把字符 ch 输出到 stdout 所指向的流（即屏幕的当前光标处），并使光标移到下一个位置。调用 fputchar(ch)函数在功能上与调用 fputc(ch，stdout)函数等价。当成功时，该函数返回所写的字符；当出错时，返回 EOF。对于二进制文件，由于 EOF 可能是有效字符，这样就必须使用 ferror 函数来判断是否确实出现了错误。

【例 8-49】 fputchar 函数的使用。完整的程序需要包含 stdio.h 头文件。

```
char   s[ ] = "This is a test." ;
int  i ;
for ( i = 0 ; s[i] ; i++ ) fputchar ( s[i] ) ;
fputchar ( '\n' ) ;
```

运行结果：

```
This␣is␣a␣test.
```

8.3.18 fputs（输出字符串到流）函数

函数声明：int   fputs (char   *s,   FILE   *fp) ;

fputs 函数把 s 所指向的字符串输出（即复制）到与 fp 联结的流。注意，这是里不写入字符串中的结束标志（即'\0'字符）。当成功时，该函数返回所写的最后一个字符；当出错时，返回 EOF。

对于文本文件，会对有些字符进行翻译操作，所以字符串和文件内容可能没有一一对应关系。而对于二进制文件，输出时不发生字符翻译，字符串与文件内容之间则存在一一对应的映射关系。

【例 8-50】 fputs 函数的使用。其中，stdout 是指向标准输出设备（即显示器）的流文件的指针。完整的程序需要包含 stdio.h 头文件。

```
int n;
n = fputs ( "I am a boy.\n" , stdout ) ;        /* 将一字符串写到屏幕 */
printf ( "%d\n" , n ) ;                         /* 输出 fputs 函数的返回值 */
```

运行结果：

```
I␣am␣a␣boy.
10
```

8.3.19 fread（从输入流读数据）函数

函数声明：unsigned fread (void *p , unsigend size , unsigned n , FILE *fp) ;

fread 函数从 fp 所指向的输入流中读取大小为 size 字节的 n 个数据项到以 p 为首地址的块（block）中，同时使文件的当前位置指针随着所读取的字符数而增加。其中，参数 p 指向存放所读数据的那个块；参数 size 为要读的每一项数据的长度，以 B（字节）为单位；参数 n 为要读取的数据项的个数；参数 fp 指向输入流。当成功时，该函数返回实际读取的数据项（不是字节）的个数；当到达文件尾或出错时，返回一个短的计数（可能为 0）。

若输入流是以文本文件方式打开的，回车换行就自动转换为换行符。

【例 8-51】 fread 函数的使用。其中，stderr 是指向标准出错设备（即显示器）的流文件的指针。完整的程序需包含 string.h 和 stdio.h 两个头文件。

```
FILE   *fp ;
char   a[ ] =  "this is a example." ;
char   s[80] ;
if ( ( fp = fopen ("ABC.TXT" , "w+" ) ) == NULL )
    fprintf ( stderr , "Cannot open output file.\n" ) ;
else
{
    fwrite ( a , strlen(a)+1 , 1 , fp ) ;       /* 向文件写一些数据 */
    fseek ( fp , SEEK_SET , 0 ) ;               /* 找到该文件的开头 */
    fread ( s , strlen(a)+1 , 1 , fp ) ;        /* 将数据读到 s 数组中 */
    printf ( "%s\n" , s ) ;                     /* 显示 s 数组中的字符串 */
    fclose ( fp ) ;
}
```

运行结果：

this␣is␣a␣example.

8.3.20 freopen（重新打开文件）函数

函数声明：FILE *freopen (char *filename , char *mode , FILE *fp) ;

freopen 函数的作用是用一个新打开的文件来代替一个已存在的流，同时关闭已存在的流。其中，参数 filename 指向新文件名；参数 mode 给出打开文件的方式；参数 fp 指向准备用新文件代替的已存在的流。freopen 函数的主要用途是把系统定义的文件 stdin、stdout 和 stderr 重定向到其他文件。当操作成功时，该函数返回一个指向该流的指针；当出错时，返回一个 NULL（空指针）。

【例 8-52】 freopen 函数的使用。其中，stdout 是指向标准输出设备（即显示器）的流文件的指针。完整的程序需要包含 stdio.h 头文件。

```
freopen("OUTPUT.TXT", "w", stdout) ;          /* 把标准输出重定向到 OUTPUT.TXT 文件 */
printf("This will go into a file.");          /* 将字符串输出到文件中 */
fclose(stdout);                               /* 关闭标准输出流 */
```

8.3.21 fscanf（格式化读文件）函数

函数声明：int fscanf (FILE *fp , char *format [, 地址表列]) ;

fscanf 函数的作用与 scanf 函数很相似，只是它从 fp 指向的流中读取数据，而不是从 stdin 指向的流（一般指键盘）中读取。详细说明请参看 scanf 函数。

该函数返回实际被赋值的参数的个数，该值不包括读入但没有被赋值的字段。当试图去读文件尾出错时，返回 EOF。

【例 8-53】 使用 fscanf 函数去实现 scanf 函数的功能。其中，stdin 是指向标准输入设备（即键盘）的流文件的指针。完整的程序需包含 stdlib.h 和 stdio.h 两个头文件。

```
int  i ;
printf ( "Input an integer: " ) ;
if ( fscanf ( stdin , "%d" , &i ) )   /* 从键盘读入一个整数 */
    printf ( "The integer read was: %i\n" , i ) ;
else
    fprintf ( stderr , "Error reading an integer from stdin.\n" ) ;
```

运行结果：

```
Input␣an␣integer: ␣-31356
The␣integer␣read␣was: ␣-31356
```

8.3.22 fseek（改变文件位置指针）函数

函数声明：int fseek (FILE *fp , long offset , int origin) ;

fseek 函数按照 offset（偏移量）和 origin（起始位置）的值来设置与 fp 相联结的流的文件当前位置指针，它的主要功能是支持 I/O 的随机访问操作。偏移量是从起始位置到要确定的新位置之间的字节数。Origin 的值可以是 0（SEEK_SET，即文件开头）、1（SEEK_CUR，即当前位置）或 2（SEEK_END，即文件尾）。对于文本方式的流，offset 应该是 0 或由 ftell 函数返回的一个值。

对一个以更新（输入/输出）方式打开的文件，fseek 操作之后，下一个操作往往不是输入，就是输出。

fseek 抛弃使用 ungetc 压回的任何字符。fseek 用于流式 I/O，对于文件句柄 I/O 则使用 lseek。

当成功时，fseek 函数返回 0；当失败时，返回一个非零值，仅当对一个没有打开的文件或设备进行 fseek 操作时，fseek 返回一个错误代码。

【例 8-54】 使用 fseek 函数求文件的长度。完整的程序需要包含 stdio.h 头文件。

```
FILE   *fp ;
long curpos , length ;
fp = fopen ( "MYFILE.TXT" , "w+" ) ;
fprintf ( fp , "This is a test." ) ;
curpos = ftell ( fp ) ;
printf ( "curpos = %ld\n" , curpos ) ;
fseek ( fp , 0L , SEEK_END ) ;
length = ftell ( fp ) ;
printf ( "Filesize is %ld bytes\n" , length ) ;
fseek ( fp , curpos , SEEK_SET ) ;
fclose ( fp ) ;
```

运行结果：

```
curpos␣=␣15
Filesize␣is␣15␣bytes
```

8.3.23 fsetpos（定位文件位置指针）函数

函数声明：int fsetpos (FILE *fp , long *pos) ;

fsetpos 函数把与 fp 联结的流的文件当前位置指针设置到一个新的位置，这个新位置是由先前对这个流调用 fgetpos 所获得的值。fsetpos 还清除该流文件的文件尾指示器，并撤销在该文件上的任何 ungetc 操作。调用一个 fsetpos 函数后，在该文件上的下一个操作往往是输入或者输出。当成功时，该函数返回 0；当出错时，该函数返回一个非零值，并将 errno 设置为非零值。

fsetpos 函数的使用可参看 fgetpos 函数的举例。

8.3.24 _fsopen（文件共享打开）函数

函数声明：FILE *_fsopen (char *filename , char *mode , int shflg) ;

_fsopen 函数不是 ANSI C 标准定义的。该函数打开一个文件并使它和一个流联结。该函数返回一个指针，该指针用来在对该流接着发生的操作中标识这个流。参数 filename 为函数要打开的那个文件名；参数 mode 为字符指针，一般为字符串，用来定义打开文件方式（"r"，"w"，"a"，"r+"，"w+"，"a+"，等等）；参数 shflg（共享标志）规定打开的文件允许文件共享的类型。用于 shflg 的符号常量在 share.h 中定义，这些符号常量的含义如表 8-3 所示。

表 8-3　共享标志的符号常量

符号常量	含　义
SH_COMPAT	设置并存性方式：只允许其他的进程也用该方式打开，否则调用将失败
SH_DENYNONE	允许读/写访问。允许其他共享打开该文件，但不能以 SH_COMPAT 方式打开
SH_DENYNO	允许读/写访问（为并存提供）
SH_DENYRD	拒绝读访问。对于来自任何其他的对该文件的打开，只允许写操作
SH_DENYRW	拒绝读/写访问。仅当前句柄可访问该文件
SH_DENYWR	拒绝写访问。对于来自任何其他的对该文件的打开，只允许读操作

这些文件共享属性（attributes）被加到该文件，正在锁定的文件除外。

当成功时，_fsopen 函数返回一个指向新打开的流的指针；当出错时，返回 NULL（空指针）。

【例 8-55】 _fsopen 函数的使用。完整程序需包含 io.h、share.h 和 stdio.h 几个头文件。

```
FILE   *fp ;
int   status ;
fp = _fsopen ( "ABC.TXT" , "r" , SH_DENYNO ) ;
if ( fp == NULL ) printf ( "_fsopen failed.\n" ) ;
else
{
    status = access ( "ABC.TXT " , 6 ) ;
    if ( status == 0 )   printf ( "read/write access allowed.\n" ) ;
    else    printf ( "read/write access not allowed.\n" ) ;
    fclose ( fp ) ;
}
```

运行结果：

```
read/write␣access␣allowed.
```

8.3.25　ftell（测文件当前位置指针）函数

函数声明：long　ftell (FILE　*fp) ;

ftell 函数为所制定的流返回文件位置指针的当前值，这个值是文件位置指针从该文件开头算起的字节数。当成功时，ftell 函数返回文件当前位置指针的位置；当失败时，返回-1L 并将 errno 设置为某一个正值。

【例 8-56】 使用 ftell 函数测文件当前位置指针。完整的程序需要包含 stdio.h 头文件。

```
FILE   *fp ;
fp = fopen ( "ABC.TXT" , "w+" ) ;
fprintf ( fp , "This is a test." ) ;
printf ( "The file pointer is at byte %ld!\n" , ftell ( fp ) ) ;
fclose ( fp ) ;
```

运行结果：

```
The␣file␣pointer␣is␣at␣byte␣15!
```

8.3.26　fwrite（写到流）函数

函数声明：unsigned　fwrite (void *p, unsigned size, unsigned n, FILE *fp) ;

fwrite 函数把以 p 为开始地址的大小为 size 字节的 n 个数据项写到 fp 所指向的流中去。其中，参数 p 可指向任何对象，它给出被写数据的起始地址；size 指出要写的每个数据项的长度（字节数）；n 指出要写的数据项的个数；fp 用来指定输出文件。调用 fwrite 函数被输出的字节总数是 n*size。当成功时，fwrite 函数返回实际输出的数据项数（不是字节数）；当失败时，返回-1L 并将 errno 设置为某一个正值。

【例 8-57】 fwrite 函数的使用。完整的程序需要包含 stdio.h 头文件。

```
struct mystru
{
    int   i ;
    char   ch ;
} ;
void   main ( void )
{
    FILE   *fp ;
    int   n , i ;
    struct mystru s[4];
    fp = fopen ( "TEST.$$$" , "wb" ) ;                    /*  打开文件 TEST.$$$ */
    for( n = 0 ; n < 4 ; n++ )
    {
          s[n].i = n ;
          s[n].ch = 'A' + n ;
    }
    i = fwrite ( &s , sizeof ( struct mystru ) , n , fp ) ;          /*  将结构体数组写到文件  */
    printf ( "i = %d, total = %d bytes\n" , i , i*sizeof (struct mystru ) ) ;
    fclose ( fp ) ;   /*  关闭文件  */
}
```

运行结果：

```
i␣=␣4, ␣total␣=␣12␣bytes
```

8.3.27　getc（从流读字符）函数

函数声明：int　getc (FILE　*fp) ;

getc 函数实际是一个宏，它返回给定的输入流中文件当前位置指针所指向的字符，并使该文件位置指针增 1 而指向下一个字符。当成功时，getc 返回所读字符，然后将其转换为整型量，且不进行符号扩展；当出错或处于文件尾时，返回 EOF。

【例 8-58】 getc 函数的使用。完整程序需包含 stdio.h 头文件。

```
char   ch ;
printf ( "Input a character: " ) ;
ch = getc ( stdin ) ;   /*  从标准输入流（键盘）读一个字符  */
printf ( "The character input was: '%c'\n" , ch ) ;
```

运行结果：

```
Input␣a␣character: ␣X
The␣character␣input␣was: ␣'X'
```

8.3.28 getchar（从键盘读字符）函数

函数声明：int   getchar (void) ;

getchar 函数实际是定义为 getc(stdin)的一个宏，它返回标准输入流 stdin 中的当前位置指针所指向的字符，并使该文件位置指针增 1 而指向下一个字符。当成功时，getchar 返回所读字符，然后将其转换为整型量，且不进行符号扩展；当出错或处于文件尾时，返回 EOF。

【例 8-59】 getchar 函数的使用。注意，由于 getchar 函数是从 stdin（标准输入设备，即键盘）读取数据，它是行缓冲的，这就意味着通过键盘键入时直到按<Enter>键之前它将没有返回。

```
#include <stdio.h>
void   main( void )
{
    char   c ;
    while ((c = getchar ( ) ) != '\n' )
        printf ( "%c" , c ) ;
}
```

运行结果：

```
Turbo␣C++␣3.0↙
Turbo␣C++␣3.0
```

8.3.29 gets（从键盘读字符串）函数

函数声明：char   *gets (char   *s) ;

gets 函数从标准输入设备 stdin 读取以换行符终止的字符串并把它放到 s 中。gets 用一个空字符（'\0'）来代替换行符；它还允许读入的字符串中含有某些空白字符（空格符、Tab 符）。当 gets 遇到一个换行符时则返回；直到换行符之前的每一个字符被复制到 s 中。该函数读取字符的个数没有限制，所以应保证 s 所指向的字符数组足够大。当成功时，gets 返回字符串参数 s；当出错或处于文件尾时，返回 NULL（空指针），由于两种情况下都返回 NULL，所以应使用 feof 和 ferror 函数去确定属于哪种情况。

【例 8-60】 gets 函数的使用。完整程序需包含 stdio.h 头文件。

```
char   s[80] ;
printf ( "Input a string:" ) ;
gets ( s ) ;
```

```
printf ( "The string input was: %s\n" , s ) ;
```

运行结果：

```
Input␣a␣string:Yes,I␣see!
The␣string␣input␣was: ␣Yes,I␣see!
```

8.3.30 getw（从流读整数）函数

函数声明：int getw (FILE *fp) ;

getw 函数不是 ANSI C 标准定义的。getw 从命名的输入流中读取一个整数，并适当增加文件当前位置指针。getw 适用于以二进制方式打开的文件，不适用于以文本方式打开的文件。当成功时，getw 返回从与 fp 联结的输入流中读取的整数；当出错或处于文件尾时，返回 EOF。由于 EOF 可能是一个合理的整数值，所以应使用 feof 去检测是否到了文件尾，或者使用 ferror 去检测是否出错。

【例 8-61】 getw 函数的使用。完整的程序需要包含 stdlib.h、stdio.h 两个头文件。

```
#define  FNAME  "test.$$$"
void  main ( void )
{
    FILE  *fp;
    int  word ;
    fp = fopen ( FNAME , "wb" ) ;
    if ( fp == NULL )
    {
            printf ( "Error opening file %s!\n" , FNAME ) ;
            exit (1) ;
    }
    word = -12345 ;
    putw ( word , fp ) ;                    /* 向文件写一个字 */
    if ( ferror ( fp ) )  printf ( "Error writing to file!\n" ) ;
    else  printf ( "Successful write.\n" ) ;
    fclose ( fp ) ;
    fp = fopen ( FNAME , "rb" ) ;           /* 重新以二进制只读方式打开该文件 */
    if ( fp == NULL )
    {
            printf ( "Error opening file %s!\n" , FNAME ) ;
            exit (1) ;
    }
    word = getw ( fp ) ;                    /* 提取该字 */
    if ( ferror ( fp ) )  printf ( "Error reading file!\n" ) ;
    else  printf ( "Successful read: word = %d\n" , word ) ;
    fclose ( fp ) ;
    unlink ( FNAME ) ;
}
```

运行结果：

```
Successful␣write.
```

```
Successful␣read: ␣word␣=␣-12345
```

8.3.31 perror（打印系统错误信息）函数

函数声明：void perror (char *s);

perror 函数把最近库程序出错的系统错误信息打印到 stderr 流（通常是控制台，即 console）中。它输出参数 s，一个冒号“:”，与 errno 的当前值相一致的错误信息，然后是换行。通常传递这个程序的文件名作为参数 s，使用 sys_errlist 去访问出错信息字符串的数组。可使用 errno 作为该数组的下标以找到与错误号相一致的字符串。这些字符串不包含换行字符。perror 函数没有返回值。由于 EOF 可能是一个合理的整数值，所以应使用 feof 去检测是否到了文件尾，或者使用 ferror 去检测是否出错。sys_nerr 含有在 sys_errlist 数组中输入的错误信息字符串的个数。

【例 8-62】 perror 函数的使用。完整的程序需要包含 stdio.h 头文件。

```
FILE *fp;
fp = fopen ( "perror.dat" , "r" );
if ( !fp )
    perror ( "Unable to open file for reading" );
```

运行结果：

```
Unable␣to␣open␣file␣for␣reading: ␣No␣such␣file␣or␣directory
```

8.3.32 printf（格式输出）函数

函数声明：int printf (char *format [, 参数表列]);

printf 函数按照格式控制串 format 给出的格式和顺序把参数列表中的各个参数（即各个输出项）写到 stdout 流（即屏幕）中去。

format 指向的串由两类内容组成。第一类为普通字符，它们将按照出现的位置被原样输出到屏幕中去。第二类是格式说明，用来定义各参数的显示格式。格式字符串中的第一个格式说明及其出现的位置控制参数表列中第一个参数的输出格式和位置，第二个格式说明及其出现的位置控制参数表列中第二个参数的输出格式和位置……，以此类推。每一个格式说明以%开头，以一个类型符结束，中间可以插入附加的修饰符。格式说明的形式如下：

```
% [flags] [width] [.prec] [F|N|h|l|L] 类型符
```

下面对格式说明中的各组成成分分别加以说明。

1. 转换类型符（Conversion-Type Characters）

转换类型符简称“类型符”，类型符规定以哪种数据类型的格式输出数据。在 Turbo C 中常用的类型符在表 8-4 中给出。在该表中的信息是基于假设在格式说明中不包括标志符、宽度符、精度符或类型修饰符的情况给出的。需要指出，浮点数的值如果是无穷大（infinite），则输出+INF 或-INF。例如，语句 printf("%f",3.2/0);将输出+INF。如果用一个数值类型符输出一个非数值（Not-A-Number）数据，将输出+NAN 或-NAN。

表 8-4 printf 函数的格式说明

格 式 符	期望参数类型	输 出 格 式
%d	整数	带符号的十进制整数
%i	整数	带符号的十进制整数
%o	整数	无符号八进制整数
%u	整数	无符号十进制整数
%x	整数	无符号十六进制整数（用 a，b，c，d，e，f）
%X	整数	无符号十六进制整数（用 A，B，C，D，E，F）
%f	浮点数	带符号的浮点十进制数，格式为[-]dddd.dddd
%e	浮点数	带符号的指数格式，格式为[-]d.dddd e [+/-]ddd
%g	浮点数	使用%f 或%e 较短者
%E	浮点数	同%e，用 E 代替其中的 e
%G	浮点数	同%g，若以指数格式输出，则用 E 代替 e
%c	字符	单个字符
%s	字符指针	输出字符串
%%	无	输出百分号%
%n	整型指针	相联结的参数应是一个整型指针，所指变量存放已写字符的个数
%p	指针	输出指针，形式为 XXXX:YYYY 或 YYYY（仅偏移量），取决于存储模式

2．标志符（flag character(s)）

标志符为可选项，用来控制输出对齐、数符、小数点、尾随零、八进制和十六进制前缀。标志符可以以任何顺序和组合出现。下面分别加以叙述。

1）-（减号，minus）标志符。使结果左对齐，右补空格。如果未给出，则结果右对齐，左补 0 或空格。

2）+（加号，plus）标志符。使符号转换的结果总是以一个加号“+”或减号“-”开头。

3）“␣”（空格，blank）标志符。使结果如果为非负值，输出以“␣”而不是“+”开头；负值仍以“-”开头。

4）“#”标志符规定要使用一个替换形式转换参数。“#”标志符对不同的类型说明符的作用不同。它对 c、s、d、i、u 类型符没有作用；对 o 类型符的作用是对非 0 参数加前导 0；对 x 或 X 的作用是加前导 0x 或 0X；对 e、E、f 的作用是：结果总是含有一个小数点，即使小数点后面没有数字；通常，只有当一个数字后跟一个小数点时，它才在结果中显示出来；对 g、G 类型符的作用与 e 和 E 相同，但尾随 0 不被删除。

需要指出，当“+”和“␣”两个标志符同时给出时，“+”比“␣”优先。

3．宽度符（Width specifier）

宽度符也是可选项，用来控制输出字符的最少数目，用空格和 0 填补。它用来设置一个输出值的最小宽度，宽度以两种方法之一来规定：一是通过一个十进制数字串直接设定，二是通过一个星号“*”（asterisk）间接设定。如果用“*”作宽度符，则该调用中的下一个参数（必须是 int 型）规定了最小输出字段宽度。没有或小的字段宽度不会引起一个字段的截断。如果一个转换的结果宽于该字段宽度，该字段被扩展到转换结果的宽度。具体有如下 3

种情况。

1）n（n 为十进制数字串）宽度符。控制至少输出 n 个字符。如果输出值少于 n 个字符，则用空格补齐（如果给出“-”标志符，则右补空格，此外为左补空格）。

2）0n（n 前面有个零）宽度符。控制至少输出 n 个字符。如果输出值少于 n 个字符，则在其左边用 0 补齐。

3）*（asteriisk）宽度符。参数表提供宽度符，它必须在实际参数之前被格式化。

4．精度符（Precision specifier）

精度符也是可选项，它控制输出的最大字符数。对于整数（integers），它控制输出的最小整数位数。精度符总是用一个“.”（period）开始，以便与它前面的任何一个宽度符分开。于是，类似宽度符，精度用两种方法之一来规定：一是通过一个十进制数字串直接设定；二是通过一个星号“*”（asterisk）间接设定。如果使用一个“*”作精度符，则该调用中的下一个参数（看作 int 型）规定了该输出的精度。如果使用星号“*”作为宽度符或精度符，或两者都用“*”，宽度参数必须紧跟在说明符的后面，之后是精度参数，然后是要被转换的数据的参数。精度符具体有以下 4 种情况。

1）没有。此时精度设置为缺省值：对于 d、i、o、u、x、X 类型，精度为 1；对于 e、E、f 类型，精度为 6，即输出 6 位小数；对于 g、G 类型，精度为所有有效数字；对于字符串，输出到第一个'\0'字符；对于 c 类型无效。

2）0 精度符。对于 d、i、o、u、x、X 类型，精度设置为缺省值；对于 e、E、f 类型，不输出小数点。

3）.n 精度符。对于 d、i、o、u、x、X 类型，至少输出 n 位。如果输出值少于 n 位，将左补 0，若多于 n 位，则输出值不被截断；对于 e、E、f 类型，输出 n 位小数，且最后一位是四舍五入的结果；对于 g、G 类型，输出最多 n 位有效数字；对 c 类型无效，对 s 类型，输出不多于 n 个字符。

4）*精度符。由参数表提供精度符，它必须在实在参数之前被格式化。

对于 d、i、o、u 或 x 等整数格式，如果精度符为“.0”，同时结果值也为 0，则输出字段将是空格。

5．大小修饰符（Size Modifiers）

大小修饰符主要有 F、N、h、l 和 L 5 种，这些修饰符用于取代默认情况，指明 printf 函数如何理解要输出的相应的参数的数据类型。下面分别加以说明。

1）F 修饰符。用于 p、s、n 类型符，指明输出参数是一个远指针（far pointer）。

2）N 修饰符。用于 p、s、n 类型符，指明输出参数是一个近指针（near pointer）。注意：该修饰符不能用于“Huge”存储模式中。

3）h 修饰符。用于 d、i、o、u、x 或 X 类型符，指明要输出的参数是一个短整型（shot int）。

4）l 修饰符。用于 d、i、o、u、x 或 X 类型符时，指明要输出的参数是一个长整型（long int）；而用于 e、E、f、g 或 G 类型符时，指明要输出的数据是双精度型（double）。

5）L 修饰符。适用于 e、E、f、g 或 G 类型符，指明要输出的数据是长双精度型（long double）。

其中，F 和 N 都重新理解要输出参数的类型，该参数是一个指针，需用一个%p、%s 或

%n 转换，其默认大小取决于存储模式。而 h、l 和 L 取代要输出的数值数据的默认大小，它们对字符（c、s）或指针（p、n）类型都无效。

当成功时，printf 函数返回输出的字节数；当出错时返回 EOF。

【例 8-63】 设 a = 555，x = 5.5，则以下是对 printf 函数的调用及输出结果。

语句：printf("|%-+#06d|%-+#06o|%-+#08x|%-+#010.2e|%-+#010.2f|\n", a,a,a,x,x);

结果：|+555␣␣|01053␣|0x22b␣␣␣|+5.50e+00␣|+5.50␣␣␣␣␣|

语句：printf("|%-+#6d|%-+#6o|%-+#8x|%-+#10.2e|%-+#10.2f|\n", a,a,a,x,x);

结果：|+555␣␣|01053␣|0x22b␣␣␣|+5.50e+00␣|+5.50␣␣␣␣␣|

语句：printf("|%-+06d|%-+06o|%-+08x|%-+010.2e|%-+010.2f|\n", a,a,a,x,x);

结果：|+555␣␣|1053␣␣|22b␣␣␣␣␣|+5.50e+00␣|+5.50␣␣␣␣␣|

语句：printf("%-+6d|%-+6o|%-+8x|%-+10.2e|%-+10.2f|\n", a,a,a,x,x);

结果：+555␣␣|1053␣␣|22b␣␣␣␣␣|+5.50e+00␣|+5.50␣␣␣␣␣|

语句：printf("|%-#06d|%-#06o|%-#08x|%-#010.2e|%-#010.2f|\n",

结果：|555␣␣␣|01053␣|0x22b␣␣␣|5.50e+00␣␣|5.50␣␣␣␣␣␣|

语句：printf("|%-#6d|%-#6o|%-#8x|%-#10.2e|%-#10.2f|\n", a,a,a,x,x);

结果：|555␣␣␣|01053␣|0x22b␣␣␣|5.50e+00␣␣|5.50␣␣␣␣␣␣|

语句：printf("|%-06d|%-06o|%-08x|%-010.2e|%-010.2f|\n", a,a,a,x,x);

结果：|555␣␣␣|1053␣␣|22b␣␣␣␣␣|5.50e+00␣␣|5.50␣␣␣␣␣␣|

语句：printf("|%-6d|%-6o|%-8x|%-10.2e|%-10.2f|\n", a,a,a,x,x);

结果：|555␣␣␣|1053␣␣|22b␣␣␣␣␣|5.50e+00␣␣|5.50␣␣␣␣␣␣|

语句：printf("|%+#06d|%+#06o|%+#08x|%+#010.2e|%+#010.2f|\n", a,a,a,x,x);

结果：|+00555|001053|0x00022b|+005.50e+00|+0000005.50|

语句：printf("|%+#6d|%+#6o|%+#8x|%+#10.2e|%+#10.2f|\n", a,a,a,x,x);

结果：|␣␣+555|␣01053|␣␣␣0x22b|␣+5.50e+00|␣␣␣␣␣+5.50|

语句：printf("|%+06d|%+06o|%+08x|%+010.2e|%+010.2f|\n", a,a,a,x,x);

结果：|+00555|001053|0000022b|+005.50e+00|+0000005.50|

语句：printf("|%+6d|%+6o|%+8x|%+10.2e|%+10.2f|\n", a,a,a,x,x);

结果：|␣␣+555|␣␣1053|␣␣␣␣␣22b|␣+5.50e+00|␣␣␣␣␣+5.50|

语句：printf("|%#06d|%#06o|%#08x|%#010.2e|%#010.2f|\n", a,a,a,x,x);

结果：|000555|001053|0x00022b|005.50e+00|0000005.50|

语句：printf("|%#6d|%#6o|%#8x|%#10.2e|%#10.2f|\n", a,a,a,x,x);

结果：|␣␣␣555|␣␣01053|␣␣␣0x22b|␣␣5.50e+00|␣␣␣␣␣␣5.50|

语句：printf("|%06d|%06o|%08x|%010.2e|%010.2f|\n", a,a,a,x,x);

结果：|000555|001053|0000022b|005.50e+00|0000005.50|

语句：printf("|%6d|%6o|%8x|%10.2e|%10.2f|\n", a,a,a,x,x);

结果：|␣␣␣555|␣␣1053|␣␣␣␣␣0x22b|␣␣5.50e+00|␣␣␣␣␣␣5.50|

语句：printf("|%+12.3Le|%-12.3Le|%␣12.3Le|%012.3Le\n",y,y,y,y);

结果：|␣+1.235+460|1.235+460␣␣|␣␣1.235+460|001.235+460|

8.3.33 putc（向流输出字符）函数

函数声明：int putc (int c , FILE *stream) ;

putc 函数实际是一个宏，把由 c 给出的字符输出到由 stream 指定的流中去。由于在调用时字符参数被转换为整型量，所以可以用字符表达式作第一个参数。当成功时，putc 函数返回由 c 给出的字符；当出错时返回 EOF。若输出流以二进制方式打开，对字符数据来说，EOF 是个有效值，所以必须使用 ferror 函数来确定是否出错。

【例 8-64】 putc 函数的使用。完整程序需包含 stdio.h 头文件。

```
char s[ ] = "This is a test.\n" ;
int   i = 0 ;
while ( s[i] )
    putc ( s[i++] , stdout ) ;
```

运行结果：

```
This␣is␣a␣test.
```

8.3.34 putchar（向屏幕输出字符）函数

函数声明：int putchar (int c) ;

putchar 函数实际是被定义为 putc(c,stdout)的一个宏，它把由 c 给出的字符输出到标准输出流 stdout（一般为屏幕）中去。由于在调用时字符参数被转换为整型量，所以可以用字符表达式作参数。当成功时，putchar 函数返回所写的字符；当出错时返回 EOF。若输出流以二进制方式打开，对字符数据来说，EOF 是个有效数据，所以必须使用 ferror 函数来确定是否出错。

【例 8-65】 putchar 函数的使用。

```
#include <stdio.h>
/* 定义一些画框字符“┌”、“┐”、“─”、“│”、“└”和“┘”*/
#define   LEFT_TOP    0xDA
#define   RIGHT_TOP    0xBF
#define   HORIZ    0xC4
#define   VERT    0xB3
#define   LEFT_BOT    0xC0
#define   RIGHT_BOT    0xD9
void   main ( void )
{
    char   i , j ;
    /* 画框的顶部 */
    putchar ( LEFT_TOP ) ;
    for ( i = 0 ; i < 10 ; i++ )
    putchar ( HORIZ ) ;
    putchar ( RIGHT_TOP ) ;
    putchar ( '\n' ) ;
    /* 画框的中间部分 */
```

```
    for ( i = 0 ; i < 4 ; i++ )
    {
        putchar ( VERT ) ;
        for ( j = 0 ; j < 10 ; j++ )
        putchar (' ') ;
        putchar ( VERT ) ;
        putchar ( '\n' ) ;
    }
    /*  画框的底部 */
    putchar ( LEFT_BOT ) ;
    for ( i = 0 ; i < 10 ; i++ )    putchar ( HORIZ ) ;
    putchar ( RIGHT_BOT ) ;
    putchar ( '\n' ) ;

}
```

输出结果：

```
┌──────────┐
│          │
│          │
│          │
│          │
└──────────┘
```

8.3.35 puts（向屏幕输出字符串）函数

函数声明：int puts (char *s) ;

puts 函数把一个以空字符（'\0'）结束的字符串 s 输出到标准输出流 stdout（即屏幕）中去，并添加一个换行符。当成功时，puts 函数返回换行符（'\n'，即 ASCII 码 10）；当出错时返回 EOF。

【例 8-66】 puts 函数的使用。完整程序需包含 stdio.h 头文件。

```
int   n ;
char   string[ ] = "This is an example output string." ;
n = puts ( string ) ;
printf ( "n = %d\n" , n ) ;
```

运行结果：

```
This␣is␣an␣example␣output␣string.
n␣=␣10
```

8.3.36 putw（向流输出整数）函数

函数声明：int putw (int w, FILE *fp) ;

putw 函数不是由 ANSI C 标准定义的。该函数把一个整数 w 输出到与 fp 联结的流中，并适当增大文件当前位置指针。当成功时，putw 函数返回所写的值；当出错时返回 EOF。由于 EOF 也是一个合法的整数值，所以应用 ferror 函数在二进制流中检测错误。

【例 8-67】 putw 函数的使用。完整的程序需要包含 stdio.h、stdlib.h 两个头文件。

```
#define   FNAME   "test.$$$"
```

```
void  main ( void )
{  FILE  *fp ;
   int  word = 100 ;
   fp = fopen ( FNAME , "wb" ) ;          /* 本程序段把 100 写到 test.$$$二进制文件中 */
   putw ( word , fp ) ;
   if ( ferror ( fp ) )
      printf ( "Error writing to file\n" ) ;
   else
      printf ( "Successful write\n" ) ;
   fclose ( fp ) ;
   fp = fopen ( FNAME , "rb" ) ;          /*  重新以只读方式打开该文件 */
   word = getw ( fp ) ;                   /*  从该文件读取一整数并赋给 word */
   if ( ferror ( fp ) )
      printf ( "Error reading file\n" ) ;
   else
      printf ( "Successful read: word = %d\n" , word ) ;
   fclose ( fp ) ;                        /* clean up */
   unlink ( FNAME ) ;
}
```

运行结果：

```
Successful␣write
Successful␣read: ␣word␣=␣100
```

8.3.37 remove（删除文件）函数

函数声明：int remove (char *filename) ;

remove 函数删除由 filename 所指定的文件。在要删除一个文件之前，必须先关闭它。在 filename 字符串中可包括一个全 DOS 路径。当成功时，remove 函数返回 0；当出错时返回-1，并把 errno 设置为 ENOENT（No such file of directory,没有这样目录的文件）和 EACCES（拒绝删除）二者之一。

【例 8-68】 remove 函数的使用。完整程序需包含 stdio.h、string.h 两个头文件。

```
FILE  *fp;
char  file[80] ;
printf ( "Input file name: " ) ;
gets ( file ) ;
fp = fopen (file , "w" ) ;
fwrite ( file , strlen ( file ) , 1 , fp ) ;
fclose ( fp ) ;
if ( remove ( file ) == 0 )
   printf ( "Removed %s.\n" , file ) ;
else
   perror ( "remove" ) ;
```

运行结果：

```
Input␣file␣name: ␣test.txt↙
```

```
Removed␣test.txt.
```

8.3.38 rename（文件更名）函数

函数声明：int　rename (char　*oldname , char　*newname) ;

rename 函数把一个文件的名字从旧文件名（oldname）改为新文件名（newname）。当成功时，rename 函数返回 0；当出错时返回-1，并把 errno 设置为 ENOENT（No such file or directory,没有这样目录的文件）、EACCES（拒绝更名）和 ENOTSAM（Not same device，没有同样设备）三者之一。

【例 8-69】 rename 函数的使用，假设要更名的文件并不存在。完整的程序需要包含 stdio.h 头文件。

```
char    oldname[80] , newname[80] ;
printf ( "File to rename: " ) ;
gets ( oldname ) ;
printf ( "New name: " ) ;
gets ( newname ) ;
if ( rename ( oldname , newname ) == 0 )
    printf("Renamed %s to %s.\n", oldname, newname);
else
    perror ( "rename" ) ;
```

运行结果：

```
File to rename: ␣text.txt↙
New name: ␣abc.$$$↙
rename: ␣No such file or directory
```

8.3.39 rewind（反绕）函数

函数声明：void　rewind (FILE　*fp) ;

rewind 函数把 fp 所指向的流的文件当前位置指针重定位到该流的起始处。Rewind(fp)与 fseek(fp,0L,SEEK_SET)等价，只是 rewind 清除文件结束（end-of-file）标志和出错（error）标志，而 fseek 仅清除文件结束标志。在反绕之后，在一个更新（即以读写方式打开）的文件上的下一个操作既可以是输入，又可以是输出。rewind 函数没有返回值。

【例 8-70】 下面的程序以更新方式打开名为 ABC.TXT 的文件，并向该文件输出 a～z 共 26 个英文字母。然后利用 rewind 函数两次读该文件，并把读得的结果输出到屏幕。完整的程序需要包含 stdio.h 头文件。

```
FILE   *fp;
char   *fname = "ABC.TXT" , c ;
fp = fopen ( fname , "w+" ) ;
fprintf ( fp , "abcdefghijklmnopqrstuvwxyz\n" ) ;
rewind ( fp ) ;
while (c = getc ( fp ) , !feof ( fp ) )
    putchar ( c ) ;
```

```
rewind ( fp ) ;
while ( c = getc ( fp ) , !feof ( fp ) )
    putchar ( c ) ;
fclose ( fp )   ;
```

运行结果：

```
abcdefghijklmnopqrstuvwxyz
abcdefghijklmnopqrstuvwxyz
```

8.3.40 rmtmp（删除临时文件）函数

函数声明：int rmtmp (void) ;

rmtmp 函数不是 ANSI C 标准定义的。该函数关闭并删除所有打开的临时文件的流，这些流是之前用 tmpfile 函数建立的。注意，当前目录必须和这些文件被建立时的目录相同，否则这些文件将不被删除。rmtmp 函数返回被关闭并删除的文件总数。

【例 8-71】 rmtmp 函数的使用。完整程序需包含 stdio.h、process.h 两个头文件。

```
FILE  *stream;
int  i ;
for ( i = 1 ; i <= 10 ; i++ )            /* 建立 1 0 个临时文件 */
{
    if ( ( stream = tmpfile ( ) ) == NULL )
        perror ( "Could not open temporary file\n" ) ;
    else
        printf ( "Temporary file %d created\n" , i ) ;
}
if ( stream != NULL )                  /* 删除所有临时文件 */
    printf ( "%d temporary files deleted\n" , rmtmp ( ) ) ;
```

8.3.41 scanf（格式输入）函数

函数声明：int scanf (char *format [, 地址表列]) ;

scanf 函数逐个字符地扫描来自 stdin（即键盘）的各个输入字段，且将每个字段按照格式控制串 format 给出的相应的格式说明符进行转换，并将格式化后的数据按顺序存储到地址表列相应地址所指定的单元中去。

Format 指向的格式字符串可含有三类内容。第一类为空白字符，第二类是非空白字符，第三类是格式说明符。

1．空白字符（whitespace characters）

空白字符包括空格“␣”、制表符“\t”和换行符“\n”。如果 scanf 函数在格式控制串中遇到一个空白字符，它将读但不存储输入流中所有连续的空白字符，直到下一个非空白字符才存储起来。结尾的空白字符被舍去不读（包括换行符），除非明确地匹配格式控制串中的字符。

2．非空白字符（non-whitespace characters）

非空白字符是除了空白字符和“%”以外的所有其他 ASCII 码字符。如果 scanf 在格式控制串中遇到一个非空白字符，它将读入并剔出一个相同的字符，如果读入的字符与之不同，scanf 将终止。

3. 格式说明符（format specifiers）

格式说明符控制 scanf 函数去读入来自输入字段的字符并转换成规定类型的值，然后将它们存储到由地址参数指定的单元中。每一个格式说明符必须与一个地址参数相对应。如果格式说明符的个数多于地址，结果是不可预料的，并且很可能是灾难性的。多余的地址参数（多于格式说明符所要求的）被忽略。

每一个格式说明符以%开头，以一个类型符结束，中间可以插入附加的修饰符。格式说明符的形式如下：

% [*] [width] [F|N] [|h|l|L] 类型符

下面对格式说明符中的各组成成分分别加以说明。

（1）类型符（Type Characters）

类型符规定将输入字段转换成哪种数据类型的格式。在 Turbo C 中 scanf 函数常用的类型符在表 8-5 中给出，该表中的信息是假设在格式说明符中不包括可选的字符、说明符或类型修饰符（*、宽度或大小）的情况下给出的。

表 8-5　scanf 函数的格式说明

格 式 符	期望输入类型	参 数 类 型
%d	十进制整数	指向 int 型的指针
%D	十进制整数	指向 long 型的指针
%e，%E	浮点数	指向浮点数的指针
%f	浮点数	指向浮点数的指针
%g，%G	浮点数	指向浮点数的指针
%o	八进制整数	指向 int 型的指针
%O	八进制整数	指向 long 型的指针
%i	十、八或十六进制整数	指向 int 型的指针
%I	十、八或十六进制整数	指向 long 型的指针
%u	无符号十进制整数	指向 unsigned int 型的指针
%U	无符号十进制整数	指向 unsigned long 型的指针
%x	十六进制整数	指向 int 型的指针
%X	十六进制整数	指向 long 型的指针
%s	字符串	指向一个字符数组的指针
%c	字符	指向 char 型的指针
%%	%字符	不做转换，该%被存储
%n		指向 int 型的指针。成功读取直到达到存储在所指 int 量中的个数
%p	十六进制地址，格式：YYYY:ZZZZ 或 ZZZZ	指向一个对象的指针，指针的大小（far*或 near*）取决于存储模式

（2）赋值抑制符（Assignment-suppression character）

赋值抑制符是一个星号“*”，它是可选项。不要把它与 C 中的间接（指针）运算符混淆。在一个格式说明符中，如果%后跟星号*，则下一个字段将被扫描，但它将不被赋值到下一个地址。被抑制的输入数据假设是由跟在“*”字符后面的类型符所规定的类型。

（3）宽度符（Whdth specifier）

宽度符（n）也是可选项。n 是一个十进制整数，用来控制从当前字段读取字符的最大数目。根据宽度符 n，读取直到 n 个字符，然后转换并存储在当前地址参数所指向的单元中。如果输入字段少于 n 个字符，则 scanf 函数读取该字段中的所有字符，然后继续进行下一个字段和格式说明符的处理。如果 scanf 函数在读到宽度符规定的字符个数之前遇到一个空白符或不可转换字符，则将到目前为止已读的字符进行转换和存储，接着处理下一个格式说明符。不可转换字符是根据给定的格式不能被转换的字符。例如 8 或 9 对于八进制格式，J 或 K 对于十六进制格式，等等。

（4）指针大小修饰符（Pointer-size modifier）

指针大小修饰符取代地址参数的默认类型。指针大小修饰符有以下 2 种情况。

1）F = far pointer（远指针）。

2）N = near pointer（近指针）。它不能被用于 Huge 存储模式中的任何转换。

（5）参数类型修饰符（Argument-type Modifiers）

参数类型修饰符指明接下来的输入数据使用哪一种数据类型，主要有 h = short、l = long 和 L = long double 3 种。这些修饰符使输入数据转换成规定的形式，并且与输入数据相对应的参数应该指向一个相应大小的对象。下面分别加以说明。

1）h 修饰符。适用于 d、i、o、u、x 类型符，指明把输入转换成短整型（shot int），存入 short 对象中。该修饰符对 D、I、O、U、X 和 e、f、c、s、n、p 类型符无效。

2）l 修饰符。当用于 d、i、o、u、x 类型符时，指明把输入转换成长整型（long int），存入 long int 对象中。而当用于 e、f、g 类型符时，指明把输入转换成双精度型（double）；存入 double 对象中。该修饰符对 D、I、O、U、X 和 c、s、n、p 类型符无效。

3）L 修饰符。适用于 e、f、g 类型符，指明把输入转换成长双精度型（long double），存入 long double 对象中。

其中，F 和 N 都重新理解要输入的参数的类型，该参数是一个指针，需用一个%p、%s 或%n 转换，其默认大小取决于存储模式。而 h、l 和 L 取代要输入的数值数据的默认大小，它们对字符（c、s）或指针（p、n）类型都无效。

（6）输入字段（Input Fields）

在 scanf 函数中，下列的任何一个都是一个输入字段：

1）直到（但不包括）下一个空白字符的所有字符。

2）直到第一个在当前格式说明符下不能被转换的字符之前的所有字符（例如 8 或 9 在八进制格式下）。

3）直到 n 个字符，这里 n 是被规定的字段宽度。

当成功时，scanf 函数返回被成功扫描、转换并存储的输入字段的个数，该返回值不包括被扫描但没有被存储的那些字段；如果没有字段被存储，返回值等于 0，如果在文件尾试图去读，则返回 EOF。

【例 8-72】 scanf 函数的使用。完整的程序需要包含 stdio.h 头文件。

```
char   label[20] ;
int   i , n = 0 ;
double   date ;
struct teacher
{
    char   name[20] ;
    int   age ;
    float
    salary ;
} t[20] ;
printf ( "Please enter a Table-name: " ) ;
scanf ( "%20s" , label ) ;              /* 输入一个表名，限制到 20 个字符 */
fflush ( stdin ) ;                      /* 在不正确输入的情况下刷新输入流 */
printf ( "Please enter year.mongth:" ) ;
scanf ( "%lf" , &date ) ;
printf ( "Input numeric of teachers (less than 20): " ) ;
scanf( "%d" , &n ) ;
fflush(stdin);
/* 输入一个名字，限定仅输入大写或小写字母 */
for ( i = 0 ; i < n ; ++i )
{
    printf ( "Entry %d\n" , i + 1 ) ;
    printf ( "   Name     : " ) ;
    scanf ( "%[A-Za-z]" , t[i].name ) ;
    fflush ( stdin ) ;
    printf ( "   Age      : " ) ;
    scanf ( "%d" , &t[i].age ) ;
    printf ( "   Salary : " ) ;
    scanf ( "%f" , &t[i].salary ) ;
    fflush ( stdin ) ;
}
printf ( "Table %s\t%.2lf\n" , label , date ) ;
printf ( "------------------------------------------------------\n" ) ;
for ( i = 0 ; i < n ; ++i )
   printf ( "%4d | %-20s | %5d | %15.2lf\n" , i + 1 , t[i].name , t[i].age , t[i].salary ) ;
printf ( "------------------------------------------------------\n" ) ;
}
```

运行结果：

```
Please enter a Table-name: Salary
Please enter year.month: 2009.03
Input numeric of teachers(less than 20): 2
Entry 1
␣␣Name␣␣: ␣ZhangLingling↙
␣␣Age␣␣␣: ␣28↙
␣␣Salary ␣: ␣2000↙
```

```
Entry 2
␣␣Name␣␣: ␣CaoZhe↙
␣␣Age␣␣␣: ␣59↙
␣␣Salary ␣: ␣3000↙
Table Salary␣␣␣␣␣␣␣␣␣2009.03
----------------------------------------------------------------
␣␣␣␣1␣| ZhangLingling␣␣␣␣␣␣␣␣␣␣|␣␣␣␣␣28␣|␣␣␣␣␣␣␣␣␣␣␣2000.00
CaoZhe␣␣␣␣␣␣␣␣␣␣␣␣␣␣␣␣␣␣␣|␣␣␣␣␣59␣|␣␣␣␣␣␣␣␣␣␣␣␣3000.00
----------------------------------------------------------------
```

8.3.42 setbuf（设置缓冲区）函数

函数声明：void setbuf (FILE *fp , Char *buf) ;

setbuf 函数用来指定 fp 所指向的流所使用的 I/O 缓冲区，而不使用系统自动分配的缓冲区。参数 buf 指向被用于 I/O 缓冲器的一个缓冲区。如果用户要使用 setbuf 设置缓冲区，它必须是 BUFSIZ 字节长，BUFSIZ 是由 stdio.h 定义的符号常量，其值为 512。如果 buf 为 NULL，则 I/O 将是非缓冲的。如果 stdin 和 stdout 没有被修改，它们是非缓冲的。如果用 setbuf 设置，它们是满缓冲的。

注意：setbuf 函数应在打开一个流或调用一个 fseek 之后立刻被调用，否则会产生不可预料的结果。在流已是非缓冲的之后调用 setbuf 是合法的，并且不会导致问题。还有，一个常见的错误是分配缓冲区作为一个自动（局部）变量，于是在从缓冲区被声明的函数返回之前就不能关闭该文件。

所谓非缓冲的是指被写到一个流的字符立即被输出到对应的文件或设备中去；而缓冲的是指写到一个流的字符被存储到缓冲区中，当缓冲区满或关闭该文件时，再作为一个块输出到文件或设备中。setbuf 函数没有返回值。

【例 8-73】 setbuf 函数的使用。完整程序需包含 stdio.h 头文件。

```
char   buf[BUFSIZ] ;
void   main ( void )
{
    FILE   *fp ;
    char   s[80] = "This is a test of buffer\n\0" ;
    fp = fopen ( "ABC" , "w" ) ;        /* 建立名为 ABC 的文本文件 */
    setbuf ( fp , buf ) ;               /* 把一个缓冲区连接 fp 指向的流 */
    fwrite ( s , 26 , 1 , fp ) ;        /* 将字符串 s 写入缓冲区 buf 数组中 */
    printf ( "buf=%s" , buf ) ;         /* 将缓冲区 buf 数组中的串输出到屏幕 */
    fclose ( fp ) ;                     /* 将 buf 缓冲区中的串写入文件 ABC 中并关闭该文件 */
}
```

运行结果：

```
buf=This␣is␣a␣test␣of␣buffer
```

8.3.43 setvbuf（设置缓冲区）函数

函数声明：int setvbuf (FILE *fp , char *buf , int type , unsigned size) ;

setvbuf 函数用来指定 fp 所指向的流所使用的 I/O 缓冲区，而不使用系统自动分配的缓冲区。参数 buf 指向被用于 I/O 缓冲器的一个缓冲区。用户要使用 setvbuf 设置缓冲区，如果 buf 是空指针（NULL），将间接调用 malloc 函数来分配该缓冲区。setvbuf 将使用参数 size 作为被分配的缓冲区的大小（0<size<32767），并且当关闭时自动地释放该缓冲区。参数 type 用来定义该文件所用缓冲区的类型，可取_IOFBF（值=0）、_IOLBF（值=1）和_IONBF（值=2）三者之一。

当 type 取_IOFBF 时，该文件是满缓冲的。这也是默认设置。

当 type 取_IOLBF 时，该文件是行缓冲的。此时，对于输出流，每次写入一个换行符时，缓冲区被刷新；对于输入流，一个输入要读取到达换行符的全部字符。两者在缓冲区存满时也会刷新。

当 type 取_IONBF 时，该文件是非缓冲的，参数 buf 和 size 被忽略。每一个输入操作将直接从该文件读取，每一个输出操作将立即把数据写入该文件。

setvbuf 函数当成功时返回 0；当出错时（比如，type 或 size 取无效值，或者没有足够的空间去分配一个缓冲区），该函数返回一个非零值。

【例 8-74】 setvbuf 函数的使用。完整程序需包含 stdio.h 头文件。

```
char  bufr[512] ;
void  main ( void )
{
    FILE  *input , *output;
    input = fopen ( "file.in" , "r+b" ) ;
    output = fopen ( "file.out" , "w" ) ;
    if ( setvbuf ( input , bufr , _IOFBF , 512 ) != 0 )   /* 设置输入缓冲区为满缓冲的 */
        printf ( "failed to set up buffer for input file\n" ) ;
    /* 设置输出流使用 132 字节的行缓冲器，所用空间通过间接调用 malloc 函数获得 */
    if ( setvbuf ( output , NULL , _IOLBF , 132 ) != 0 ) /*
        printf ( "failed to set up buffer for output file\n" ) ;
    …… /* 此处实现文件 I/O */
    fclose ( input ) ;
    fclose ( output ) ;
}
```

8.3.44 sprintf（格式输出到字符数组）函数

函数声明：int sprintf (char *buf , Char *format [, 参数表列]) ;

sprintf 函数与 printf 函数的作用基本相同，其区别是 sprintf 是将产生的输出写入 buf 所指向的字符数组中，而 printf 则将输出写到 stdout 标准输出流即显示在屏幕中。请参看 printf 函数。

sprintf 函数当成功时返回实际已写入 buf 数组中的字符个数（不包括在最后自动加入的'\0'字符）；当出错时返回 EOF。

【例 8-75】 sprintf 函数的使用。其中，M_PI=3.14159265358979323846，是在 math.h 中定义的符号常量。完整的程序需包含 stdio.h 和 math.h 两个头文件。

```
char    buffer[80] = "kkkkkkkkkkkkkkkkkkkkkkkkkkkkkkkkkkkkkkk" ;
printf ( "n=%3d\n", sprintf ( buffer , "An approximation of Pi is %f\n" , M_PI ) ) ;
puts ( buffer ) ;
```

运行结果：

```
n=␣35
An␣approximation␣of␣Pi␣is␣3.141593
```

8.3.45 sscanf（从字符串格式输入）函数

函数声明：int sscanf (char *buf , char *format [，地址表列]) ;

sscanf 函数与 scanf 函数的作用基本相同，其区别是 sscanf 是从 buf 所指向的字符数组中读取数据，而不是从 stdin 中读取。请参看 scanf 函数。

sscanf 函数当成功时返回实际被赋值的字段数；当没有字段被赋值时，返回 0；当试图在字符串结束处读取时，返回 EOF。

【例 8-76】 sscanf 函数的使用。完整的程序需包含 stdio.h、conio.h 和 stdlib.h 三个头文件。

```
char    *names[4] = { "WangMing" , "LiuDong" , "ZhangShuang" , "JiangHao" } ;
void    main ( void )
{
    int    age , i ;
    char    name[20] , t[4][80];
    long    salary;
    clrscr ( ) ;        /* 清屏  */
    for ( i = 0 ; i < 4 ; ++i )
        sprintf (t[i] , "%s %d %ld" , names[i],random(35)+25 , random(1000) + 2500L ) ;
    printf ( "%s | %-20s | %5s | %15s\n" , "#" , "Name" , "Age" , "Salary" ) ;
    printf ( "--------------------------------------------------\n" ) ;
    for ( i = 0 ; i < 4 ; ++i )
    {
        sscanf ( t[i] ,"%s %d %ld" , &name , &age , &salary ) ;
        printf ( "%d | %-20s | %5d | %15ld\n" , i + 1 , name , age , salary ) ;
}
    printf ( "--------------------------------------------------\n" ) ;
}
```

运行结果：

```
# | Name                  |    Age |           Salary
--------------------------------------------------------------------
1 | WangMing              |     25 |             2510
2 | LiuDong               |     26 |             2835
3 | ZhangShuang           |     32 |             2855
4 | JiangHao              |     31 |             3036
--------------------------------------------------------------------
```

8.3.46 _strerror（构建定制错误信息）函数

函数声明：char *_strerror (char *s) ;

_strerror 函数不是由 ANSI C 标准定义的。该函数构建一个定制的错误信息，其中，参数 s 是由用户定制的字符串。该函数与 strerror 两个函数都在一个静态缓冲区中构建错误信息字符串，每一个对函数的调用都将重写该静态缓冲区。

调用_strerror 函数，如果 s 为空串，其返回值指向最近产生的错误信息；如果 s 不是空串，其返回值指向的字符串含有的信息包括：① s 字符串（用户定制的错误信息）。② 一个冒号（colon）“:”。③一个空格。④最近产生的系统错误信息。⑤一个换行符。

【例 8-77】 _strerror 函数的使用。完整的程序需包含 stdio.h 头文件。

```
FILE *fp ;
fp=fopen ( "TEST.$$$" , "w" ) ;                    /* 为写打开一个文件 */
if ( fp )
    fgetc ( fp ) ;                                 /* 由试图读强迫产生一个错误情况 */
if ( ferror ( fp ) )
    printf ( "%s" , _strerror ( "Custom" ) ) ;     /* 显示一个定制的出错信息 */
fclose ( fp ) ;
```

运行结果：

```
Custom: ␣Error␣0
```

8.3.47 strerror（获取错误信息）函数

函数声明：char *strerror (int errnum) ;

strerror 函数根据参数 errnum 给出的出错号，返回指向与该出错号相对应的出错信息字符串的指针。该函数与_strerror 函数都在一个静态缓冲区中构建错误信息字符串，每一个对函数的调用都将重写该静态缓冲区。用 strerror 函数得到的出错信息字符串包括与出错号相对应的系统出错信息加上一个换行符。参数 errnum 的取值可参看头文件 errno.h。

【例 8-78】 strerror 函数的使用。完整的程序需包含 stdio.h 和 errno.h 两个头文件。

```
char *buffer;
int i ;
for ( i = 0 ; i <= 2 ; i++ )
{
    buffer = strerror ( i ) ;
    printf ( "Error: %s" , buffer ) ;
}
```

运行结果：

```
Error: ␣Error␣0
Error: ␣Invalid␣function␣number
Error: ␣No␣such␣file␣or␣directory
```

8.3.48　tempnam（产生唯一文件名）函数

函数声明：char　*tempname (char　*dir , char　*prefix) ;

tempnam 函数不是 ANSI 所定义的。该函数产生一个带适当目录的唯一文件名。当产生文件名时，它按照给出的顺序试图使用下列目录：

1）由 TMP 环境变量规定的目录。

2）参数 dir 指定的目录。

3）在 stdio.h 中定义的 P_tmpdir 所指定的目录。

4）当前工作目录。

如果上述这些目录的任何一个是空的、未定义的、或者不存在的，它将被跳过。参数 prefix 规定文件名的前缀；它不能多于 5 个字符，而且不含点"."(period)。tempnam 产生由目录名、前缀以及最多 6 个唯一字符连接组成的一个唯一文件名。用于放置结果文件名的空间是由自动调用的 malloc 函数来分配的；当不再需要该文件名时，主调函数应调用 free 函数去释放这个文件名。tempnam 函数并不建立实际文件。当成功时，该函数返回指向临时文件名的指针；如果它不能产生一个唯一的文件名，返回空指针值（NULL）。

【例 8-79】 tempnam 函数的使用。完整的程序需包含 stdio.h 和 stdlib.h 两个头文件。

```
FILE  *fp ;
int  i ;
char  *name ;
for ( i = 1 ; i <= 3 ; i++ )
{
    if ( ( name = tempnam ( "E:\\TC#\\BIN" , "abc" ) ) == NULL )
        perror ( "tempnam couldn't create name" ) ;
    else
        printf ( "Creating %s\n" , name ) ;
    fp = fopen ( name , "wb" ) ;
    fclose ( fp ) ;
    free ( name ) ;
}
    printf ( "Warning: temp files not deleted.\n" ) ;
```

运行结果：

```
Creating␣C:\WINDOWS\TEMP\abc0.$$$
Creating␣C:\WINDOWS\TEMP\abc1.$$$
Creating␣C:\WINDOWS\TEMP\abc2.$$$
Warning: ␣temp␣files␣not␣deleted.
```

8.3.49　tmpfile（打开临时文件）函数

函数声明：FILE　*tmpfile (void) ;

tmpfile 函数创建一个临时的二进制文件并以"w+b"（或写成"wb+"）方式打开它。该函数自动地使用一个独特的文件名，以免与现有文件发生冲突。当该临时文件被关闭或用户的程序运行结束时，该文件将被自动删除。当成功时，该函数返回指向所创建的临时文件的

流的指针；当出错时（如果文件不能被建立），返回空指针值（NULL）。

【例 8-80】 tmpfile 函数的使用。完整的程序需包含 stdio.h 和 process.h 两个头文件。

```
FILE   *tempfp ;
tempfp = tmpfile ( ) ;
if ( tempfp )
   printf ( "Temporary file created\n" ) ;
else
{
   printf ( "Unable to create temporary file\n" ) ;
   exit ( 1 ) ;
}
```

运行结果：

```
Temporary␣file␣created
```

8.3.50 tmpnam（产生文件名）函数

函数声明：char   *tmpnam (char   *s) ;

tmpnam 函数产生一个唯一的文件名，该文件名可安全地作为一个临时文件的名字来使用。每次调用该函数可以产生不同的字符串，直到 TMP_MAX（即 0xFFFF）次。参数 s 不是空（NULL）就是指向至少 L_tmpnam（即 13）个字符的一个数组的指针。

如果 s 为空（NULL），该函数将文件名保存到一个内部静态对象中，并返回指向该对象的指针；如果 s 不为空，则把临时文件名放到 s 所指向的数组中，并返回 s。

【例 8-81】 tmpnam 函数的使用。完整的程序需包含 stdio.h 头文件。

```
char   name[13] ;
tmpnam ( name ) ;
printf ( "Temporary name: %s\n" , name ) ;
```

运行结果：

```
Temporary␣name: ␣TMP1.$$$
```

8.3.51 ungetc（压回字符）函数

函数声明：int   ungetc (int   c , FILE   *fp) ;

ungetc 函数把字符 c 压回到与 fp 联结的输入流，该流必须以读方式打开。该字符将在下一次对该流调用 getc 或 fread 时被返回。一个字符可以在所有的位置被压回。连续两次对 ungetc 的调用中间没有一个对 getc 的调用，将迫使第一次压回的字符被忽略。对 fflush、fseek、fsetpos 或 rewind 的一个调用将删除任何压回字符的所有存储。当成功时，该函数返回压回的字符；当失败时，该函数返回 EOF。

【例 8-82】 ungetc 函数的使用。完整的程序需包含 stdio.h 和 ctype.h 两个头文件。

```
int   i = 0 ;
char   ch ;
```

```
puts ( "Input an integer followed by a char:" ) ;
while ( (ch = getchar ( )) != EOF && isdigit (ch) )     /* 读字符，直到非数字或 EOF */
    i = 10 * i + ch - 48 ;                              /* 把 ASCII 码转换成数值 */
if (ch != EOF)
    ungetc(ch , stdin ) ;                    /* 如果读了非数字字符，把它压回输入缓冲区 */
printf ( "i = %d, next char in buffer ='%c'\n" , i , getchar ( ) ) ;
```

运行结果：

```
12345x↙
i␣=␣12345, ␣next␣char␣in␣buffer␣=␣'x'
```

8.3.52 unlink（删除文件）函数

函数声明：int unlink (char *fname) ;

unlink 函数删除由文件名 fname 所指定的文件。在文件名 fname 中可使用任一 DOS 驱动器、路径以及文件名。在 fname 中不允许使用通配符（Wildcards），不能删除只读文件。要删除只读文件，应首先用 chmod 或_chmod 去改变该文件的只读属性。如果一文件是打开的，在删除它之前，应先将其关闭。当成功时，该函数返回 0；当出错时，该函数返回 EOF（即-1），并把 errno 设置为 ENOENT（Path Or File Name Not Found，路径或文件名未找到）或 EACCES（Permission Denied，拒绝访问）两者之一。

【例 8-83】 unlink 函数的使用。完整的程序需包含 stdio.h 和 io.h 两个头文件。

```
FILE  *fp = fopen ( "junk.jnk" , "w" ) ;
int   status ;
fprintf ( fp , "junk" ) ;
status = access ( "junk.jnk" , 0 ) ;
if ( status == 0 )
   printf ( "File exists\n" ) ;
else
   printf ( "File doesn't exist\n" ) ;
fclose ( fp ) ;
unlink ( "junk.jnk" ) ;
status = access ( "junk.jnk" , 0 ) ;
if ( status == 0 )
   printf ( "File exists\n" ) ;
else
   printf ( "File doesn't exist\n" ) ;
```

运行结果：

```
File␣exists
File␣doesn't␣exist
```

8.3.53 vfprintf（交替引用指针输出到流）函数

函数声明：int vfprintf (FILE *sp , char *format , va_list arglist) ;

该函数的功能与 fprintf 等效，只是它的参数表列由指向参数表列的指针 arglist 代替。

vfprintf 函数有 3 个参数，分别叙述如下。

1）参数 arglist 为 va_list 类型，该类型在 stdarg.h 中定义，相当于 void *类型，即 arglist 是指向一个参数表列的指针类型。

2）参数 format，也是一个字符指针类型，指向格式控制字符串。

3）参数 fp，它指向输出流。

要调用 vfprintf 函数，必须与在 stdarg.h 中定义的 3 个函数（实际是 3 个宏）va_start、va_arg 和 va_end 结合起来使用，请参看相关内容。当成功时，该函数返回输出的字节数；当出错时，该函数返回 EOF（即-1）。

【例 8-84】 vfprintf 函数的使用。完整的程序需包含 stdio.h、stdarg.h 和 stdlib.h 三个头文件。

```
FILE   *fp ;
int   vfpf (char *fmt , ... )        /* "…" 表示参数的个数和类型不确定 */
{
    va_list   argptr ;               /* 定义 argptr 为指向任何类型的指针类型，即 void *类型 */
    int   cnt ;
    va_start ( argptr , fmt ) ;  /* 使 argptr 指向参数表列中的第一个参数 */
/* 将 argptr 指向的参数表列按照 fmt 指向的字符串规定的格式将 3 个参数输出到 fp 流中 */
    cnt = vfprintf ( fp , fmt , argptr ) ;
    va_end ( argptr ) ;          /* 帮助被调函数实现一个正常的返回 */
    return ( cnt ) ;   }
void   main ( void )
{
    int   inumber = 30 ;
    float   fnumber = 90.0 ;
    char   string[4] = "abc" ;
    fp = tmpfile ( ) ;               /* 建立并打开一个临时文件 */
    if ( fp == NULL )
    {
        perror ( "tmpfile ( ) call" ) ;
        exit ( 1 ) ;
    }
    vfpf ("%d %f %s" , inumber , fnumber , string ) ;              /* 调用变参数函数 vfpf */
    rewind ( fp ) ;               /* 使文件当前位置指针指向文件开头 */
    fscanf ( fp ,"%d %f %s" , &inumber , &fnumber , string ) ;    /* 从文件中读出数据 */
    printf ( "%d %f %s\n" , inumber , fnumber , string ) ;          /* 读出结果输出到屏幕 */
    fclose ( fp ) ;
}
```

运行结果：

```
30␣90.000000␣abc
```

8.3.54 vfscanf（交替引用指针从流输入）函数

函数声明：int   vfscanf (FILE   *fp , char   *format , va_list   arglist) ;

该函数的功能与 fscanf 等效，只是它的参数表列由指向参数表的指针 arglist 代替。

vfscanf 函数有 3 个参数，分别叙述如下。

1）参数 arglist 为 va_list 类型，该类型在 stdarg.h 中定义，相当于 void *类型，即 arglist 是指向一个参数表的指针类型。

2）参数 format，也是一个字符指针类型，指向格式控制字符串，作用与在 scanf 函数中相同。

3）参数 fp，它指向输入流。

要调用 vfscanf 函数，必须与在 stdarg.h 中定义的 3 个函数（实际是 3 个宏）va_start、va_arg 和 va_end 结合起来使用，请参看相关内容。当成功时，该函数返回被赋值的字段数，当没有字段被赋值时返回 0；当在文件尾处试图读取时，返回 EOF。

【例 8-85】 vfscanf 函数的使用。完整的程序需包含 stdio.h、stdarg.h 和 stdlib.h 三个头文件。

```
FILE   *fp ;
void   vfsf ( char *fmt , ... )
{
    va_list   argptr ;
    int   cnt ;
    va_start ( argptr , fmt ) ;
    cnt = vfscanf ( fp , fmt , argptr ) ;
    printf ( "The number of input fields assigned is %d\n" , cnt ) ;
    va_end ( argptr ) ;
}
void   main ( void )
{
    int   inumber = 30 ;
    float   fnumber = 90.0 ;
    char   string[4] = "abc" ;
    fp = tmpfile ( ) ;
    fprintf ( fp , "%d %f %s\n" , inumber , fnumber , string ) ;
    rewind ( fp ) ;
    vfsf ( "%d %f %s" , &inumber , &fnumber , string ) ;
    printf ( "%d %f %s\n" , inumber , fnumber , string ) ;
    fclose ( fp ) ;
}
```

运行结果：

```
The␣number␣of␣input␣fields␣assigned␣is␣3
30␣90.000000␣abc
```

8.3.55 vprintf（交替引用指针输出到屏幕）函数

函数声明：int vprintf (char *format , va_list arglist) ;

该函数的功能与 printf 等效，只是它的参数表列由指向参数表的指针 arglist 代替。

vprintf 函数有两个参数，分别叙述如下。

1）参数 arglist 为 va_list 类型，该类型在 stdarg.h 中定义，相当于 void *类型，即 arglist 是指向一个参数表的指针类型。

2）参数 format，也是一个字符指针类型，指向格式控制字符串。

要调用 vprintf 函数，必须与在 stdarg.h 中定义的 3 个函数（实际是 3 个宏）va_start、va_arg 和 va_end 结合起来使用，请参看相关内容。当成功时，该函数返回输出的字节数；当出错时，该函数返回 EOF（即-1）。

【例 8-86】 vprintf 函数的使用。完整的程序需包含 stdio.h 和 stdarg.h 两个头文件。

```
void   vpf ( char *fmt , ... )
{
    va_list   argptr ;
    int   cnt ;
    va_start ( argptr , fmt ) ;
    cnt = vprintf ( fmt , argptr ) ;
    va_end ( argptr ) ;
    printf ( "The number of output bytes is %d\n" , cnt ) ;
}
void   main ( void )
{
    int   i = 12345 ;
    float   f = 123.4567 ;
    char   *s = "abcd" ;
    vpf ( "%d %f %s\n" , i , f , s ) ;
}
```

运行结果：

```
12345␣123.456703␣abcd
The␣number␣of␣output␣bytes␣is␣22
```

8.3.56 vscanf（交替引用指针从键盘输入）函数

函数声明：int vscanf (char *format , va_list arglist) ;

该函数的功能与 scanf 等效，只是它的参数表列由指向参数表的指针 arglist 代替。

vscanf 函数有两个参数，分别叙述如下。

1）参数 arglist 为 va_list 类型，该类型在 stdarg.h 中定义，相当于 void *类型，即 arglist 是指向一个参数表的指针类型。

2）参数 format，也是一个字符指针类型，指向格式控制字符串，作用与在 scanf 函数中相同。

要调用 vscanf 函数，必须与在 stdarg.h 中定义的 3 个函数（实际是 3 个宏）va_start、va_arg 和 va_end 结合起来使用，请参看相关内容。当成功时，该函数返回被赋值的字段数，当没有字段被赋值时返回 0；当在文件尾处试图读取时，返回 EOF（即-1）。

【例 8-87】 vscanf 函数的使用。完整的程序需包含 stdio.h、stdarg.h 和 conio.h 三个

头文件。

```
void   vscnf ( char *fmt , ... )
{
    va_list   argptr ;
    int   cnt ;
    printf ( "Enter an integer, a float, and a string (e.g. i,f,s,)\n" ) ;
    va_start ( argptr , fmt ) ;
    cnt = vscanf ( fmt , argptr ) ;
    va_end ( argptr ) ;
    printf ( "The number of input fields assigned is %d\n" , cnt ) ;
}
void   main ( void )
{
    int   i ;
    float   f ;
    char   s[80] ;
    vscnf ( "%d , %f , %s" , &i , &f , s ) ;
    printf ( "%d %f %s\n" , i , f , s ) ;
}
```

运行结果：

```
Enter␣an␣integer, ␣a float, ␣and␣a␣string␣ (e.g. ␣i,f,s,)
12345,12345.1234567,abcd↙
The␣number␣of␣input␣fields␣assigned␣is␣3
12345␣12345.123047␣abcd
```

8.3.57 vsprintf（交替引用指针输出到字符数组）函数

函数声明：int vsprintf (char *buffer , char *format , va_list arglist) ;

该函数的功能与 sprintf 等效，只是它的参数表列由指向参数表的指针 arglist 代替。

vsprintf 函数有 3 个参数，分别叙述如下。

1）参数 arglist 为 va_list 类型，该类型在 stdarg.h 中定义，相当于 void *类型，即 arglist 是指向一个参数表列的指针类型。

2）参数 format，也是一个字符指针类型，指向格式控制字符串，其作用与在 printf 中相同。

3）参数 buffer，它指向一字符数组，即该函数写字符串的地方。

要调用 vfprintf 函数，必须与在 stdarg.h 中定义的 3 个函数（实际是 3 个宏）va_start、va_arg 和 va_end 结合起来使用，请参看相关内容。当成功时，该函数返回输出的字节数（不包括结束的空字节，即'\0'）；当出错时，该函数返回 EOF（即-1）。

【例 8-88】 vsprintf 函数的使用。完整的程序需包含 stdio.h、stdarg.h 和 conio.h 三个头文件。

```
char   buffer[80] ;
void   vspf ( char   *fmt , ... )
```

```
{
    va_list   argptr ;
    int   cnt ;
    va_start ( argptr , fmt ) ;
    cnt = vsprintf ( buffer , fmt , argptr ) ;
    va_end ( argptr ) ;
    printf ( "The number of output bytes is %d\n" , cnt ) ;
}
void   main ( void )
{
    int   i = 123 ;
    float   f = 12345.1234567 ;
    char   s[80] = "abcd" ;
    vspf ( "%5d%10.2f%5.3s" , i , f , s ) ;
    printf ( "%s\n" , buffer ) ;
}
```

运行结果：

```
The␣number␣of␣output␣bytes␣is␣20
␣␣123␣␣12345.12␣␣abc
```

8.3.58 vsscanf（交替引用指针从字符数组输入）函数

函数声明：int vsscanf (chr *buffer , char *format , va_list arglist) ;

该函数的功能与 sscanf 等效，只是它的参数表列由指向参数表的指针 arglist 代替。

vsscanf 函数有 3 个参数，分别叙述如下。

1）参数 arglist 为 va_list 类型，该类型在 stdarg.h 中定义，相当于 void *类型，即 arglist 是指向一个参数表的指针类型。

2）参数 format，也是一个字符指针类型，指向格式控制字符串，作用与在 scanf 函数中相同。

3）参数 buffer，它指向一个字符数组，该函数从那里读取各个输入字段（fields）。

要调用 vsscanf 函数，必须与在 stdarg.h 中定义的 3 个函数（实际是 3 个宏）va_start、va_arg 和 va_end 结合起来使用，请参看相关内容。当成功时，该函数返回被赋值的字段数，当没有字段被赋值时返回 0；当在字符串结束处试图读取时，该函数返回 EOF（即-1）。

【例 8-89】 vsscanf 函数的使用。完整的程序需包含 stdio.h、stdarg.h 和 conio.h 三个头文件。

```
char   buffer[80] = "123 12345.1234567 abcd" ;
void   vssf ( char   *fmt , ... )
{
    va_list   argptr ;
    int   cnt ;
    fflush ( stdin ) ;
    va_start ( argptr , fmt ) ;
```

```
    cnt = vsscanf ( buffer , fmt , argptr ) ;
    va_end ( argptr ) ;
    printf ( "The number of input fields is %d\n" , cnt ) ;
}
void   main ( void )
{
    int   i ;
    float   f ;
    char   s[80] ;
    vssf ( "%d %f %s" , &i , &f , s ) ;
    printf ( "%d %f %s\n" , i , f , s ) ;
}
```

运行结果：

```
The␣number␣of␣input␣fields␣is␣3
123␣12345.123047␣abcd
```

8.4 conio.h 中声明的输入/输出函数

conio.h 中声明的输入输出函数称为“直接 MSDOS 控制台 I/O 函数”（console input/output），这里所说的控制台是指计算机的键盘和显示器屏幕。由于控制台的 I/O 操作用得最多，它们由缓冲文件系统的一个专门子系统来实现。技术上讲，控制台 I/O 函数用来完成标准输入和标准输出。在 DOS 系统以及很多其他操作系统中，控制台 I/O 可以重定向到别的设备，为了方便，控制台就是指所使用的设备。

8.4.1 clreol（清除到行尾）函数

函数声明：void   clreol (void) ;

该函数清除当前文本窗口内从光标处到该行行尾的所有字符，且不移动光标。该函数没有返回值。

【例 8-90】 clreol 函数的使用。完整的程序需包含 conio.h 头文件。

```
clrscr ( ) ;
cprintf ( "The function CLREOL clears all characters from the\r\n" ) ;
cprintf ( "cursor position to the end of the line within the\r\n" ) ;
cprintf ( "current text window, without moving the cursor.\r\n" ) ;
cprintf ( "Press any key to continue . . ." ) ;
gotoxy ( 14 , 4 ) ;
getch ( ) ;
clreol ( ) ;
getch ( ) ;
```

8.4.2 clrscr（清屏）函数

函数声明：void   clrscr (void) ;

该函数清除当前文本窗口并把光标放到该窗口的左上角（位置（1，1）处，即窗口的第1列第1行处）。该函数没有返回值。

【例 8-91】 clrscr 函数的使用。完整的程序需包含 conio.h 头文件。

```
int   i ;
clrscr ( ) ;
for ( i = 0 ; i < 10 ; i++ )   cprintf ( "%d\r\n" , i ) ;
cprintf ( "\r\nPress any key to clear screen" ) ;
getch ( ) ;
clrscr ( ) ;
cprintf ( "The screen has been cleared!" ) ;
getch ( ) ;
```

8.4.3 cgets（从控制台读字符串）函数

函数声明：char   *cgets (char   *s) ;

该函数从控制台读一个字符串，并把读得的字符串及其长度存储在 s 所指向的字符数组中。在调用 cgets 之前，设置 s[0]为要读的字符串的最大长度。cgets 读取字符，直到它遇到一个回车/换行组合（CR/LF），或者直到已经读取了最大允许字符数。如果 cgets 读到一个 CR/LF 则将其用“\0”来代替。当返回时，s[1]被设置成实际读取字符的个数。读得的字符从 s[2]开始存放，并用一个“\0”（空结束符）结束，因此 s 数组至少是（s[0]+2）字节长。当成功时，该函数返回指向 s[2]的一个指针。

【例 8-92】 cgets 函数的使用。完整的程序需包含 stdio.h 和 conio.h 两个头文件。

```
char   s[83] ;
char   *p ;
s[0] = 81 ;                /* s 数组有用于存放 80 个字符加上空结束符的空间  */
printf ( "Input some chars:" ) ;
p = cgets ( s ) ;
printf ( "\ncgets read %d characters: \"%s\"\n" , s[1] , p ) ;
printf ( "The returned pointer is %p, s[0] is at %p\n" , p , &s ) ;
s[0] = 6 ;                 /*  要求输入 5 个字符加上一个空结束符  */
printf ( "Input some chars:" ) ;
p = cgets ( s ) ;
printf ( "\ncgets read %d characters: \"%s\"\n" , s[1] , p ) ;
printf ( "The returned pointer is %p, s[0] is at %p\n" , p , &s ) ;
```

运行结果：

```
Input some chars:abcdefghijklmnopqrstuvwxyz↙
cgets read 26 characters:"abcdefghijklmnopqrstuvwxyz"
The returned pointer is FFA4, s[0] is at FFA2
Input some chars:abcde↙
cgets read 5 characters:"abcde"
The returned pointer is FFA4, s[0] is at FFA2
```

8.4.4 cprintf（格式输出到文本窗口）函数

函数声明：int cprintf (char *format [, 参数表列]) ;

该函数的功能与 printf 函数相同，只是该函数的输出是针对当前文本窗口的，而 printf 函数是针对整个屏幕的。此外，cprintf 输出的文本字符串或者直接写入屏幕的 RAM 存储器，或者用一个 BIOS 调用，这根据 directvideo 的值决定。当 directvideo=0（默认值）时，是通过 ROM BIOS 调用；当 directvideo=1 时，则直接写入视频 RAM。还有，cprintf 函数在输出时，不把换行符“\n”转换成回车换行两个字符“\r\n”。有关格式控制的详细内容请参看对 printf 函数的叙述。当成功时，该函数返回输出的字符数；当出错时，该函数返回 EOF。

【例 8-93】 cprintf 函数的使用。完整的程序需包含 conio.h 头文件。

```
clrscr ( );                              /* 清屏 */
window ( 10 , 10 , 80 , 25 ) ; /* 建立一个文本窗口 */
cprintf ( "Hello world   %d %f\r\n" , 12345 , 12345.1234567 ) ; /* 在该窗口输出文本 */
getch ( );                               /* 等待按一个键 */
```

8.4.5 cputs（输出字符串到文本窗口）函数

函数声明：int cputs (char *s) ;

该函数把以空结束符结束的 s 字符串写到当前文本窗口。它不添加一个换行符。此外，cputs 输出的字符串或者直接写入屏幕的 RAM 存储器，或者用一个 BIOS 调用，这根据 directvideo 的值决定。当 directvideo=0（默认值）时，是通过 ROM BIOS 调用；当 directvideo=1 时，则直接写入视频 RAM。还有，cputs 函数在输出时，不把换行符“\n”转换成回车换行两个字符“\r\n”。该函数返回最后输出的字符。

【例 8-94】 cputs 函数的使用。完整的程序需包含 conio.h 头文件。

```
clrscr ( );                                      /* 清屏 */
window ( 10 , 10 , 70 , 25 ) ;                   /* 建立一个文本窗口 */
cputs ( "This is within the window\r\n" ) ;      /* 在该窗口输出一些文本 */
getch ( );                                       /* 等待按一个键，以便观察窗口 */
```

8.4.6 cscanf（控制台格式输入）函数

函数声明：int cscanf (char *format [, 地址表列]) ;

该函数的功能与 scanf 函数的功能相同，只是 cscanf 是从控制台（键盘）输入数据，并直接回显到屏幕的当前窗口上。有关格式控制的方法可参看 scanf 函数。当成功时，该函数返回成功赋值的输入字段数，如果没有字段被赋值则返回 0；如果试图在文件结束处去读，则返回 EOF。

【例 8-95】 cscanf 函数的使用。完整的程序需包含 conio.h 头文件。

```
char   s[80] ;
clrscr ( );                  /* 清屏 */
window ( 10 , 10 , 80 , 25 ) ;
cprintf ( "Enter a string with no spaces:" ) ;           /* 提示用户输入 */
```

```
cscanf ( "%s" , s ) ;              /* 将键入的字符串读入到 s 数组中 */
cprintf ( "\r\nThe string entered is: %s" , s ) ;          /* 显示读的是什么 */
```

8.4.7 delline（删除行）函数

函数声明：void delline (void) ;

该函数删除光标所在行，并将该行下面所有的行上移一行。删除操作在当前活动文本窗口的内部进行。该函数没有返回值。

【例 8-96】 delline 函数的使用。完整的程序需包含 conio.h 头文件。

```
clrscr ( ) ;
window ( 10 , 10 , 70 , 20 ) ;
cprintf ( "1.This is first line.\r\n" ) ;
cprintf ( "2.This is the second line.\r\n" ) ;
cprintf ( "3.This is the third line.\r\n" ) ;
cprintf ( "4.Press any key to continue . . ." ) ;
gotoxy ( 1 , 2 ) ;  /* 把光标移到窗口的第二行第一列 */
getch ( ) ;
delline ( ) ;
getch ( ) ;
```

8.4.8 getch（读字符不回显）函数

函数声明：int getch (void) ;

该函数直接从键盘读取单个字符，并不回送到屏幕。该函数返回值是从键盘所读取的字符。

【例 8-97】 下面给出一个简单的口令验证程序。当输入正确口令"a1b2↙"时，程序和运行结果如下（完整的程序需包含 conio.h、stdio.h 和 string.h 三个头文件）。

```
char  s1[9] = { '\0' } , s2[9] = "a1b2" ;
int  i = 0 ;  char  c ;
clrscr ( ) ;
window ( 10 , 10 , 70 , 25 ) ;
for ( i = 0 ;  ( c = getch ( ) ) != '\r' ; i++ )
{
      putch ( '*' ) ;
      s1[i] = c ;
}
if ( strcmp ( s1 , s2 ) == 0 )
      cprintf( "\r\nThe password is right!\r\n" ) ;
else
      cprintf ( "\r\nThe password is wrong!\r\n" ) ;
```

运行结果：

```
****↙
The␣password␣is␣right!
```

8.4.9 getche（读字符回显）函数

函数声明：int getche (void) ;

该函数直接从键盘读取单个字符，并把所读字符回显到当前文本窗口。该函数返回值是从键盘读取的字符。

【例 8-98】 getche 函数的使用。完整的程序需包含 conio.h 头文件。

```
char  ch ;
clrscr ( ) ;
window ( 10 , 10 , 70 , 24 ) ;
cprintf ( "Input a character:" ) ;
ch = getche ( ) ;
cprintf ( "\r\nYou input a '%c'\r\n" , ch ) ;
```

运行结果：在当前文本窗口显示：

```
Input␣a␣character:a
You␣input␣a␣'a'
```

8.4.10 getpass（读口令）函数

函数声明：char *getpass (char *prompt) ;

该函数从系统控制台读一个口令。该函数首先在当前活动窗口显示由参数 prompt 给出的提示字符串，并等待用户键入口令，最多 8 个字符（不包括空结束符“\0”），键入时不显示。该函数返回一个指向静态字符串的指针，每个对该函数的调用将覆盖该静态字符串。

【例 8-99】 getpass 函数的使用。完整的程序需包含 conio.h 头文件。

```
char  *password ;
clrscr ( ) ;
password = getpass ( "Input a password:" ) ;
cprintf ( "The password is: %s\r\n" , password ) ;
```

假设在提示后输入“abc”，运行结果如下：

```
Input␣a␣password:
The␣password␣is: ␣abc
```

8.4.11 gettext（复制屏幕文本到内存）函数

函数声明：int gettext (int left , int top , int right , int bottom , void *destin) ;

该函数把由左上角点（left，top）和右下角点（right，bottom）定义的屏幕上的文本矩形的内容存储到 destin 所指向的内存区域中。该矩形区域内容存储的顺序是从左到右以及从上到下。其中所有的坐标都是屏幕上的绝对坐标，不是窗口相对坐标。左上角点的坐标是（1，1）。屏幕上的每一个位置在内存占一个单元（2 字节），第一个字节存放字符，第二个字节是该单元的显示属性。

所需的内存空间可用 w 列宽乘以 h 行高来计算，即：所需字节数 bytes = h（行）×w（列）×2。

当成功时，该函数返回 1；当出错时返回 0（例如，给出的坐标超出了当前屏幕模式的范围）。

【例 8-100】 gettext 函数的使用。完整的程序需包含 conio.h 头文件。

```
char   buffer[4096] ;
void   main ( void )
{
    int   i ;
    clrscr ( ) ;
    for ( i = 0 ; i <= 20 ; i++ )   cprintf ( "Line #%d\r\n" , i ) ;
    gettext ( 1 , 1 , 80 , 25 , buffer ) ;
    gotoxy (1 , 25 ) ;
    cprintf ( "Press any key to clear screen..." ) ;
    getch ( ) ;
    clrscr ( ) ;
    gotoxy ( 1 , 1 ) ;
    cprintf ( "Press any key to restore screen..." ) ;
    getch ( ) ;
    puttext ( 1 , 1 , 80 , 25 , buffer ) ;
    getch ( ) ;
}
```

8.4.12 gettextinfo（获取文本模式视频信息）函数

函数声明：void   gettextinfo (struct text_info   *p) ;

该函数把当前窗口的文本视频信息存储到指针 p 指向的结构体变量中。其中参数 p 是指向用来存储文本视频信息的 struct text_info 结构体类型变量的指针，该结构体类型在 conio.h 中定义如下：

```
struct text_info
{
    unsigned char   winleft ;        /* 窗口坐标的左边 */
    unsigned char   wintop ;         /* 窗口坐标的顶部 */
    unsigned char   winright ;       /* 窗口坐标的右边 */
    unsigned char   winbottom ;      /* 窗口坐标的底部 */
    unsigned char   attribute ;      /* 文本属性 */
    unsigned char   normattr ;       /* 普通属性 */
    unsigned char   currmode ;       /* 当前文本显示模式：LASTMODE = -1，BW40 = 0，
                      C40 = 1，BW80 = 2，C80 = 3，MONO = 7，C4350 = 64 */
    unsigned char   screenheight ;   /* 文本窗口的高度 */
    unsigned char   screenwight ;    /* 文本窗口的宽度 */
    unsigned char   curx ;           /* 当前窗口的 x 坐标 */
    unsigned char   cury ;           /* 当前窗口的 y 坐标 */

} ;
```

该函数没有返回值。结果在结构体*p 中被“返回”。

【例 8-101】 gettextinfo 函数的使用。完整的程序需包含 conio.h 头文件。

```
struct text_info    ti ;
gettextinfo ( &ti ) ;
cprintf ( "window left                  %2d\r\n" , ti.winleft ) ;
cprintf ( "window top                   %2d\r\n" , ti.wintop ) ;
cprintf ( "window right                 %2d\r\n" , ti.winright ) ;
cprintf ( "window bottom                %2d\r\n" , ti.winbottom ) ;
cprintf ( "attribute                    %2d\r\n" , ti.attribute ) ;
cprintf ( "normal attribute             %2d\r\n" , ti.normattr ) ;
cprintf ( "current mode                 %2d\r\n" , ti.currmode ) ;
cprintf ( "screen height                %2d\r\n" , ti.screenheight ) ;
cprintf ( "screen width                 %2d\r\n" , ti.screenwidth ) ;
cprintf ( "current x                    %2d\r\n" , ti.curx ) ;
cprintf ( "current y                    %2d\r\n" , ti.cury ) ;
```

8.4.13 gotoxy（定位光标）函数

函数声明：void   gotoxy (int   x , int   y) ;

该函数把当前文本窗口中的光标移动到由坐标（x，y）指定的位置。如果由（x，y）给出的坐标无效，则对 gotoxy 的调用被忽略。例如，窗口右下角位置为（50，20），则对 gotoxy(30,25)的调用将被忽略。该函数没有返回值。

【例 8-102】 gotoxy 函数的使用。完整的程序需包含 conio.h 头文件。

```
clrscr ( ) ;
gotoxy ( 34 , 12 ) ;
cprintf ( "Hello world!" ) ;
```

8.4.14 highvideo、normvideo 和 lowvideo（选择文本亮度）函数

函数声明：void   highvideo (void) ;
          void   lowvideo (void) ;
          void   normvideo (void) ;

highvideo 函数通过设置当前被选择的前景色（foreground color）的高亮度位（high-intensity bit）来选择高亮度字符；lowmvideo 函数通过清除当前被选择的前景色的高亮度位来选择低亮度字符；normvideo 函数通过返回到该程序启动时具有的文本属性（前景和背景）值来选择正常亮度字符。

上述函数不影响当前已在屏幕上的任何字符的显示亮度。在这些函数被调用之后，它们仅对通过调用实现文本模式、直接控制台输出的函数（如 cprintf）所输出的字符起作用。

上述 3 个函数都没有返回值。设置是否有效，还要看硬件是否支持。

【例 8-103】 highvideo、lowvideo 和 normvideo 函数的使用。完整的程序需包含 conio.h 头文件。

```
highvideo ( ) ;
cprintf ( "HIGH Intensity Text\r\n" ) ;
```

```
lowvideo ( ) ;
cprintf ( "LOW Intensity Text\r\n" ) ;
normvideo ( ) ;
cprintf ( "NORMAL Intensity Text\r\n" ) ;
```

8.4.15 inp、inpw、outp、outpw（接口 I/O）函数

函数声明：int inp (unsigned portid) ;

unsigned inpw (unsigned portid) ;

int outp (unsigned portid , int value) ;

unsigned outpw (unsigned portid , unsigned value) ;

上述函数实际都是宏。inp 函数的功能是从 portid 指定的输入口读入一个字节；inpw 函数是从 portid 指定的输入口读入一个 16 位的字，其中低字节来自 portid，高字节来自 portid+1；outp 函数向 portid 指定的输出口输出低字节；outpw 函数则使用一个 16 位输出指令向 portid 输出低字节，向 portid+1 输出高字节。inp 和 inpw 函数返回所读的值，outp 和 outpw 函数返回参数 value。

【例 8-104】 inp 函数的使用。完整的程序需包含 conio.h 头文件。

```
int  result , value ;
unsigned  portid = 0 ;  /* 串行口 0 */
unsigned  result1 , value1 ;
result = inp ( portid ) ;
cprintf ( "Byte read from port %u = 0x%X\r\n" , portid , result ) ;
result1 = inpw ( portid ) ;
cprintf ( "Word read from port %u = 0x%X\r\n" , portid , result1 ) ;
value = outp (portid , 'C' ) ;
cprintf ( "Value %c sent to port number %u\r\n" , value , portid ) ;
value1 = outpw ( portid , 64 ) ;
cprintf ( "Value %u sent to port number %u\r\n" , value1 , portid ) ;
```

运行结果：

```
Byte␣read␣from␣port␣0␣=␣0x40
Word␣read␣from␣port␣0␣=␣0x43
Value␣C␣sent␣to␣port␣number␣0
Value␣64␣sent␣to␣port␣number␣0
```

8.4.16 insline（插入空行）函数

函数声明：void insline (void) ;

insline 函数在当前文本窗口的光标处使用当前文本背景色插入一个空行，并使空行后面所有的行下移一行，且使原来在该窗口最底部的一行卷出该窗口的底部。插入后，光标位置不变。该函数没有返回值。

【例 8-105】 insline 函数的使用。完整的程序需包含 conio.h 头文件。

```
clrscr ( ) ;
```

```
cprintf ( "INSLINE inserts an empty line in the text window\r\n" ) ;
cprintf ( "at the cursor position using the current text\r\n" ) ;
cprintf ( "background color.\r\n" ) ;
cprintf ( "\r\nPress any key to continue:" ) ;
gotoxy ( 1 , 2 ) ;
getch ( ) ;   insline ( ) ;   getch ( ) ;
```

8.4.17 kbhit( )（检测按键）函数

函数声明：int kbhit (void) ;

kbhit 函数查看一个击键是否是当前可用的。任何可用的击键都可用 getch 或 getche 取回。当成功时（如果一个击键是可用的），该函数返回一个非零整数；如果不可用，则返回 0。

【例 8-106】 kbhit 函数的使用。完整的程序需包含 conio.h 头文件。

```
cprintf ( "Press any key to continue:" ) ;
while ( !kbhit ( ) ) ;              /* 什么也不做，按任意键结束循环 */
cprintf ( "\r\nA key was pressed...\r\n" ) ;
```

运行结果：

```
Press␣any␣key␣to␣continue:          /* 显示该信息后，等待按键 */
A␣key␣was␣pressed...
```

8.4.18 movetext（复制文本）函数

函数声明：int movetext (int left, int top, int right, int bottom, int destleft, int desttop) ;

movetext 函数把屏幕上以（left，top）为左上角点，以（right，bottom）为右下角点所定义的矩形中的文本内容复制到以（destleft，desttop）为左上角点的同样尺寸的新矩形中。其中所有的坐标都是绝对屏幕坐标。该函数是一个实现直接显示输出的文本模式函数。当成功时，该函数返回一个非零整数；如果操作失败（例如，坐标超出当前屏幕模式范围），则返回 0。注意，只有整个矩形都在屏幕模式规定的范围内才算不超出范围。

【例 8-107】 movetext 函数的使用。完整的程序需包含 conio.h、string.h 两个头文件。

```
char    *str = "This is a test string." ;
clrscr ( ) ;
puts ( str ) ;   puts ( str ) ;   puts ( str ) ;
getch ( ) ;
movetext ( 1 , 1 , strlen ( str ) , 3 , 10 , 10 ) ;
getch ( ) ;
```

8.4.19 putch（输出字符到文本窗口）函数

函数声明：int putch (int ch) ;

putch 函数是 ANSI C 标准定义的，它把字符 ch 输出到当前文本窗口。该函数是一个实现直接显示输出到控制台的文本模式函数。该函数不把换行字符“\n”转换成一对回车/换行符“\r\n”。此外，putch 输出的字符或者直接写入屏幕的 RAM 存储器，或者用一个 BIOS

调用，根据 directvideo 的值决定。当 directvideo=0（默认值）时，是通过 ROM BIOS 调用；当 directvideo=1 时，则直接写入显示 RAM。当成功时，该函数返回被输出的字符 ch；当出错时，返回 EOF。

【例 8-108】 putch 函数的使用。完整的程序需包含 conio.h、stdio.h 两个头文件。

```
char    ch ;
clrscr ( ) ;
printf ( "Input a string:" ) ;
while ( ( ch = getch ( ) ) != '\r' )
      putch ( ch ) ;
putch ( '\r' ) ;
      putch ( '\n' ) ;
```

8.4.20 puttext（输出文本到文本窗口）函数

函数声明：int puttext (int left , int top , int right , int bottom , void *source) ;

puttext 函数把 source 所指向的内存区域中的内容输出到屏幕上由（left，top）和（right，bottom）定义的矩形中去。该函数是一个实现直接显示输出到控制台的文本模式函数。所有坐标是绝对屏幕坐标，不是窗口的相对坐标。其左上角点坐标是（1，1）。该函数通常与 gettext 函数配合使用，请参看 gettext 函数的介绍。当成功时，该函数返回一个非零值；当出错时（如所给坐标超界），则返回 0。

【例 8-109】 puttext 函数的使用。完整的程序需包含 conio.h 头文件。

```
char    buffer[512] ;
clrscr ( ) ;
gotoxy ( 20 , 10 ) ;                    /*  输出 2 行文本到控制台  */
cprintf ( "This is a test." ) ;
gotoxy ( 20 , 11 ) ;
cprintf ( "Press any key to continue ..." ) ;
getch ( ) ;                             /*  等待按一个键以便观察屏幕  */
gettext ( 20 , 10 , 48 , 11 , buffer ) ;          /*  抓取屏幕内容存入 buffer 数组中  */
gotoxy ( 10 , 15 ) ;                    /*  如不需要，此语句也可不要  */
puttext ( 10 , 15 , 38 , 16 , buffer ) ;          /*  将抓取的 2 行文本输出到别处  */
getch ( ) ;
```

8.4.21 _setcursortype（设置光标类型）函数

函数声明：void _setcursortype (int cur_t) ;

_setcursortype 函数根据参数 cur_t 的取值不同，可把光标设置为下列类型之一：

1）取值_NOCURSOR，即 0，则关闭光标。

2）取值_SOLIDCURSOR，即 1，则为实方块光标。

3）取值_NORMALCURSOR，即 2，则为下划线光标，可称之为普通光标。

该函数没有返回值。

【例 8-110】 _setcursortype t 函数的使用。完整的程序需包含 conio.h 头文件。

```
cprintf ( "\n\rNormal Cursor: " ) ;
getch ( ) ;                                      /* 显示普通光标 */
_setcursortype ( _NOCURSOR ) ;                   /* 关闭光标 */
cprintf ( "\n\rNo Cursor      : " ) ;
getch ( ) ;                                      /* 观察无光标情况 */
_setcursortype ( _SOLIDCURSOR ) ;                /* 切换到实方块光标 */
cprintf ( "\n\rSolid Cursor : " ) ;
getch ( ) ;                                      /* 观察实方块光标 */
_setcursortype ( _NORMALCURSOR ) ;               /* 切换到普通光标 */
cprintf ( "\n\rNormal Cursor: " ) ;
getch ( ) ;                                      /* 观察普通光标 */
```

8.4.22 textattr、textbackground 和 textcolor（设置文本属性）函数

函数声明：void textattr (int newattr) ;

void textbackground (int newcolor) ;

void textcolor (int newcolor) ;

上述 3 个函数是为那些提供文本模式直接输出到屏幕的函数（控制台输出函数）工作的。

1）单个调用 textattr 函数可同时设置文本的前景（foreground）和背景（background）颜色。

2）textbackground 函数用来选择文本的背景色（即字符所在行中字符以外的底色）。

3）textcolor 函数选择文本的前景色（即字符本身的颜色）。

这 3 个函数的设置对当前已在屏幕上的任何字符都无效。一旦对这 3 个函数之一进行了调用，所有接下来的对直接显示输出函数（如 cprintf）的调用，都将使用新的属性和颜色。

参数 newattr 使用低 8 位来设置文本属性，其格式如下图所示。其中：

7	6	5	4	3	2	1	0
B	b	b	b	f	f	f	f

1）ffff 是 4 位前景色（0 到 15）。

2）bbb 是 3 位背景色（0 到 7）。

3）B 是闪烁使能位（blink-enable bit）。

如果要使用颜色符号常量，在选择所提供的背景色时，可采用的方法是：仅能选择 16 种颜色的前 8 种颜色（0～7）；用于属性，必须将所选择的背景色左移 4 位（相当于扩大 16 倍），以便把它移到正确的“bbb”位处。16 种颜色符号常量在 conio.h 中定义。如果闪烁使能位置位（即 B=1），将使之后输出的字符闪烁。在调用 textattr 函数时，要想使该位置位，可以对 newattr 参数在设计好背景色和前景色之后，再加上预定义的符号常量 BLINK(值为 128)。

要调用 textcolor 函数使字符闪烁，可以将 128 加到前景色中。例如，

```
textcolor(CYAN + BLINK);
```

这 3 个函数都没有返回值。

在文本模式下可使用的背景颜色和前景颜色的枚举符号常量名和对应的整型值如表 8-6 所示。

表 8-6　文本模式的颜色（COLOR）

	颜　色	符号常量名	值	背 景 色	前 景 色
深色	黑	BLACK	0	Yes	Yes
	蓝	BLUE	1	Yes	Yes
	绿	GREEN	2	Yes	Yes
	青	CYAN	3	Yes	Yes
	红	RED	4	Yes	Yes
	洋红	MAGENTA	5	Yes	Yes
	棕	BROWN	6	Yes	Yes
	淡灰	LIGHTGRAY	7	Yes	Yes
淡色	深灰	DARKGRAY	8	No	Yes
	淡蓝	LIGHTBLUE	9	No	Yes
	淡绿	LIGHTGREEN	10	No	Yes
	淡青	LIGHTCYAN	11	No	Yes
	淡红	LIGHTRED	12	No	Yes
	淡洋红	LIGHTMAGENTA	13	No	Yes
	黄	YELLOW	14	No	Yes
	白	WHITE	15	No	Yes
	闪烁	BLINK	128	No	***

***在文本模式中，要显示闪烁字符，把 BLINK 加到前景色中。

【例 8-111】 3 个函数的使用。在运行时注意每次按一个键后颜色的变化。

```
#include <conio.h>
void  main ( void )
{
   int  i , j ;
   clrscr ( ) ;
   for ( i = 0 ; i < 8 ; i++ )
   {
       textattr ( i + ( ( i + 3 ) << 4 ) ) ;
       cprintf ( "This is a test\r\n" ) ;
    }
   getch ( ) ;   clrscr ( ) ;
   for ( i = 0 ; i < 8 ; i++ )
    {
       for ( j = 0 ; j < 80 ; j++ ) cprintf( "C" );
       cprintf ( "\r\n" ) ;
       textcolor ( i + 3 ) ;   textbackground ( i ) ;
  }
   getch ( ) ;
   textattr ( WHITE + 16 * BLACK ) ;
   getch ( ) ;
   clrscr ( ) ;
```

```
    getch ( ) ;
}
```

8.4.23 ungetch（压回字符到控制台）函数

函数声明：int ungetch (int ch) ;

ungetch 函数将字符 ch 压回到控制台（即键盘），使 ch 是下一个被读的字符。如果在下一个读操作之前该函数被调用多于一次将会失败。当成功时，该函数返回所压回的字符；当出错时，返回 EOF。

【例 8-112】 ungetch 函数的使用。下面程序将键盘输入的多个数字字符转换成一个整数，在读到一个非数字字符时，停止读操作，该字符应使用 ungetch 将其送回到键盘输入缓冲区中。完整的程序需包含 conio.h、stdio.h 和 ctype.h 三个头文件。

```
int  i = 0 ;  char  ch ;
cprintf ( "Input an integer followed by a char:" ) ;
while ( ( ch = getche ( ) ) != EOF && isdigit ( ch ) )          /* 读字符直到非数字或 EOF */
    i = 10 * i + ch - 48 ;                                      /* 将 ASCII 码转换成整型数值 */
/* 如果最后所读的是非数字字符，则将其压回到键盘输入缓冲区 */
if ( ch != EOF )
    ungetch ( ch ) ;
cprintf ( "\r\ni = %d, next char in buffer = %c\r\n" , i , getch ( ) ) ;
```

运行结果：

```
Input␣an␣integer␣followed␣by␣a␣char:12345D
i␣=␣12345, ␣next␣char␣in␣buffer␣=␣D
```

8.4.24 wherex、wherey（取得窗口光标位置）函数

函数声明：int wherex (void) ;
　　　　　int wherey (void) ;

wherex 函数返回当前光标位置（在当前文本窗口内部）的 x 坐标；wherey 函数返回当前光标位置（在当前文本窗口内部）的 y 坐标。wherex 函数返回 1 到 80 范围内的整数；wherey 函数返回 1 到 25、1 到 43、或 1 到 50 范围内的整数。如果是一个当前活动窗口，范围会更小。

【例 8-113】 wherex、wherey 函数的使用。完整的程序需包含 conio.h 头文件。

```
clrscr ( ) ;
cprintf ( "This is whole screen;X:%d,Y:%d\r\n" , wherex ( ) , wherey ( ) ) ;
getch ( ) ;  window ( 10 , 10 , 70 , 20 ) ;
cprintf ( "This is current window\r\n" ) ;
getch ( ) ;  clrscr ( ) ;  getch ( ) ;
gotoxy ( 10 , 5 ) ;
cprintf ( "Current location is X:%d,Y:%d\r\n" , wherex ( ) , wherey ( ) ) ;
getch ( ) ;+++
```

8.4.25 window（定义活动文本模式窗口）函数

函数声明：void window (int left , int top , int right , int bottom) ;

window 函数在屏幕中定义一个文本窗口。如果给出的坐标无效，则对该函数的调用将被忽略。参数（left，top）给出窗口的左上角点坐标，参数（right，bottom）给出窗口的右下角点坐标，文本窗口的最小尺寸是只有 1 行 1 列。默认窗口是整个屏幕，相当于使用如下的坐标：

1）80 列模式：（1，1，80，25）。

2）40 列模式：（1，1，40，25）。

window 函数没有返回值。

【例 8-114】 window 函数的使用。完整的程序需包含 conio.h 头文件。

```
textattr ( BLACK * 16 + WHITE ) ;
clrscr () ;
window ( 10 , 10 , 40 , 11 ) ;
textcolor ( BLACK ) ;
textbackground ( WHITE ) ;
textcolor ( BLACK ) ;
textbackground ( WHITE ) ;
cprintf ( "This is a test\r\n" ) ;
cprintf ( "This is a test1\r" ) ;
```

8.5 io.h 中声明的输入/输出函数

io.h 中声明的输入输出函数称为“低层 I/O 函数”（low level I/O function）。由于 C 语言最早是在 UNIX 操作系统下开发的，与其对应的一组磁盘文件 I/O 早就形成了。它使用一些独立于缓冲型文件系统的函数，由这些函数组成的 I/O 子系统叫做非缓冲型文件系统。这是因为编程者必须提供和维护所有的磁盘缓冲区，函数不能自动完成这一工作。由于非缓冲型文件系统不是由 ANSI 标准定义的，如果使用这些函数编程就可能出现可移植性方面的问题。所以，今后非缓冲文件系统的使用会逐渐减少。但由于很多现有的 C 程序中用到了这些函数，而且现有的各种 C 语言编译程序也支持它们，所以下面将简单介绍一些有关的函数。

8.5.1 access（检查文件）函数

函数声明：int access (char *filename , int mode) ;

该函数的原型在 io.h 中。该函数用来检查 filename 所指向的文件是否存在，或是否是只读的，或是否可运行等。具体进行哪种检查由 mode 指定。mode 的合法值如下：

0　检查文件是否存在。

1　检查文件是否可运行。

2　检查文件是否可以写访问。

4　检查文件是否可以读访问。

6　检查文件是否可以读/写访问。

当允许进行要求的访问时，access 函数返回 0；否则返回-1，并且将全程变量 errno 设置为 ENOENT（未找到路径或文件名）或 EACCES（拒绝访问）两个值之一。

【例 8-115】 如下的程序段可检查 abc.exe 是否在当前工作目录中。完整的程序需包含 stdio.h 和 io.h 两个头文件。

```
if(!access("abc.exe", 0))
   printf("file present!\n") ;
else
   printf("file not found!\n") ;
```

8.5.2 _chmod（读取或设置文件属性）函数

函数声明：int _chmod (char *filename , int func [, int attrib]) ;

该函数的原型在 io.h 中。该函数用来读取或设置 filename 指向的文件的属性。参数 filename 指向要取来或设置属性的那个文件的名字的字符串。参数 func 用来规定是读取，还是设置属性：如果 func = 0，该函数返回 DOS 属性；如果 func = 1，该函数按照参数 attrib 来设置指定文件的属性。参数 attrib 是可选项，在设置属性时才使用，可取在 dos.h 中定义的 DOS 文件属性符号常量之一。这些符号常量有：FA_NORMAL（无属性）、FA_RDONLY（只读）、FA_HIDDEN（隐藏）、FA_SISTEM（系统）、FA_LABEL（卷标）、FA_DIREC（目录）和 FA_ARCH（存档）。当成功时，_chmod 函数返回文件属性字。当出错时，该函数返回-1，并且将 error 设置为 ENOENT（路径或文件名未找到）或 EACCES（拒绝访问）。

例如，下面的语句把文件 ABC.TXT 的属性设置为“存档”文件。

```
if (_chmod ( "ABC.TXT",1,FA_ARCH) == FA_ARCH )
printf("The file set to archive file.");
```

8.5.3 chmod（设置文件访问模式）函数

函数声明：int chmod (char *filename , int mode) ;

该函数用来设置 filename 指向的文件的访问许可。参数 filename 指向给要设置访问模式的那个文件命名的字符串。参数 mode 可取在 INCLUDE\SYS 子目录下的 stat.h 头文件中定义的符号常量：S_IWRITE（允许写）、S_IREAD（允许读）或 S_IREAD|S_IWRITE（允许读/写）。当成功时，chmod 函数返回 0；当出错时，该函数返回-1，并且将 error 设置为 ENOENT（路径或文件名未找到）或 EACCES（拒绝访问）。

例如，下面的语句把文件 ABC.TXT 设置为“读/写”访问模式。

```
if(!chmod( "ABC.TXT",S_IREAD|S_IWRITE))
   printf( "The file set to read/write access.");
```

8.5.4 chsize（改变文件大小）函数

函数声明：int chsize (int handle , long size) ;

chsize 函数改变与文件句柄 handle 联结的文件的大小。chsize 根据 size 的值与文件的原始大小比较，可能截短或加长该文件。如果该函数加长该文件，它将添加空字符（\0）；如果该函数截短该文件，则在新的文件结束标志后面的所有数据被丢弃。该函数要求打开该文件的方式必须是可写的。当成功时，该函数返回 0；当失败时，返回-1，并将 errno 设置为 EACCES（拒绝访问）、EBADF（坏的文件号）或 ENOSPC（UNIX——非 DOS）三者之一。

例如，下面的程序段建立 10 字节大小的文件，然后将其截短为 5 字节大小。

```
char   buf[11] = "0123456789" ;
handle = open ( "ABC.TXT" , O_CREAT ) ;   /*  建立一个文本文件并写入 10 个字符  */
write ( handle , buf , strlen ( buf ) ) ;
chsize ( handle , 5 ) ;      /*  将该文件截短为 5 个字符大小  */
```

8.5.5 close、_close（关闭文件）函数

函数声明：int close (int handle) ;

int _close (int handle) ;

上述每一个函数都可关闭与 handle 联结的文件。参数 handle 是从一个调用 creat、_creat、creatnew、creattemp、dup、dup2 或_open 函数而获得的文件句柄。close 和_close 在关闭文件时都不在文件尾写一个 Ctrl-Z 字符。要用一个 Ctrl-Z 结束该文件，用户必须明确地输出一个 Ctrl-Z。

当成功时，这些函数返回 0；当出错时（handle 不是一个有效的打开文件的文件句柄），返回-1，并将 errno 设置为 EBADF（坏的文件号）。

8.5.6 creat、_creat（建立文件）函数

函数声明：int creat (char *filename , int mode) ;

int _creat (char *filename , int attrib) ;

上述每一个函数都可建立一个由 filename 命名的新文件或准备重写一个已存在的文件。参数 mode 为访问方式字，仅提供给新建立的文件，可以是在 SYS\STAT.H 中定义的符号常量 S_IWRITE（可写）、S_IREAD（可读）或 S_IREAD|S_IWRITE（可读/写）三者之一。creat 仅考察 mode 的 S_IWRITE 位，如果 S_IWRITE 位为 1，新文件可写，如果为 0，新文件被标记为只读文件。所有其他的 DOS 属性都被设置为 0。而参数 attrib 是一个 DOS 属性字，用于设置新文件的访问许可，可取在 dos.h 中定义的 DOS 文件属性符号常量之一。这些符号常量有：FA_NORMAL（无属性）、FA_RDONLY（只读）、FA_HIDDEN（隐藏）、FA_SISTEM（系统）、FA_LABEL（卷标）、FA_DIREC（目录）、FA_ARCH（存档）。在 DOS 中，可写必然包含可读。当文件被成功地建立时，该文件指针被设置到该文件的开头。如果该文件已经存在，它的大小被重新设置为 0。这本质上与先删除该文件、再建立一个同名的新文件相同。一个用 creat 建立的文件总是以全局变量_fmode 规定的传送方式来建立。_fmode 在 fcntl.h 和 stdlib.h 中定义，其值可为 O_TEXT（文本方式）或 O_BINARY（二进制方式），在系统启动时默认值为 O_TEXT。用户在打开文件时可以明确地将 O_TEXT 或 O_BINARY 传递给程序而优先于该默认值。

对于 creat 函数，如果已存在的文件的写属性被设置，creat 截短该文件到 0 字节长度，并保持该文件的属性不变。如果已存在的文件的只读属性被设置，creat 调用失败，且该文件保持不变。

当成功时，这些函数返回新的文件句柄，即一个非负的整数；当出错时，返回-1，并将 errno 设置为 ENOENT（路径或文件名未找到）、EMFILE（打开文件太多）或 EACCES（拒绝访问）。

例如，下面的程序段建立一个名为 test 的文件：

```
int  handle ;
if ((handle = creat("test",S_IWRITE)) ==-1)
{
pintf("cannot open file!\n");
exit(1);
}
```

8.5.7 creatnew（建立新文件）函数

函数声明：int creatnew (char *filename , int mode) ;

该函数以二进制的方式为读和写建立并打开一个新文件。它使用 DOS 功能 0X5B 去建立并打开一个由 filename 命名的新文件。如果该文件已存在，该函数返回一个错误，并且保持已存在的文件不受影响。参数 mode 为 DOS 属性字，可取在 dos.h 中定义的 DOS 文件属性符号常量之一。这些符号常量有：FA_NORMAL（无属性）、FA_RDONLY（只读）、FA_HIDDEN（隐藏）、FA_SISTEM（系统）、FA_LABEL（卷标）、FA_DIREC（目录）、FA_ARCH（存档）。

当成功时，该函数返回新的文件句柄，即一个非负的整数；当出错时，返回-1，并将 errno 设置为 EEXIST（文件已经存在）、ENOENT（路径或文件名未找到）、EMFILE（打开文件太多）或 EACCES（拒绝访问）。

【例 8-116】 creatnew 函数的使用。完整的程序需包含 string.h、stdio.h、errno.h、dos.h 和 io.h 5 个头文件。

```
int  handle ;
char  buf[11] = "0123456789" ;
handle = creatnew ( "ABC1.BIN" , FA_NORMAL ) ;  /*  试图建立一个新文件  */
if ( handle == -1 )
   printf ( "ABC1.BIN already exists.\n" ) ;
else
{
   printf ( "ABC1.BIN successfully created.\n" ) ;
   write ( handle , buf , strlen ( buf ) ) ;
   close ( handle ) ;
}
```

运行结果：

```
ABC.BIN␣successfully␣created.          （这是第一次运行的结果）
ABC.BIN␣already␣exists.                （这是第二次运行的结果）
```

8.5.8 creattemp（建立唯一文件）函数

函数声明：int creattemp (char *path , int attrib) ;

该函数在由 path 指定的目录中建立一个唯一的文件，所建立的文件的传送方式由全局变量 _fmode 的值来决定。如果 _fmode=O_TEXT，则是文本传送方式，若 _fmode=O_BINARY，则为二进制传送方式。参数 path 给出以一个反斜杠“\”结尾的路径名。参数 attrib 为 DOS 属性字，可取在 dos.h 中定义的 DOS 文件属性符号常量之一。这些符号常量有：FA_NORMAL（无属性）、FA_RDONLY（只读）、FA_HIDDEN（隐藏）、FA_SISTEM（系统）、FA_LABEL（卷标）、FA_DIREC（目录）、FA_ARCH（存档）。

被打开的文件用于读和写两者。该文件总是以二进制方式打开。creattext 函数在由 path 命名的目录中选择一个唯一的文件名，并将该新建的文件名存储到 path 所提供的字符串中（接在路径名后边）。因此，要求 path 所指字符数组应足够长，以便放得下路径和文件名。当文件被成功建立时，文件指针指向该文件的开头。当程序结束时，该文件不被自动删除。

当成功时，该函数返回新的文件句柄，即一个非负的整数；否则，返回-1，并将 errno 设置为 ENOENT（路径或文件名未找到）、EMFILE（打开文件太多）或 EACCES（拒绝访问）。

【例 8-117】 creattemp 函数的使用。完整的程序需包含 string.h、stdio.h、fcntl.h 和 io.h 4 个头文件。

```
int handle ;
char pathname[128] ; _fmode=O_BINARY ;
strcpy ( pathname , "E:\\" ) ;
handle = creattemp ( pathname , 0 ) ;   /* 在 E 盘根目录建立一个唯一的文件 */
write ( handle , pathname , strlen ( pathname ) ) ;
printf ( "%s was the unique file created.\n" , pathname ) ;
close ( handle ) ;
```

运行结果：

```
E:\BBACBBCC␣was␣the␣unique␣file␣created.
```

8.5.9 dup、dup2（复制文件句柄）函数

函数声明：int dup (int handle) ;

int dup2 (int oldhandle , int newhandle) ;

dup 函数为与文件句柄 handle 相联接的文件建立一个新文件句柄。dup2 函数用 newhandle 的值建立一个新的文件句柄，使其转向到一个已存在的文件句柄 oldhandle 上。其中参数 handle 是由调用 _creat、creat、_open、open、dup、或 dup2 函数得到的文件句柄，而参数 oldhandle 和 newhandle 则是由调用 creat、open、dup 或 dup2 函数得到的文件句柄。新文件句柄与原来的文件句柄有同样的打开文件或设备，同样的文件指针（改变一个的文件指针就改变另一个），同样的访问方式——读、写、读/写。如果在调用 dup2 之前，已有一个文件与 newhandle 相联结，则在调用 dup2 时，它将被关闭。当成功时，dup 函数返回新的文件句柄，即一个非负的整数，dup2 返回 0；当出错时，两个函数都返回-1，并将 errno

设置为 EMFILE（打开文件太多）或 EBADF（坏的文件号）。

【例 8-118】 dup 和 dup2 函数的使用。仔细分析并运行下面的程序，然后观察屏幕和 ABC.FIL 文件中的运行结果（可用 WINDOWS 中的记事本打开 ABC.FIL 文件）。完整的程序需包含 sys\stat.h、string.h、stdio.h、fcntl.h 和 io.h 5 个头文件。

```
#define   STDOUT   1
void main(void)
{
    int   nul , oldstdout ;
    char   msg[] = "This is a test." ;
    nul = open("ABC.FIL", O_CREAT | O_RDWR, S_IREAD | S_IWRITE); /*  建立文件  */
    printf ( "nul=%d\n" , nul ) ;                          /*  在屏幕上输出 nul 的值  */
    oldstdout = dup ( STDOUT ) ;                           /*  为标准输出建立一个文件句柄复制品  */
    printf ( "oldstdout=%d\n" , oldstdout ) ;              /*  在屏幕上输出该复制品的值  */
    dup2(nul, STDOUT); /*  把 ABC.FIL 的文件句柄复制给 STDOUT，使其重定向到该文件*/
    printf("STDOUT=%d\n",STDOUT);                          /*  将新的 STDOUT 的值输出到文件 ABC.FIL 中  */
    close ( nul ) ;                                        /*  切断 nul 与 ABC.FIL 文件的联结  */
    write ( STDOUT , msg , strlen ( msg ) ) ;              /*  输出将被重定向到 ABC.FIL 文件  */
    dup2 ( oldstdout , STDOUT ) ;                          /*  恢复原来的标准输出的文件句柄  */
    close ( oldstdout ) ;                                  /*  终止 oldstdout 与标准输出设备的联结  */
}
```

8.5.10 eof（检查文件尾）函数

函数声明：int   eof (int   handle) ;

eof 函数确定与文件句柄 handle 相联结的文件是否已经到达了文件尾。当成功时，如果当前位置是文件尾，eof 函数返回 1，否则返回 0；当出错时，该函数都返回-1，并将 errno 设置为 EBADF（坏的文件号）。

【例 8-119】 eof 函数的使用。完整的程序需包含 sys\stat.h、string.h、stdio.h、fcntl.h 和 io.h5 个头文件。

```
int   handle ;
char   ch , msg[] = "This is a test.\r\n" ;
handle = open("ABC.FIL", O_CREAT | O_RDWR, S_IREAD | S_IWRITE); /*  建立文件 */
write ( handle , msg , strlen ( msg ) ) ;      /*  把一些数据写入该文件  */
lseek ( handle , 0L , SEEK_SET ) ;             /*  找到文件的开头  */
/*  从文件读字符，直到到达 EOF */
while ( !eof ( handle ) )
{
  ead ( handle , &ch , 1 ) ;
  printf ( "%c" , ch ) ;
}
close ( handle ) ;                             /*  关闭该文件*/
```

8.5.11　filelength（求文件长度）函数

函数声明：long　filelength (int　handle) ;

filelength 函数返回与文件句柄 handle 相联结的文件的长度。当成功时，返回一个长整型值，即该文件以字节数来计算的文件长度；当出错时，该函数返回-1L，并将 errno 设置为 EBADF（坏的文件号）。

例如，下面的语句显示与文件句柄 handle 相联结的文件的长度：

```
printf ( "The file is %ld bytes long.\n" , filelength ( handle ) ) ;
```

8.5.12　getftime、setftime（获得或设置文件日期和时间）函数

函数声明：int　getftime (int　handle , struct ftime　*ftimep) ;

　　　　　int　setftime (int　handle , struct ftime　*ftimep) ;

getftime 函数获得与文件句柄 handle 相联结的文件的日期和时间，而 setftime 设置该文件的日期和时间。参数 handle 是一个已打开的文件的文件句柄；参数 ftimep 是一个指向 ftime 结构体的指针。ftime 结构体在 io.h 中有如下定义，即占 2 字节 32 个二进制位，如下图所示。

ft_hour	ft_min	ft_tsec	ft_year	ft_month	ft_day
15 ······· 11	10 ·········· 5	4 ······· 0	31 ············ 25	24 ···· 21	20 ······ 16

```
struct ftime
{
    unsigned   ft_tsec      : 5 ;   /* 间隔 2 秒 */
    unsigned   ft_min       : 6 ;   /* 分钟 */
    unsigned   ft_hour      : 5 ;   /* 小时 */
    unsigned   ft_day       : 5 ;   /* 日 */
    unsigned   ft_month     : 4 ;   /* 月 */
    unsigned   ft_year      : 7 ;   /* 年 –1 980 */
} ;
```

getftime 函数用文件的日期和时间填充*ftimep；而 setftime 函数用*ftimep 中的值去设置该文件的日期和时间。当成功时，这两个函数都返回 0；当出错时，它们都返回-1，并将 errno 设置为 EINVFNC（无效的功能号）或 EBADF（坏的文件号）。

【例 8-120】 getftime 函数的使用。完整的程序需包含 stdio.h 和 io.h 两个头文件。

```
FILE   *fp ;
struct ftime   ft ;
fp = fopen ( "ABC.TXT" , "w" ) ;
getftime ( fileno ( fp ) , &ft ) ;
printf ( "File time: %u:%u:%u\n" , ft.ft_hour , ft.ft_min , ft.ft_tsec * 2 ) ;
printf ( "File date: %u/%u/%u\n" , ft.ft_month , ft.ft_day , ft.ft_year + 1980 ) ;
fclose ( fp ) ;
```

运行结果：

```
File␣time: ␣15:49:40
File␣date: ␣2/20/2009
```

8.5.13 locking、lock、unlock（加锁、解锁）函数

函数声明：int locking (int handle , int cmd , long length) ;

int lock (int handle , long offset , long length) ;

int unlock (int handle , long offset , long length) ;

locking 函数设置或重新设置文件共享锁。要调用该函数，应包含 io.h 和 sys\locking.h 两个头文件。lock 函数设置文件共享锁。unlock 函数释放文件共享锁。这 3 个函数给 DOS 3.x 文件共享提供一个接口。在用户使用这些函数之前，必须装载 SHARE.EXE。参数 handle 指定要被加锁或解锁的打开的文件。参数 cmd 指定所采取的行动，可取的符号常量值在 sys\locking.h 中定义，它们是：LK_LOCK、LK_RLCK（给指定区域加锁，如果不成功，在放弃之前，用 10 秒钟试一/二次）；LK_NBLCK、LK_NBRLCK（给指定区域加锁，如果不成功，则立即放弃）；LK_UNLCK（给指定区域解锁，该区域以前必须被加过锁）。参数 length 是被加锁或解锁的区域的长度（以字节为单位）。参数 offset 指定加锁或解锁的起点，即从文件开头算起过多少字节开始加锁，一共锁定 leength 个字节。锁可以被加到任一文件的随意的、非重叠的位置。一个试图读写一个加锁区域的程序将重复该操作 3 次，如果所有 3 次重试失败，则调用失败并出错。为了防止出错，在一个文件被关闭之前，必须将加在其中的所有的锁都删除。一个程序在结束之前必须释放所有的锁。

当成功时，这 3 个函数都返回 0；当出错时，它们都返回-1，并且 locking 函数将 errno 设置为 EBADF（坏的文件号）、EACCES(文件已经加锁或解锁)、EDEADLOCK（10 秒重试后，文件不能被加锁）或 EINVAL（无效的 cmd，或 SHARE.EXE 未装载）。

例如，如下的语句把与 handle 联结的文件的前 65 个字节锁定。

```
lock ( handle , 0 , 65 ) ;
```

8.5.14 lseek（移动读/写文件指针）函数

函数声明：long lseek (int handle , long offset , int fromwhere) ;

lseek 函数把与 handle 联结的文件指针设置到一个新位置，该新位置离 fromwhere 给出的位置偏移 offset 字节。可使用在 io.h 中定义的符号常量去设置 fromwhere 参数。这些符号常量有：SEEK_SET（即 0，从文件的开头），SEEK_CUR（即 1，从当前位置）和 SEEK_END（即 2，从文件尾）。当成功时，lseek 函数返回从文件开头算起指针新位置的偏移量（以字节为单位）；当出错时，返回-1L，并将 errno 设置为 EBADF（坏的文件号）或 EINVAL（无效的参数）。

【例 8-121】 lseek 函数的使用。完整的程序需要包含 sys\stat.h、string.h、stdio.h、fcntl.h、io.h 等头文件。

```
int handle ;
char msg[ ] = "This is a test" ;
char ch ;
```

```
handle = open ("ABC1.FIL", O_CREAT | O_RDWR, S_IREAD | S_IWRITE);   /* 建立文件 */
write ( handle , msg , strlen ( msg ) ) ;      /* 把一些数据写入该文件 */
lseek ( handle , -4L , SEEK_END ) ;      /* 将文件指针移到离文件尾 4 字节的地方 */
do                                       /* 从该文件读字符，直到遇到 EOF */
{
read ( handle , &ch , 1 ) ;
printf ( "%c" , ch ) ;
}
while ( !eof ( handle ) ) ;
close ( handle ) ;
```

运行结果：

```
test
```

8.5.15 mktemp（产生唯一文件名）函数

函数声明：char *mktemp (char *template) ;

mktemp 函数用唯一的文件名替换*template 中的字符串，并返回 template。参数 template 指向的字符数组至少应容纳 7 个字符，6 个字符用于存放文件名，接下来是字符串结束标志（'\0'）。产生的唯一文件名仅替换字符数组中第一个'\0'前面的 6 个字符（由 2 个字母加上一个句点，再加上 3 个字母的后缀（suffix）构成，如 AA.AAA）。当成功时（如果 template 结构良好），mktemp 函数返回 template 字符串的地址；否则返回空指针值 NULL。

【例 8-122】 mktemp 函数的使用。完整的程序需要包含 dir.h 、stdio.h 等头文件。

```
char *fname = "MYXXXXXX" , *ptr ;    /* fname 用于存放唯一文件名 */
ptr = mktemp ( fname ) ;
printf ( "%s\n" , ptr ) ;
```

运行结果：

```
MYAA.AAA
```

8.5.16 _open、open、sopen（打开文件）函数

函数声明：int _open (char *fname , unsigned oflags , int *handlep) ;
int open (char *fname , int access [, unsigned mode]) ;
int sopen (char *fname , int access , int shflag [, unsigned mode]) ;

3 个函数都是为读写打开由 fname 指向的文件名字符串所指定的文件。其中，使用 open 函数需要包含 fcntl.h、sys\stat.h 和 io.h 头文件，使用 sopen 函数需包含 fcntl.h、sys\stat.h、share.h 和 io.h 头文件，使用_open 函数需包含 fcntl.h、share.h 和 io.h 头文件。_open 函数总是以二进制方式打开文件，sopen 是以共享方式打开文件。下面说明各个参数的作用。

1）参数 fname 给出要打开的文件的文件名（可以带路径）。

2）参数 access（以及 oflags）规定文件访问方式，其取值可使用在 fcntl.h 中定义的文件访问符号常量。3 个函数都可使用的基本访问方式（读/写特征）如下：

O_RDONLY　　以只读方式打开文件。

O_WRONLY　　以只写方式打开文件。

O_RDWR　　以读/写方式打开文件。

其他的访问特征符号常量（可由 open 和 sopen 使用）：

O_NDELAY　　未使用，保留它是为了与 UNIX 有可移植性。

O_APPEND　　在每一个写操作之前把文件指针设置到文件尾。

O_CREAT　　如果文件已存在，没有影响；否则建立一个以 mode 值为属性的文件。

O_EXCL　　专用打开：与 O_CREAT 一起使用。如文件已存在，返回一个错误。

O_TRUNC　　截短打开：如文件已存在，其长度被截短到 0，但保持其原属性。

二进制模式/文本模式特征符号常量（用于 fdopen、fopen、freopen、_fsopen、open 和 sopen）：

O_BINARY　　打开一个二进制文件，传送时无转换。

O_TEXT　　打开一文本文件，写时将回车转换为回车换行，读时则反之。

在 DOS3.X 以上版本中，_open 函数可使用的符号常量：

O_NOINHERIT　　子程序不继承文件。

O_DENYALL　　仅允许当前的文件句柄（即本文件句柄）访问该文件。

O_DENYWRITE　　仅允许对该文件的其他操作为读操作。

O_DENYREAD　　仅允许对该文件的其他操作为写操作。

O_DENYNONE　　允许并发访问。

3）参数 shflag 用来设置文件共享模式（在 DOS3.0 以上版本），其取值可使用在 share.h 中定义的符号常量：

SH_COMPAT　　设置并存模式：允许多个进程都分别以该模式打开该文件。如果该文件已经被以别的共享模式打开了，该调用将失败。

SH_DENYNONE　　允许读/写访问：允许别的共享打开（但不能用并存模式）。

SH_DENYNO　　允许读/写访问（为并存提供）。

SH_DENYRD　　拒绝读访问：允许其他的打开对该文件进行只写操作。

SH_DENYRW　　拒绝读/写访问：仅当前句柄可以访问该文件。

SH_DENYWR　　拒绝写访问：允许其他的打开对该文件进行只读操作。

O_NOINHERIT　　不继承：该文件不传递到子程序（此常量在 fcntl.h 中定义）。

4）参数 mode 是可选项，仅当参数 access 中包含了 O_CREAT 时才使用，它规定该新建立的名为“fname”的文件的模式。模式参数和模式掩码参数可用的符号常量在 sys\stat.h 中定义，现说明如下：

S_IWRITE　　允许写。

S_IREAD　　允许读。

S_IREAD|S_IWRITE　　允许读/写。

当成功时，3 个函数都返回文件句柄（一个非负整数），open 和 sopen 函数还将文件指针设置到文件的开头；当出错时，3 个函数都返回-1，并将 errno 设置为 ENOENT（路径或文件未找到）、EMFILE（打开文件太多）、EACCES（拒绝访问）或 EINVACC（无效的访问代码）之一。

【例 8-123】 open 函数的使用。完整的程序需要包含 string.h、stdio.h、fcntl.h、io.h 等

头文件。

```
int    handle , n ;
char    msg[ ] = "This is first line\nThis is second line" ;
if ( ( handle = open ( "ABC.$$$" , O_CREAT|O_TEXT|O_RDWR ) ) == -1 )
        perror ( "Error:" ) ;
printf ( "handle=%d\n" , handle ) ;
if ( ( n = write ( handle , msg , strlen ( msg ) ) ) == -1 )
        perror ( "Error" ) ;
printf ( "n=%d\n" , n ) ;
close ( handle ) ;
```

8.5.17 _read、read（读文件）函数

函数声明：int _read (int handle , void *buf , unsigned len) ;

int read (int handle , void *buf , unsigned len) ;

_read 函数使用 DOS 功能 0x3F（读系统调用）从 handle 联结的文件读取 len 字节数据存入 buf 指向的缓冲区中；而 read 试图从 handle 联结的文件读取 len 字节数据存入 buf 指向的缓冲区中。参数 handle 是从一个 creat、open、dup 或 dup2 函数调用而获得的文件句柄。参数 buf 是存放所读数据字节的起始地址。参数 len 是函数试图读取的字节数。一次调用读取的最大字节数是 65534，因为 65535 相当于-1，是错误返回标志。当文件以文本模式打开时，_read 不去掉回车符；而 read 去掉回车符并在读到 Ctrl-Z 时报告文件结束，且不把回车符和 Ctrl-Z 字符计算在所读字节数中。当成功时，两个函数返回一个正整数，指示存放到缓冲区中的字节数；当文件结束时，两者都返回 0；当出错时，返回-1，并将 errno 设置为 EACCES（拒绝访问）或 EBADF（坏的文件号）。

【例 8-124】 read 函数的使用。假设 TEST.$$$存在且长度大于 10 字节。完整的程序需要包含 sys\stat.h、string.h、stdio.h、fcntl.h、io.h、alloc.h 等头文件。

```
void    *buf ;
int    han , bytes ;
buf = malloc ( 10 ) ;
han = open ( "TEST.$$$" , O_RDONLY | O_BINARY, S_IREAD ) ;
bytes = read ( han , buf , 10 ) ;
if ( bytes >= 0 )
    printf ( "Read: %d bytes read.\n" , bytes ) ;
```

运行结果：

```
Read: ␣10␣bytes␣read.
```

8.5.18 setmode（设置文件模式）函数

函数声明：int setmode (int handle , int amode) ;

setmode 函数将与 handle 连结的已打开的文件设置成二进制模式或文本模式。参数 amode 必须取在 fcntl.h 中定义的符号常量 O_BINARY 或 O_TEXT 两者之一，不能两者都取。

当成功时，该函数返回先前的转换模式；当出错时，返回-1，并将 errno 置为 EINVAL（无效的参数）。

【例 8-125】 setmode 函数的使用。其中 stdprn 是标准打印机的文件句柄。完整的程序需要包含 stdio.h、fcntl.h、io.h 等头文件。

```
int   result ;
result = setmode ( fileno ( stdprn ) , O_TEXT ) ;         /*  设置打印机为文本模式 */
printf ( "r=%#x\n" , result ) ;                           /*  显示打印机原模式值 O_BINARY=0x8000 */
if ( result == -1 )
  perror ( "Mode not available\n" ) ;
else
  printf ( "Mode successfully switched\n" ) ;
result = setmode ( fileno ( stdprn ) , O_BINARY ) ;  /*  再设为二进制模式 */
printf ( "r1=%#x\n" , result ) ;                          /*  输出原文本模式的模式值 O_TEXT=0x4000 */
```

运行结果：

```
r=0x8000
Mode successfully switched
r1=0x4000
```

8.5.19 tell（获得文件指针的当前位置）函数

函数声明：long tell (int   handle) ;

tell 函数获得与 handle 连接的文件指针的当前位置，并用从文件开头算起的字节数来表示。当成功时，该函数返回当前文件指针位置；当出错时，返回-1，并将 errno 置为 EBADF（坏的文件号）。

【例 8-126】 tell 函数的使用。请多运行几次，分析运行结果。完整的程序需要包含 sys\stat.h、string.h、stdio.h、fcntl.h、io.h 等头文件。

```
int   handle , n ;
char   msg[ ] = "Hello world" ;
if ((handle = open ("TEST.$$$", O_CREAT | O_TEXT|O_APPEND|O_RDWR)) == -1)
    perror ( "Error:" ) ;
printf ( "The file pointer is at byte %ld\n" , tell ( handle ) ) ;
n = write ( handle , msg , strlen ( msg ) ) ;
printf ( "n=%d\n" , n ) ;
printf ( "The file pointer is at byte %ld\n" , tell ( handle ) ) ;
close ( handle ) ;
```

8.5.20 umask（设置文件读/写允许掩码）函数

函数声明：unsigned   umask (unsigned   modemask) ;

umask 函数设置由 open 和 creat 使用的访问允许掩码。在 modemask 中设置的那些位在随后由 open 和 creat 建立的文件的访问允许中将被清除。参数 modemask 可取在 sys\stat.h 中定义的符号常量 S_IWRITE、S_IREAD 或 S_IREAD|S_IWRITE 三者之一。当成功时，该函

数返回先前的转换模式；当出错时，返回-1，并将 errno 置为 EINVAL（无效的参数）。可移植性为：DOS。

【例 8-127】 umask 函数的使用。要想运行成功，必须建立一个新文件。完整的程序需要包含 sys\stat.h、stdio.h、fcntl.h、io.h 等头文件。

```
unsigned   oldmask ;
int   handle ;
struct stat   statbuf ;
oldmask = umask ( S_IWRITE ) ;                    /* 使随后被建立的文件为只读文件 */
printf ( "Old mask = 0x%x\n" , oldmask ) ;       /* 显示旧掩码 */
/* 建立一个长度为 0 字节的文件 */
if ((handle = open("ABC5.$$$" , O_CREAT|O_TEXT,S_IREAD|S_IWRITE )) == -1 )
    perror ( "Error:" ) ;
if ( stat ( "ABC5.$$$" , &statbuf ) != 0 )        /* 检验该文件是只读文件 */
    perror ( "Unable to get information about output file" ) ;
printf ( "statbuf.st_mode==0x%x\n" , statbuf.st_mode ) ;    /* 显示访问模式值 */
if (statbuf.st_mode & S_IWRITE )
    printf ( "Error! %s is writable!\n" , "ABC5.$$$" ) ;
else
    printf ( "Success! %s is not writable.\n" , "ABC5.$$$" ) ;
close ( handle ) ;
```

运行结果：

```
Old mask = 0x0
statbuf.st_mode = 0x8100
Success! ABC5.$$$ is not writable.
```

8.5.21 _write 和 write（写文件）函数

函数声明：int   _write (int   handle , void   *buf , unsigned   len) ;
int   write (int   handle , void   *buf , unsigned   len) ;

_write 函数使用 DOS 0x40 功能调用把 buf 指向的缓冲区连续 len 个字节写到与 handle 相联结的文件中；而 write 函数也是把 buf 指向的缓冲区连续 len 个字节写到与 handle 相联结的文件中，只是它不使用 DOS 功能调用。参数 handle 是从 creat、open、dup 或 dup2 函数调用而得到的文件句柄。参数 buf 指向存放要写到文件中的那些数据字节的缓冲区。参数 len 为函数试图要写的字节数。如果实际写的字节数少于要求写的字节数，这很可能是一个错误（最大可能是磁盘满）。一次可写的最大字节数是 65534。写文本文件，当 write 遇到一个 LF（换行符）时，它输出 CR/LF（回车/换行）2 个字符，但仍算输出一个字符，生成的 CR 不计数；而_write 函数不做这种转换，因为其所有文件都是二进制文件。还有，对于磁盘或磁盘文件，总是从当前文件指针开始写；而对于设备，这些函数直接发送数据到设备。对于用 O_APPEND 选项打开的文件，write 函数在写数据之前把文件指针放到文件尾（EOF）；而_write 在写数据之前不把文件指针放到文件尾。当成功时，两个函数都返回输出的字节数；当出错时，都返回-1，并将 errno 置为 EACCES（拒绝访问）或 EBADF（坏的文件号）。可

移植性：_write 为 DOS；write 为 DOS 和 UNIX。

【例 8-128】 write 函数的使用。完整的程序需要包含 sys\stat.h、stdio.h、fcntl.h、io.h 等头文件。

```
int   handle ;
handle = open("TEST3.$$$", O_WRONLY | O_CREAT | O_TRUNC,S_IREAD | S_IWRITE);
if ( write (handle,"aaaaaaaaaa!\nbbbbb",16) != 16)
   printf ( "Error writing to the file.\n" ) ;
close ( handle ) ;
```

8.6 graphics.h 中声明的图形函数

在 ANSI 标准中没有定义任何图形功能函数，其原因主要是计算机的种类较多，硬件环境和能力的差异较大，无法实现标准化。Turbo C++ 3.0 提供了 PC 系统环境下扩充的图形支持系统（图形包）。只要在 PC 系统环境下，就可以使用该图形包中提供的 82 个函数进行有关图形和动画方面的程序设计。

图形系统的有关信息和函数原型在 graphics.h 头文件中。要调用图形包中的函数，在程序的开头，应加一条包含命令：#include <graphics.h>；另外，应该依次选择“Options”→“Linker”→“Libraries”命令，调出“Libraries”对话框，将其中的“[X]Graphics Library”复选框选中。所有的图形函数都是远（far）函数。

图形函数的核心是视口（viewport），它是屏幕的活动部分，在这个活动的视口中将显示输出。在缺省情况下，视口就是整个屏幕，也可以根据需要，由用户来定义某个视口的大小。文本模式下的字符屏幕函数提供了窗口（window），其左上角坐标为（1，1），即窗口中的第一列、第一行；而图形系统提供了视口，其左上角点的坐标为（0，0），单位为像素。两者采用的术语不同，坐标单位不同，但是概念是一样的。

了解大部分图形函数和视口的关系是十分重要的。例如，outtextxy 函数是在相对于当前活动视口的（x，y）位置上输出文本，而不一定是相对于整个屏幕。下面逐个介绍这些图形函数。

8.6.1 arc（画圆弧）函数

函数声明：void far   arc (int   x , int   y , int   stangle , int   endangle , int radius) ;

arc 函数以（x，y）为中心，以 radius 为半径，用当前画线颜色，从 stangle 角度开始到 endangle 角度处（角度单位以度表示）画一个圆弧线。如果以 stangle = 0，endangle = 360 来调用该函数将画出一个完整的圆。角度的计算如图 8-1 所示。如果所绘的圆不完美，可使用 setaspectratio 函数去调整屏幕的纵横比。该函数没有返回值。

90°
180°　0°
270°

图 8-1　角度的计算

【例 8-129】 使用 arc 函数以（100，100）为中心，以 20 为半径，以当前画线颜色从 0 度到 90 度画一个弧。完整的程序需要包含 graphics.h、conio.h 等头文件。

```
int   driver , mode ;
driver = DETECT ;
```

```
initgraph ( &driver , &mode , "E:\\TC3\\BGI" ) ;
setcolor ( WHITE ) ;
arc ( 100 , 100 , 0 , 90 , 20 ) ;
getch ( ) ;
restorecrtmode ( ) ;   /*  返回到文本模式  */
```

8.6.2 bar、bar3d（画矩形条）函数

函数声明：void far bar (int left , int top , int right , int bottom) ;

void far bar3d (int left , int top , int right , int bottom , int depth , int topflag) ;

bar 函数画一个二维的矩形条，其左上角点为（left ，top），其右下角点为（right ，bottom），所画矩形条用当前填充模式和填充颜色填充，并且不画出其轮廓。可在调用该函数前用 setfillpattern 或 setfillstyle 函数设置当前填充模式和颜色。坐标以像素为单位。

bar3d 函数与 bar 函数基本相同。所不同的是它画出的是 3 维矩形条，并以当前线型和颜色画出其外部轮廓，如果 topflag 不为 0，则放上一个顶盖，否则无顶盖。使用 bar3d 函数并将 depth 置为 0，就可以画出一个有外廓线的二维矩形条。这两个函数都没有返回值。

例如，如下的程序段画出一个二维绿色和三维红色有顶盖的矩形条。

```
setfillstyle ( SOLID_FILL , GREEN ) ;
bar ( 100 , 100 , 120 , 200 ) ;
setfillstyle ( SOLID_FILL , RED ) ;
bar3d ( 200 , 100 , 220 , 200 , 10 , 5 ) ;
```

8.6.3 circle（画圆）函数

函数声明：void far circle (int x , int y , int radius) ;

circle 函数以（x ，y）为圆心，以 radius 为半径，用当前绘图颜色（前景色）画一个圆。如果所绘的圆不完美，可使用 setaspectratio 函数去调整屏幕的纵横比。坐标以像素为单位。

该函数没有返回值。

例如，如下的程序段以（100，200）为圆心，以 50 像素为半径，用红色线条画一个圆。

```
setcolor ( RED ) ;
circle ( 100 , 200 , 50 ) ;
```

8.6.4 cleardevice（清除图形屏幕）函数

函数声明：void far cleardevice (void) ;

cleardevice 函数清除整个屏幕，并将 CP（当前位置）移动到原点（0，0）。清除时，用当前背景色来填充整个屏幕。该函数仅用于图形模式，没有返回值。

例如，如下的程序段将整个屏幕清除成黄色。

```
setbkcolor( YELLOW ) ;
cleardevice ( ) ;
```

8.6.5 clearviewport（清除当前视口）函数

函数声明：void far clearviewport (void) ;

clearviewport 函数清除当前视口，并将 CP（当前位置）移动到相对于视口的原点（0，0）。该函数仅用于图形模式，没有返回值。例如，如下的程序段可表现出 clearviewport 函数的作用。

```
setcolor ( getmaxcolor ( ) ) ;
ht = textheight ( "W" ) ;                                    /*取得当前文本字符串的高度 */
outtextxy ( 0 , 0 , "* <-- (0, 0) in default viewport" ) ;   /* 在默认满屏视口输出信息 */
setviewport ( 50 , 50 , getmaxx ( ) - 50 , getmaxy ( ) - 50 , 1 ) ;   /* 建立一个小视口 */
outtextxy ( 0 , 0 , "* <-- (0, 0) in smaller viewport" ) ;   /* 显示一些信息 */
outtextxy ( 0 , 2*ht , "Press any key to clear viewport:" ) ;
getch ( ) ;                                                  /* 等待按一个键 */
clearviewport ( ) ;                                          /* 清除当前视口 */
outtextxy ( 0 , 0 , "Press any key to quit:" ) ;             /* 在当前视口再输出别的信息 */
getch ( ) ;                                                  /* 等待按一个键 */
```

8.6.6 closegraph（关闭图形系统）函数

函数声明：void far closegraph (void) ;

closegraph 函数释放由图形系统所分配的所有内存（包括驱动程序、字体、一个内部缓冲区等），然后使系统屏幕模式返回到调用 initgraph 函数前的模式。该函数仅用于图形模式。当程序既用到图形输出，又用到非图形输出时，应该使用该函数。当程序要结束时，也可以用 restorecrtmode 函数代替该函数，此时，任何分配的内存都将被自动释放。该函数没有返回值。

例如，下面的程序段关闭图形系统：

```
closegraph ( ) ;
printf ( "This is not in graphics.\n" ) ;
```

8.6.7 detectgraph（确定图形驱动器和模式）函数

函数声明：void far detectgraph (int far *gdriver , int far *gmode) ;

detectgraph 函数检测系统的图形适配器，并选择该图形适配器所能提供的最高分辨率的图形模式。如果没有检测到图形硬件，则将 gdriver 所指向的变量的值设置为 grNotDetected，即-2，并且如果调用 graphresult 函数将返回 grNotDetected 值；如果检测到了图形适配器，则将图形适配器的类型代码赋给 gdriver 所指向的整型变量，并将该适配器所能提供的最高分辨率的图形模式值赋给 gmode 所指向的整型变量。调用该函数的主要原因是为 initgraph 函数提供更好的图形模式的建议。

图形适配器的类型代码和相应的符号常量在枚举类型 graphics_drivers 中定义，而图形模式代码和相应的符号常量在枚举类型 graphics_modes 中定义。这两个枚举类型都在 initgraph.h 中定义。该函数没有返回值。

【例 8-130】 detectgraph 函数的使用。完整的程序需要包含 graphics.h、stdlib.h、stdio.h、conio.h 等头文件。

```
/* names of the various cards supported */
char *dname[ ] = { "requests detection", "a CGA", "an MCGA","an EGA", "a 64K EGA",
```

```
                "a monochrome EGA", "an IBM 8514", "a Hercules monochrome",
                "an AT&T 6300 PC", "a VGA", "an IBM 3270 PC"    };
void  main ( void )
{
    int   gdriver , gmode , errorcode ;
    detectgraph ( &gdriver , &gmode ) ;             /*  检测可用的图形硬件  */
    errorcode = graphresult ( ) ;                   /*  读 detectgraph 函数调用的结果  */
    if ( errorcode != grOk )                        /*  出现一个错误  */
    {
        printf ( "Graphics error: %s\n" , grapherrormsg ( errorcode ) ) ;
        printf ( "Press any key to halt:" ) ;
        exit (1) ;                                  /*  用一个错误代码终止  */
    }
        clrscr ( ) ;                                /*  显示检测信息  */
        printf ( "You have %s video display card.\n" , dname[gdriver] ) ;
}
```

8.6.8 drawpoly、fillpoly（绘制多边形）函数

函数声明：void far drawpoly (int numpoints , int far *polypoints) ;

void far fillpoly (int numpoints , int far *polypoints) ;

drawpoly 函数用当前画线颜色和线型画一个多边形的外廓，而 fillpoly 函数不仅画出外廓，还用当前填充模式和填充颜色对所绘多边形进行填充。两个函数的参数相同，参数 numpoints 指定多边形顶点的个数，参数 polypoints 指向一个整型数组，该数组应按照顺序存放要绘制的多边形各个顶点的坐标，其中每一对整数给出一个顶点的 x 和 y 坐标。要画一个带有 N 个顶点的封闭的图形，则必须传送 N+1 个坐标给 drawpoly，其中第 N 个顶点坐标与第 0 个顶点的坐标相同。这两个函数都没有返回值。

【例 8-131】 fillpoly 函数的使用。完整的程序需要包含 graphics.h、conio.h 等头文件。

```
int   gdriver = DETECT , gmode , i ;
int   poly[12 ] = { 10 , 10 , 160 , 10 , 160 , 60 , 230 , 60 , 230 , 100 , 10 , 100 } ;
initgraph ( &gdriver , &gmode , "E:\\TC3\\BGI" ) ;
for ( i = EMPTY_FILL ; i < USER_FILL ; i++ )         /*  循环通过各个填充模式  */
{
    setcolor ( i + 2 ) ;
    setfillstyle ( i , i ) ;         /*  设置填充样式和颜色  */
    fillpoly ( 6 , poly ) ;          /*  画一个填充的多边形  */
    getch ( ) ;
}
closegraph ( ) ;
```

8.6.9 ellipse（画椭圆弧）函数

函数声明：void far ellipse (int x , int y , int stangle , int endangle , int xr , int yr) ;

ellipse 函数以点（x，y）为中心，以 xr 为 x 半轴、yr 为 y 半轴，从开始角 stangle 到结束角 endangle，用当前画线颜色和线型画一段椭圆弧。如果 stangle 为 0°，endangle 为 360°，

则画一个完整的椭圆。该函数没有返回值。

例如，如下的程序段用红色线画出一个完整的椭圆：

```
setcolor ( RED ) ;
ellipse ( 100 , 100 , 0 , 360 , 80 , 40 ) ;
```

8.6.10 fillellipse（画填充椭圆）函数

函数声明：void far fillellipse (int x , int y , int xr , int yr) ;

fillellipse 函数以点（x，y）为中心，以 xr 为 x 半轴、yr 为 y 半轴，用当前画线颜色和线型画一个椭圆，然后用当前填充颜色和填充模式填充该椭圆。该函数没有返回值。

例如，如下的程序段用红色线画出一个椭圆，并用蓝色进行实填充。

```
setcolor ( RED ) ;                       /*  设置前景色为红色  */
setfillstyle ( SOLID_FILL , BLUE ) ;     /*  设置用蓝色实填充  */
fillellipse ( 100 , 100 , 80 , 40 ) ;    /*  画一个填充的椭圆  */
```

8.6.11 floodfill（满填充）函数

函数声明：void far floodfill (int x , int y , int border) ;

floodfill 函数填充位图像设备上的一个封闭区域。以 border 颜色的边界所限定的该封闭区域将用当前的填充模式和填充颜色来填充。点（x，y）是种子点（seed point）。如果该种子位于一个封闭区域的内部，则其里面将被填充；如果该种子位于一个封闭区域的外面，则其外面将被填充。该函数没有返回值。

例如，如下的程序段用红色线画出一个椭圆，并用蓝色进行满填充。

```
setcolor ( RED ) ;                          /*  设置前景色为红色  */
setfillstyle ( SOLID_FILL , BLUE ) ;        /*  设置用蓝色实填充  */
ellipse ( 100 , 100 , 0 , 360 , 80 , 40 ) ; /*  用红色线条画一个椭圆  */
floodfill ( 100 , 100 , RED ) ;             /*  用蓝色实填充模式满填充该椭圆  */
```

8.6.12 getarccoords（获得圆弧坐标）函数

函数声明：void far getarccoords (struct arccoordstype far *coords) ;

getarccoords 函数把最近一次调用 arc 函数所绘的圆弧坐标信息放到指针变量 coords 所指向的 struct arccoordstype 结构体类型的变量中。该类型在 graphics.h 中定义如下：

```
struct  arccoordstype
{
    int  x , y ;             /*  圆弧的中心点坐标  */
    int  xstart , ystart ;   /*  圆弧的起点坐标  */
    int  xend , yend ;       /*  圆弧的终点坐标  */
}
```

如果想要画一条线连接弧的端点，这些坐标值是有用的。该函数没有返回值。

例如，如下的程序段画一个 90 度的圆弧，并画出该弧上的弦。

```
int  gdriver = DETECT , gmode ;
struct arccoordstype  arcinfo ;
```

```
initgraph ( &gdriver , &gmode , "E:\\TC3\\BGI" ) ;
arc ( 320 , 240 , 0 , 90 , 100 ) ;
getarccoords ( &arcinfo ) ;
line ( arcinfo.xstart , arcinfo.ystart , arcinfo.xend , arcinfo.yend ) ;
```

8.6.13 getaspectratio、setaspectratio（获得、设置图形纵横比）函数

函数声明：void far getaspectratio (int far *xasp , int far *yasp) ;

void far setaspectratio (int xasp , int yasp) ;

getaspectratio 函数获得当前图形模式的纵横比。它把 x 纵横比因数复制到参数 xasp 指向的变量中，把 y 纵横比因数复制到参数 yasp 指向的变量中。用该函数可保存当前图形模式显示的纵横比。通常*yasp=10000，*xasp<=10000。在 VGA 图形适配器上，*yasp=*xasp，其余的*yasp>*xasp。

setaspectratio 函数用纵横比的新值 xasp 和 yasp 设置图形系统的显示纵横比。用该函数可改变图形显示的纵横比，以确保在屏幕上的圆是滚圆，而不是椭圆。这两个函数都没有返回值。

例如，如下的程序段画一个正常的圆、一个宽圆和一个窄圆。

```
midx = getmaxx( ) / 2 ;
midy = getmaxy( ) / 2 ;
setcolor ( getmaxcolor ( ) ) ;                 /* 设置前景色为当前显示模式下的最大有效颜色 */
getaspectratio ( &xasp , &yasp ) ;             /* 获得当前纵横比 */
printf ("xasp=%d,yasp=%d\n" , xasp , yasp ) ;  /* 显示当前纵横比因数 */
circle (midx , midy , 100 ) ;                  /* 画正常圆 */
getch ( ) ;
cleardevice ( ) ;                              /* 清屏 */
setaspectratio ( xasp/2 , yasp ) ;             /* 调整纵横比 */
circle ( midx , midy , 100 ) ;                 /*画一个宽圆（即扁圆）*/
getch ( ) ;
cleardevice ( ) ;
setaspectratio ( xasp , yasp/2 ) ;             /* 调整纵横比 */
circle ( midx , midy , 100 ) ;                 /* 调整纵横比画一个窄圆（narrow circle）*/
```

8.6.14 getbkcolor、setbkcolor（获得、设置背景颜色）函数

函数声明：int far getbkcolor (void) ;

void far setbkcolor (int color) ;

getbkcolor 函数返回当前背景颜色。setbkcolor 使用调色板设置当前背景色，该函数没有返回值。图形模式下 EGA、VGA 有效颜色的枚举符号常量名和对应的整型值如表 8-7 所示。

表 8-7 图形模式下的 EGA（VGA）有效颜色（COLOR）

颜 色	符号常量名	值	颜 色	符号常量名	值
黑	BLACK	0	红	RED	4
蓝	BLUE	1	洋红	MAGENTA	5
绿	GREEN	2	棕	BROWN	6
青	CYAN	3	淡灰	LIGHTGRAY	7

（续）

颜　色	符号常量名	值	颜　色	符号常量名	值
深灰	DARKGRAY	8	淡红	LIGHTRED	12
淡蓝	LIGHTBLUE	9	淡洋红	LIGHTMAGENTA	13
淡绿	LIGHTGREEN	10	黄	YELLOW	14
淡青	LIGHTCYAN	11	白	WHITE	15

【例 8-132】 如下的程序可观察图形模式下缺省的各种背景色的显示效果和颜色值信息。完整的程序需包含 graphics.h、stdlib.h、stdio.h 和 conio.h 等头文件。

```
int   gdriver = EGA , gmode = EGAHI , errorcode ;
int   bkcol , maxcolor , x , y ;
char   msg[80] ;
initgraph ( &gdriver , &gmode , "E:\\TC3\\BGI" ) ;          /* 初始化图形 */
errorcode = graphresult ( ) ;                               /* 读初始化结果 */
if ( errorcode != grOk )                                    /* 判断是否出错 */
{
    printf ( "Graphics error: %s\n" , grapherrormsg ( errorcode ) ) ;   /* 输出出错信息 */
    exit ( 1 ) ;   /* 用一个出错代码终止程序 */
}
maxcolor = getmaxcolor ( ) ;                                /* 得到支持的最大颜色值，背景色为 15 */
settextjustify ( CENTER_TEXT , CENTER_TEXT ) ;              /* 文本信息中心对齐 */
x = getmaxx ( ) / 2 ;    y = getmaxy ( ) / 2 ;              /* 求屏幕中心点坐标 */
for ( bkcol = 0 ; bkcol <= maxcolor ; bkcol++ )             /* 循环通过每个可用背景颜色 */
{
    cleardevice ( ) ;                                       /* 清屏 */
    setbkcolor ( bkcol ) ;                                  /* 设置一个新的背景色 */
    if ( bkcol == WHITE )   setcolor ( EGA_BLUE ) ;         /* 防止前景色与背景色相同 */
    sprintf ( msg , "Background color: %d" , bkcol ) ;      /* 背景色信息输出到字符数组 */
    outtextxy ( x , y , msg ) ;                    /* 在屏幕中心输出字符数组中的背景色信息 */
    getch ( ) ;                                             /* 等待按键，以便观察 */
}
closegraph ( ) ;
```

8.6.15 getcolor、setcolor（获得、设置前景颜色）函数

函数声明：int far   getcolor (void) ;

void far   setcolor (int   color) ;

getcolor 函数返回当前绘图颜色值。setcolor 函数将当前绘图颜色设置为 color，corlor 的范围可以从 0 到 getmaxcolor，该函数没有返回值。图形模式 EGA（VGA）的有效前景色的枚举符号常量名和对应的整型值如表 8-8 所示。当然，也可以取表 8-7 的值作参数。

表 8-8　图形模式下的 EGA（VGA）前景颜色（COLOR）

颜　色	符号常量名	值	颜　色	符号常量名	值
黑	EGA_BLACK	0	深灰	EGA_DARKGRAY	56
蓝	EGA_BLUE	1	淡蓝	EGA_LIGHTBLUE	57
绿	EGA_GREEN	2	淡绿	EGA_LIGHTGREEN	58
青	EGA_CYAN	3	淡青	EGA_LIGHTCYAN	59
红	EGA_RED	4	淡红	EGA_LIGHTRED	60
洋红	EGA_MAGENTA	5	淡洋红	EGA_LIGHTMAGENTA	61
棕	EGA_LIGHTGRAY	7	黄	EGA_YELLOW	62
淡灰	EGA_BROWN	20	白	EGA_WHITE	63

例如，msg 是一个长度为 80 的字符数组，如下的程序段依次用各种前景色输出信息：

```
maxcolor = getmaxcolor ( );                          /* 获得最大颜色值 */
settextjustify ( CENTER_TEXT , CENTER_TEXT );        /* 用于中心文本信息 */
x = getmaxx ( ) / 2 ;    y = getmaxy ( ) / 2 ;
for ( color = 1 ; color <= maxcolor ; color++ )      /* 循环通过可用颜色 */
{
    cleardevice ( );                                 /* 清屏 */
    setcolor ( color );                              /* 选择一个新的前景色 */
    sprintf ( msg , "Color: %d" , color );           /*信息输出到 msg 字符数组 */
    outtextxy ( x , y , msg );                       /* 在屏幕中心输出字符数组中的信息 */
    getch ( );                                       /* 等待按键，以便观察 */
}
```

8.6.16　getdefaultpalette、gctpalette、setallpalette（获得、设置调色板）函数

函数声明：struct palettetype　*far getdefualtpalette (void);
　　　　　void far getpalette (struct palettetype far　*palette);
　　　　　void far setallpalette (struct palettetype far　*palette);

getdefualtpalette 函数返回指向 palettetype 结构体类型变量的指针，该变量中包含了在图形初始化（调用 initgraph）期间由驱动程序初始化了的调色板。palettetype 结构体的类型定义如下：

```
#define   MAXCOLORS   15
struct palettetype
{
    unsigned char    size ;
    signed char   colors[ MAXCOLORS + 1 ] ;
};
```

其中，size 给出对于当前模式中当前图形驱动程序的调色板中的颜色数；colors 是一个 size 字节的字符数组，其中存放调色板中每一个条目的实际颜色号，如果某个颜色元素为-1，则对应该条目的调色板颜色不被改变。

getpalette 函数用当前调色板的 size（颜色数）和 colors（存放颜色号的字符数组）来填充 palette 指针所指向的 palettetype 结构体类型的变量。

setallpalette 函数把当前调色板设置为由 palette 指针所指向的 palettetype 结构体类型变量中给定的值。该函数能够部分地（或完全地）改变 EGA/VGA 调色板中的颜色。有效颜色取决于当前图形驱动程序和当前图形模式。对调色板所做的改变立刻在屏幕上显现。每次一个调色板颜色的改变，该颜色的所有事件都变成新的颜色值。

getdefaultpalette 函数返回一个指向默认调色板的指针，该调色板由当前驱动程序在其被初始化时建立。getpalette 和 setallpalette 没有返回值。如果将无效的值传递给 setallpalette 函数，则其后调用 graphresult 函数将返回-11（grError），并且当前调色板保持不变。

例如，如下的程序将依次显示 VGA 图形模式默认调色板结构体变量中 colors[0]到 colors[15]的颜色值：

```
struct palettetype far   *pal = (void *) 0 ;          /* 存放调色板结构体类型变量的地址的指针 */
setcolor ( getmaxcolor ( )) ;                         /* 用最大颜色值设置前景色，对 VGA 模式为白色 */
pal = getdefaultpalette ( ) ;                         /* 返回指向默认调色板的指针 */
for ( i = 0 ; i < 16 ; i++ )                          /* 循环依次输出默认调色板中 16 种颜色的颜色值 */
{
    printf ( "colors[%d] = %d\n" , i , pal->colors[i] ) ;
    getch ( ) ;
}
```

8.6.17 getdrivername（获得图形驱动程序名）函数

函数声明：cahr *far getdrivername (void) ;

在调用一个 initgraph 函数之后，getdrivername 函数返回指向当前被装入的图形驱动程序的名字字符串的指针。例如，如下的程序段将在屏幕的中心输出图形设备驱动程序名。

```
int   gdriver = DETECT , gmode ;
char   *drivername ;                                     /* 定义指向设备驱动程序名的字符指针 */
initgraph (&gdriver , &gmode , "E:\\TC3\\BGI" ) ;        /* 初始化图形系统 */
setcolor ( getmaxcolor ( ) ) ;
drivername = getdrivername ( ) ;                         /* 获得在使用中的设备驱动程序名 */
settextjustify ( CENTER_TEXT , CENTER_TEXT ) ;           /* 设置屏幕文本中心对齐 */
outtextxy (getmaxx ( ) / 2 , getmaxy ( ) / 2 , drivername ) ; /* 输出驱动程序名 */
```

8.6.18 getfillpattern、setfillpattern（获得、设置填充模式）函数

函数声明：void far   getfillpattern (char far   *pattern) ;

void far   setfillpattern (char far   *upattern , int color) ;

getfillpattern 函数将当前填充模式的 8 个字节填写到 pattern 所指向的字符数组中。该数组必须至少 8 字节长，其中每个字节对应 8 个像素，8 个字节给出了填充图案。

setfillpattern 函数将当前填充模式设置成由 upattern 指向的 8 字节字符数组给定的用户填充模式。

只要一个模式字节中的某一位被设置成 1，对应的像素即用 color 颜色绘出；如设置成 0，则用背景色绘出。例如，如下的用户定义的填充模式描绘一个方格图案。这两个函数都没有返回值。

```
char    checkerboard[8] = {
    0xAA ,    /*   10101010   =  █ █ █ █     */
    0x55 ,    /*   01010101   =   █ █ █ █    */
    0xAA ,    /*   10101010   =  █ █ █ █     */
    0x55 ,    /*   01010101   =   █ █ █ █    */
    0xAA ,    /*   10101010   =  █ █ █ █     */
    0x55 ,    /*   01010101   =   █ █ █ █    */
    0xAA ,    /*   10101010   =  █ █ █ █     */
    0x55 ,    /*   01010101   =   █ █ █ █    */ } ;
```

例如，设有定义 char pattern[8]={0x0f, 0x0f, 0x0f, 0x0f, 0xf0, 0xf0, 0xf0, 0xf0};如下的程序段将用黑色（背景色）和绿色方格图案填充矩形条：

```
maxx = getmaxx ( ) ;
maxy = getmaxy ( ) ;
setfillpattern ( pattern , GREEN ) ;                /*  设置用户填充模式、绿色  */
bar (100 , 100 , maxx-100 , maxy-100 ) ;            /*  用用户模式、绿色填充所绘矩形条  */
```

8.6.19 getfillsettings（获得当前填充模式和颜色信息）函数

函数声明：void far getfillsettings (struct fillsettingstype far *fillinfo) ;

getfillsettings 函数将当前填充模式编号（模式值）和当前填充颜色值填写到 fillinfo 所指向的 struct fillsettingstype 结构体类型的变量中。该函数没有返回值。其中结构体类型定义如下：

```
struct fillsettingstype
{
    int   pattern ;          /*  当前填充模式值  */
    int   color ;            /*  当前填充颜色值  */

} ;
```

用于 getfillsettings 和 setfillstyle 函数的填充模式的枚举符号常量名和枚举值如表 8-9 所示。填充颜色可选用当前屏幕模式中有效颜色之一。

表 8-9 填充模式

符号常量名	值	用什么填充
EMPTY_FILL	0	背景色填充
SOLID_FILL	1	实填充
LINE_FILL	2	---，线填充
LTSLASH_FILL	3	///，斜线填充
SLASH_FILL	4	///，粗斜线填充
BKSLASHFILL	5	\\\,粗反斜线填充

（续）

符号常量名	值	用什么填充
LTBKSLASH_FILL	6	\\\，反斜线填充
HATCH_FILL	7	网格线填充
XHATCH_FILL	8	斜网格线填充
TNTERLEAVE_FILL	9	间隔点填充
WIDE_DOT_FILL	10	稀疏点填充
CLOSE_DOT_FILL	11	密集点填充
USER_FILL	12	用户定义模式填充

例如，下面的程序段读出当前填充模式和填充颜色：

```
struct fillsettingstype   p ;
getfillsettings ( &p ) ;
```

8.6.20 getgraphmode、setgraphmode（获得、设置图形模式）函数

函数声明：int far   getgraphmode (void) ;

void far   setgraphmode (int   mode) ;

getgraphmode 函数返回当前图形模式。注意：程序中在调用该函数之前，必须成功地调用了 initgraph 或 setgraphmode 函数。

setgraphmode 函数把当前图形模式设置为 mode 所指定的模式，它必须是当前设备驱动程序的有效模式。该函数将清除屏幕，并且重新设置所有的图形设置。该函数没有返回值。如果参数 mode 对于当前设备驱动程序是一个无效模式，则接着调用 graphresult 函数将返回-10（grInvalidMode)。枚举类型 graphics_mode 在 GRAPHICS.H 中定义，其中给出了预定义图形模式的符号常量名，可参见表 4-3。

例如，假设程序已执行了图形初始化，接着执行如下的程序段可实现图形与文本模式间的切换：

```
x = getmaxx ( ) / 2 ;     y = getmaxy ( ) / 2 ;
settextjustify ( CENTER_TEXT , CENTER_TEXT ) ;
outtextxy ( x , y , "Press any key to exit graphics:" ) ;        /* 输出一个信息 */
getch ( ) ;
restorecrtmode ( ) ;                                             /* 使系统返回到文本模式 */
printf ( "We're now in text mode.\n" ) ;
printf ( "Press any key to return to graphics mode:" ) ;
getch ( ) ;
setgraphmode ( getgraphmode ( ) ) ;                              /* 返回到图形模式 */
settextjustify ( CENTER_TEXT , CENTER_TEXT ) ;
outtextxy ( x , y , "We're back in graphics mode." ) ;           /* 输出一个信息 */
outtextxy ( x , y+textheight ( "W" ) , "Press any key to halt:" ) ;
```

8.6.21 getimage、putimage（保存、输出位图像）函数

函数声明：void far getimage (int left , int top , int right , int bottom , void far *bitmap) ;

```
void far    putimage ( int    left , int    top , void far    *bitmap , int op ) ;
```

getimage 函数把屏幕上以（left，top）为左上角点，以（right，bottom）为右下角点的矩形区域中的位图像存储到以 bitmap 为首地址的内存中。保存时，头两个字用于保存图像矩形区域的宽度和高度，其余部分存放图像本身。

putimage 函数将先前用 getimage 存储在以 bitmap 为首地址的内存中的位图像输出到屏幕上以（left，top）为左上角点的矩形区域。参数 op 的值规定一个组合操作，控制屏幕上的每一个目标像素的颜色如何被计算，这种计算是根据屏幕上已有的像素和在内存中相应的源像素来进行的。枚举类型 putimage_ops 在 graphics.h 中定义，它给出了 putimage 组合操作的符号常量名，如表 8-10 所示。

例如，如下的程序段说明了 getimage、putimage 和 imagesize 函数的用法：

```
unsigned    size ; void *buf ;
......
Setcolor ( 15 ) ;
rectangle ( 20 , 20 , 200 , 200 ) ;
setcolor ( RED ) ;
line ( 20 , 20 , 200 , 200 ) ;
setcolor ( GREEN ) ;
line ( 20 , 200 , 200 , 20 ) ;
getch ( ) ;
size = imagesize ( 20 , 20 , 200 , 200 ) ;
if ( ( int ) size != -1 )    buf    =    malloc ( size ) ;
if ( buf )
{
    getimage ( 20 , 20 , 200 , 200 , buf ) ;
    putimage ( 300 , 50 , buf ,COPY_PUT ) ;
}
getch ( ) ;
restorecrtmode ( ) ;
```

表 8-10　枚举类型：用于 putimage 的操作

符号常量名	值	含义（Meaning）
COPY_PUT	0	复制内存中源位图到屏幕
XOR_PUT	1	将源位图与屏幕上已有位图异或运算后输出到屏幕
OR_PUT	2	将源位图与屏幕上已有位图或运算后输出到屏幕
AND_PUT	3	将源位图与屏幕上已有位图与运算后输出到屏幕
NOT_PUT	4	复制内存中源位图的非到屏幕

8.6.22　getlinesettings（获得线设置信息）函数

函数声明：void far   getlinesettings (struct linesettingstype far   *lineinfo) ;

getlinesettings 函数把当前线型、模式、粗度信息填写到 lineinfo 所指向的 struct linesettingstype 类型的结构体变量中。该结构体类型在 graphics.h 中定义如下：

```
struct linesettingstype
{
    int  linestyle ;
    unsigned  upattern ;
    int   thickness ;
} ;
```

其中 linestyle 为线型，即线的样式。可为如下的枚举符号常量或值之一：

枚举符号常量	值	含义
SOLID_LINE	0	实线
DOTTED_LINE	1	点虚线
CENTER_LINE	2	中心线（点划线）
DASHED_LINE	3	短划线
USERBIT_LINE	4	用户定义的划线模式

如果 linestyle 为 USERBIT_LINE，在 upattern 中的 16 位模式决定要画线的模式。模式中的每一位对应一个像素，如果某位为 1，则用前景色画出该像素；为 0，则该像素为背景色，即不画出该像素。不同的模式值可以划出不同的线，见下面几个例子：

upattern 的取值	所画线的形状
0xFFFF	———（实线）
0x3333	- - - - -（短划线）
0x0F0F	— — —（长划线）

thickness 为粗度（宽度）元素，可取下面两个枚举值之一：

枚举符号常量	值	含义
NORM_WIDTH	1	1 个像素宽
THICK_WIDTH	3	3 个像素宽

例如，下面的程序段把当前的画线设置填写到 lineinfo 结构体变量中：

```
struct linesettingstype  lineinfo ;
getlinesittings ( &lineinfo ) ;
```

8.6.23　getmaxcolor（返回最大颜色值）函数

函数声明：int far　getmaxcolor (void) ;

getmaxcolor 函数返回对于当前图形驱动器和模式，能够被传送到 setcolor 函数的最高有效颜色值。例如，对于 EGA 驱动器，getmaxcolor 总是返回 15，这就意味着用从 0 到 15 的任何一个值作实参调用 setcolor 函数都是有效的。

例如，如下的程序语句可以输出当前图形模式下所支持的颜色值范围：

```
printf ( "This mode supports colors  0..%d\n" , getmaxcolor ( ) ) ;
```

8.6.24　getmaxmode（返回最大图形模式号）函数

函数声明：int far　getmaxmode (void) ;

getmaxmode 函数返回用于当前被装载的图形驱动程序的最大模式编号，直接从驱动程序得到。最小模式号是 0。

例如，假设当前图形模式装载了 EGAVGA.BGI 图形驱动程序，如下的程序段可以输出当前图形模式下所支持的图形模式号的范围：

```
int   gdriver = DETECT , gmode ;
int   midx , midy ;
char   modestr[80] ;
initgraph (&gdriver , &gmode , "E:\\TC3\\BGI" ) ;
midx = getmaxx ( ) / 2 ;   midy = getmaxy ( ) / 2 ;
/*  捕获模式信息并将其转换为一个字符串  */
sprintf ( modestr , "This driver supports modes 0..%d" , getmaxmode ( ) ) ;
settextjustify ( CENTER_TEXT , CENTER_TEXT ) ;   /*  显示模式信息  */
outtextxy ( midx , midy , modestr ) ;
```

上述程序段运行的结果，将在屏幕的中央显示如下信息：

```
This driver supports modes 0..2
```

8.6.25 getmaxx、getmaxy（返回最大 x、y 屏幕坐标）函数

函数声明：int far   getmaxx (void) ;
　　　　　int far   getmaxy (void) ;

getmaxx 函数返回用于当前被装载的图形驱动程序和模式的最大 x 坐标值（相对于屏幕）。

getmaxy 函数返回用于当前被装载的图形驱动程序和模式的最大 y 坐标值（相对于屏幕）。

例如，如下的程序段可以输出当前图形模式下所支持的最大 x、y 坐标值（以像素为单位）：

```
int   gdriver = VGA , gmode = VGAHI , midx , midy ;
char   xrange[80] , yrange[80] ;
initgraph ( &gdriver , &gmode , "E:\\TC3\\BGI" ) ;
midx = getmaxx() / 2 ;   midy = getmaxy() / 2 ;
/*  将最大坐标值转成字符串  */
sprintf ( xrange , "X values range from 0..%d" , getmaxx ( ) ) ;
sprintf ( yrange , "Y values range from 0..%d" , getmaxy ( ) ) ;
settextjustify ( CENTER_TEXT, CENTER_TEXT ) ;   /*  显示最大坐标值信息  */
outtextxy ( midx , midy , xrange ) ;
outtextxy ( midx , midy + textheight ( "W" ) , yrange ) ;
```

该程序段将在屏幕的中央显示 VGA 驱动器 VGAHI 模式下的最大 x、y 坐标值，结果如下：

```
X values range from 0..639
Y values range from 0..479
```

8.6.26 getmodename（返回图形模式名）函数

函数声明：char *far getmodename (int mode_number) ;

getmodename 函数接受一个图形模式号（mode_number）作为输入，并返回一个指向含有对应图形模式名称的字符串的指针。模式名被嵌入到每一个驱动程序中。该返回值对于建立菜单或显示状态是有用的。例如，如下的程序段可以输出当前图形模式下的模式号和模式名称：

```
int  gdriver = DETECT , gmode , midx , midy , mode ;
char  numname[80] , modename[80] ;
initgraph (&gdriver, &gmode, "E:\\TC3\\BGI") ;  /* 初始化图形系统 */
midx = getmaxx( ) / 2 ;  midy = getmaxy( ) / 2 ;
/* 获得模式号和名称字符串 */
mode = getgraphmode ( ) ;
sprintf ( numname , "%d is the current mode number." , mode ) ;
sprintf ( modename , "%s is the current graphics mode." , getmodename (mode) ) ;
settextjustify ( CENTER_TEXT, CENTER_TEXT ) ;
outtextxy ( midx , midy , numname ) ;
outtextxy ( midx , midy + 2 * textheight ( "W" ) , modename ) ;
```

上述程序段将在屏幕的中央显示模式号和模式名信息，运行结果如下：

```
2 is the current mode number.
640 x 480 VGA is the current graphics mode.
```

8.6.27 getmoderange（得到模式范围）函数

函数声明：void far getmoderange (int graphdriver, int far *lomode, int far *himode) ;

getmoderange 函数获得给定图形驱动器的有效图形模式的范围。其中，参数 graphdriver 规定图形驱动器：如果 graphdriver = -1，该函数将得到当前被装载的驱动器模式；如果 graphdriver 规定一个无效的图形驱动器，则*lomode 和*himode 两者都被置成-1。参数 lomode 指向存放返回的最低允许模式值的整型变量。参数 himode 指向存放返回的最高允许模式值的整型变量。该函数没有返回值。

例如，如下的程序段可以输出 MCGA 图形驱动器的最低和最高模式值：

```
int  gdriver = VGA, gmode = VGAHI ;
int  midx , midy , low , high ;
char  mrange[80] ;
initgraph ( &gdriver , &gmode , "E:\\TC3\\BGI" ) ;
midx = getmaxx ( ) / 2 ;  midy = getmaxy ( ) / 2 ;
getmoderange (MCGA , &low , &high ) ;  /* 获得 MCGA 图形驱动器的模式范围 */
sprintf ( mrange , "MCGA driver supports modes %d..%d" , low , high ) ;
settextjustify ( CENTER_TEXT , CENTER_TEXT ) ;
outtextxy ( midx , midy , mrange ) ;
```

上述程序段将在屏幕的中央显示模式范围信息，运行结果如下：

```
MCGA driver supports modes 0..5
```

8.6.28 getpalettesize（得到调色板大小）函数

函数声明：int far getpalettesize (void) ;

getpalettesize 函数获得调色板颜色查找表的大小。该函数常用于确定对于当前图形模式的调色板中有多少条目可以设置。例如，EGA 在彩色模式下返回 16。该函数返回当前调色板中的条目数。

例如，如下的程序段可以输出 VGAHI 模式下调色板的大小：

```
int  gdriver = VGA , gmode = VGAHI ;
int  midx , midy ;
char  psize[80] ;
initgraph ( &gdriver , &gmode , "E:\\TC3\\BGI" ) ;
midx = getmaxx ( ) / 2 ;
midy = getmaxy ( ) / 2 ;
/*  把调色板大小信息转换成字符串  */
sprintf ( psize , "The palette has %d modifiable entries." , getpalettesize ( ) ) ;
settextjustify ( CENTER_TEXT , CENTER_TEXT ) ;   /*  显示该信息  */
outtextxy ( midx , midy , psize ) ;
```

上述程序段将在屏幕的中央显示调色板的条目数，运行结果如下：

```
The palette has 16 modifiable entries.
```

8.6.29 getpixel、putpixel（获取、绘制像素）函数

函数声明：unsigned far getpixel (int x , int y) ;
void far putpixel (int x , int y , int color) ;

getpixel 函数返回（x , y）位置像素的颜色值；而 putpixel 函数在（x, y）处以 color 定义的颜色绘制一个点，该函数没有返回值。例如，如下的语句把（10, 20）位置上的颜色值放到变量 color 中：

```
color = getpixel ( 10 , 20 ) ;
```

又如：如下的语句在（10 , 20）位置上用绿色绘制一个像素点：

```
putpixel ( 10 , 20 , GREEN ) ;
```

8.6.30 gettextsettings（获取图形文字信息）函数

函数声明：void far gettextsettings (struct textsettingstype far *info) ;

gettextsettings 函数把当前图形文字设置信息存放到由 info 所指向的结构体变量中。其中 textsettingstype 结构体在 graphics.h 中定义如下：

```
struct  textsettingstype
{
```

```
    int   font ;           /* font type，字体类型 */
    int   direction ;      /* horizontal or vertical，方向：水平或垂直 */
    int   charsize ;       /* size of characters，字符大小 */
    int   horiz ;          /* horizontal justification，水平对齐*/
    int   vert ;           /* vertical justification，垂直对齐 */
};
```

其中 font 成员可以是下列枚举符号常量或枚举值之一：

枚举符号常量	值	含义
DEFAULT_FONT	0	8×8 点阵字体（缺省值）
TRIPLEX_FONT	1	三倍笔划字体
SMALL_FONT	2	小号笔划字体
SANS_SERIF_FONT	3	无衬线笔划字体
GOTHIC_FONT	4	黑体笔划字体

Direction（方向）成员必须设置为水平文字 HORIZ_DIR（值为 0，缺省设置）或垂直文字 VERT_DIR（值为 1）。charsize 成员可取 1 到 10 之一，是一个确定输出字符大小的系数，它仅对点阵字体起作用。例如，charsize 取值 1，则在屏幕上显示 8×8 点阵字符；charsize 取值 2，则在屏幕上显示 16×16 点阵字符；……charsize 取值 10，则在屏幕上显示 80×80 点阵字符。horiz 和 vert 成员用于指明文字如何在当前位置（CP）上排列（即文本对齐方式）。枚举类型 text_just 如表 8-11 所示。

gettextsettings 函数没有返回值。

例如，如下的程序段把当前的图形文字设置信息存放到结构体变量 info 中：

```
struct textsettingstype   textinfo ;
......
getviewsettings ( &textinfo ) ;
```

表 8-11　枚举类型：text_just

参　数	符号常量名	值	含义（Meaning）
horiz	LEFT_TEXT	0	文字左对齐（CP 在左边）
	CENTER_TEXT	1	中心文字（CP 在中心）
	RIGHT_TEXT	2	文字右对齐（CP 在右边）
vert	BOTTOM_TEXT	0	文字从底部对齐（CP 在底部）
	CENTER_TEXT	1	中心文字（CP 在中心）
	TOP_TEXT	2	文字从顶部对齐（CP 在顶部）

8.6.31　getviewsettings（获取视口设置信息）函数

函数声明：void far　getviewsettings (struct viewporttype far　*viewport) ;

getviewsettings 函数把当前视口设置信息存放到由 viewport 所指向的 struct viewporttype 类型的结构体变量中。其中 viewporttype 结构体在 graphics.h 中定义如下：

```
struct viewporttype
```

```
{
    int   left , top , right , bottom ;
    int   clip ;
} ;
```

其中成员 left、top 给出当前视口的左上角点坐标，right、bottom 给出右下角点坐标。clip 是裁剪标志，当 clip 为 0 时，对超出视口边界的输出不做裁剪；否则，执行裁剪以防超出边界。

该函数没有返回值。

例如，下面的程序段显示当前的视口尺寸和裁剪标志的状态：

```
char   *clip[ ] = { "OFF", "ON" } , topstr[80] , botstr[80] , clipstr[80] ;
struct viewporttype   info ;
int   midx , midy , ht ;
……
midx = getmaxx ( ) / 2 ;
midy = getmaxy ( ) / 2 ;
getviewsettings ( &viewinfo ) ;   /*  获得当前视口信息  */
/*  转换文本信息到字符串中  */
sprintf ( topstr , "(%d, %d) is the upper left corner." , info.left , info.top ) ;
sprintf ( botstr , "(%d, %d) is the lower right corner." , info.right , info.bottom ) ;
sprintf ( clipstr , "Clipping is turned %s." , clip[info.clip] ) ;
settextjustify ( CENTER_TEXT , CENTER_TEXT ) ;   /*  显示信息  */
ht = textheight ( "W" ) ;
outtextxy ( midx , midy , topstr ) ;
outtextxy ( midx , midy + 2 * ht , botstr ) ;
outtextxy ( midx , midy + 4 * ht , clipstr ) ;
```

上述程序段将在屏幕的中央显示当前视口（即整个屏幕）的信息，运行结果如下：

```
(0, 0) is the upper left corner.
(639, 479) is the lower right corner.
Clipping is turned ON.
```

8.6.32　getx、gety（返回 x、y 坐标）函数

函数声明：int far　getx (void) ;

　　　　　int far　gety (void) ;

getx 函数返回相对于当前视口的当前作图位置的 x 坐标（以像素为单位）；gety 函数返回相对于当前视口的当前作图位置的 y 坐标（以像素为单位）。

例如，下面的程序段显示当前的视口中心点的 x、y 坐标：

```
char   msg[80];
moveto ( getmaxx ( ) / 2 , getmaxy ( ) / 2 ) ;   /*  将当前位置（CP）移动到屏幕中心点  */
sprintf ( msg   , "<-(%d, %d) is here." , getx ( ) , gety ( ) ) ;   /*  建立一个字符串  */
outtext ( msg ) ;   /*  显示坐标信息  */
```

上述程序段将在屏幕的中心点开始显示该点的坐标值信息，运行结果如下：

```
<- (319, 239) is here.
```

8.6.33 graphdefualts（复位图形系统）函数

函数声明：void far graphdefualts (void) ;

graphdefualts 函数将图形系统的所有设置恢复为其缺省值。包括：①将整个屏幕设置为当前视口。②将当前位置移动到（0，0）。③设置缺省的调色板颜色、背景色和前景色（画线颜色）。④设置缺省的填充样式和模式。⑤设置缺省的文本字体和对齐方式。该函数没有返回值。

例如，如下的语句将图形系统复位：

```
graphdefaults ( ) ;
```

8.6.34 grapherrormsg（返回出错信息字符串）函数

函数声明：char *far grapherrormsg (int errorcode) ;

grapherrormsg 函数返回一个指向与 errorcode（出错代码）相关联的出错信息字符串的指针，该出错代码的值由调用 graphresult 函数获得。可参看 graphresult 函数对出错条件的叙述。

例如，假设出现了错误，如下的语句可以显示与出错代码有关的出错信息：

```
printf ( "%s" , grapherrormsg ( graphresult ( ) ) ;
```

8.6.35 _graphfreemem、_graphgetmem（释放、分配图形系统内存）函数

函数声明：void far _graphfreemem (void far *ptr , unsigned size) ;
　　　　　void far *far _graphgetmem (unsigned size) ;

_graphgetmem 函数通常在图形系统初始化时由图形库中的程序调用去分配用于存放内部缓冲区、图形驱动程序以及字符集的内存空间。而_graphfreemem 函数在关闭图形模式时被调用以便释放通过_graphgetmem 函数分配的存储空间。用户可以通过定义自己版本的这两个函数去控制图形库的存储管理。

【例 8-133】 如下的程序段调用自己定义的_graphgetmem 和_graphfreemem 函数去实现图形库的存储管理。完整的程序需要包含 graphics.h、stdlib.h、stdio.h、conio.h、alloc.h 等头文件。

```
void main ( void )
{
    int gdriver = VGA , gmode = VGAHI , errorcode , midx , midy ;
    clrscr ( ) ;                                /* 清除文本屏幕 */
    printf ( "Press any key to initialize graphics mode:" ) ;
    getch ( ) ;  clrscr ( ) ;
    initgraph (&gdriver , &gmode , "E:\\TC3\\BGI" ) ;   /* 初始化图形系统 */
    errorcode = graphresult ( ) ;         /* 读初始化的结果 */
    if ( errorcode != grOk )              /* 判断是否出错 */
```

```
    {
        printf ( "Graphics error: %s\n" , grapherrormsg (errorcode ) ) ;
        printf ( "Press any key to halt:" ) ;
        getch ( ) ;   exit ( 1 ) ;        /* 用一个出错代码终止程序 */
    }
    midx = getmaxx ( ) / 2 ;   midy = getmaxy ( ) / 2 ;
    settextjustify (CENTER_TEXT , CENTER_TEXT ) ;   /* 显示信息 */
    outtextxy ( midx , midy , "Press any key to exit graphics mode:" ) ;
     getch ( ) ;   closegraph ( ) ;     /* 关闭图形模式 */
}
void far * far   _graphgetmem ( unsigned   size )
{
    printf ( "_graphgetmem called to allocate %d bytes.\n" , size ) ;
    printf ( "press any key:" ) ;
    getch ( ) ;
    printf ( "\n" ) ;
    return   farmalloc ( size ) ;        /* 从堆中分配存储空间 */
}
void far   _graphfreemem ( void far   *ptr , unsigned   size )
{
    printf ( "_graphfreemem called to free %d bytes.\n" , size ) ;
    printf ( "press any key:" ) ;
    getch ( ) ;
    printf ( "\n" ) ;
    farfree ( ptr ) ;                   /* 释放 ptr 指向的存储空间 */
}
```

8.6.36 graphresult（返回出错代码）函数

函数声明：int far   graphresule (void) ;

graphresule 函数返回最近一次报告一个错误的图形操作的出错代码，然后把出错级别复位到 grOk。在 graphics.h 中定义的枚举类型 graphics_errors 中定义了出错代码，如表 8-12 所示。

例如，如下的语句可显示最近一次图形操作是否成功的结果信息：

```
printf ( "%s" , grapherrormsg ( graphresult ( ) ) ) ;
```

表 8-12 枚举类型：由 graphresult 函数返回的出错代码

出错代码	符号常量	对应的出错信息字符串
0	grOk	No error（未出错，即成功）
-1	grNoInitGraph	(BGI) graphics not installed (use initgraph)（未装图形驱动程序）
-2	grNotDetected	Graphics hardware not detected（未检测到图形硬件）
-3	grFileNotFound	Device driver file not found（设备驱动程序文件未找到）
-4	grInvalidDriver	Invalid device driver file（无效的设备驱动程序文件）
-5	grNoLoadMem	Not enough memory to load driver（没有足够内存装入驱动程序）
-6	grNoScanMem	Out of memory in scan fill（在扫描填充中内存溢出）
-8	grFontNotFound	Font file not found（字体文件未找到）

（续）

出错代码	符号常量	对应的出错信息字符串
-9	grNoFontMem	Not enough memory to load font（没有足够内存装载字体文件）
-10	grInvalidMode	Invalid graphics mode for selected driver（无效的图形模式）
-11	grError	Graphcs error（图形错）
-12	grIOerror	Graphcs I/O error（图形输入/输出错）
-13	grInvalidFont	Invalid font file（无效字体文件）
-14	grInvalidFontNum	Invalid font number（无效的字号）
-15	grInvalidDeviceNum	Invalid device number（无效的设备号——头文件中未定义）
-18	grInvalidVersion	Invalid version number（无效的版本号）

8.6.37 imagesize（求位图需占字节数）函数

函数声明：unsigned far imagesize (int left , int top , int right , int bottom) ;

imagesize 函数返回存储以（left，top）为左上角点、以（right，bottom）为右下角点的矩形区域中的位图所需的内存空间。当成功时，返回需要的字节数；当出错时（如果所需内存≥（64K-1）字节），则返回 0xFFFF（当看成整数时为-1）。该函数一般与 getimage 函数联用。

例如，如下的程序段确定存储制定矩形区域的图像所需的字节数：

```
unsigned size ;
size = imagesize ( 10 , 10 , 100 , 100 ) ;
```

8.6.38 initgraph（初始化图形系统）函数

函数声明：void far initgraph (int far *gdriver , int far *gmode , char far *path) ;

initgraph 函数初始化图形系统。要启动图形系统，必须首先调用该函数。该函数通过从磁盘加载一个驱动程序（或验证一个已注册的驱动程序）使系统进入图形模式。该函数还把所有的图形设置（颜色、调色板、当前位置、视口等）复位到它们的缺省值，而且将 graphresult 复位到 0。

参数 gdiver 是一个指针，它指向的整型值规定了要使用的基本图形接口（basic graphics interface，BGI）图形驱动器。可以使用枚举类型 graphics_drivers 中的一个符号常量给出该整型值，如表 8-13 所示。

表 8-13 枚举类型 graphis_drivers 中的 BGI 图形驱动器的符号常量

符号常量	值
DETECT	0
CGA	1
MCGA	2
EGA	3
EGA64	4
EGAMONO	5

（续）

符号常量	值
IBM8514	6
HERCMONO	7
ATT400	8
VGA	9
PC3270	10
CURRENT_DRIVER	-1

参数*gmode 规定初始图形模式（*gdriver = DETECT 除外）。如果*gdriver = DETECE，该函数将*gmode 设置为可用于被检测的驱动器的最高分辨率。可以使用枚举类型 graphics_modes 中的一个符号常量给出该整型值，如第 4 章的表 4-3 所示。

参数 path 是一个字符指针，它规定 initgraph 函数查找图形驱动程序（*.BGI）的第一个目录路径。如果没找到，则在当前目录中查找。如果该参数为一个空字符串，则驱动程序文件必须在当前目录中。该目录路径也是 settextstyle 函数笔画字符字体文件（*.CHR）的路径。

*gdriver 和*gmode 必须被设置成有效的图形驱动器和图形模式值，否则将得到不可预测的结果（*gdriver = DETECT 除外）。

调用 initgraph 函数之后，*gdriver 被设置为当前图形驱动器，而*gmode 被设置为当前图形模式。如果告诉 initgraph 去自动检测，它调用 detectgraph 函数去选择一个图形驱动器和模式。

通常，initgraph 装载一个图形驱动程序，它首先通过调用_graphgetmem 函数分配用于驱动程序的内存，然后从磁盘装入恰当的.BGI 文件。作为一个可选择的动态装载方案，用户可以把一个（或几个）驱动程序文件连接到可执行程序文件中。当调用 initgraph 函数成功时，它设置内部出错代码到 0；当出错时，它将*gdriver 设置为-2、-3、-4 或-5，并且 graphresult 返回相同的值。

例如，下面的程序段用 initgraph 函数自动检测硬件图形系统，并选用最大的分辨率模式：

```
int   gdriver , gmode ;
driver = DETECT ;   /*  自动检测  */
initgraph ( &gdriver , &gmode ) ;
printf ( "gdriver = %d, gmode = %d\n" , gdriver , gmode ) ;
getch ( ) ;
```

8.6.39 installuserdriver（安装用户设备驱动程序）函数

函数声明：int far   installuserdriver(char far   *name , int huge   (*detect) (void)) ;

installuserdriver 函数可以把一个供应商外加的设备驱动程序添加到 BGI 内部表中。参数 name 是一个字符串指针，指向一个新的设备驱动程序文件名（文件名.BGI）或直接给出文件名字符串（不要带.BGI 后缀，也不能带目录路径，这就要求将新的设备驱动程序事先复制到当前工作目录下）。参数 detect 指向一个任选的能够伴随新驱动程序的自动检测函数，该自动检测函数没有参数，并返回一个整型值。用户可以同时安装最多 10 个驱动程序。

installuserdriver 函数返回传送给 initgraph 的图形驱动器号，以便人工选择新安装的驱动程序。

【例 8-134】 将原有的 VGA 图形驱动器的图形驱动程序“EGAVGA.BGI”复制到当前目录下并进行重新安装，驱动器号为 129，模式为 0。完整的程序需包含 graphics.h、stdlib.h、stdio.h、conio.h 等几个头文件。

```
int huge   detectVGA ( void ) ;
void   checkerrors ( void ) ;
void   main ( void )
{
    int   gdriver , gmode ;
    clrscr ( ) ;
    gdriver = installuserdriver ( "EGAVGA" , detectVGA ) ;      /*  安装一个设备驱动程序  */
    gdriver = DETECT ;                               /*  必须强制使用自动检测程序  */
    checkerrors ( ) ;                                /*  检测任何安装错误  */
    initgraph ( &gdriver , &gmode , "" ) ;           /*  用新安装的驱动程序初始化图形系统  */
    printf ( "%d,%d\n" , gdriver , gmode ) ;         /*  输出新的驱动器号和模式值  */
    getch ( ) ;
    checkerrors ( ) ;                                /*  检测任何初始化错误  */
    line ( 0 , 0 , getmaxx ( ) , getmaxy ( ) ) ;     /*  画一条线  */
    getch ( ) ;
    closegraph ( ) ;
}
int huge   detectVGA ( void )                        /*  检测 VGA 卡  */
{
    int   driver , mode , sugmode = 0 ;
    detectgraph ( &driver , &mode ) ;
    if ( driver == VGA )
    return   sugmode ;                               /*  返回建议的模式号  */
    else
    return   grError ;                               /*  返回一个出错代码  */
}
void   checkerrors ( void )                          /*  检查并报告任何图形错误  */
{
    int   errorcode ;
    errorcode = graphresult ( ) ;                    /*  读最近图形操作结果  */
    if ( errorcode != grOk )
    {
        printf ( "Graphics error: %s\n" , grapherrormsg ( errorcode ) ) ;
        printf ( "Press any key to halt:" ) ;
        getch ( ) ;
        exit ( 1 ) ;
    }
}
```

8.6.40 installuserfont（安装用户字体）函数

函数声明：int far installuserfont (char far *name);

installuserfont 函数可以装载一个字体文件（.CHR），而不装入 BGI 系统。参数 name 给出带路径的字体文件名。用户可以安装最多 20 个字体文件。该函数返回一个字体标识（ID）号，可将其传送给 settextstyle 去选择相应的字体。当成功时，该函数返回字体的标识号；当出错时（如果内部字体表为空），则返回-11（grError）。

例如，如下的程序段安装一个名为 USER.CHR 的字体文件，并用其输出字符串“Testing!”。

```
int  userfont , midx , midy ;
......
midx = getmaxx ( ) / 2 ;
midy = getmaxy ( ) / 2 ;
userfont = installuserfont ( "USER.CHR" ) ;      /* install a user defined font file */
printf ( "%d\n" , userfont ) ;                   /* 输出该字体的标识号 */
settextstyle ( userfont , HORIZ_DIR , 4 ) ;      /* 选择该用户字体 */
outtextxy ( midx , midy , "Testing!" ) ;         /* 输出一些文本 */
```

8.6.41 line、linerel、lineto（画线）函数

函数声明：void far line (int x1, int y1, int x2, int y2);
void far linerel (int dx , int dy);
void far lineto (int x , int y);

line 函数用当前颜色、线型和宽度从点（x1，y1）到点（x2，y2）画一条直线。它不改变当前位置（CP）。linerel 函数从当前位置（CP）到相对于 CP 为（dx，dy）的点画一条直线，然后将 CP 推进（dx，dy）。lineto 函数从 CP 到点（x，y）画一条直线，然后将 CP 移动到（x，y）。

这 3 个函数都没有返回值。例如，在 VGAHI 图形模式下，如下的程序段使用 3 个函数分别用红色、绿色和蓝色各画出一条直线，并构成一个封闭的三角形。

```
setcolor ( RED ) ;
line ( 0 , 0 , 639 , 479 ) ;      /* 用红色画一条对角线 */
getch ( ) ;                       /* 等待按键，以便观察 */
setcolor ( GREEN ) ;
moveto (639 , 479 ) ;             /* 将 CP 移动到点（639，479） */
lineto ( 0 , 479 ) ;              /* 从 CP 到屏幕的左下角点用绿色画一条直线，CP 变为（0，479） */
getch ( ) ;
setcolor ( BLUE ) ;
linerel (0 ,-479) ;               /* 从 CP 到屏幕的左上角点（0，0）采用相对坐标用绿色画一条直线 */
getch ( ) ;
```

8.6.42 moverel、moveto（移动当前位置）函数

函数声明：void far moverel (int dx , int dy);
void far moveto (int x , int y);

moverel 函数将当前位置（CP）在 x 轴方向移动 dx，在 y 轴方向移动 dy。

moveto 函数将当前位置（CP）移动到视口的（x，y）位置。这两个函数都没有返回值。

例如，如下的程序段在不同位置绘制几个点：

```
moveto ( 20 , 30 ) ;                          /* 将 CP 移动到位置（20，30） */
putpixel ( getx ( ) , gety ( ) , RED ) ;      /* 在（20，30）处画一个红色像素点 */
moverel ( 10 , 10 ) ;                         /* 将 CP 移动到位置（30，40）*/
putpixel ( getx ( ) , gety ( ) , BLUE ) ;     /* 在（30，40）处画一个蓝色像素点 */
```

8.6.43　outtext、outtextxy（显示文本字符串）函数

函数声明：void far　outtext (char far　*textstring) ;

　　　　　void far　outtext xy (int　x , int　y , char far　*textstring) ;

这两个函数都使用当前对齐方式和当前字体、方向和大小显示一个文本字符串。

outtext 函数在当前位置（CP）上输出文本字符串；而 outtextxy 则在视口的（x，y）位置上显示文本字符串。当使用不同的字体时，为了保持代码的兼容性，应使用 textwidth 和 textheight 函数去确定该字符串的尺寸。如果使用 outtext 或 outtextxy 用缺省字体输出一个字符串，该字符串延伸到当前视口外边的部分将被截去。使用 outtext 函数，如果水平文本对齐方式是 LEFT_TEXT 并且文本方向是 HORIZ_DIR，则当前位置（CP）的 x 坐标被推进 textwidth (textstring)，此外，CP 保持不变。outtext 或 outtextxy 函数仅能在图形模式下使用，它们不能工作在文本模式下。需要指出，在图形模式下光标不可见，但屏幕上光标的当前位置（CP）还是存在的。这两个函数都没有返回值。

例如，如下的程序段使用 outtext 或 outtextxy 函数输出几行文本字符串：

```
outtext ( "This is an example " ) ;
getch ( ) ;
outtext ( "another line" ) ;
getch ( ) ;
/* 在屏幕的中心输出文本。注意：输出文本后，CP 没有改变 */
outtextxy (getmaxx ( ) / 2 , getmaxy ( ) / 2 , "This is a test.");
```

8.6.44　pieslice（绘制并填充扇形）函数

函数声明：void far　pieslice (int　x , int　y , int　stangle , int　endangle , int　radius) ;

pieslice 函数用当前画线颜色画一个扇形，接着使用当前填充模式和填充颜色填充该扇形。参数（x，y）给出该扇形所在圆的圆心坐标；参数 stangle 为起始角度（以度为单位）、endangle 是结束角度；参数 radius 是扇形所在圆的半径。角度的计算如本章前面的图 8-1 所示。如果所绘的圆不完美，可使用 setaspectratio 函数去调整屏幕的纵横比。该函数没有返回值。

例如，如下的程序段用缺省画线颜色（白色）画出一个 90 度的扇形，并用蓝色进行实填充：

```
int　midx , midy , stangle = 45 , endangle = 135 , radius = 100 ;
```

```
......
midx = getmaxx ( ) / 2 ; midy = getmaxy ( ) / 2 ;
setfillstyle ( SOLID_FILL , BLUE ) ;    /* set fill style and draw a pie slice */
pieslice ( midx , midy , stangle , endangle , radius ) ;
```

8.6.45 rectangle（画矩形）函数

函数声明：void far　rectangle (int　left , int　top , int　right , int　bottom) ;

rectangle 函数用当前线型、宽度和画线颜色画一个矩形。其中，（left，top）是该矩形的左上角点，（right，bottom）是该矩形的右下角点。该函数没有返回值。

例如，如下的程序段用红色实线画出一个矩形：

```
setcolor ( RED ) ;
rectangle ( 10 , 10 , 100, 100 ) ;
```

8.6.46 registerbgidriver、registerfarbgidriver（注册驱动程序）函数

函数声明：int　registerbgidriver (void　(*driver) (void)) ;
　　　　　int far　registerfarbgidriver (void far　*driver) ;

registerbgidriver 函数能使用户装入一个驱动程序文件并“注册”该驱动程序；registerfarbgidriver 函数则用于注册远（far）驱动程序。registerbgidriver 检查已连接的指定驱动程序代码，如果该代码有效，它就在内部表中注册该代码。一旦该驱动程序的内存位置被传递给 registerbgidriver 函数，则 initgraph 函数就使用这个已注册的驱动程序。一个用户注册的驱动程序可以从磁盘装载到堆中，或者将其转换成.OBJ 文件（使用 BINOBJ.EXE 实用程序）并连接到用户的.EXE 可执行文件中。这两个函数告诉 BGI 图形系统在连接时 driver 所指向的驱动程序已经被包含了。在对该函数的调用中，通过使用已连接的驱动程序名，还告诉编译器和连接器用这个公有名字将该目标文件连接进来。详细内容可参看 Turbo C++ 3.0 提供的 UTIL.DOC 文档，它存放在 DOC 子目录下。如果指定的驱动程序无效，这两个函数返回一个负的图形错误代码，此外返回驱动程序号。

例如，首先用 BGIOBJ.EXE 在 DOS 命令提示符下使用 bgiobj　egavge 命令将 egavga.bgi 源文件编译成 egavga.obj 目标文件，然后建立一个名为 jia1.prj 的项目文件，将本例完整程序和 egavga.obj 目标文件添加到项目文件中即可运行。完整程序中的主要程序段如下：

```
int　gdriver = DETECT , gmode , errorcode ;
errorcode = registerbgidriver ( EGAVGA_driver ) ;          /* 注册 EGAVGA 驱动程序 */
initgraph ( &gdriver , &gmode , "" ) ;                     /* 初始化图形模式 */
line ( 0 , 0 , getmaxx ( ) , getmaxy ( ) ) ;               /* 画线 */
getch ( ) ;
```

8.6.47 registerbgifont、registerfarbgifont（注册笔划字体）函数

函数声明：int　registerbgifont (void　(*font) (void)) ;
　　　　　int far　registerfarbgifont (void far　*font) ;

registerbgifont 函数告诉图形系统，font 所指向的字体在连接时已被包含；

registerfarbgifont 函数则用于注册远（far）字体。registerbgifont 检查已连接的指定字体代码，如果该代码有效，它在内部表中注册该代码。在对该函数的调用中，通过使用已连接的字体名，还告诉编译器和连接器用这个公有名字将该字体目标文件连接进来。如果用户注册了一个字体，用户必须将 registerbgifont 函数的返回值传递给 settextstyle 函数当做该字体号来使用。远（far）字体用 BGIOBJ 实用程序的/F 开关来建立，详细内容可参看 Turbo C++ 3.0 提供的 UTIL.DOC 文档，它存放在 DOC 子目录下。如果指定的字体程序无效，这两个函数返回一个负的图形错误代码，此外返回已注册的字体号。

例如，要显示从 1 到 10 倍大小的小号字体，首先用 BGIOBJ.EXE 在 DOS 命令提示符下使用 bgiobj litt 命令将 litt.chr 源文件编译成 litt.obj 目标文件，然后建立一个名为 jia2 的项目文件，将本例的完整程序和 litt.obj 目标文件添加到项目文件中即可运行。完整程序中的主要程序段如下：

```
int   gdriver = DETECT , gmode , errorcode , i , midx , midy ;
errorcode = registerbgifont ( small_font ) ;                          /*注册小号笔划字体 */
initgraph ( &gdriver , &gmode , "" ) ;                                /* 初始化图形系统 */
midx = getmaxx ( ) / 2 ;    midy = getmaxy ( ) / 2 ;
settextjustify ( CENTER_TEXT , CENTER_TEXT ) ;
for( i = 1 ; i <= 10 ; i++ )
{
    settextstyle ( SMALL_FONT , HORIZ_DIR , i ) ;         /* 选择已注册的小号笔划字体 */
    outtextxy ( midx , midy , "The SMALL FONT" ) ;        /* 输出字符串 */
    getch ( ) ;
    cleardevice ( ) ;
}
```

8.6.48　restorecrtmode（恢复屏幕模式）函数

函数声明：void far　restorecrtmode (void) ;

restorecrtmode 函数将屏幕模式恢复到调用 initgraph 之前的模式。该函数可与 setgraphmode 配合以便在文本模式和图形模式之间来回转换。该函数没有返回值。

例如，如下的语句恢复屏幕为其原始的模式，即从图形模式恢复到文本模式：

```
restorecrtmode ( ) ;
```

8.6.49　sector（绘制并填充椭圆扇形）函数

函数声明：void far sector (int x, int y, int stangle, int endangle, int xratius, int yradius) ;

sector 函数用当前画线颜色画一个椭圆扇形，接着用由 setfillstyle 或 setfillpattern 函数所定义的填充模式和颜色填充该椭圆扇形。其中，（x，y）是椭圆的中心，xradius 是水平轴半径，yradius 是垂直轴半径，stangle 为起始角，endangle 为结束角。该函数没有返回值，如果在填充该椭圆扇形时出现一个错误，则调用 graphresult 函数将返回-6（grNoScanMem，在填充中内存溢出）。例如，如下的程序段绘制并以各种填充样式填充椭圆扇形：

```
int   midx , midy , i , stangle = 45 , endangle = 135 , xrad = 100 , yrad = 50 ;
initgraph ( &gdriver , &gmode , "" ) ;                                /* 初始化图形系统 */
```

```
midx = getmaxx ( ) / 2 ;
midy = getmaxy ( ) / 2 ;
for ( i = EMPTY_FILL ; i < USER_FILL ; i++ )                /* 循环通过各填充样式 */
{
    setfillstyle ( i , getmaxcolor ( ) ) ;                  /* 设置填充样式 */
    sector ( midx , midy , stangle , endangle , xrad , yrad ) ;  /* 画一个椭圆扇形 */
    getch ( ) ;
}
```

8.6.50 setactivepage、setvisualpage（设置活动、可视页）函数

函数声明：void far setactivepage (int page) ;

void far setvisualpage (int page) ;

setactivepage 函数使得 page 所指的页成为活动页，所有接下来的图形输出都将被直接送到该图形页。setvisualpage 函数使 page 所指的页成为可视的图形页。活动的图形页可能不是用户在屏幕上看到的那一页，这取决于在系统中有多少可利用的图形页。只有 EGA、VGA、Hercules 图形卡支持多页。可视页是实际被显示到屏幕的那一页，而图形函数输出到活动页。这两个函数都没有返回值。

例如，如下的程序段将 1 页设置为活动页，而将 0 页设置为可视页：

```
setactivepage ( 1 ) ;
setvisualpage ( 0 ) ;
```

8.6.51 setfillstyle（设置填充样式）函数

函数声明：void far setfillstyle (int pattern , int color) ;

setfillstyle 函数设置当前填充模式和填充颜色。要设置一个用户定义的填充模式，不是把一个值为 12（USER_FILL）的 pattern 传递给函数 setfillstyle，而是调用 setfillpatten 函数来设置。枚举类型 fill_patterns 在 graphics.h 中定义，它给出了预定义填充模式的符号常量名，外加一个标识符用于用户定义模式，参看 8.6.19 中的表 8-9。如果无效的输入被传送给 setfillstyle 函数，接着调用 graphresult 函数将返回-11（grError），并且当前填充模式和填充颜色保持不变。该函数没有返回值。

例如，如下的程序段用 LINE_FILL 填充一个矩形：

```
rectangle ( 100 , 200 , 200 , 300 ) ;
setcolor ( GREEN ) ;
setfillstyle ( LINE_FILL ) ;
floodfill ( 150 , 250 , GREEN ) ;
```

8.6.52 setgraphbufsize（设置图形缓冲区大小）函数

函数声明：unsigned far setgraphbufsize (unsigned bufsize) ;

setgraphbufsize 函数改变内部图形缓冲区的大小。某些图形程序（如 floodfill）使用一个内存缓冲区，该缓冲区在调用 initgraph 时分配，在调用 closegraph 时释放。由_graphgetmem 分配的这个缓冲区的大小是 4096B。用户可以使这个缓冲区更小（以便节省内存空间）或更

大（例如，如果调用 floodfill 产生错误-7：Out of flood memory）。setgraphbufsize 告诉 initgraph 当它调用_graphgetmem 函数时有多少内存分配给该内部图形缓冲区。用户必须在调用 initgraph 之前调用 setgraphbufsize，否则该调用将被忽略。该函数返回以前的内部缓冲区的大小。

例如，如下的程序段将内部图形缓冲区的大小由缺省值 4096B 减小到 1000B：

```
#define   BUFSIZE   1000                              /*  内部图形缓冲区大小  */
int   gdriver = DETECT , gmode , oldsize ;
oldsize = setgraphbufsize ( BUFSIZE ) ;               /*  设置内部图形缓冲区大小  */
initgraph ( &gdriver , &gmode , "" ) ;                /*  初始化图形系统  */
```

8.6.53　setlinestyle（设置线型）函数

函数声明：void far　setlinestyle (int　style , unsigned　upattern , int　thickness) ;

setlinestyle 函数设置当前线型和宽度以及模式。该函数可设置由 line、lineto、rectangle、drawpoly 等函数所画的所有线的线型。可参看 8.6.22 中的叙述。

如果将无效的值传递给 setlinestyle 函数，调用 graphresult 函数将返回-11，并且当前线型（样式、颜色、宽度）保持不变。该函数没有返回值。

例如，下面的程序段显示了固有的画线模式：

```
int   i ;
……
for ( i = 0 ; i < 4 ; i++ )
{
    setlinestyle ( i , 0 , 1 ) ;
    Line ( i * 50 , 100 , i * 50 + 50 , 100 ) ;
}
getch ( ) ;
```

8.6.54　setpalette（设置调色板颜色）函数

函数声明：void far　setpalette (int　colornum , int　color) ;

setpalette 函数将调色板中第 colornum 个条目的颜色改变到 color 值所指的颜色。例如，setpalette (0，5)把当前调色板第 0 号条目的颜色（背景颜色）改变成实际颜色值 5。如果 size 是当前调色板的条目数，则 colornum 的可能范围是 0 到 size-1。用 setpalette 函数可以部分、或全部改变 EGA/VGA 调色板中的颜色。参数 color 可以用符号常量来代替。有效颜色取决于当前图形驱动器和当前图形模式，EGA/VGA 图形模式有效颜色值和符号常量可参看 8.6.14 中的表 8-7 和 8.6.15 中的表 8-8。对于 EGA/VGA，可以在总共 64 种不同颜色中同时显示出 16 种不同的颜色，用户可以用 setpalette 函数将某种颜色映射到调色板 0 到 15 共 16 个条目中的任何一个中。对调色板所做的改变可立刻在屏幕上看到。每次一个调色板的颜色被改变，屏幕上这个颜色的所有的位置都将变成新的颜色值。

注意：setpalette 函数不能用于 IBM-8514 驱动器，该驱动器可使用 setrgbpalette 函数。

该函数没有返回值。如果将无效的值传递给 setpalette 函数，调用 graphresult 函数将返回-11，并且当前调色板保持不变。例如，如下的语句把当前调色板的第 5 号条目的颜色设置为青色。

```
setpalette ( 5 , EGA_CYAN ) ;
```

8.6.55 setrgbpalette（设置 RGB 调色板）函数

函数声明：void far setrgbpalette (int colornum , int red , int green , int blue) ;

setrgbpalette 函数可以用于 IBM 8514 和 VGA 图形驱动器。参数 colornum 定义要被装入的调色板条目，参数 red、green 和 blue 定义该调色板条目的部分颜色。对于 IBM 8514 显示器（以及 VGA 256K 颜色模式），colornum 的取值范围在为 0～255。对于 VGA 的其他模式，colornum 的取值范围为 0～15，仅使用 red、green、blue 的低字节，而且仅将其低 6 位装入调色板中。为了兼容其他的 IBM 图形适配器，BGI 驱动程序定义了 IBM 8514 的前 16 个调色板条目作为 EGA/VGA 的缺省颜色。可以使用这些缺省颜色，或者可以用 setrgbpalette 函数去改变这些颜色。该函数没有返回值。

【例 8-135】 在编制应用程序时，可以用 setrgbpalette 精心选择一组 16 种颜色放到调色板中，以便使用。完整的程序需包含 graphics.h、stdlib.h、stdio.h、conio.h 等几个头文件。

```
int  i , gdriver = VGA , gmode = VGAHI ;
struct palettetype  pal ;                      /* 定义调色板结构体类型变量 pal */
initgraph ( &gdriver , &gmode , "" ) ;         /* 初始化图形系统 */
getpalette ( &pal ) ;                          /* grab a copy of the palette */
cleardevice ( ) ;
setrgbpalette ( pal.colors[0] , 0 , 0 , 0 ) ;  /* 精心修改调色板的颜色 */
setrgbpalette ( pal.colors[1] , 63 , 0 , 0 ) ;
setrgbpalette ( pal.colors[2] , 0 , 63 , 0 ) ;
setrgbpalette ( pal.colors[3] , 0 , 0 , 63 ) ;
setrgbpalettc ( pal.colors[4] , 63 , 63 , 0 ) ;
setrgbpalette ( pal.colors[5] , 63 , 0 , 63 ) ;
setrgbpalette ( pal.colors[6] , 0 , 63 , 63 ) ;
setrgbpalette ( pal.colors[7] , 15 , 15 , 15 ) ;
setrgbpalette ( pal.colors[8] , 20 , 20 , 20 ) ;
setrgbpalette ( pal.colors[9] , 25 , 25 , 25 ) ;
setrgbpalette ( pal.colors[10] , 30 , 30 , 30 ) ;
setrgbpalette ( pal.colors[11] , 35 , 35 , 35 ) ;
setrgbpalette ( pal.colors[12] , 40 , 40 , 40 ) ;
setrgbpalette ( pal.colors[13] , 45 , 45 , 45 ) ;
setrgbpalette ( pal.colors[14] , 50 , 50 , 50 ) ;
setrgbpalette ( pal.colors[15] , 63 , 63 , 63 ) ;
for ( i = 0 ; i < 16 ; i++ )                   /* 用修改后的调色板颜色画出 16 个矩形 */
{
   setcolor( i ) ;                             /* i=0 时，所画的矩形看不见，因前景色与背景色相同 */
   rectangle ( i * 40 , 20 , i * 40 + 30 , 70 ) ;
}
getch ( ) ;
closegraph ( ) ;
```

8.6.56 settextjustify（设置文本对齐方式）函数

函数声明：void far settextjustify (int horiz , int vertred) ;

settextjustify 函数用于设置图形模式下的文本对齐方式。调用该函数后的文本输出按照当前位置（CP）指定的水平和垂直位置对齐。缺省的对齐设置是：LEFT_TEXT（左对齐，用于水平对齐）和 TOP_TEXT（顶部对齐，用于垂直对齐）。在 graphics.h 中定义的枚举类型 text_just 提供了用于传递给函数 settextjustify 的 horiz 和 vert 参数的枚举符号常量名和对应的枚举值，可参看 8.6.30 中的表 8-11。settextjustify 函数对用 outtext 函数输出的文本起作用，并且不能用于文本模式和流函数。该函数没有返回值。如果将无效的参数传递给该函数，接着调用 graphresult 函数将返回-11，并且文本对齐方式保持不变。

【例 8-136】 如下的程序段可以显示文本对齐的各种方式。

```
char  *hjust[ ] = { "LEFT_TEXT" , "CENTER_TEXT" , "RIGHT_TEXT" } ;
char  *vjust[ ] = { "BOTTOM_TEXT" , "CENTER_TEXT" , "TOP_TEXT" } ;
int  gdriver = DETECT , gmode , errorcode , x , y , hj , vj ;
char  msg[80] ;
initgraph ( &gdriver , &gmode , "" ) ;                          /* 初始化图形系统 */
x = getmaxx ( ) / 2 ;
y = getmaxy ( ) / 2 ;
for ( hj = LEFT_TEXT ; hj <= RIGHT_TEXT ; hj++ )
  for (vj = BOTTOM_TEXT ; vj <= TOP_TEXT ; vj++ )
  {
      cleardevice ( ) ;
      settextjustify ( hj , vj ) ;                              /* 设置文本对齐方式 */
      sprintf ( msg , "%s  %s" , hjust[hj] , vjust[vj] ) ;      /* 建立一个信息字符串 */
      line ( x-4 , y , x+4 , y ) ;
      line ( x , y-4 , x , y+4 ) ;    /* create cross hairs on the screen */
      outtextxy ( x , y , msg ) ;                               /* 输出该信息 */
      getch ( ) ;
  }
```

8.6.57 settextstyle（设置文本样式）函数

函数声明：void far settextstyle (int font , int direction , int size) ;

settextstyle 函数用于设置图形模式下的文本字体、文本的显示方向和字符的大小。对该函数的调用将影响调用 outtext 和 outtextxy 函数的所有的文本输出。参数 font 指出使用何种字体，有一个 8×8 点阵（即位图像）字体和几种笔划字体可供选择。其中 8×8 点阵字体是缺省设置，它已建立在图形系统中，在 graphics.h 中定义的枚举类型 font_name 中提供了几种字体的名称和值。参数 font 可取下列枚举符号常量或枚举值之一：

枚举符号常量	值	含义
DEFAULT_FONT	0	8×8 点阵字体（缺省值）
TRIPLEX_FONT	1	三倍笔划字体
SMALL_FONT	2	小号字体
SANS_SERIF_FONT	3	无衬线笔划字体

GOTHIC_FONT 4 黑体笔划字体

方向参数 direction 必须设置为水平文字 HORIZ_DIR（值为 0，缺省设置，从左到右输出）或垂直文字 VERT_DIR（值为 1，从底向上输出）。参数 size 可取 1 到 10 之一，是一个确定输出字符大小的系数。例如，size 取 1，则在屏幕上显示 8×8 点阵字符，size 取 2，则在屏幕上显示 16×16 点阵字符，…，size 取 10，则在屏幕上显示 80×80 点阵字符，对于笔划字体的作用相同。如果 size 为 0，则仅用于笔划字体的默认显示。一般总是使用 textheight 和 textwidth 函数去确定实际的文本尺寸。settextstyle 函数没有返回值。

【例 8-137】 下面给出显示 5 种字体的两种实现方法。

方法一：

1）首先，使用 BGI 子目录下的 BGIOBJ 实用程序将除了在图形系统中的缺省字体以外的其余 4 种字体源文件*.CHR 编译成*.OBJ 目标文件，这 4 种字体文件分别为：TRIP.CHR（三倍笔划字体源文件）、LITT.CHR（小号字体源文件）、SANS.CHR（无衬线笔划字体源文件）、GOTH.CHR（黑体笔划字体源文件）。具体做法是，依次选择“开始”→“所有程序”→“附件”→“命令提示符”进入 DOS 命令状态，将当前目录改为 E:\TC3\BGI，然后发出如下 4 条命令：

```
E: \ TC3 \ BGI \ >bgiobj   trip
E: \ TC3 \ BGI \ >bgiobj   litt
E: \ TC3 \ BGI \ >bgiobj   sans
E: \ TC3 \ BGI \ >bgiobj   goth
```

2）在程序中，在进入图形模式之前，需要使用 registerbgifont 函数对要使用的字体进行注册，而注册所用的参数必须使用在 graphics.h 中声明的相应字体处理函数名。

3）建立一个项目文件，将用户源程序和要用字体的目标文件都添加到项目文件中即可。

程序段如下：

```
char *fname[ ] = { "DEFAULT font","TRIPLEX font","SMALL font",
                   "SANS SERIF font","GOTHIC font" };
int gdriver = DETECT, gmode, midx, midy, size, style ;
if(registerbgifont(triplex_font)<0) exit(1);         /* 注册 4 种字体 */
if(registerbgifont(gothic_font)<0) exit(1);
if(registerbgifont(sansserif_font)<0) exit(1);
if(registerbgifont(small_font)<0) exit(1);
initgraph(&gdriver, &gmode, "");
midx = getmaxx() / 2; midy = getmaxy() / 2;
settextjustify(CENTER_TEXT, CENTER_TEXT);   /* 设置文本对齐方式 */
for( size = 0 ; size <= 10 ; size++ )               /* 循环通过可能的文本大小 */
   for(style=DEFAULT_FONT;style<=GOTHIC_FONT;style++)      /*循环通过可能的文本字体*/
   {
      cleardevice();
      settextstyle(style,HORIZ_DIR, size);          /* 选择文本样式 */
      outtextxy(midx, midy, fname[style]);          /* 输出字体名称 */
```

```
        getch();
    }
```

方法二：

该方法的前两个步骤与方法一相同，之后不是建立项目文件，而是使用 TLIB 实用程序将所生成的字体目标文件添加到 graphics.lib 图形库文件中，再将其连接到用户的可执行文件中即可。

8.6.58 setusercharsize（用户设置字符大小）函数

函数声明：void far setusercharsize(int multx , int divx , int multy, int divy);

setusercharsize 函数使用户可以精细控制所显示字符的大小。只有前面调用 settextstyle 函数将参数 size 设置为 0 时，setusercharsize 函数的设置才有效。其中 multx、divx 给出宽度比，而 multy、divy 给出高度比。例如，multx = 2、divx = 1，multy = 3、divy = 2，则宽度比为 2:1，而高度比为 3:2，即宽度是普通的 2 倍，而高度是普通的 1.5 倍。该函数没有返回值。

【例 8-138】 下面的程序段显示正常、不同的宽度比和高度比的文本输出情况。

```
int gdriver = DETECT, gmode, errorcode;
registerbgifont(triplex_font);
initgraph(&gdriver, &gmode, "");                    /* 初始化图形系统 */
settextstyle(TRIPLEX_FONT, HORIZ_DIR, 0);           /* 选择一个文本样式 */
moveto(0, getmaxy() / 2);                  /* 移动 CP，以便确定文本字符串输出的开始位置 */
outtext("Norm ");                          /* 输出普通文本 */
setusercharsize(1, 3, 1, 1);               /* 使文本的宽度是普通宽度的三分之一 */
outtext("Short ");
setusercharsize(3, 1, 1, 1);               /* 使文本的宽度是普通宽度的三倍 */
outtext("Wide");
getch();
```

8.6.59 setviewport（设置当前视口）函数

函数声明：void far setviewport(int left , int top , int right , int bottom , int clip);

setviewport 函数建立一个新的视口用于图形输出。该视口的左上角点为（left，top）、右下角点为（right，bottom），它们都是绝对屏幕坐标。当前位置（CP）被移动到新窗口的（0，0）点。参数 clip 确定所绘图形在当前视口边界是否被裁剪，如果 clip 为非 0（non-zero），所有的绘图将被裁剪到当前视口。如果将无效的输入传递给 setviewport 函数，则调用 graphresult 函数返回-11，并且当前视口设置保持不变。该函数没有返回值。

【例 8-139】 下面的程序段分别在缺省视口和小视口的（0，0）点开始输出文本字符串。

```
#define CLIP_ON 1                    /* 起动在视口中裁剪 */
int gdriver = DETECT , gmode , errorcode ;
initgraph(&gdriver, &gmode, "");  /* 初始化图形系统 */
setcolor(getmaxcolor( ));
```

```
outtextxy(0, 0, "* <-- (0, 0) in default viewport");      /* 在缺省满屏视口输出信息 */
getch( );
setviewport(50, 50, getmaxx()-50, getmaxy()-50, CLIP_ON); /* 建立一个小视口 */
outtextxy(0, 0, "* <-- (0, 0) in smaller viewport");      /* 在小视口输出信息 */
getch( );
```

8.6.60 setwritemode（设置画线模式）函数

函数声明：void far　setwritemode (int　mode) ;

setwritemode 函数用来设置画线模式。参数 mode 可取枚举符号常量 COPY_PUT 和 XOR_PUT 两者之一。mode 如果取 COPY_PUT（即复制输出，其值为 0），则使用汇编语言的 MOV 指令，将要绘制的线采用覆盖的方式绘到屏幕上，而不管屏幕上原来是什么。如果 mode 取 XOR_PUT（即异或输出，其值为 1），则用将要绘制的线的每个像素的二进制位与屏幕上对应位置的像素的二进制位进行异或操作后的值来画线。两次成功的 XOR 命令将删除该线并将屏幕恢复到原来的样子。Setwritemode 函数仅与 line、linerel、lineto、rectangle 和 drawpoly 函数一起工作。该函数没有返回值。

【例 8-140】 下面的程序段分别采用 XOR_PUT 和 COPY_PUT 两种模式画线。

```
int gdriver = DETECT, gmode, errorcode, xmax, ymax ;
initgraph(&gdriver, &gmode, "");
xmax = getmaxx( ) ; ymax = getmaxy( ) ;
setwritemode(XOR_PUT);    /* 选择异或（XOR）绘图模式 */
line(0, 0, xmax, ymax);   /* 用异或模式画一条线 */
getch();
line(0, 0, xmax, ymax);   /* 用异或模式绘制同一条线而删除该线 */
getch();
setwritemode(COPY_PUT);   /* 选择写覆盖绘图模式 */
line(0, 0, xmax, ymax);   /* 画一条线 */
getch();
```

8.6.61 textheight、textwidth（求文本高度、宽度）函数

函数声明：int far　textheight (char far　*string) ;
　　　　　int far　textwidth (char far　*string) ;

textheight 函数根据当前字体的大小和倍数因子，确定 string 所指文本字符串的以像素为单位的高度。而 textwidth 函数根据当前字体的大小和倍数因子测量 string 所指字符串的长度，从而确定以像素为单位的文本字符串的宽度。这两个函数可用于调节两行之间的间距、计算视口的高度、计算一个标题的大小以便使其适合于一个图形或放在一个框中。例如，当用 8×8 点阵字体以及倍数因子为 2（由 settextstyle 函数设置）时，则参数 string 指向的字符串"Turbo C++"应为 16 个像素高。textheight 函数返回以像素为单位的文本高度；textwidth 函数返回以像素为单位的文本宽度。

【例 8-141】 求文本高度、宽度函数的使用。

```
int gdriver = DETECT, i, x = 0, y = 0,gmode;
char msg[80];
```

```
    initgraph(&gdriver, &gmode, "");                    /* 初始化图形系统 */
    for (i=1; i<11; i++)
    {  settextstyle(DEFAULT_FONT, HORIZ_DIR, i); /* 设置文本字体、方向和大小 */
       sprintf(msg, "Size:%d", i);                    /* 将一个信息字符串送入 msg 数组 */
       outtextxy(1, y, msg);                          /* 输出该信息 */
       y += textheight(msg);                          /* 前进到下一个文本行 */
    }
       getch( );
       cleardevice( ) ;                               /* 清屏 */
       y = getmaxy( ) / 2;
       settextjustify(LEFT_TEXT, CENTER_TEXT);
       for (i=1; i<11; i++)
       {  settextstyle(DEFAULT_FONT, HORIZ_DIR, i);
          sprintf(msg, "Size%d ", i);
          outtextxy(x, y, msg);
          x += textwidth(msg);                        /* 前进到该文本字符串的结束 */
       }
       getch( );
```

8.7 在 time.h 中声明的与时间、日期有关的函数

在 time.h 中，声明了一些与日期和时间有关的函数。在 dos.h 中定义了用于处理 MSDOS 和 iAPX86 微处理器系列的结构体、共用体、宏，并声明了一些 DOS 接口函数。而 bios.h 中的一些函数直接与操作系统的最内层——ROM BIOS 连接。本节先介绍在 time.h 中声明的与时间、日期有关的函数。

8.7.1 asctime、ctime（时间转换）函数

函数声明：char *asctime (struct tm *tblock) ;

char *ctime (long *time) ;

这两个函数的原型在 time.h 中。asctime 函数将存储在由 tblock 所指向的结构体中的时间转变成一个含 25 个字符的字符串。ctime 函数将 time 所指向的日历时间转变成一个含 25 个字符的字符串。该字符串具有如下的形式：

星期 月 日 小时：分：秒 年\n

例如：Mon␣Apr␣20␣10:16:37␣2009\n

结构体类型 struct tm 在 time.h 中定义如下：

```
struct  tm
{
    int  tm_sec ;      /* 秒，0～59 */
    int  tm_min ;      /* 分钟，0～59 */
    int  tm_hour ;     /* 小时，0～23 */
    int  tm_mday ;     /* 月的天数，1～31 */
    int  tm_mon ;      /* 自从 1 月以来的月数，0～11 */
    int  tm_year ;     /* 日历年份减去 1900 */
    int  tm_wday ;     /* 自从星期天以来的天数，0～6；星期天 =0 */
```

```
    int   tm_yday ;    /* 年的天数，0～365 */
    int   tm_isdst ;   /* 夏令时（DST，Daylight Saving Time）指示器 */
};
```

如果正在使用夏令时，tm_isdst 为正值，若不使用夏令时，其值为 0；在没有适用的信息时，其值为负。这种结构体形式的日期和时间称为“分解时间”。

【例 8-142】 下面的程序段分别使用两个函数将当地时间转换成字符串并输出。完整程序需包含 stdio.h 和 time.h 等头文件

```
time_t t;                /* 类型 time_t 即 long 型，在 time.h 中定义，用于存放日期和时间 */
struct tm *ptr;          /* 定义指向时间分解结构体类型数据的指针 */
t=time(NULL);            /* time 函数返回当前时间，存于 long 型变量 t 中 */
ptr=localtime(&t);       /* 将 t 中的时间转换成分解时间 */
printf("time and date 1: %s\n",asctime(ptr));    /* 将分解时间转换成字符串并输出*/
getch( );
t=time(NULL);            /* time 函数返回当前时间，存于 long 型变量 t 中 */
printf("time and date 2: %s\n",ctime(&t));       /* 将 t 中时间转换成字符串并输出*/
getch( ) ;
```

运行结果：

```
time and date 1: Sun Apr 26 17:54:05 2009
time and date 2: Sun Apr 26 17:54:08 2009
```

8.7.2 clock（时钟）函数

函数声明：clock_t   clock (void) ;

clock 函数返回自从程序开始运行以来的时钟计时单元数。该函数是 ANSI C 标准所定义的。clock_t 即 long 型。该函数可用于确定两个事件的时间间隔。要确定以秒为单位的时间，应将该返回值除以宏 CLK_TCK（18.2）。当成功时，返回程序开始执行以来处理器耗费的时钟计时单元数；当失败（处理器时间不可用或其值不能被表示）时返回-1。

【例 8-143】 如下的程序将显示出 delay 函数的延迟时间。完整的程序需包含 time.h、stdio.h 和 dos.h 等头文件。

```
clock_t start, end;
start = clock();
delay(2000);
end = clock ( ) ;
printf ( "The time was: %f\n" ,   (end - start) / CLK_TCK ) ;
```

运行结果：

```
The time was: 2.087912
```

8.7.3 difftime（计算两时刻间的时间）函数

函数声明：double   difftime (time_t   time2 , time_t   time1) ;

difftime 函数计算从 time1 到 time2 所耗费的时间（以秒为单位），并以双精度值返回。该函数是 ANSI C 标准所定义的。

【例 8-144】 如下的程序将计算出两个时刻间的时间。完整的程序需包含 time.h、stdio.h、dos.h 和 conio.h 等头文件。

```
time_t first,second;
clrscr ( );                         /* 清屏 */
first = time(NULL);                 /* 取系统时间 */
delay(2000);                        /* 等待 2 秒 */
second = time(NULL) ;               /* 再取系统时间 */
printf("The difference is: %f seconds\n",difftime(second , first)) ;   /*计算时间间隔*/
getch ( ) ;
```

运行结果：

```
The difference is: 2.000000 seconds
```

8.7.4 gmtime、localtime（时间转换）函数

函数声明：struct tm gmtime (time_t *timer) ;

struct tm localtime (time_t *timer) ;

这两个函数都是 ANSI C 标准所定义的。gmtime 函数将日期和时间转换成格林尼治时间（GMT，Greenwich Mean Time）。localtime 函数将日期和时间转换成一个时间分解结构。两个函数都接受由 time 函数返回的一个值的地址，并都返回指向一个含有分解时间的 tm 结构体的指针。该结构体是静态的，每次调用都将被重写。gmtime 直接地转换成 GMT；localtime 做时区（time zone）和可能存在的夏令时的校正。参数 timer 指向由 time 函数返回的 time_t 类型（即 long 型）值的位置。应将 timezone 设置为 GMT 和本地标准时间的时间差。在 PST(Pacific Standard Time，太平洋标准时间)，它是 GMT 西部的第 8 时区，则：timezone = 8(hrs) * 60(min/hr) * 60(sec/min)。如果将 daylight 设置为非零，则仅适用于标准美国夏令时转换。

【例 8-145】 如下的程序段可求出某时区的本地时间和对应的格林尼治标准时间。完整的程序需要包含 stdio.h、stdlib.h、time.h、dos.h 4 个头文件。

```
char   *tzstr = "TZ=PST8PDT" ;   /* 设置本地时间为太平洋标准时间 */
void main(void)
{
    time_t t;
    struct tm *gmt, *area;
    putenv(tzstr);
    tzset( );
    t = time(NULL);
    area = localtime(&t);
    printf("Local time is: %s", asctime(area));
    gmt = gmtime(&t);
    printf("GMT is:            %s", asctime(gmt));
```

```
}
```

运行结果：

```
Local time is: Mon May 04 18:12:27 2009
GMT is             Tue May 05 01:12:27 2009
```

如果将语句 char *tzstr = "TZ=PST8PDT";改为 char *tzstr = "TZ=BTZ-8EDT";，则可以计算出北京时区（属于东 8 区）的本地时间和对应的格林尼治标准时间，运行结果如下：

```
Local time is: Mon May 04 18:31:00 2009
GMT is:           Mon May 04 09:31:00 2009
```

8.7.5 mktime（时间转换成日历格式）函数

函数声明：time_t mktime (struct tm *t) ;

该函数是 ANSI C 标准所定义的。mktime 函数把 t 所指向的 struct tm 型结构体中的分解时间转换成一个与 time 函数所用的相同格式的日历时间。如果该结构体中各个域不在它们合适的范围，mktime 将调整它们。mktime 在其他域已被调整之后计算 tm_wday 和 tm_yday 的值。该函数返回自从 1970 年 1 月 1 日 00:00:00 GMT 以来所耗费的以秒为单位的时间，返回值为 time_t（即 long）型。

【例 8-146】 如下的程序段可求出某时区的本地时间和对应的格林尼治标准时间。完整的程序需要包含 stdio.h 和 time.h 两个头文件。

```
char *wday[] = {   "Sunday", "Monday", "Tuesday", "Wednesday",
                   "Thursday", "Friday", "Saturday", "Unknown"};
void main(void)
{
    struct tm tcheck;
    int year, month, day;
    printf("Input year,month,day:");
    scanf("%d,%d,%d", &year, &month, &day);      /* 输入年，月，日 */
    tcheck.tm_year = year - 1900;                /* 用输入的日期装载 tcheck 结构体变量 */
    tcheck.tm_mon  = month - 1;
    tcheck.tm_mday = day;
    tcheck.tm_hour = 0;
    tcheck.tm_min  = 0;
    tcheck.tm_sec  = 1;
    tcheck.tm_isdst = -1;
    /*  调用 mktime 函数去填充 tcheck 结构体变量中的 tm_wday 域  */
    if ( mktime( &tcheck ) == -1) tcheck.tm_wday = 7;
    printf("That day is a %s\n", wday[tcheck.tm_wday]);   /*  输出星期几  */
}
```

8.7.6 stime（设置系统日期和时间）函数

函数声明：int stime (time_t *tp) ;

该函数不是 ANSI C 标准所定义的。stime 函数用 tp 所指向的时间值来设置系统日期和时间，该时间是从 1970 年 1 月 1 日 00:00:00 GMT 以来以秒为单位的时间。该函数返回 0 值。

【例 8-147】 如下的程序段使用 stime 函数设置新的系统日期和时间。完整的程序需要包含 stdio.h 和 time.h 两个头文件。

```
time_t   t ;
t = time(NULL);                               /* 获得当前时间 */
printf("Current date is %s", ctime(&t));      /* 输出当前日期和时间 */
t -= 24L*60L*60L;                             /* 后退到前一天的相同时间 */
stime( &t ) ;                                 /* 用前一天的时间设置系统日期和时间 */
printf("New date is %s", ctime(&t));          /* 输出新的系统日期和时间 */
```

运行结果：

```
Current date is Wed May 13 08:21:01 2009
New date is Tue May 12 08:21:01 2009
```

8.7.7 time（获得系统日历时间）函数

函数声明：time_t   time (time_t   *timer) ;

该函数是 ANSI C 标准所定义的。time 函数返回当前系统日历时间，该时间是从 1970 年 1 月 1 日 00:00:00 GMT 以来以秒为单位的时间。若 timer 是一个非空的指针，该函数也把该时间值存储到 timer 指向的 time_t 型变量中。timer 也可以为空指针。

【例 8-148】 如下的程序段使用 time 函数获取当前日历时间。完整的程序需要包含 stdio.h、time.h 两个头文件。

```
time_t t;
t = time(NULL);
printf("The number of seconds since January 1, 1970 is %ld\n",t);
```

运行结果：

```
The number of seconds since January 1, 1970 is 1242132884
```

8.7.8 strftime（格式化时间）函数

函数声明：size_t   strftime (char   *s , size_t   maxsize , char   *fmt , struct tm   *t) ;

该函数是 ANSI C 标准所定义的。strftime 函数根据 fmt 所指向的格式字符串的规定，将 t 所指向的 struct tm 结构体变量中的分解时间进行格式化后存放到 s 所指向的字符数组中。所有普通字符被原样复制。被放置到 s 中的字符个数不多于 maxsize。

用于 strftime 函数的格式字符串由 0 个或多个指令和普通字符组成。一个指令以%开头，后跟一个字符，用于确定用什么替换它所占据的位置。各个指令的作用如表 8-14 所示。

表 8-14　strftime 函数的格式字符串中可用指令的作用

规　定	范　围	替换内容	规　定	范　围	替换内容
%%		%字符	%M	00--59	2 位分钟
%a		缩写星期名	%p		AM 或 PM
%A		星期全名	%S	00--59	2 位秒数（00—59）
%b		缩写月份名	%U	00--52	2 位周数：1 周第 1 天=Sunday
%B		月份全名	%w	0--6	1 周天数：0 = Sunday
%c		日期和时间	%W	00--52	2 位周数：1 周第 1 天=Monday
%d	01--31	月份的 2 位天数	%x		日期
%H	00—23	2 位小时	%X		时间
%I	01—12	2 位小时	%y	00--99	2 位年，没有世纪
%j	001—366	年的 3 位天数	%Y		带世纪的年
%m	01—12	2 位月份，十进制	%Z		时区名，无时区则无字符

当成功时，strftime 函数返回放置到 s 数组中的字符数；当出错时（如果要求的字符数>maxsize）返回 0。

【例 8-149】 如下的程序段使用 strftime 函数将当前时间按指定指令格式化后输出。完整的程序需要包含 stdio.h、time.h 和 dos.h 3 个头文件。其中 EDT 为东部白昼时间。

```
struct tm *time_now;
time_t secs_now;
char str[80];
tzset( );
time(&secs_now);
time_now = localtime(&secs_now);
strftime(str, 80, "It is %M minutes after %I o'clock (%Z)    %A, %B %d 20%y", time_now );
printf( "%s\n",str ) ;
```

运行结果：

```
It is 00 minutes after 05 o'clock (EDT)    Tuesday, May 12 2009
```

8.7.9　_strdate（日期转换成字符串）函数

函数声明：char　*_strdate (char　*buf) ;

该函数不是 ANSI C 标准所定义的。_strdate 函数把当前日期转换成一个字符串并将该字符串存储到 buf 指向的缓冲区中。该缓冲区必须至少 9 个字符长。该字符串具有 MM/DD/YY 格式和一个字符串结束标志'\0'字符。其中 MM = 月，DD = 日，YY = 年，它们都是 2 位数字。该函数返回 buf，即该日期字符串的地址。

【例 8-150】 如下的程序段使用_strdate 和_strtime 函数将当前日期和时间转换成字符串后输出。完整的程序需要包含 stdio.h 和 time.h 两个头文件。

```
char datebuf[9];
char timebuf[9];
```

```
_strdate(datebuf);
_strtime(timebuf);
printf("Date: %s    Time: %s\n",datebuf,timebuf);
```

运行结果：

```
Date: 05/13/09    Time: 07:16:23
```

8.7.10 _strtime（时间转换成字符串）函数

函数声明：char *_strtime (char *buf) ;

该函数不是 ANSI C 标准所定义的。_strtime 函数把当前时间转换成一个字符串并将该字符串存储到 buf 指向的缓冲区中，该缓冲区必须至少 9 个字符长。该字符串具有 HH:MM:SS 格式和一个字符串结束标志'\0'字符。其中 HH = 小时，MM = 分，SS = 秒，它们都是 2 位数字。该函数返回 buf，即该时间字符串的地址。例子可参看 8.7.9 节中的例 8-150。

8.7.11 tzset（设置夏令时、时区和时区名）函数

函数声明：void tzset (void) ;

该函数不是 ANSI C 标准所定义的。tzset 函数设置基于环境变量 TZ 的全局变量 daylight（夏令时）、timezone（时区）和 tzname（时区名），它们都在 tme.h 中定义。ftime 和 localtime 函数使用这些环境变量将格林尼治时间转换成本地时间。TZ 环境字符串的格式为：TZ = zzz[+/−]d[d][l l l]，其中“zzz”代表当前时区名，3 个字符都需要；“[+/−]d[d]”为要求一个可选的符号和 1 或 2 位数，该数是本地时区不同于 GMT 的小时数，其中正数调节 GMT 以西的时区，负数调节 GMT 以东的时区，该数用于时区的计算；“lll”代表本地时区的夏令时，如果该域存在，daylight 被设置为非 0（做夏令时调整），如果该域缺省，则 daylight 被设置为 0（不做夏令时调整）。如果 TZ 环境字符串不存在或没有按规定的格式设置，tzset 函数假定一个缺省值 TZ = "EST5EDT"以便给变量 daylight、timezone 和 tzname 赋值。

tzname 是在 time.h 中定义的指向字符串的指针数组，其声明为：extern char *tzname[2];，该数组指向的字符串用于容纳时区名的缩写。其中 tzname[0]指向一个来自 TZ 环境字符串的时区名的值的 3 个字符的字符串；tzname[1] 指向一个来自 TZ 环境字符串的夏令时区名的值的 3 个字符的字符串，如果夏令时名不存在，则 tzname[1]指向一个空字符串。tzset 函数没有返回值。

【例 8-151】 如下的程序段使用 tzset 设置全局变量，然后输出本地时间。完整的程序需要包含 stdio.h、stdlib.h 和 time.h 3 个头文件。

```
time_t  td ;
putenv("TZ=BTZ-8");
tzset( );
time(&td);
printf("Current time = %s\n", asctime(localtime(&td)));
```

8.8　在 bios.h 中声明的函数

在 bios.h 中声明的一些函数直接与操作系统的最内层——ROM BIOS 连接。下面将介绍其中常用的与系统有关的函数。

8.8.1　bioscom、_bios_serialcom（RS-232 串行通信）函数

函数声明：int　bioscom (int　cmd , char　abyte , int port) ;

unsigned　_bios_serialcom (int　cmd , int port , char　abyte) ;

这两个函数都不是 ANSI C 标准所定义的。bioscom 和_bios_serialcom 函数都使用 BIOS 中的 0x14 号中断实现对 RS-232 异步通信口的操作。其操作类型取决于 cmd 的值，cmd 可以是下列值之一：

bioscom	_bios_serialcom	功能
0	_COM_INIT	用 abyte 给出的值设置通信参数
1	_COM_SEND	将 abyte 中的字符发送到通信线
2	_COM_RECEIVE	从通信线接收一个字符
3	_COM_STATUS	返回通信口的当前状态

当 cmd = 2（_COM_RECEIVE）或 3（COM_STATUS）时，参数 abyte 被忽略。

当 cmd = 0（_COM_INIT）时，用 abyte 的值来决定该接口的具体工作方式。abyte 是如表 8-15 所示的一个位的组合（每组取一个）的或运算。

这两个函数总是返回一个 16 位整数值，返回值的高 8 位是状态位。如果一个或多个状态位被设置为 1，则发生了错误。如果没有状态位被设置为 1，则接收的 abyte 没有错误。各状态位及含义如下：

状态位	含义
8	数据就绪（Data ready）
9	溢出错误（Overrun error）
10	奇偶错误（Parity error）
11	桢错误（Framing error）
12	中断检测（Break detect）
13	发送保持寄存器空（Transmit holding register empty）
14	发送移位寄存器空（Transmit shift register empty）
15	超时（如果 abyte 值不能被发送，该位置 1）

表 8-15　当 cmd = 0 时，参数 abyte 值的含义

bioscom 函数	_bios_serialcom 函数	含　义
0x02	_COM_CHR7	7 个数据位
0x03	_COM_CHR8	8 个数据位
0x00	_COM_STOP1	1 个停止位
0x04	_COM_STOP2	2 个停止位

（续）

bioscom 函数	_bios_serialcom 函数	含　义
0x00	_COM_NOPARITY	不校验
0x08	_COM_ODDPARITY	奇校验
0x18	_COM_EVENPARITY	偶校验
0x00	_COM_110	110 波特（baud）
0x20	_COM_150	150 波特（baud）
0x40	_COM_300	300 波特（baud）
0x60	_COM_600	600 波特（baud）
0x80	_COM_1200	1200 波特（baud）
0xA0	_COM_2400	2400 波特（baud）
0xC0	_COM_4800	4800 波特（baud）
0xE0	_COM_9600	9600 波特（baud）

当 cmd 为 0（_COM_INIT）或 3（_COM_STATUS）时，低 8 位的含义如下：

字节位	含义
0	接收线路信号检测（Received line signal detect）
1	振铃指示器（Ring indicator）
2	数据设备就绪（Data set ready）
3	清除到发送（Clear to send）
4	接收线路信号检测器中的变化（Change in receive line signal detector）
5	脉冲后沿振铃检测器（Trailing edge ring detector）
6	数据设备就绪中的变化（Change in data set ready）
7	清除到发送中的变化（Change in clear to send）

当 cmd = 1（_COM_RECEIVE）时，如果没有出错（没有高位被设置为 1），所读字节在返回值的低位中。例如，如果

```
abyte = 0xEB
      = (0xE0 | 0x08 | 0x00 | 0x03)
      = (_COM_9600 | _COM_ODDPARITY | _COM_STOP1 | _COM_CHR8)
```

则 RS232 通信口被设置成：

9600 波特　　(0xE0 = _COM_9600)
奇校验　　(0x08 = _COM_ODDPARITY)
1 个停止位　　(0x00 = _COM_STOP1)
8 个数据位　　(0x03 = _COM_CHR8)

8.8.2 bioskey、_bios_keybrd（键盘接口）函数

函数声明：int　bioskey (int　cmd) ;
　　　　　unsigned　_bios_keybrd (unsigned　cmd) ;

这两个函数都不是 ANSI C 标准所定义的。bioskey 和 _bios_keybrd 函数使用 BIOS 中的 0x16 号中断实现各种键盘操作。参数 cmd 规定执行什么键盘任务。返回值取决于完成的键盘任务。

如果 cmd = 0（_KEYBRD_READ，即 0，用于_bios_keybrd 函数，下同）并且返回值的低 8 位为非零（即按下普通键），返回值为在队列中等待的下一个按键或在键盘上下一个按键的 ASCII 码值。

如果 cmd = 0（_NKEYBRD_READ，即 0x10）并且返回值的低 8 位为零，说明按下了箭头键、功能键等特殊键，则高 8 位是该键的扫描码，它不太严格地对应于该键在键盘上的位置。

如果 cmd = 1（_KEYBRD_READY，即 1），该任务是测试是否有键按下。如果没有键被按下，返回值为 0；如果〈Ctrl+Brk〉被按下，返回值为-1；此外，返回值为所按键的值，该按键本身被保留，以便下一次用 cmd = 0（_KEYBRD_READ 或_NKEYBRD_READ）调用该函数时作为返回值。

如果 cmd = 2（_KEYBRD_SHIFTSTATUS，即 2），该任务是要求当前上档（shift）键的状态。此时的返回值将是 0 个或多个下列值的或（OR）运算：

字节位	值	含义
0	0x01	右〈Shift〉键按下
1	0x02	左〈Shift〉键按下
2	0x04	〈Ctrl〉键按下
3	0x08	〈Alt〉键按下
4	0x10	卷动锁开启（Scroll Lock on）
5	0x20	数字锁开启（Num Lock on）
6	0x40	上档锁开启（Caps Lock on）
7	0x80	插入状态开启（Insert on）

如果 cmd = 2（_NKEYBRD_SHIFTSTATUS，即 0x12，用于增强的键盘），该任务是要求整个 16 位上档（shift）键的状态。此时的返回值将是 0 个或多个_KEYBRD_SHIFTSTATUS 位，加上下列任何位的或（OR）运算：

字节位	值	含义
8	0x0100	左〈Ctrl〉键按下（Left Ctrl pressed）
9	0x0200	左〈Alt〉键按下（Left Alt pressed）
10	0x0400	右〈Ctrl〉键按下（Right Ctrl pressed）
11	0x0800	右〈Alt〉键按下（Right Alt pressed）
12	0x1000	卷动锁键按下（Scroll Lock pressed）
13	0x2000	数字锁键按下（Num Lock pressed）
14	0x4000	上档锁键按下（Caps Lock pressed）
15	0x8000	系统请求键按下（Sys Req pressed）

【例 8-152】 如下的程序段使用 bioskey 函数控制按键的接收。完整的程序需要包含 stdio.h、bios.h 和 ctype.h 3 个头文件。

```
#define RIGHT     0x01
#define LEFT      0x02
#define CTRL      0x04
#define ALT       0x08
```

```
void main( void )
{
    int key, modifiers;
    while ( bioskey(1) == 0 );        /*  函数实参 1 返回 0 直到按下一个键  */
    key = bioskey(0);                 /*  函数实参 0 返回正在等待的该按键  */
    modifiers = bioskey(2);           /*  用实参 2 确定 shift 键是否被使用  */
    if (modifiers)
    {
        printf("[");
        if ( modifiers & RIGHT ) printf("RIGHT");
        if ( modifiers & LEFT )   printf("LEFT");
        if ( modifiers & CTRL )   printf("CTRL");
        if ( modifiers & ALT )    printf("ALT");
        printf(")");
    }
        if ( isalnum( key & 0xFF ))
          printf( "'%c'\n", key ) ; /*  输出所读字符  */
        else
          printf( "%#02x\n", key ) ; /*  输出所读控制键  */
}
```

8.8.3 biosmemory、_bios_memsize（返回内存大小）函数

函数声明：int　biosmemory (void) ;

　　　　　unsigned　_bios_memsize (void) ;

这两个函数都不是 ANSI C 标准所定义的。biosmemory 和_bios_memsize 函数都使用 BIOS 中的 0x12 号中断返回系统中配置的内存 RAM 的容量（以 1KB 为单位）。其中不包括显存、扩展内存或扩充内存。

【例 8-153】 如下的程序段显示内存容量。完整的程序需要包含 stdio.h 和 bios.h 两个头文件。

```
int memory_size;
memory_size = biosmemory( );   /* returns value up to 640K */
printf("RAM size = %dKB\n",memory_size);
```

运行结果：

```
RAM size = 640KB
```

8.8.4 biosprint、_bios_printer（打印机 I/O）函数

函数声明：int　biosprint (int　cmd , int abyte , int port) ;

　　　　　unsigned　_bios_printer (int　cmd , int　port , int　abyte) ;

这两个函数都不是 ANSI C 标准所定义的。biosprint 和_bios_printer 函数都使用 BIOS 中的 0x17 号中断在 port 所标识的打印机上实现各种打印功能。其中参数 abyte 给出要打印的字符，其值可以是 0 到 255。参数 cmd 规定要完成的打印功能。该参数的值和含义如下：

biosprint	_bios_printer	打印功能
0	_PRINTER_WRITE	打印 abyte 中的字符
1	_PRINTER_INIT	初始化打印机接口
2	_PRINTF_STATUS	读取打印机接口状态

如果 cmd = 1 或 2，abyte 被忽略。

参数 port 指定打印机接口。port = 0，使用 LPT1，port = 1，使用 LTP2，等等。

这两个函数都返回打印机（接口）的状态，并放在低位字节中，包括如下这些位的或运算：

位	值	打印机状态
0	0x01	设备超时
3	0x08	I/O 错误
4	0x10	联机（被选择）
5	0x20	纸尽
6	0x40	应答（确认已收到）
7	0x80	打印机不忙

例如，如下的程序段把字符串"Hello!"打印到 LPT1 连接的打印机：

```
char   a[ ] = "Hello!" , *p = a ;
while(*p ) biosprint( 0 , *p++ , 0 ) ;
```

8.8.5 biostime、_bios_timeofday（读或设置 BIOS 时钟）函数

函数声明：int biostime (int cmd , long newtime) ;

unsigned _bios_timeofday (int cmd , long *timep) ;

这两个函数都不是 ANSI C 标准所定义的。biostime 和_bios_timeofday 函数都使用 BIOS 中的 0x1A 号中断读或设置 BIOS 时钟。BIOS 时钟以大约每秒 18.2 的脉冲速率计时。

对于 biostime 函数，当 cmd = 0 时，返回当前 BIOS 时钟值；当 cmd = 1 时，则用 newtime 中的长整型值设置 BIOS 时钟，此时没有返回值。

对于_bios_timeofday 函数，当 cmd = _TIME_GETCLOCK（即 0）时，则把 BIOS 时钟值存储到 timep 所指向的变量中，如果 BIOS 时钟自从午夜以来没有被读或写过，返回 1，此外返回 0；当 cmd = _TIME_SETCLOCK（即 1）时，用 timep 所指向的长整型值设置 BIOS 时钟，此时返回在调用该函数所设置的 AX 寄存器中的值。

【例 8-154】 如下的程序段显示自从午夜以来 BIOS 时钟的脉冲、秒、分和小时数。完整的程序需要包含 stdio.h、bios.h、time.h 和 conio.h 4 个头文件。

```
long bios_time;
clrscr( );
printf("The number of clock ticks since midnight is:\n");
printf("The number of seconds since midnight is:\n");
printf("The number of minutes since midnight is:\n");
printf("The number of hours since midnight is:\n");
printf("\nPress any key to stop:");
```

```
while(!kbhit( ))
{
    bios_time = biostime(0, 0L);
    gotoxy(50, 1);    printf("%lu", bios_time);
    gotoxy(50, 2);    printf("%.4f", bios_time / CLK_TCK);
    gotoxy(50, 3);    printf("%.4f", bios_time / CLK_TCK / 60);
    gotoxy(50, 4);    printf("%.4f", bios_time / CLK_TCK / 3600);
}
```

8.9 在 dos.h 中声明的与系统有关的函数

在 dos.h 中声明的一些函数直接与操作系统连接，称为 dos 接口函数。由于各个操作环境是不同的，所以它们都不是 ANSI 标准所定义的。下面将介绍其中常用的一些与系统有关的函数。

8.9.1 allocmem、_dos_allocmem（分配 DOS 内存段）函数

函数声明：int allocmem (unsigned size , unsigned *segp) ;
unsigned _dos_allocmem(unsigned size , unsigned *segp) ;

allocmem 和_dos_allocmem 使用 DOS 系统调用 0x48 去分配一块自由内存并返回所分配块的段地址。参数 size 指定被分配的节数，1 节（paragraph）是 16 字节（byte）。参数 segp 指向存放新分配块的段地址的无符号整型变量。

当分配成功时，allocmem 返回-1，_dos_allocmem 返回 0。当出错时，allocmem 返回最大可利用块的大小并把_doserrno 和 errno 都设置为 ENOMEM（没有足够的内存）；_dos_allocmem 返回 DOS 出错代码并将 errno 设置为 ENOMEM。

注意：malloc 函数不能与这两个函数同时使用。

【例 8-155】 如下的程序段分配 1024 字节的内存。完整的程序需要包含 stdio.h、dos.h 和 alloc.h 3 个头文件。

```
unsigned int size, segp;
int stat;
size = 64;              /*  要分配块的大小  = (64 x 16) = 1024 bytes = 1KB */
stat = allocmem(size, &segp);
if (stat == -1)
   printf("Allocated memory at segment: %x\n", segp);
else
   printf("Failed: maximum number of paragraphs available is %u\n", stat);
```

运行结果：

```
Allocated memory at segment: 911b
```

8.9.2 bdos（小模式访问 DOS 系统调用）函数

函数声明：int bdos (int dosfun , unsigned dosdx , unsigned dosal) ;

bdos 函数提供直接访问部分 DOS 系统调用的功能。有关每一个系统调用的详细情况可

参看 DOS 参考说明。使用 bdos 系统调用要求一个整型参数，而使用 bdosptr 系统调用要求一个指针参数，这在大数据模式（compact、large 和 huge）中是重要的。

参数 dosfun 在 DOS 参考说明中定义；参数 dosdx 为寄存器 DX 的值；参数 dosal 为寄存器 AL 的值。bdos 函数返回由系统调用设置的寄存器 AX 的值。

【例 8-156】 如下的程序段输出当前盘符。完整的程序需要包含 stdio.h 和 dos.h 两个头文件。

```
char    curdrive ;
curdrive = bdos (0x19, 0, 0)+'A' ;                    /* 获得当前盘号 0, 1, …; 再转成盘符'A', 'B'… */
printf ("The current drive is %c:\n" , curdrive) ;/* 输出当前盘符 */
```

运行结果：

```
The current drive is E:
```

8.9.3 bdosptr（大模式访问 DOS 系统调用）函数

函数声明：int   bdosptr (int   dosfun , void   *argument , unsigned   dosal) ;

bdosptr 函数提供直接访问部分 DOS 系统调用的功能。有关每一个系统调用的详细情况可参看 DOS 参考说明。使用 bdos 系统调用要求一个整型参数，而使用 bdosptr 系统调用要求一个指针参数，这在大数据模式（compact、large 和 huge）中是重要的。

参数 dosfun 在 DOS 参考说明中定义；参数 argument 在小数据模式下规定寄存器 DX 的值、在大数据模式下给出 DS：DX 值，以便系统调用使用；参数 dosal 为寄存器 AL 的值。当成功时，bdosptr 函数返回由系统调用设置的寄存器 AX 的值；当出错时，返回-1，并设置 errno 和_doserrno。

【例 8-157】 如下的程序段输出当前盘符。完整的程序需要包含 stdio.h 和 dos.h 等头文件。

```
char curdrive;
int a = 0 ;
curdrive = bdosptr(0x19, &a, 0)+'A'; /* 获得当前盘号 0, 1, …; 再转成盘符'A', 'B'… */
printf ( "The current drive is %c:\n" , curdrive) ;
```

运行结果：

```
The current drive is E:
```

8.9.4 country（与国家相关的信息）函数

函数声明：struct COUNTRY   *country (int   xcode , struct COUNTRY   *cp) ;

country 函数规定如何去格式化某些与国家有关的数据（例如日期、时间和货币）。在 dos.h 中给出了可规定这些数据格式的结构体类型的定义，具体如下：

```
struct COUNTRY
{
    int    co_date ;        /* 日期格式，date format */
```

```
        char   co_curr[ 5 ] ;        /* 货币符号，currency symbol */
        char   co_thsep[ 2 ] ;       /* 千位分隔符，thousands separator */
        char   co_desep[ 2 ] ;       /* 小数点分隔符，decimal separator */
        char   co_dtsep[ 2 ] ;       /* 日期点分隔符，date separator */
        char   co_tmsep[ 2 ] ;       /* 时间分隔符，time separator */
        char   co_currstyle ;        /* 货币样式，currency style */
        char   co_digits ;           /* 货币有效位，significant digits in currency */
        char   co_time ;             /* 时间格式，time format */
        long   co_case ;             /* case map */
        char   co_dasep[ 2 ] ;       /* 数据分隔符，data separator */
        char   co_fill[ 10 ] ;       /* 填充物，filler */
    } ;
```

如果参数 xcode（国家代码）= 0，则把当前国家的特定信息放入由 cp 所指向的结构体变量中；如果参数 xcode（国家代码）≠ 0，则把由 xcode 给定的国家的特定信息放入由 cp 所指向的结构体变量中；如果 cp = −1，则当前国家被设置成 xcode 的值（必须为非 0）。

co_date 的值决定了日期格式。co_date = 0，使用美国格式（月、日、年）；co_date = 1，使用欧洲格式（日、月、年）；co_date = 2，则使用中国格式（年、月、日）。以下是由 co_currstyle 的值规定的货币显示样式：

值	含义	例子
0	货币符号在钱数之前，两者之间无空格	$113.46
1	货币符号在钱数之后，两者之间无空格	113.46$
2	货币符号在钱数之前，两者之间有一个空格	$ 113.46
3	货币符号在钱数之后，两者之间有一个空格	113.46 $

当成功时，该函数返回指针参数 cp；当出错时返回空指针。

【例 8-158】 如下的程序段输出美国货币符号。完整的程序需要包含 stdio.h 和 dos.h 等头文件。

```
#define   USA   0
struct COUNTRY   c ;
country ( USA , &c ) ;
printf ( "The currency symbol for the USA is: %s\n" , c.co_curr ) ;
```

运行结果：

```
The currency symbol for the USA is: $
```

8.9.5 ctrlbrk（设置控制中断处理程序）函数

函数声明：void   ctrlbrk (int   (*handler)(void)) ;

在键入〈Ctrl+break〉组合功能键时，函数 ctrlbrk 用来代替 DOS 调用的控制结束处理程序。控制结束产生一个 0x23 号中断操作。ctrlbrk 函数把 handler 所指向的函数设置为新的控制结束处理程序函数。中断向量 0x23 被修改成调用该命名函数。Ctrlbrk 创建一个调用该处理程序函数的 DOS 中断处理程序，该处理程序函数不能被直接调用。该处理程序函数能够实现任何号的操作和系统调用，其返回 0 以便退出当前程序。

该函数没有返回值。

【例 8-159】 ctrlbrk 函数的使用。完整的程序需要包含 stdio.h 和 dos.h 等头文件。

```
#define ABORT 0
int c_break(void)
{
    printf("Control+Break pressed.   Program aborting ...\n");
    return (ABORT);
}
void main(void)
{
    ctrlbrk(c_break);
    for(;;)   printf("Looping... Press <Ctrl-Break> to quit:\n");
}
```

8.9.6 delay（延迟）函数

函数声明：void delay (unsigned mills) ;

调用该函数，使当前程序从执行状态被挂起由参数 mills 所指定的时间。mills 的单位为 ms（毫秒）。该函数没有返回值。

【例 8-160】 如下的程序段发出 440Hz 音频，发生时间为 5000ms。

```
sound ( 440 ) ;
delay ( 5000 ) ;
nosound ( ) ;
```

8.9.7 enable、disable（开关中断）函数

函数声明：void enable (void) ;
void disable (void) ;

这两个宏给程序员提供了灵活的硬件中断控制。enable 开中断，即允许任何设备产生中断；disable 关中断，关中断后，只有来自外设的非屏蔽中断（non-maskable interrupt，NMI）才允许中断。这两个函数都没有返回值。

【例 8-161】 开关中断函数的用法。完整程序需要包含 stdio.h、dos.h 和 conio.h 等头文件。

```
#define INTR 0X1C                                /*  时钟中断  */
#ifdef __cplusplus
    #define __CPPARGS ...
#else
    #define __CPPARGS
#endif
void interrupt   (*oldhandler)(__CPPARGS);
int   count=0;
void interrupt handler(__CPPARGS)       /*  如果 C++，需要该省略符号  */
```

```
{
    disable( );                              /* 在中断处理期间，关中断 */
    count++ ;                                /* 全局计数器加 1 */
    enable( );                               /* 在处理程序结束时，开中断 */
    oldhandler( );                           /* 调用原来的中断处理程序 */
}
void main(void)
{
    oldhandler = getvect(INTR);              /* 保存原来的中断向量 */
    setvect(INTR, handler);                  /* 安装新的中断处理程序 */
    while (count < 20)                       /* 循环，直到计数器达到 20 */
        printf("count is %d\n",count);
    setvect(INTR, oldhandler);               /* 恢复原来的中断向量 */
}
```

8.9.8 _dos_close（关闭文件）函数

函数声明：_dos_close (int handle) ;

_dos_close 函数关闭与文件句柄 handle 联结的文件。参数 handle 的值是由对_dos_creat、_dos_creatnew 或_dos_open 函数的调用获得的。当成功时，该函数返回 0；当出错时（文件句柄无效），该函数返回 DOS 出错代码并把 errno 设置为 EBADF。

【例 8-162】 如下的程序段给出了_dos_close、_dos_creat 和_dos_write 函数的用法。完整的程序需要包含 stdio.h、dos.h、string.h 3 个头文件。

```
unsigned  count ;
int  handle ;
char buf[11] = "0123456789" ;
if (_dos_creat("DUMMY.FIL", FA_NORMAL, &handle) != 0)  /* 建立名为 DUMMY.FIL 文件 */
{
  perror("Unable to create DUMMY.FIL");
  return 1;
}
if (_dos_write(handle, buf, strlen(buf), &count) != 0)      /* 将 10 个字符写入文件 */
{
  perror("Unable to write to DUMMY.FIL");
  return 1;
}
_dos_close(handle);  /* 关闭与 handle 联结的文件，即关闭 DUMMY.FIL */
```

8.9.9 _dos_creat（建立文件）函数

函数声明：unsigned _dos_creat (char *path , int attrib , int *handlep) ;

_dos_creat 函数使用 DOS 功能 0x3C 去建立并打开由 path（指向带路径的文件名）给出的文件。参数 path 为要建立或覆盖的文件名；参数 handlep 指向被存储的新文件的文件句柄的位置；参数 attrib 给出新文件的存取权限（一个 DOS 属性字）。Attrib 可以是在 DOS.H 中定义的下列常量之一：

FA_NORMAL（或_A_NORMAL） 0x00 普通文件，没有属性

FA_RDONLY（或_A_RDONLY）　0x01　只读文件
FA_HIDDEN（或_A_HIDDEN）　0x02　隐藏文件
FA_SYSTEM（或_A_SYSTEM）　0x04　系统文件

在 DOS 中，写权限必然包含读权限。调用该函数时文件总是以二进制方式被打开，用于读和写两者。当成功建立文件时，该文件的指针被指到文件的开头。如果文件已经存在，其大小被复位到 0（这实质上与删除该文件并建立一个同名的新文件相同）。当成功时，该函数返回 0；当出错时，该函数返回 DOS 出错代码并把 errno 设置为 EMFILE、EACCES、或 ENOMEM（没有足够的内存）。例子可参看 8.9.8 节中的例 8-162。

8.9.10　_dos_creatnew（建立新文件）函数

函数声明：unsigned　_dos_creatnew (char　*path , int attrib , int　*handlep) ;

_dos_creatnew 函数使用 DOS 功能 0x5B 去建立并打开由 path（指向带路径的文件名）给出的新文件。如果该文件已经存在，该函数返回一个错误并保留原来的文件不变。参数 path 为要建立的文件名；参数 handlep 指向被存储的新文件的文件句柄的位置；参数 attrib 给出新文件的存取权限（一个 DOS 属性字）。Attrib 可以是在 DOS.H 中定义的下列常量之一：

FA_NORMAL（或_A_NORMAL）　0x00　普通文件，没有属性
FA_RDONLY（或_A_RDONLY）　0x01　只读文件
FA_HIDDEN（或_A_HIDDEN）　0x02　隐藏文件
FA_SYSTEM（或_A_SYSTEM）　0x04　系统文件

在 DOS 中，写权限必然包含读权限。调用该函数时文件总是以二进制方式被打开，用于读和写两者。当成功建立文件时，该文件的指针被指到文件的开头。当成功时，该函数返回 0；当出错时，该函数返回 DOS 出错代码并把 errno 设置为 EEXIST、EMFILE、EACCES、或 ENOMEM（没有足够的内存）。例子可参看 8.9.8 节中的例 8-162，只要将其中的_dos_creat 函数换成_dos_creatnew 函数即可。

8.9.11　dosexterr（获得 DOS 扩展出错信息）函数

函数声明：int　dosexterr (struct DOSERROR　*eblkp) ;

在一个 DOS 调用失败以后，dosexterr 函数把扩展的出错信息写入 eblkp 指向的 DOSERROR 结构体变量中，在该结构体中的值是通过 DOS 调用 0x59 而获得的。结构体 DOSERROR 类型在 DOS.H 中定义，具体如下：

```
struct DOSERROR
{
    int   exterror（或 de_exterror） ;         /* 扩展出错代码，extended error code */
    int   class（或 de_class） ;               /* 出错类，error class */
    char  action（或 de_action）;              /* 提供的操作，suggested action */
    char  locus（或 de_locus）;                /* 出错的位置，location of error */
}
```

该函数返回 de_exterror 的值。注意，如果 de_exterror = 0，说明之前的 DOS 调用并未引起一个错误。

【例 8-163】 dosexterr 函数的用法。完整的程序需要包含 stdio.h 、dos.h 等头文件。

```
FILE *fp;
struct DOSERROR info;
fp = fopen("perror.dat","r");
if (!fp) perror("Unable to open file for reading");
dosexterr(&info);
printf("Extended DOS error information:\n");
printf("    Extended error: %d\n",info.de_exterror);
printf("             Class: %x\n",info.de_class);
printf("            Action: %x\n",info.de_action);
printf("       Error Locus: %x\n",info.de_locus);
```

运行结果：

```
Unable to open file for reading: No such file or dirctory
Extended DOS error information:
    Extended error: 2
             Class: 8
            Action: 3
       Error Locus: 4
```

8.9.12　_dos_findfirst、_dos_findnext（检索文件）函数

函数声明：unsigned _dos_findfirst (char *pathname , int attrib , struct find_t *ffblk) ;
　　　　　unsigned _dos_findnext (struct find_t *ffblk) ;

_dos_findfirst 函数使用 DOS 系统调用 0x4E 去开始一个磁盘目录的检索。_dos_findnext 函数查找与_dos_findfirst 函数的 pathname 参数匹配的随后的文件。

参数 pathname 可以是要查找文件的带有盘符、路径和文件名的字符串，文件名部分可含有通配字符（？和*）。参数 ffblk 指向 find_t 结构体，如果_dos_findfirst 或_dos_findnext 函数找到一个匹配 pathname 的文件，就将该文件的目录信息写入该结构体中。find_t 结构体在 DOS.H 中定义，具体如下：

```
struct find_t
{
    char   reserved[21] ;      /* 微软保留，不能改变 */
    char   sttrib ;            /* 用于匹配文件的属性字节 *
    unsigned  wr_time ;        /* 最近写文件的时间 */
    unsigned  wr_date ;        /* 最近写文件的日期 */
    long  size ;               /* 文件大小 */
    char   name[13] ;          /* 被匹配的文件名，以'\0'结尾的字符串（asciiz） */
} ;
```

参数 attrib 给出 DOS 文件属性字节，用于检索时选择合适的文件。其取值可使用在 DOS.H 中定义的符号常量，具体如下：

FA_NORMAL（或_A_NORMAL）　　0x00　　普通文件，没有属性

FA_RDONLY（或_A_RDONLY）	0x01	只读文件
FA_HIDDEN（或_A_HIDDEN）	0x02	隐藏文件
FA_SYSTEM（或_A_SYSTEM）	0x04	系统文件
FA_LABEL（或_A_VOLID）	0x08	卷标
FA_DIREC（或_A_SUBDIR）	0x10	目录
FA_ARCH（或_A_ARCH）	0x20	存档

每次对_dos_findnext 函数的调用可得到一个文件名，除非在 pathname 指定的目录中找不到匹配的文件。当成功时（找到了匹配文件），这两个函数都返回 0；当出错时（未找到文件或文件名有错），这两个函数返回 DOS 出错代码并将 errno 设置为 ENOENT（路径或文件名未找到）。

【例 8-164】 如下的程序段使用_dos_findfirst 和_dos_findnext 函数列出 E 盘 TC3 目录下的所有文件名。完整的程序需要包含 stdio.h、dos.h 和 conio.h 3 个头文件。

```
struct find_t    ffblk;
int done;
clrscr( ) ;
printf("Directory listing of E:\\TC3\\*.*\n");
done = _dos_findfirst("E:\\TC3\\*.*",_A_NORMAL,&ffblk);
while (!done)
{
    printf("    %s\n", ffblk.name);
    done = _dos_findnext(&ffblk);
}
```

运行结果：

```
Directory listing of E:\TC3\*.*
FILELIST.DOC
README
README.COM
```

8.9.13 _dos_freemem、freemem（释放先前分配的 DOS 内存块）函数

函数声明：unsigned _dos_freemem (unsigned segx) ;
int freemem (unsigned segx) ;

_dos_freemem 函数释放由先前调用_dos_allocmem 函数所分配的一个内存块。freemem 释放由先前调用 allocmem 函数所分配的一个内存块。参数 segx 为所释放内存块的段地址。当成功时，两个函数都返回 0。当出错时，_dos_freemem 返回 DOS 出错代码并将 errno 设置成 ENOMEM（Bad memory pointer，坏的内存指针）；freemem 返回-1 并把 errno 设置为 ENOMEM（Insufficient memory，内存不足）。

【例 8-165】 _dos_freemem 函数的使用。完整的程序需要包含 stdio.h 、dos.h 等头文件。

```
unsigned int size, segp, err, maxb;
size = 64;    /* (64 x 16) = 1024 bytes */
```

```
err = _dos_allocmem(size, &segp);
if (err == 0)
printf("Allocated memory at segment: %x\n", segp);
else
{
      perror("Unable to allocate block");
      printf("Maximum no. of paragraphs available is %u\n", segp);
}
if (_dos_setblock(size * 2, segp, &maxb) == 0)
      printf("Expanded memory block at segment: %X\n", segp);
else
{
      perror("Unable to expand block");
      printf("Maximum no. of paragraphs available is %u\n", maxb);
}
_dos_freemem(segp);
```

运行结果：

```
Allocated memory at segment: 911b
Expanded memory block at segment: 911B
```

8.9.14 _dos_getdate、_dos_setdate（获得、设置 DOS 系统日期）函数

函数声明：void _dos_getdate (struct dosdate_t *datep) ;

unsigned _dos_setdate (struct dosdate_t *datep) ;

_dos_getdate 函数把系统当前日期写入 datep 所指向的 dosdate_t 结构体变量中。_dos_setdate 函数把系统日期设置成 datep 所指向的结构体变量中的日期。dosdate_t 结构体类型在 DOS.H 中定义，具体如下：

```
struct dosdate_t
{
    unsigned char    day ;       /* 1～31 */
    unsigned char    month ;   /* 1～12 */
    unsigned int    year ;       /* 1980～2099 */
    unsigned char    dayofweek ;    /* 0～6 ; 0 = Sunday */
} ;
```

_dos_getdate 函数没有返回值。当成功时，_dos_setdate 函数返回 0；否则返回一个非 0 值并将 errno 设置成 EINVAL（Invalid date，无效日期）。

【例 8-166】 如下的程序段使用_dos_getdate 和_dos_setdate 函数修改和恢复系统日期。完整的程序需要包含 stdio.h、dos.h 和 process.h 3 个头文件。

```
struct dosdate_t   q , r , s ;
char *w[7]={"Sun","Mon","Tue","Wen","Thu","Fri","Sat"};
_dos_getdate(&s);
printf("Original date:%d,%d,%d,%s\n",s.year,s.month,s.day,w[s.dayofweek] );
```

```
r.year = 2009; r.day = 21; r.month = 5; r.dayofweek = 4;
_dos_setdate(&r);
_dos_getdate(&q);
printf("Date after setting:%d,%d,%d,%s\n",q.year,q.month,q.day,w[q.dayofweek]);
_dos_setdate(&s);
printf("Back to original date:%d,%d,%d,%s\n",s.year,s.month,s.day,w[s.dayofweek]);
```

运行结果：

```
Original date:2009,5,22,Fri
Date after setting:2009,5,21,Thu
Back to original date:2009,5,22,Fri
```

8.9.15 _dos_getdrive、_dos_setdrive（获得、设置当前驱动器）函数

函数声明：void _dos_getdrive (unsigned *drivep) ;

void _dos_setdrive (unsigned drive , unsigned *ndrives) ;

_dos_getdrive 函数使用 DOS 功能 0x19 去获得当前驱动器号。_dos_setdrive 使用 DOS 功能 0x0E 把当前驱动器设置为 drive。参数 drive 指定新驱动器号用于设置为当前驱动器，1=A，2=B，3=C，依此类推；参数 ndrives 指向该函数存储驱动器号总数的一个无符号整型变量。这两个函数都没有返回值。

【例 8-167】 如下的程序段使用_dos_setdrive 和_dos_getdrive 函数设置并获得当前驱动器。完整的程序需要包含 stdio.h、dos.h 两个头文件。

```
unsigned maxdrives,curdrive;
_dos_setdrive(6,&maxdrives);        /* set drive to F: */
printf("The total number of drivers is: %u\n",maxdrives);
_dos_getdrive(&curdrive);
printf("The number of logical drives is: %d\n", curdrive);
printf("The logical drives is: %c\n",curdrive+'A'-1);
```

运行结果：

```
The total number of drivers is: 26
The number of logical drives is: 6
The logical drives is: F
```

8.9.16 _dos_getfileattr、_dos_setfileattr（获得、设置文件属性）函数

函数声明：int _dos_getfileattr (char *path , unsigned *attrp) ;

int _dos_setfileattr (char *path , unsigned attrib) ;

_dos_getfileattr 函数获得由*path 所指定文件的属性，_dos_setfileattr 函数用 attrib 的值设置由*path 所指定文件的属性。参数 path 指向一个文件名字符串；参数 attrp 指向一个存放所获得属性的无符号整型变量；参数 attrib 给出要设置的属性值，可以是在 DOS.H 中定义的符号常量 FA_RDONLY（或_A_RDONLY）、FA_HIDDEN（_A_HIDDEN）、FA_SYSTEM（_A_SYSTEN）、FA_LABEL（_A_VOLID）、FA_DIREC（_A_SUBDIR）、FA_ARCH（_A_ARCH）等值。当成功时，这两个函数都返回 0；当出错时，都返回 DOS 出错代码，

并且_dos_getfileattr 函数将 errno 设置为 ENOENT（Path or filename not found，路径或文件名未找到）或 EACCES（Permission denied，拒绝访问），而 _dos_setfileattr 函数将 errno 设置为 ENOENT。

【例 8-168】 如下的程序段使用_dos_setfileattr 和_dos_getfileattr 函数设置并获得指定文件的属性。完整的程序需要包含 stdio.h 、dos.h 两个头文件。

```
char filename[128];
unsigned attrib;
printf("Enter a file name:");   scanf("%s", filename);
if (_dos_getfileattr(filename,&attrib) != 0)
{
perror("Unable to obtain file attributes");
    return 1;
}
if (attrib & _A_RDONLY)
{
printf("%s currently read-only, making it read-write.\n", filename);
    attrib &= ~_A_RDONLY;
}
else
{
printf("%s currently read-write, making it read-only.\n", filename);
    attrib |= _A_RDONLY;
}
if (_dos_setfileattr(filename,attrib) != 0)
   perror ("Unable to set file attributes");
```

8.9.17 _dos_getftime、_dos_setftime（获得、设置文件日期和时间）函数

函数声明：unsigned _dos_getftime (int handle , unsigned *datep , unsigned *timep) ;
unsigned _dos_setftime (int handle , unsigned date , unsigned time) ;

_dos_getftime 函数取得与 handle 联结的文件的建立日期和时间，_dos_setftime 用 date 和 time 的值设置指定文件的建立日期和时间。参数 handle 为与文件联结的文件句柄；参数 datep 和 timep 分别指向被存储的文件的建立日期和时间；参数 date 和 time 为要设置的文件的新日期和时间值。当成功时，这两个函数都返回 0；当出错时，都返回 DOS 出错代码，并且将 errno 设置为 EBADF（Bad flie number，坏的文件号）。

【例 8-169】 如下的程序段使用_dos_getftime 和_dos_setftime 函数获得并设置指定文件的日期和时间。完整的程序需要包含 stdio.h 、dos.h 两个头文件。运行后可查看文件的建立日期。

```
FILE *fp;
unsigned date, time;
fp = fopen("TEST.$$$", "w") ;
_dos_getftime(fileno(fp), &date, &time);
printf("File year of TEST.$$$: %d\n",((date >> 9) & 0x7f) + 1980);
```

```
date = (date & 0x1ff) | (21 << 9);
_dos_setftime(fileno(fp), date, time);
printf("Set file year to 2001.\n");
fclose(fp);
```

运行结果：

```
File year of TEST.$$$: 2009
Set file year to 2001.
```

8.9.18 _dos_gettime、_dos_settime、gettime、settime（获得、设置系统时间）函数

函数声明：
```
void    _dos_gettime ( struct dostime_t   *timep ) ;
unsigned    _dos_settime (struct dostime_t   *timep ) ;
void   gettime( struct time   *timep ) ;
void   settime( struct time   *timep ) ;
```

_dos_gettime 函数把系统当前时间写入 timep 所指向的 struct doatime_t 类型的结构体变量中。_dos_settime 函数用 timep 所指向的 struct dostime_t 类型的结构体变量中的值设置系统时间。gettime 函数把系统当前时间写入 timep 所指向的 struct time 类型的结构体变量中，settime 函数用 timep 所指向的 struct time 类型的结构体变量中的值设置系统时间。_dos_gettime、gettime 和 settime 函数没有返回值。当成功时，_dos_settime 函数返回 0；当出错时，返回 DOS 出错代码，并且将 errno 设置为 EINVAL（Invalid time，无效时间）。

【例 8-170】 如下的程序段使用_dos_getftime 函数获得当前系统时间。完整的程序需要包含 stdio.h 、dos.h 两个头文件。

```
struct dostime_t t;
_dos_gettime(&t);
printf("@$The current time is: %2d:%02d:%02d.%02d\n",
t.hour, t.minute,t.second, t.hsecond);
```

8.9.19 _dos_getvect、_dos_setvect、getvect、setvect（获得、设置中断向量）函数

函数声明：
```
void interrupt   (*_dos_getvect ( unsigned   intno)) ( ) ;
void   _dos_setvect (unsigned   intno , void interrupt   ( *isr ) ( ) ) ;
void   interrupt   (*getvect( int   intno))( ) ;
void   setvect ( int   intno , void interrupt   ( *isr ) ( ) ) ;
```

_dos_getvect 和 getvect 函数读取由 intno 给出的中断向量的值，并把该值作为一个指向一个中断函数的远（far）指针返回。_dos_setvect 和 setvect 函数把由 intno 指定的中断向量的值设置成一个新值 isr，它是一个容纳新的中断函数入口地址的远（far）指针。8086 系列的每一个处理器都有一个中断向量的集合，编号从 0 到 255。每个向量中的 4 字节值实际上是一个地址，该地址是某个中断函数的存放位置（即入口地址）。参数 intno 是中断向量编号（值为 0 到 255 之一），在该编号的中断向量中存储的值是某一个中断函数的入口地址；参数 isr 是一个容纳新的中断函数入口地址的远（far）指针，只有被声明为中断函数的入口地址才能传递给 isr。_dos_getvect、getvect 函数返回存储在 intno 号中断向量中的 4 字节地址值。

_dos_setvect 和 setvect 函数没有返回值。例子可参看 8.9.7 节中的例 8-161。

8.9.20 _dos_open（打开文件）函数

函数声明：unsigned _dos_open (char *filename , unsigned oflags , int *handlep) ;

_dos_open 函数打开由文件名 filename 所指定的文件以便进行读和/或写。该函数总是以二进制方式打开文件。参数 oflags 给出打开及共享方式，可以使用在 FCNTL.H 中定义的打开方式符号常量和在 SHARE.H 中定义的文件共享符号常量，请参看 8.5.16 节中有关叙述；参数 handlep 指向一个整型变量，用于存放被打开文件的文件句柄。当成功地打开文件后，该函数将用于标记文件中当前位置的文件指针设置为文件的开头。同时打开文件的最大数目由 HANDLE_MAX 决定，它在 IO.H 中定义。当成功时，该函数返回 0，并将文件句柄存储到 handlep 所指向的整型变量中；当出错时，返回 DOS 出错代码，并把 errno 设置为 ENOENT(Path or file not found，路径或文件未找到)、EMFILE（Too many open files，打开文件太多）、EACCES（Permission denied，拒绝访问）或 EINVACC（Invalid access code，无效的访问代码）之一。

【例 8-171】 如下的程序段使用_dos_open 、_dos_write 和_dos_close 函数对文件进行操作。完整的程序需要包含 stdio.h 、dos.h、string.h 和 fcntl.h4 个头文件。

```
int handle;
unsigned nbytes;
char msg[] = "Hello world\n";
if (_dos_open("TEST.$$$", O_RDWR, &handle) != 0)
{
perror("Unable to open TEST.$$$");
    return 1;
}
if (_dos_write(handle, msg, strlen(msg),&nbytes) != 0)
    perror("Unable to write to TEST.$$$");
printf("%u bytes written to TEST.$$$\n",nbytes);
_dos_close(handle);
```

运行结果：

```
12 bytes written to TEST.$$$
```

8.9.21 _dos_read（读文件）函数

函数声明：unsigned _dos_read (int handle,void far *buf,unsigned len,unsigned *nread) ;

_dos_read 函数使用 DOS 功能 0x3F(读系统调用)从一个文件读一些字节放到缓冲区中。参数 handle 是从_dos_creat、_dos_open 或_dos_creatnew 调用获得的文件句柄；参数 nread 指向存放该函数所读的实际字节数的无符号整型变量；参数 buf 指向一个缓冲区，用于存放该函数所读的那些字节；参数 len 为该函数要读的字节数。当_dos_read 函数遇到一个错误或读到文件尾时，nread 可能小于 len。该函数能读的最大字节数为 65535。该函数不删除回车(carriage returns)，因为所有它操作的文件都是二进制文件。用于读磁盘文件时，该函数从当

前文件指针处开始读，读完后，该函数使文件指针增加所读字节数；用于读设备时，则直接从设备读取字节。当成功时，该函数返回 0；当出错时，返回 DOS 出错代码，并把 errno 设置为 EACCES（Permission denied，拒绝访问）或 EBADF（Bad file number，坏的文件号）。

【例 8-172】 如下的程序段使用_dos_read 函数对文件进行读操作。要运行该示例，应在当前目录建立名为 TEST.$$$的文件。完整的程序需要包含 stdio.h 、dos.h 和 fcntl.h3 个头文件。

```
int handle;
unsigned bytes;
char buf[10];
if (_dos_open("TEST.$$$", O_RDONLY, &handle) != 0)
{
  perror("Unable to open TEST.$$$");
  return 1;
}
if (_dos_read(handle, buf, 10, &bytes) != 0)
{
  perror("Unable to read from TEST.$$$");
  return 1;
}
else
  printf("_dos_read: %d bytes read.\n", bytes);
```

运行结果：

```
_dos_read: 10 bytes read.
```

8.9.22 _dos_setblock、setblock（修改已分配块的大小）函数

函数声明：unsigned _dos_setblock (unsigned newsize , unsigned segx , unsigned *maxp) ;

int setblock (unsigned segx , unsigned newsize) ;

_dos_setblock 和 setblock 函数可修改内存段的大小。参数 segx 为前一个对 allocmem 调用返回的段地址；参数 newsize 给出新的要求的段中的大小；参数 maxp 指向一个无符号整型变量，该变量存放最大可能段的大小（如果该段不能改变为新的大小）。当成功时，_dos_setblock 函数返回 0，setblock 返回-1；当出错时，_dos_setblock 返回 DOS 出错代码，并把 errno 设置为 ENOMEM（没有足够的内存或坏的段地址），setblock 返回（在段中的）最大可能块的大小，并设置_doserrno。

【例 8-173】 如下的程序段使用 setblock 函数将块的大小增大一倍。完整的程序需要包含 stdio.h 、dos.h、alloc.h 和 stdlib.h 4 个头文件。

```
unsigned int size, segp;
int stat;
size = 64; /* (64 x 16) = 1024 bytes */
stat = allocmem(size, &segp);
```

```
if (stat == -1)
printf("Allocated memory at segment: %X\n", segp);
else
{
    printf("Failed: maximum number of paragraphs available is %d\n",stat);
    exit(1);
}
stat = setblock(segp, size * 2);
if (stat == -1)
   printf("Expanded memory block at segment: %X\n", segp);
else
   printf("Failed: maximum number of paragraphs available is %d\n",stat);
freemem(segp);
```

运行结果：

```
Allocated memory at segment: 915B
Expanded memory block at segment: 915B
```

8.9.23 dostounix（将 DOS 日期和时间转换成 UNIX 时间）函数

函数声明：long dostounix (struct date *d , struct time *t) ;

dostounix 函数把 getdate 和 gettime 函数返回的系统时间转换为 UNIX 系统时间格式。参数 d 为指向 struct date 结构体类型的系统日期变量；参数 t 为指向 struct time 结构体类型的系统时间变量。该函数返回 UNIX 系统时间（从格林尼治时间（GMT）1970 年 1 月 00:00:00 以来的秒数）。结构体类型 struct date 和 struct time 都在 DOS.H 中定义，分别如下：

```
struct date
{
    int   da_year ;                    /* 当前年 */
    char  da_day ;                     /* 本月的日 */
    char  da_mon ;                     /* 月（1 = Jan）*/
} ;
struct time
{
    unsigned char  ti_min ;           /* 分，minutes */
    unsigned char  ti_hour ;          /* 小时，hours */
    unsigned char  ti_hund ;          /* 百分之一秒，hundredths of seconds */
    unsigned char  ti_sec ;           /* 秒，seconds */

} ;
```

【例 8-174】 如下的程序段使用 dostounix 函数转换系统时间。完整的程序需要包含 stdio.h 、dos.h、stddef.h 和 time.h 4 个头文件。

```
time_t t;
struct time d_time;
struct date d_date;
```

```
struct tm *local;
getdate(&d_date);    gettime(&d_time);
t = dostounix(&d_date, &d_time);
local = localtime(&t);
printf("Time and Date: %s\n", asctime(local));
```

运行结果：

```
Time and Date: Tue May 26 10:51:23 2009
```

8.9.24 _dos_write（写文件）函数

函数声明：unsigned _dos_write (int handle , void far *buf , unsigned len , unsigned *n) ;

_dos_write 函数使用 DOS 功能 0x40 把 buf 所指向的缓冲区中的 len 个字节写到与 handle 联结的文件中。参数 handle 为从一个_dos_creat、_dos_open 或_dos_creatnew 的调用获得的文件句柄；参数 n 指向存放该函数实际被写的字节数的无符号整型变量；参数 buf 指向要写的内容的缓冲区；参数 len 给出要写的字节数。如果实际写的字节数少于要求的，这可能是一个错误（如磁盘满）。可写的最大字节数是 65535。由于是二进制文件，该函数不把 LF（linefeed，换行）字符转换成一对 CR/LF（carriage return/linefeed，回车/换行）字符。对于磁盘文件，该函数总是从当前文件位置指针开始写；而对于设备，则直接把字节发送到设备。当成功时，该函数返回 0；当出错时，返回 DOS 出错代码并把 errno 设置为 EACCES（拒绝访问）或 EBADF（坏的文件号）之一。

【例 8-175】 如下的程序段使用_dos_write 函数向 DUMMY.FIL 文件写 10 字节。完整的程序需要包含 stdio.h 、dos.h 和 string.h 3 个头文件。

```
unsigned count;
int handle;
char buf[11] = "0123456789";
if (_dos_creat("DUMMY.FIL", _A_NORMAL, &handle) != 0)          /*  建立文件  */
{
    perror("Unable to create DUMMY.FIL");
    return 1;
}
if (_dos_write(handle, buf, strlen(buf), &count) != 0)          /*  向文件写 10 字节  */
{
    perror("Unable to write to DUMMY.FIL");
    return 1;
}
_dos_close(handle);                                             /*  关闭文件  */
```

8.9.25 FP_OFF、FP_SEG 和 MK_FP（地址和指针）函数

函数声明：unsigned FP_OFF (void far *p) ;
unsigned FP_SEG (void far *p) ;
void far *MK_FP(unsigned seg , unsigned ofs) ;

这 3 个函数实际上都是宏。

FP_OFF 函数返回远指针*p 的偏移量（offset）。FP_SEG 函数可以获得远指针*p 的段值（segment value）。MK_FP 函数返回一个以 seg 指定段、以 ofs 指定偏移量的远指针。

【例 8-176】 如下的程序段显示指针变量 str 中的地址和 str 本身的地址的段地址和偏移量。完整的程序需要包含 stdio.h 和 dos.h 两个头文件。

```
char *str = "Hello\n";
printf("The address pointed to by str is %04X:%04X\n",FP_SEG(str), FP_OFF(str));
printf("The address of str is %04X:%04X\n", FP_SEG(&str), FP_OFF(&str));
```

运行结果：

```
The address pointed to by str is 8FA9:0000
The address of str is 8FEE:0FFC
```

8.9.26 geninterrupt（产生软中断）函数

函数声明：void geninterrupt (int intrnum) ;

geninterrupt 实际是一个宏，它引发一个软件中断，该中断号由 intrnum 指定。调用该函数后所有寄存器的状态取决于所调用的中断。中断可能遗忘由 C 使用的寄存器，从而使其处于不可预测的状态。该函数没有返回值。

【例 8-177】 如下的程序段调用 0x10 号中断的子功能 9 输出一个“*”字符。完整的程序需要包含<stdio.h>和<dos.h> 2 个头文件。

```
void writechar(char ch);              /* 函数原型 */
void main(void)
{
    clrscr ( ) ;
    gotoxy ( 80 , 25 ) ;
    writechar('*');
    getch( );
}
void writechar(char ch)
{
    struct text_info ti;
    gettextinfo(&ti);                 /* 获取当前文本设置 */
    _AH = 9;                          /* 0x10 号中断的子功能 9 存放到 AH 寄存器中 */
    _AL = ch;                         /* 要输出的字符存放到 AL 寄存器中 */
    _BH = 0;                          /* 设置显示页为 0 页 */
    _BL = ti.attribute;               /* 显示属性 */
    _CX = 1;                          /* 重复系数 */
    geninterrupt(0x10);               /* 输出该字符 */
}
```

8.9.27 getcbrk、setcbrk（获得、设置 Ctrl+Break 检查）函数

函数声明：int getcbrk (void) ;

```
int  setcbrk ( int  cbrk ) ;
```

这两个函数都使用 DOS 0x33 号系统调用。getcbrk 函数返回控制打断检查的当前设置（0 ——on 或 1 ——off）。setcbrk 函数则将控制打断检查设置为 on（打开）或 off（关闭）。如果参数 cbrk ＝ 0，则设置为关闭，此时仅在控制台、打印机或通信设备的 I/O 操作期间检查是否键入了〈Ctrl+break〉组合功能键；如果参数 cbrk =1，则将控制打断检查设置为打开，于是在每一个调用时都检查是否键入了〈Ctrl+break〉组合功能键。setcbrk 函数返回 cbrk 的值。

【例 8-178】 如下的程序段设置控制打断检查并获取其设置的状态。完整的程序需要包含 stdio.h、conio.h 和 dos.h 3 个头文件。

```
int  break_flag;
printf ( "Enter 0 to turn control break off\n" ) ;
printf ( "Enter 1 to turn control break on\n" ) ;
break_flag = getch() - '0' ;
setcbrk ( break_flag ) ;
if (getcbrk ( ) )
   printf ( "Cntrl-brk flag is on\n" ) ;
else
   printf ( "Cntrl-brk flag is off\n" ) ;
```

8.9.28 getdate、setdate（获得、设置 DOS 系统日期）函数

函数声明：void getdate (struct date *datep) ;
　　　　　void setdate (struct date *datep) ;

getdate 函数把当前系统日期写入 datep 所指向的 struct date 类型的结构体变量中。setdate 函数按照 datep 所指向的 struct date 类型的结构体变量中的值来设置 DOS 系统日期。这两个函数都没有返回值。

【例 8-179】 如下的程序段获取并设置系统日期。完整的程序需要包含 stdio.h 和 dos.h 两个头文件。

```
struct date newd , n1 , old ;
getdate(&old);
printf("Original date:");
printf("%4d,%02d,%02d\n",old.da_year,old.da_mon,old.da_day);
newd.da_year = 2001 ; newd.da_day = 1; newd.da_mon = 1;
setdate(&newd);
getdate(&n1) ;
printf("Date after setting:");
printf("%4d,%02d,%02d\n",n1.da_year,n1.da_mon,n1.da_day);
setdate(&old);
```

8.9.29 getdta、setdta（获得、设置磁盘传送地址）函数

函数声明：char far *getdta (void) ;
　　　　　void setdta (char far *dta) ;

getdta 函数返回指向当前设置的磁盘传送地址（disk transfer address，DTA）的远指针。setdta 函数把 DTA 的当前设置改变为由 dta 指定的值。在小（small）和中等（medium）内存模式中，getdta 假设段是当前数据段。在压缩（compact）、大型（large）或巨型（huge）内存模式中，getdta 返回的地址是正确的硬件地址，并且可以被定位到程序之外。

【例 8-180】 如下的程序段使用 getdta 和 setdta 等函数设置 DTA，实现将 buffer 数组 256 字节写到磁盘文件中。完整的程序需要包含 process.h、stdio.h、string.h 和 dos.h 4 个头文件。

```
char line[80], far *save_dta, buffer[256] = "SETDTA test!" ;
struct fcb blk ;
int result;
printf("Enter a file name to create:");
gets(line);                                   /* 键入新文件名存放于 line 字符数组中 */
parsfnm(line, &blk, 1);                       /* 分析新文件名到 DTA */
printf("%d %s\n", blk.fcb_drive, blk.fcb_name);       /* 输出驱动器号和文件名 */
if (bdosptr(0x16, &blk, 0) == -1)                    /* 请求 DOS 服务区建立文件 */
{
perror("Error creating file");
exit(1);
}
save_dta = getdta();                          /* 保存原来的 DTA */
setdta(buffer);                               /* 将 buffer 设置为新的 DTA */
blk.fcb_recsize = 256;
blk.fcb_random = 0L;
result = randbwr(&blk, 1) ;                   /* 写 1 个新记录，即将 buffer 中的 256 字节写到文件中 */
printf("result = %d\n", result);
if (!result)    printf("Write OK\n");
else
{
perror("Disk error");
exit(1);
}
if (bdosptr(0x10, &blk, 0) == -1)             /* 请求 DOS 服务关闭文件 */
{
perror("Error closing file");
exit(1);
}
setdta ( save_dta ) ;                         /* 恢复原来的 DTA */
```

8.9.30 getpsp（获得程序段前缀段地址）函数

函数声明：unsigned getpsp (void) ;

getpsp 函数使用 DOS 调用 0x62 去获得 PSP（program segment prefix，程序段前缀）的段地址。该函数只能在 DOS3.x 或更高的版本下使用。PSP 由开始代码装在全局变量_psp 中，它可在 DOS2.x 以上的版本下使用。

【例 8-181】 如下的程序段使用 getpsp 函数获得 PSP 段地址，找到命令行参数，执行

DOS 命令。完整的程序需要包含 stdio.h 和 dos.h 两个头文件。

```
static char command[128];
char far *cp;
int len, i;
printf("The program segment prefix is: %u\n", getpsp( ));
/* _psp 被预设为 PSP 段，命令行被分配到从 PSP 开头偏移量为 0x81 处 */
cp = (char *) MK_FP(_psp, 0x80);              /* 以_psp 为段地址，偏移量 0x80 产生远指针 */
len = *cp;   /* 0x80 处 1 字节存放命令行的长度，其后为命令行字符串 */
for (i = 0; i < len; i++)
   command[i] = cp[i+1];                      /* 将命令行放入 command 数组中 */
printf("Command line: %s\n", command);        /* 输出命令行 */
system(command);                              /* 执行命令行中的 DOS 命令 */
```

完整的程序经编译连接后生成 li8-181.exe 可执行文件，然后在 DOS 命令提示符下运行，结果如下：

```
E:\TC3\BIN>li8-181 type a0001.c↙
The program segment prefix is: 3528
Command line: type a0001.c
SETDTA test!
E:\TC3\BIN>_
```

8.9.31 getverify、setverify（获得、设置校验状态）函数

函数声明：int getverify (void) ;

void setverify (int value) ;

getverify 函数获得当前校验标志的状态。setverify 函数把当前校验标志的状态设置为 value。该校验标志控制向磁盘输出。当它被设置为 off（关闭）时，写操作不进行校验；当它被设置为 on（开启）时，所有写操作与输出缓冲区之间有校验过程，以确保写操作的正确性。校验标志关闭时，getverify 返回 0，否则返回 1。setverify 没有返回值。

【例 8-182】 如下的程序段设置并获得校验标志。完整的程序需要包含 stdio.h、conio.h 和 dos.h3 个头文件。

```
int verify_flag;
printf("Enter 0 to set verify flag off\n");
printf("Enter 1 to set verify flag on\n");
verify_flag = getch() - '0';
setverify(verify_flag);
if (getverify( ))
   printf("DOS verify flag is on\n");
else
   printf("DOS verify flag is off\n");
```

8.9.32 harderr、hardresume、hardretn（出错处理函数）函数

函数声明：void harderr (int (*handler) (int errval , int ax , int bp , int si)) ;

```
void    hardresume ( int axret ) ;
void    hardretn ( int retn ) ;
```

harderr 函数允许用户用自己定义的硬件出错处理程序代替 DOS 默认的硬件出错处理程序，该函数被调用时将使用那个新的出错处理程序的函数的地址。每次 0x24 号中断发生时将调用那个函数。假定由 harderr 定制的该出错处理函数的名字是 err_handler，它必须具有如下的原型：

```
int   err_handler ( int errval , int ax , int   bp , int   si ) ;
```

其中 errval 是由 DOS 在 DI 寄存器中设置的出错代码。ax 是由 DOS 设置的 AX 寄存器的值，指示是否发生一个磁盘错误或其他设备错误。如果是磁盘错误：ax 是非负值，ax 和 0x00FF 相与（AND）就是故障驱动器号（0 = A，1 = B，等等）。如果是设备出错：ax 是负值。bp 和 si 存放由 DOS 设置的 BP 和 SI 寄存器的值，bp 为段地址，si 为偏移量，两者一起指向出错驱动器的设备驱动程序的头部。在定义用户自己的出错处理函数时，只能使用 DOS 调用的 1 号到 0xC 号，并且在规则中不可以使用 C 标准的或 UNIX 仿真的 I/O 函数，否则会冲掉程序。该出错处理程序可以调用 hardresume 退出并返回到 DOS，或者调用 hardretn 直接地返回到应用程序。该处理程序函数必须返回 0、1 或者 2，0 代表 ignore（忽略），1 代表 retry（重试），2 代表 abort（中止）。

harderr 函数的参数 handler 指向一个硬件出错处理程序函数，该函数不被直接调用，harderr 函数建立一个中断处理程序，每次 0x24 号中断发生时就调用该中断处理程序。

hardresume 函数的参数 axret 为返回代码，可取下列值之一：

_HARDERR_IGNORE	0	忽略错误
_HARDERR_RETRY	1	重试操作
_HARDERR_ABORT	2	中止程序：调用 DOS 0x23 号中断（〈Ctrl-break〉中断）
_HARDERR_FAIL	3	操作失败。仅在 DOS 3.0 或更晚的版本使用该值

函数 hardretn 中的参数 retn 是被返回到用户程序的值（代替来自建立评论错误的 DOS 函数的正常返回值）。

以上 3 个函数都没有返回值。由于例子过于复杂，这里不再给出，可直接查看 TC++ 3.0 中有关该函数的帮助信息。

8.9.33 inport、inportb、outport、outportb（读写硬件口）函数

函数声明：
```
int   inport( int   portid ) ;
unsigned char   inportb ( int   portid ) ;
void   outport ( int   portid , int value ) ;
void   outportb ( int   portid , unsigned char   value ) ;
```

inport 函数正如 80x86 的 IN 指令，它从 portid 读低字节，从 portid+2 读高字节。inportb 函数实际上是一个宏，它从 portid 指定的端口读一个字节。outport 函数正如 80x86 的 OUT 指令一样，它把 value 中的低字节写到 portid，把其中的高字节写到 portid+1 中。outportb 函数实际上也是一个宏，它向 portid 端口写 value。参数 portid 用于指定要读写的输入、输出端口；参数 value 为要写到 portid 指定的输出端口的字或字节。如果用户已经包含了 DOS.H 头

文件去调用 inportb 或 outportb，它们被当成宏来对待，并展开成内嵌代码。如果用户没有包含 DOS.H 头文件，或者虽然包含了 DOS.H 头文件，但用#undef 删除了这些宏，用户将得到同名的函数。inport 和 inportb 返回所读的值。Outport 和 outportb 没有返回值。

【例 8-183】 如下的程序段写/读串口 1。完整的程序需要包含 stdio.h 和 dos.h 两个头文件。

```
int   result , port = 0 , value = ( ( int ) 'A' << 8 ) + 'C' ;
printf ( "%x\n" , value ) ;
outport ( port , value ) ;
printf ( "Value %d sent to port number %d\n" , value , port ) ;
result = import ( port ) ;
printf ( "Word read from port %d = 0x%X\n" , port , result ) ;
```

运行结果：

```
4143
Value 16707 sent to port number 0
Word read from port 0 = 0x4143
```

8.9.34 int86、int86x（普通 8086 软件中断接口）函数

函数声明：int int86 (int intno , union REGS *inregs , union REGS *outregs) ;

int int86x (int intno , union REGS *inregs , union REGS *outregs , struct SREGS *segregs) ;

int86 和 int86x 函数都执行一个由参数 intno 指定的 8086 软件中断。在执行软件中断之前，这两个函数首先把共用体 inregs 中的内容复制到处理器的寄存器中；int86x 还把 segregs->ds 值复制到 DS 寄存器中，并把 segregs->es 值复制到 ES 寄存器中，该特性允许程序使用远指针或一个大数据存储模式去指定哪一个段被用于该软件中断。软件中断返回后，这两个函数进行以下操作：①把当前寄存器值复制到 outregs；②把进位标志状态复制到 outregs 中的 x.cflag 域；③把 8086 标志寄存器的值复制到 outregs 中的 x.flags 域中。int86x 函数还返回 DS 并把 segregs->es 和 segregs->ds 设置成相应段寄存器的值。如果进位标志被置位，它通常表明已发生了一个错误。注意：inregs 可能与 outregs 指向相同的结构体变量。这两个函数在完成软件中断后都返回 AX 的值。如果进位标志被置位，即 outregs->x.cflag != 0，这两个函数都将_doserrno 设置成出错代码。

union REGS 共用体类型在 DOS.H 中定义，它被用于向 int86、int86x、intdos、intdosx 函数传递信息或从这些函数传回信息。该共用体类型定义如下：

```
union   REGS
{
    struct   WORDREGS   x ;
    struct   BYTEREGS     h ;
} ;
```

其中，struct WORDREGS 和 struct BYTEREGS 结构体类型定义如下：

```
struct  WORDREGS
{  unsigned int  ax , bx , cx , dx , si , di , cflag , flags ;  } ;
struct  BYTEREGS
{  unsigned int  al , ah , bl , bh , cl , ch , dl , dh ;  } ;
```

struct SREGS 段寄存器的结构体类型在 DOS.H 中定义，它被传送到 int86、intdosx、segread 函数并由它们来填充。该结构体类型定义如下：

```
struct  SREGS
{
    unsigned int   es ;
    unsigned int   cs ;
    unsigned int   ss ;
    unsigned int   ds ;

} ;
```

【例 8-184】 如下的程序段执行一个 INT10H 的 2 号功能，它把光标的位置设置到第 35 列第 10 行的位置，然后输出一个字符串。完整的程序需要包含 stdio.h、conio.h 和 dos.h 等头文件。

```
void movetoxy ( int   x , int   y )
{
   union REGS   regs ;
   regs.h.ah = 2 ;                /*  设置光标位置  */
   regs.h.dh = y ;
   regs.h.dl = x ;
   regs.h.bh = 0 ;                /*  视频页 0 */
   int86 ( 0x10 , &regs , &regs ) ;
}
void   main ( void )
{
   clrscr ( ) ;
   movetoxy ( 35 , 10 ) ;
   printf ( "Hello\n" ) ;
}
```

8.9.35 intdos、intdosx（常规 DOS 中断接口）函数

函数声明：int intdos (union REGS *inregs , union REGS *outregs) ;

int intdosx (union REGS *inregs , union REGS *outregs ,

struct SREGS *segregs) ;

intdos 和 intdosx 函数都执行 DOS 0x21 号中断去调用一个指定的 DOS 功能。

inregs->h.ah 的值指定该被调用的 DOS 功能。在调用 DOS 功能之前，intdosx 函数还把 segregs->ds 和 segregs->es 复制到相应的 DS 和 ES 寄存器中，该特性让使用远指针大数据存储模式的程序指定哪一个段被用于该函数的执行。使用 intdosx 函数，用户可以调用一个占据不同于默认数据段的 DS 的段值并且/或者取得 ES 中的一个参数。中断返回后，这两个函

数进行如下操作：①把当前寄存器值复制到 outregs；②将进位标志状态复制到 outregs 中的 x.cflag 域中；③把 8086 标志寄存器的值复制到 x.flags 域中。intdosx 还把 segregs->es 和 segregs->ds 域设置成相应段寄存器的值，然后恢复 DS。注意：inregs 和 outregs 可能指向同一个结构。当完成 DOS 功能调用后，这两个函数都返回 AX 的值。如果进位标志被置位，表明出现一个错误（outregs->x.cflag != 0），这两个函数把_doserrno 设置成出错代码。有关共用体和结构体的定义，可参看 int86 和 int86x 函数的叙述。

【例 8-185】 如下的程序段执行一个 DOS 0x21 号中断的 0x42 功能去删除指定文件名的文件。完整的程序需要包含 stdio.h 和 dos.h 两个头文件。

```
int delete_file(char near *filename)        /* 删除文件，成功返回 0，失败返回非 0 */
{
    union REGS regs;
    int ret;
    regs.h.ah = 0x41;
    regs.x.dx = (unsigned) filename;
    ret = intdos(&regs, &regs);             /* 删除文件 */
    return(regs.x.cflag ? ret : 0);         /* 如果进位标志被置位，则出错 */
}
void main(void)
{
    int err;
    err = delete_file("NOTEXIST.$$$");
    if (!err)
        printf("Able to delete NOTEXIST.$$$\n");
    else
        printf("Not Able to delete NOTEXIST.$$$\n");
}
```

8.9.36 intr（替代 8086 软件中断接口）函数

函数声明：void intr (int *intno , struct REGPACK *preg) ;

intr 函数执行由 intno 指定的软件中断，它只是 int86 函数的一个替代函数。在执行软件中断之前，intr 把 preg 指向的 REGPACK 结构中的寄存器值复制到 CPU 寄存器中。该软件中断完成后，intr 把当前寄存器的值、包括标志都复制到同样的 REGPACK 结构中。结构 REGPACK（寄存器包）的定义如下：

```
struct REGPACK
{
    unsigned   r_ax, r_bx, r_cx, r_dx;
    unsigned   r_bp, r_si, r_di, r_ds, r_es, r_flags ;
};
```

当中断请求被忽略时不使用任何寄存器。该函数没有返回值。

【例 8-186】 如下的程序段执行一个 DOS0x21 号中断的 0x3B 功能去改变当前目录。完整的程序需要包含 stdio.h、string.h、dir.h 和 dos.h 4 个头文件。

```
#define CF 1                    /* 进位标志 */
void main(void)
{
    char directory[80];
    struct REGPACK reg;
    getcwd(directory, 80);              /* 获取当前目录 */
    printf("The current directory is: %s\n", directory);
    printf("Enter new directory: ");
    gets(directory);
    reg.r_ax = 0x3B << 8;               /* 将 0x3B 左移 8 位，移入 AH 寄存器 */
    reg.r_dx = FP_OFF(directory); /* 串首址的偏移量送 reg.r_dx */
    reg.r_ds = FP_SEG(directory); /* 串首址的段地址送 reg.r_ds */
    intr(0x21, &reg);                   /* 调用 0x21 中断的 0x3B 功能改变当前目录 */
    if (reg.r_flags & CF)
      printf("Directory change failed\n");   /* 判是否出错 */
    getcwd(directory, 80);              /* 获取改变后的当前目录 */
    printf("The new current directory is: %s\n", directory);   }
```

运行结果：

```
The current directory is: E:\TC3
Enter new directory: E:\TC3\BIN
The new current directory is: E:\TC3\BIN
```

8.9.37 sound、nosound（打开/关闭扬声器）函数

函数声明：void　sound (unsigned　freq) ;

　　　　　void　nosound (void) ;

sound 函数以 freq 给定的频率打开 PC 的扬声器。参数 freq 指定声音的频率，以赫兹（Hz）为单位，即周期/秒（cycles per second）。nosound 函数关闭 PC 的扬声器。这两个函数都没有返回值。

【例 8-187】 如下的程序发出 700Hz 音调 10 秒钟。

```
#include <dos.h>
void   main ( void )
{
    sound ( 700 ) ;        /* 发出 700Hz 音调 10 秒钟 */
    delay ( 10000 ) ;      /* 延迟 10000ms = 10s */
    nosound ( ) ;
}
```

8.9.38 parsfnm（文件名转换成文件控制块）函数

函数声明：char　*parsfnm (char　*cmdline , struct fcb　*fcb , int opt) ;

parsfnm 函数使用 DOS 0x29 功能调用分析一个字符串中的文件名并据其建立一个文件控制块（file control block，FCB）。参数 cmdline 指向要被分析的字符串（通常是一个命令行）；参数 fcb 指向一个文件控制块（FCB），用于存放分析的结果；参数 opt 用来在 DOS 分

析系统调用之前设置 AL 的值。关于系统调用 0x29 的详细情况请参考 DOS 参考手册。MS-DOS 文件控制块 fcb 结构定义如下：

```
struct    fcb
{
    char    fcb_drive ;          /* 0 = 默认，1 = A，2 = B */
    char    fcb_name[8] ;        /* 文件名 */
    char    fcb_ext[3] ;         /* 文件扩展名 */
    short   fcb_curblk ;         /* 当前块号 */
    short   fcb_recsize ;        /* 以字节为单位的逻辑记录的大小 */
    long    fcb_filsize ;        /* 以字节为单位的文件大小 */
    short   fcb_date ;           /* 文件最近写的日期 */
    char    fcb_resv[10] ;       /* DOS 保留 */
    char    fcb_currec ;         /* 在块中的当前记录 */
    long    fcb_random ;         /* 随机记录号 */
};
```

当 parsfnm 函数调用成功时，返回一个指向文件名结束后的下一个字节的指针；当出错时返回空指针 NULL。

【例 8-188】 如下的程序段将一个文件名转换成文件控制块。完整的程序需要包含 process.h、string.h、stdio.h 和 dos.h 等头文件。

```
char line[80];
struct fcb blk;
printf("Enter drive and file name (no path; e.g., e:file.dat)\n");
gets(line);   /* 键入文件名 */
/* 把文件名放入 fcb 结构中 */
if (parsfnm(line, &blk, 1) == NULL)
    printf("Error in parsfm call\n");
else
    printf("Drive #%d    Name: %11s\n", blk.fcb_drive, blk.fcb_name);
```

运行结果：

```
Enter drive and file name (no path; e.g., e:file.dat)
e:aaaa.bmp↙
Drive #5    Name: AAAA       BMP
```

8.9.39 peek、peekb（从内存单元读一个字或字节）函数

函数声明：int peek (unsigned segment , unsigned offset) ;

char peekb (unsigned segment , unsigned offset) ;

peek 函数返回由 segment:offset 指定的内存位置的一个字。peekb 函数返回由 segment:offset 指定的内存位置的一个字节。如果用户已经包含了 dos.h 头文件去调用 peek 或 peekb，它们将被当做宏看待并展开成内嵌代码。如果用户没有包含 dos.h，或者虽然包含了它，但用#undef peek（或 peekb）删除了宏定义，则将得到函数而不是宏。

【例 8-189】 如下的程序段检测几个键的状态。完整的程序需要包含 conio.h、stdio.h 和 dos.h 3 个头文件。

```
int value = 0;
printf("The current status of your keyboard is:\n");
value = peek(0x0040, 0x0017);
if (value & 1)  printf("Right shift on\n");     else  printf("Right shift off\n");
if (value & 2)  printf("Left shift on\n");      else  printf("Left shift off\n");
if (value & 4)  printf("Control key on\n");     else  printf("Control key off\n");
if (value & 8)  printf("Alt key on\n");         else  printf("Alt key off\n");
if (value & 16) printf("Scroll lock on\n");     else  printf("Scroll lock off\n");
if (value & 32) printf("Num lock on\n");        else  printf("Num lock off\n");
if (value & 64) printf("Caps lock on\n");       else  printf("Caps lock off\n");
```

在运行该程序时，如果按下左〈Shift + Ctrl + F9〉键，结果可能如下：

```
The current status of your keyboard is:
Right shift off
Left shift on
Control key on
Alt key off
Scroll lock off
Num lock off
Caps lock off
```

8.9.40 poke、pokeb（向内存单元写一个字或字节）函数

函数声明：void poke (unsigned segment , unsigned offset , int value) ;
　　　　　void pokeb (unsigned segment , unsigned offset , char value) ;

poke 函数把 value 中的整型值存储到由 segment:offset 指定的内存位置。pokeb 函数把 value 中的一字节值存储到由 segment:offset 指定的内存位置。如果用户已经包含了 dos.h 头文件去调用 poke 或 pokeb，它们将被当做宏看待并展开成内嵌代码。如果用户没有包含 dos.h，或者虽然包含了它，但用#undef poke（或 pokeb）删除了宏定义，则将得到函数而不是宏。这两个函数都没有返回值。

【例 8-190】 如下的程序段将 Scroll Lock 键状态值设置为“on”，但对应的指示灯却不会亮。完整的程序需要包含 conio.h 和 dos.h 两个头文件。

```
int value ;
clrscr( );
cprintf("Make sure the scroll lock key is off and press any key\r\n");
getch( );
poke(0x0000,0x0417,16);
value = peek( 0x0040 , 0x0017 ) ;
if( value & 16 )
    cprintf("The scroll lock is now on\r\n");
```

运行结果：

```
Make sure the scroll lock key is off and press any key
The scroll lock is now on
```

8.9.41 randbrd、randbwr（用 FCB 读写磁盘）函数

函数声明：int randbrd (struct fcb *fcb , int rcnt) ;

int randbwr (struct fcb *fcb , int rcnt) ;

randbrd 函数使用打开的文件控制块（FCB）读取 rcnt 个记录放入内存中当前磁盘传送地址（DTA）处的存储区。该函数使用 DOS 0x27 系统调用读取 FCB 的随机记录域指明的磁盘记录。randbwr 函数向由 fcb 指向的 FCB 结构所联结的磁盘文件写 rcnt 个记录。该函数使用 DOS 0x28 系统调用去写磁盘。参数 rcnt 为要读或写的记录数，如果 rcnt 是 0，该文件被截短到由随机记录域所指明的长度；参数 fcb 指向打开的 FCB。要确定实际被读或写的记录数，可检测 FCB 的随机记录域，该随机记录域按照实际读或写的记录数增进。对于 randbrd 函数，返回 0 表示成功读取了所有记录；返回 1 表示遇到了 EOF（End-of-file，文件结束），但此前记录完整；返回 2 表示记录太多；返回 3 表示遇到了 EOF（End-of-file，文件结束），但此前记录不完整。对于 randbwr 函数，返回 0 表示把所有记录成功写入文件；返回 1 表示没有足够的磁盘空间去写记录（没有记录被写）；返回 2 表示要写的记录太多，超过地址 0xFFFF（写入了可能写入的那些记录）。struct fcb 结构体类型的定义请参阅 8.9.38 节中 parsfnm 函数的叙述。

【例 8-191】 如下的程序段把 buffer 数组的 256 字节作为 1 个记录连续 2 次写入新建的磁盘文件 bbbb.dat 中。完整的程序需要包含 <process.h>、<string.h>、<stdio.h>和<dos.h>4 个头文件。

```
char far *save_dta, line[80], buffer[256] = "RANDBWR test!";
struct fcb blk;
int result;
printf("Enter a file name to create (no path - ie. a:file.dat)\n");
gets(line);                              /* 用户键入新文件名 */
parsfnm(line,&blk,1);                    /* 分析新文件名存入 FCB */
printf("Drive #%d    File: %s\n", blk.fcb_drive, blk.fcb_name);
if (bdosptr(0x16, &blk, 0) == -1)       /* 请求 DOS 服务建立文件 */
{
perror("Error creating file");
exit(1);
}
save_dta = getdta();                     /* 保存原来的 dta */
setdta(buffer);                          /* 设置新的 dta */
blk.fcb_recsize = 256;                   /* 设置记录大小为 256 字节 */
blk.fcb_random = 0L;                     /* 设置随机位置为 0L */
result = randbwr(&blk, 1);               /* 写一个新记录 */
result = randbwr(&blk, 1);               /* 再写同一个记录 */
if (!result)
```

```
printf("Write OK\n");
else
{
perror("Disk error");
exit(1);
}
printf("random=%ld\n",blk.fcb_random);          /* 输出 blk.fcb_random 的值，应为 2 */
if (bdosptr(0x10, &blk, 0) == -1)               /* 请求 DOS 服务去关闭该文件 */
{
perror("Error closing file");
exit(1);
}
setdta(save_dta);                               /* 恢复原来的 dta */
```

运行结果：

```
Enter a file name to create (no path - ie. a:file.dat)
bbbb.dat↙
Drive #0   File: BBBB      DAT
Write OK
random=2
```

8.9.42　segread（读段寄存器）函数

函数声明：void　segread (struct SREGS　*segp) ;

segread 函数把当前段寄存器的值放置到 segp 所指向的 SREGS 结构体中。该函数供 intdosx 和 int86x 函数使用，请参阅这两个函数的说明。segread 函数没有返回值。

【例 8-192】 如下的程序段显示当前段寄存器值。完整程序需包含 stdio.h 和 dos.h 等头文件。

```
struct SREGS segs;
segread(&segs);
printf("Current segment register settings\n");
printf("CS: %X      DS: %X\n", segs.cs, segs.ds);
printf("ES: %X      SS: %X\n", segs.es, segs.ss);
```

运行结果：

```
Current segment register settings
CS: 8FA6    DS: 8FAD
ES: 8FB2    SS: 8FF1
```

8.9.43　sleep（睡眠）函数

函数声明：void　sleep (unsigned　t) ;

sleep 函数使程序暂停运行 t 秒时间。该间隔时间仅精确到百分之一秒或 DOS 时钟的精度。该函数没有返回值。

【例 8-193】 如下的程序段控制发音音调和发音时间，但不够精确。完整的程序需要包含 stdio.h 和 dos.h 两个头文件。

```
int i;
for (i=1; i<5; i++)
{
    sound(i*200);
    printf("Sleeping for %d seconds\n", i);
    sleep(i);
    nosound();
}
```

8.9.44 unixtodos（UNIX 到 DOS 日期时间格式转换）函数

函数声明：void unixtodos (long time , struct date *d , struct time *t) ;

unixtodos 函数把由 time 给定的 UNIX 时间格式转换成 DOS 日期和时间格式，并分别写入 d 和 t 所指向的 struct date 和 struct time 类型的结构体变量中。UNIX 和 ANSI 标准的时间格式是一致的。该函数没有返回值。struct date 和 struct time 结构体类型在 dos.h 中定义，可参阅 8.9.23 节的叙述。

【例 8-194】 如下的程序段实现 DOS 与 UNIX 时间格式的转换。完整的程序需要包含 stdio.h 和 dos.h 两个头文件。

```
char *month[] = {"---", "Jan", "Feb", "Mar", "Apr", "May", "Jun",
                        "Jul", "Aug", "Sep", "Oct", "Nov", "Dec"};
#define SECONDS_PER_DAY 86400L   /* the number of seconds in one day */
struct date dt;
struct time tm;
void main(void)
{
    unsigned long val;
    getdate(&dt);                  /* 获得今天的 DOS 格式的日期 */
    gettime(&tm);                  /* 获得今天的 DOS 格式的时间 */
    printf("today is %d %s %d\n", dt.da_day, month[dt.da_mon], dt.da_year);
    val = dostounix(&dt, &tm);     /* 转换到 UNIX 格式（自从 1970 年 1 月 1 日以来的秒数） */
    val -= (SECONDS_PER_DAY * 42); /* 减去 42 天所等价的秒数 */
    unixtodos(val, &dt, &tm);      /* 转换回 DOS 的日期和时间格式 */
    printf("42 days ago it was %d %s %d\n",dt.da_day, month[dt.da_mon], dt.da_year);
}
```

运行结果：

```
today is 4 Jun 2009
42 days ago it was 23 Apr 2009
```

8.10 在 ctype.h 中声明的字符操作函数

在 ctype.h 中声明的函数都是字符操作函数，它们绝大部分是宏定义。在 Turbo C++ 3.0

中，一个可打印的字符也就是一个能在终端上显示的字符。可打印字符为从空格符（0x20）到否定符（0xFE）之间的字符，但应去掉 DEL（0x7F）。控制字符为 0x00 到 0x1F 之间的值，以及 DEL（0x7F）。ASCII 字符在 0x00 到 0x7F 之间。字符函数是以整型参数声明的，但实际只用到了低字节。一般来说，调用字符函数的实参可以随意使用字符参数，因为在参数传递时会自动升为 int 型。用户可以使每一个宏作为一个函数来调用，这只需在程序的开头用#undef 取消该宏定义即可。

8.10.1 _tolower、tolower（大写字母转小写）函数

函数声明：int tolower (int ch) ;
int _tolower (int ch) ;

tolower 是 ANSI C 标准所定义的，它是一个函数。如果 ch 是个大写字母，则 tolower 函数把它转换成小写字母，如为其他字符则保持不变。_tolower 是一个宏，它除了仅当已知 ch 是大写字母（A～Z）才使用外，功能与 tolower 相同，如果 ch 不是大写字母，则_tolower 的返回值是没有定义的。

【例 8-195】 如下的程序段将一个字符串中所有大写字母转换成小写并输出。完整的程序需要包含 string.h、stdio.h 和 ctype.h 3 个头文件。

```
int   length , i ;
char   *string = "THIS IS A STRING" ;
length = strlen ( string ) ;
for (i=0; i<length; i++)
string[i] = tolower(string[i]) ;
printf("%s\n",string);
```

运行结果

```
this is a string
```

8.10.2 _toupper、toupper（小写字母转大写）函数

函数声明：int toupper (int ch) ;
int _toupper (int ch) ;

toupper 是 ANSI C 标准所定义的，它是一个函数。如果 ch 是个小写字母，则 toupper 函数把它转换成大写字母，如为其他字符则保持不变。_toupper 是一个宏，它除了仅当已知 ch 是小写字母（a～z）才使用外，功能与 toupper 相同，如果 ch 不是小写字母，则_toupper 的返回值是没有定义的。

【例 8-196】 如下的程序段将一个字符串中所有小写字母转换成大写并输出。完整的程序需要包含 string.h、stdio.h 和 ctype.h 3 个头文件。

```
int length, i;
char *string = "this is a string.";
length = strlen(string);
for (i = 0; i < length; i++)
    if ((string[i] >= 'a') && (string[i] <= 'z'))
```

```
        string[i] = _toupper(string[i]);
    printf("%s\n",string);
```

运行结果：

```
    THIS IS A STRING
```

8.10.3 isalnum（判字母数字）函数

函数声明：int isalnum (int c)；

isalnum 是 ANSI C 标准所定义的，它实际上是一个宏。如果 c 是个字母（大写或小写）或数字，isalnum 将返回非 0 值（表示 true）；否则返回 0（表示 false）。

【例 8-197】 如下的程序段检查从 stdin 读入的每一个字符，凡是字母或数字都显示出来，遇空格结束。完整的程序需要包含 stdio.h 和 ctype.h 两个头文件。

```
char c ;
for( ; ; )
{
c = getchar ( ) ;
    if ( c == '␣' )
break;
    if( isalnum(c))
printf("%c is alphanumeric\n",c);
}
```

8.10.4 isalpha（判字母）函数

函数声明：int isalpha (int c)；

isalpha 是 ANSI C 标准所定义的，它实际上是一个宏。如果 c 是个字母（大写或小写），isalpha 将返回非 0 值（表示 true）；否则返回 0（表示 false）。

【例 8-198】 如下的程序段检查从 stdin 读入的每一个字符，凡是字母都显示出来，遇空格结束。完整的程序需要包含 stdio.h 和 ctype.h 两个头文件。

```
char c;
for( ; ; )
{
    c = getchar( );
    if (c == '␣')
    break;
    if( isalpha(c))
    printf("%c is a letter\n",c);
}
```

8.10.5 isascii（判 ASCII 字符）函数

函数声明：int isascii (int c)；

isascii 不是 ANSI C 标准所定义的，它实际上是一个宏。如果 c 在 0～127（0x00～

0x7F）之间，isascii 将返回非 0 值（表示 true）；否则返回 0（表示 false）。

【例 8-199】 如下的程序段检查从 stdin 读入的每一个字符，凡是由 ASCII 定义的字符都显示出来，遇空格结束。完整的程序需要包含 stdio.h 和 ctype.h 两个头文件。

```
char c;
for( ; ; )
{
    c = getchar( );
    if (c == '␣')
        break;
    if( isascii(c))
        printf("%c is ASCII defined\n",c);
}
```

8.10.6 iscntrl（判控制字符）函数

函数声明：int iscntrl (int c) ;

iscntrl 是 ANSI C 标准所定义的，它实际上是一个宏。如果 c 在 0～0x1F 之间或等于 0x7f(DEL)，iscntrl 将返回非 0 值（表示 true）；否则返回 0（表示 false）。

【例 8-200】 如下的程序段检查从 stdin 读入的每一个字符，凡是控制字符都显示出来，遇空格结束。完整的程序需要包含 stdio.h 和 ctype.h 两个头文件。

```
char c;
for( ; ; )
{
c = getchar( );
if (c == '␣')
    break;
if( iscntrl(c))
    printf("%c is a control character\n",c);
}
```

8.10.7 isdigit（判数字字符）函数

函数声明：int isdigit (int c) ;

isdigit 是 ANSI C 标准所定义的，它实际上是一个宏。如果 c 是一个 0～9 之间的数字字符，isdigit 将返回非 0 值（表示 true）；否则返回 0（表示 false）。

【例 8-201】 如下的程序段检查从 stdin 读入的每一个字符，凡是数字字符都显示出来，遇空格结束。完整的程序需要包含 stdio.h 和 ctype.h 两个头文件。

```
char c;
for( ; ; )
{
    c = getchar( );
    if (c == '␣')
        break;
    if( isdigit(c))
```

```
    printf("%c is a digit\n",c);
}
```

8.10.8 isgraph（判可打印字符）函数

函数声明：int isgraph (int c) ;

isgraph 是 ANSI C 标准所定义的，它实际上是一个宏。如果 c 是一个除了空格（space）以外的任何可打印字符，isgraph 将返回非 0 值（表示 true）；否则返回 0（表示 false）。

【例 8-202】 如下的程序段检查从 stdin 读入的每一个字符，凡是可打印字符都显示出来，遇空格结束。完整的程序需要包含 stdio.h 和 ctype.h 两个头文件。

```
char  c ;
for(  ;  ;  )
{
    c = getchar ( ) ;
    if ( c ==   '␣' )
        break ;
    if( isgraph(c))
        printf("%c is a printable character\n",c);
}
```

8.10.9 islower（判小写字母）函数

函数声明：int islower (int c) ;

islower 是 ANSI C 标准所定义的，它实际上是一个宏。如果 c 是一个小写字母，islower 将返回非 0 值（表示 true）；否则返回 0（表示 false）。

【例 8-203】 如下的程序段检查从 stdin 读入每一个字符，凡是小写字母都显示出来，遇空格结束。完整的程序需要包含 stdio.h 和 ctype.h 两个头文件。

```
char c;
for( ; ; )
{
    c = getchar( );
    if (c =='␣')
    break;
    if( islower(c)) printf("%c is lowercase\n",c);
}
```

8.10.10 isprint（判可打印字符）函数

函数声明：int isprint (int c) ;

isprint 是 ANSI C 标准所定义的，它实际上是一个宏。如果 c 是一个可打印字符（0x20～0x7E，即包括空格 0x20），isprint 将返回非 0 值（表示 true）；否则返回 0（表示 false）。

【例 8-204】 如下的程序段检查从 stdin 读入每一个字符，凡是可打印字符都显示出来，遇空格结束。完整的程序需要包含 stdio.h 和 ctype.h 两个头文件。

```
char c;
for( ; ; )
{
    c = getchar( );
    if( isprint(c))
        printf("%c is printable\n",c);
    if (c == '␣')
        break;
}
```

8.10.11　ispunct（判标点字符）函数

函数声明：int　ispunct (int　c) ;

ispunct 是 ANSI C 标准所定义的，它实际上是一个宏。如果 c 是一个标点或空格字符，ispunct 将返回非 0 值（表示 true）；否则返回 0（表示 false）。

【例 8-205】 如下的程序段检查从 stdin 读入每一个字符，凡是标点字符、空格都显示出来，遇空格结束。完整的程序需要包含 stdio.h 和 ctype.h 两个头文件。

```
char c;
for( ; ; )
{
    c = getchar( );
    if( ispunct(c))
        printf("%c is punctuation\n",c);
    if (c == '␣')
        break;
}
```

8.10.12　isspace（判空白字符）函数

函数声明：int　isspace (int　c) ;

isspace 是 ANSI C 标准所定义的，它实际上是一个宏。如果 c 是空格符（space）、制表符（tab）、回车符（carriage return）、换行符（new line）、垂直制表符（vertical tab）、走纸符或称换页符（formfeed）等空白字符之一(0x20、0x09～0x0D)，isspace 将返回非 0 值（表示 true）；否则返回 0（表示 false）。

【例 8-206】 如下的程序段检查从 stdin 读入每一个字符，凡是空白字符（又称泛空格符）都显示出来，遇空格结束。完整的程序需要包含 stdio.h 和 ctype.h 两个头文件。

```
char　c ;
for (　;　;　)
{
    c = getchar ( ) ;
    if ( isspace ( c ) )
        printf ( "%c is white space\n" , c ) ;
```

```
    if ( c == '␣' )
        break ;
}
```

8.10.13 isupper（判大写字母）函数

函数声明：int isupper (int c) ;

isupper 是 ANSI C 标准所定义的，它实际上是一个宏。如果 c 是一个大写字母（A～Z），isupper 将返回非 0 值（表示 true）；否则返回 0（表示 false）。

【例 8-207】 如下的程序段检查从 stdin 读入的每一个字符，凡是大写字母都显示出来，遇空格结束。完整的程序需要包含 stdio.h 和 ctype.h 两个头文件。

```
char c;
for( ; ; )
{
    c = getchar( );
    if( isupper(c))
        printf("%c is uppercase\n",c);
    if (c == '␣')
        break;
}
```

8.10.14 isxdigit（判十六进制数字）函数

函数声明：int isxdigit (int c) ;

isxdigit 是 ANSI C 标准所定义的，它实际上是一个宏。如果 c 是一个十六进制数字（0～9、A～F 或 a～f）之一，isxdigit 将返回非 0 值（表示 true）；否则返回 0（表示 false）。

【例 8-208】 如下的程序段检查从 stdin 读入的每一个字符，凡是十六进制数字都显示出来，遇空格结束。完整的程序需要包含 stdio.h 和 ctype.h 两个头文件。

```
char c ;
for ( ; ; )
{
    c = getchar ( ) ;
    if ( isxdigit ( c ) )
        printf ( "%c is hexadecimal digit\n" , c ) ;
    if ( c == '␣' )
        break ;
}
```

8.10.15 toascii（整数转 ASCII 字符）函数

函数声明：int toascii (int c) ;

toascii 不是 ANSI C 标准所定义的，它实际上是一个宏。toascii 函数通过清除 c 中的高 9 位保留低 7 位，把整数 c 转换成 ASCII 字符。toascii 返回 c 的转换值。

【例 8-209】 如下的程序段把整数 1505 转换成字符'a'、即 ASCII 码值 97。完整的程序需要包含 stdio.h 和 ctype.h 两个头文件。

```
int   number , result ;
number = 1505 ;
result = toascii ( number ) ;
printf ( "%d,%c\n" , number , result ) ;
```

运行结果：

```
1505,a
```

8.11 在 string.h 中声明的内存和字符串操作函数

在 string.h 头文件中声明的函数都是内存和字符串操作函数。在 C 语言中，字符串存放在以空（null，即'\0'字符）结尾的字符数组中，内存则是 RAM 中相邻的存储块。字符串函数要求 string.h 头文件提供它们的原型，内存操作函数要用到 mem.h，有时也用到 string.h 头文件。由于 C 语言在数组操作中没有边界检查，因此用户在编程时要特别注意，防止因数组下标越界而冲掉程序。

在 string.h 中声明的许多函数都有两个版本，其中一个是近（near）函数近指针的普通版本，另一个是远（far）函数远指针版本。例如：字符串比较函数的两个版本的声明分别如下：

```
int   strcmp (char   *s1 , char   *s2 ) ;                   /*  近函数近指针版本*/
int   far _fstrcmp (char far   *s1 , char far   *s2 ) ;     /*  远函数远指针版本  */
```

两个函数的功能基本相同。当程序较大时，可能超过一个段（segment）64KB，此时就需要 2 个字 4 字节的远地址。其中高 2 字节存放段地址，低 2 字节存放段内的偏移量（offset）。段地址左移 4 位再加上偏移量即可得到实际物理地址，寻址范围可达 1MB。这两个数通常用于以微模式（tiny）、小模式（small）或压缩模式（compact）进行编译时去强制指针为 far。在本章中，只介绍普通版本，而相应的远函数远指针版本可查阅 string.h 中的声明和 Turbo C++ 3.0 的帮助。

8.11.1 memccpy、memcpy、memmove（复制块）函数

函数声明：

```
void   *memccpy ( void   *dest , void   *src , int   c , size_t   n ) ;
void   *memcpy   ( void   *dest , void   *src , size_t   n ) ;
void   *memmove ( void   *dest , void   *src , size_t   n ) ;
```

memcpy 和 memmove 函数是 ANSI 标准所定义的。这 3 个函数都是把一个 n 字节的块从 src 内存位置复制到 dest 所指的内存中。类型 size_t 即 unsigned int 类型，在 string.h 中定义。memccpy 函数当复制了 n 字节后或者首次遇到 c 字符被复制后就停止复制操作。使用 memcpy 函数时，如果 src 和 dest 部分重叠，其行为是不确定的。使用 memmove 函数时，即使 src 和 dest 部分重叠，重叠部分的内容仍能正确地复制，但复制后 src 所指向的内容已被更改。对于 memccpy，如果 c 被复制，则返回一个指向在 dest 中 c 后面的那个字节的指针，

此外返回空指针。memcpy 和 memmove 函数返回 dest。

【例 8-210】 如下的程序段将一个字符串部分复制到 dest 字符数组中。完整的程序需要包含 string.h、stdio.h 两个头文件。

```
char   *src = "This is the source string" ;
char   dest[50] ,*ptr ;
ptr = ( char * )
memccpy ( dest , src , 'c' , strlen ( src ) ) ;
if ( ptr )
{
   *ptr = '\0' ;
   printf ( "The character was found: %s\n" , dest ) ;
}
else
   printf ( "The character wasn't found\n" ) ;
```

运行结果：

```
The character was found: This is the sourc
```

8.11.2 memchr（搜寻字符）函数

函数声明：void *memchr (void *s , int c , size_t n) ;

memchr 函数是 ANSI C 标准所定义的。memchr 函数在 s 所指向的块的前 n 个字节中搜寻最先遇到的字符 c。当搜寻成功时，返回指向该字符的指针；否则返回空指针。其中 size_t 即 unsigned（应为 unsigned int，但 int 可省略不写，下同）类型。

【例 8-211】 如下的程序段在 str 字符串中搜寻字符'r'的首次出现。完整的程序需要包含 string.h、stdio.h 两个头文件。

```
char   str[17] , *ptr ;
strcpy (str , "This is a string" ) ;
ptr = ( char * ) memchr (str , 'r' , strlen ( str ) ) ;
if ( ptr )
   printf ( "The character 'r' is at position: %d\n" , ptr - str ) ;
else
   printf ( "The character was not found\n" ) ;
```

运行结果：

```
The character 'r' is at position: 12
```

8.11.3 memcmp、memicmp（字符串比较）函数

函数声明：int memcmp (void *s1 , void *s2 , size_t n) ;
　　　　　int memicmp (void *s1 , void *s2 , size_t n) ;

memcmp 函数是 ANSI C 标准所定义的, memicmp 函数则不是。memcmp 函数比较 s1 和 s2 所指向的块的前 n 个字符，并按照它们在字典中的顺序确定其大小。该函数把两个字符串

的对应字节当做无符号字符进行比较，其返回一个整型值，具体含义为：返回值<0，则 s1 小于 s2；返回值=0，则 s1 等于 s2；返回值>0，则 s1 大于 s2。函数 memicmp 除了忽略比较字母的大小写以外，与 memcmp 函数相同。其中 size_t 即 unsigned 类型。

【例 8-212】 memcmp 和 memicmp 函数使用实例。完整的程序需要包含 string.h、stdio.h 两个头文件。

```
char   *s1 = "aaa" , *s2 = "AAA" ;
int   result ;
result = memcmp(s2, s1, strlen(s2));
if (result > 0)
   printf ("s2 > s1\n");
else if(result == 0)
   printf("s2 = s1\n");
else
   printf("s2 < s1\n");
result = memicmp(s2, s1, strlen(s2));
if (result > 0)
   printf("s2 > s1\n");
else if(result == 0)
   printf("s2 = s1\n");
else
   printf("s2 < s1\n");
```

运行结果：

```
s2 < s1
s2 = s1
```

8.11.4 memset（数组设置值）函数

函数声明：void   *memset (void   *s , int   c , size_t   n) ;

memset 函数是 ANSI C 标准所定义的。该函数把 c 的低字节复制到 s 所指向的数组的前 n 个字节中。该函数返回 s 的值，常用于将一个内存区域初始化为某一值。其中 size_t 即 unsigned 类型。

【例 8-213】 如下的程序段给出 memset 函数的用法。完整的程序需要包含 string.h、stdio.h 和 mem.h 3 个头文件。

```
char   buffer[ ] = "Hello world!" ;
printf ( "Buffer before memset: %s\n" , buffer ) ;
memset (buffer , '*' , strlen (buffer) - 1 ) ;
printf ( "Buffer after memset:   %s\n" , buffer ) ;
```

运行结果：

```
Buffer before memset: Hello world!
Buffer after memset:    ***********!
```

8.11.5 movedata（复制数据）函数

函数声明：void　movedata (unsigned　sseg , unsigned　soff ,
　　　　　　　　　　unsigned　dseg , unsigned　doff , size_t　n) ;

movedata 函数不是 ANSI C 标准所定义的。movedata 函数把从源地址（sseg:soff）开始的 n 个字节复制到目标地址（dseg:doff），这是与存储模式无关的一种移动数据块的方法。其中 size_t 即 unsigned 类型。该函数没有返回值。

【例 8-214】 如下的程序将单色显示屏幕的内容保存到缓冲区中。

```
#include <string.h>
#define MONO_BASE 0xB000
char buf[80*25*2];
void save_mono_screen(char near *buffer) /*  将单色显示屏幕的内容保存到缓冲区中  */
{
movedata(MONO_BASE, 0, _DS, (unsigned)buffer, 80*25*2);
}
void main(void)
{
save_mono_screen(buf);
}
```

8.11.6 stpcpy（复制字符串）函数

函数声明：char　*stpcpy (char　*dest , char　*src) ;

stpcpy 函数不是 ANSI C 标准所定义的。stpcpy 函数把字符串 src 复制到 dest，复制过程在 src 已经到达了空（null）结尾后停止。该函数返回 dest + strlen(src)。

【例 8-215】 如下的程序段将 str1 指向的字符串复制到 string 字符数组中。完整的程序需要包含 string.h 和 stdio.h 两个头文件。

```
char string[10], *str1 = "abcdefghi";
stpcpy(string, str1);
printf("%s\n", string);
```

运行结果：

```
abcdefghi
```

8.11.7 strcat（字符串连接）函数

函数声明：char　*strcat (char　*dest , char　*src) ;

strcat 函数是 ANSI C 标准所定义的。strcat 函数把 src 字符串添加复制到 dest 字符串的尾部，结果字符串的长度为 strlen(dest) + strlen(src)。该函数返回连接后字符串的指针。

【例 8-216】 如下的程序段将 3 个字符串连接为 1 个字符串并输出。完整的程序需要包含 string.h 和 stdio.h 两个头文件。

```
char dest[25]，*blank = "␣", *c = "C++", *turbo = "Turbo";
strcpy ( dest , turbo ) ;
```

```
strcat (dest , blank ) ;
strcat ( dest , c ) ;
printf ( "%s\n", dest ) ;
```

运行结果：

```
Turbo␣C++
```

8.11.8 strchr（在字符串中查找字符）函数

函数声明：char *strchr (char *s , char c) ;

strcat 函数是 ANSI C 标准所定义的。strchr 函数从 s 所指向的字符串的开头扫描该字符串，寻找字符 c 的首次出现。当成功时，返回指向在字符串 s 中字符 c 的首次出现的字符指针。如果字符 c 未出现，则返回空（NULL）指针。

【例 8-217】 如下的程序段扫描 string 字符串寻找字符'r'的首次出现。完整的程序需要包含 string.h 和 stdio.h 两个头文件。

```
char string[15], *ptr, c = 'r';
strcpy ( string , "This is a string" ) ;
ptr = strchr ( string , c ) ;
if ( ptr )
   printf ( "The character %c is at position: %d\n" , c , ptr-string ) ;
else
   printf ( "The character was not found\n" ) ;
```

运行结果：

```
The character r is at position: 12
```

8.11.9 strcmp、stricmp 和 strcmpi（字符串比较）函数

函数声明：int strcmp (char *s1 , char *s2) ;
int stricmp (char *s1 , char *s2) ;
int strcmpi (char *s1 , char *s2) ;

strcmp 函数是 ANSI C 标准所定义的，stricmp、strcmpi（为兼容其他 C 编译器）则不是。strcmp 函数实现 s1 和 s2 两个字符串的无符号比较。stricmp 函数与 strcmp 函数功能基本相同，但不区分大小写。strcmpi 直接作为调用 stricmp 函数的一个宏，其功能与 stricmp 函数完全相同。字符串比较开始时用每个字符串的头一个字符进行比较，并继续进行随后的字符的比较，直到遇到不同字符或到达了字符串结尾。这些函数都返回一个整型值：返回值＜0，表示 s1 小于 s2；返回值＝0，表示 s1 等于 s2；返回值＞0，表示 s1 大于 s2。

【例 8-218】 如下的程序段比较两个字符串的大小。完整的程序需要包含 string.h 和 stdio.h 两个头文件。

```
char *s1 = "BBB" , *s2 = "bbb" ;
int n ;
n = strcmpi ( s1 , s1 ) ;
```

```
if ( n > 0 )
   printf ( "s1 is greater than s2\n" ) ;
else   if ( n < 0 )
   printf ( "s1 is less than s2\n" ) ;
else
   printf ( "s1 equals s2\n" ) ;
```

运行结果：

```
s1 equals s2
```

8.11.10 strcpy（字符串复制）函数

函数声明：char *strcpy (char *s1 , char *s2) ;

strcpy 函数是 ANSI C 标准所定义的。strcpy 函数把 s2 所指向的字符串复制到 s1 所指向的字符数组中，当把 s2 中的字符串结束标志'\0'字符复制后停止。该函数返回 s1 的值。

【例 8-219】 如下的程序段把一个字符串常量复制到 string 字符数组中。完整的程序需要包含 string.h 和 stdio.h 两个头文件。

```
char   string[10] ;
strcpy (string , "abcdefghi" ) ;
printf ( "%s\n" , string ) ;
```

运行结果：

```
abcdefghi
```

8.11.11 strcspn、strspn（字符串匹配）函数

函数声明：size_t strcspn (char *s1 , char *s2) ;
size_t strspn (char *s1 , char *s2) ;

strcspn 和 strspn 函数都是 ANSI C 标准所定义的。strcspn 函数返回字符串 s1 的初始子串的长度，该子串中的任一字符都不包含于 s2 字符串中，即该函数返回 s1 中与 s2 任何一个字符相匹配的第一个字符的下标。strspn 函数在 s1 字符串中寻找第一个不属于 s2 字符串中字符的位置。该函数返回 s1 中第一段只含 s2 中任意字符的子串的长度，即返回第一个与 s2 中任一个字符都不相匹配的字符的下标。其中 size_t 即 unsigned 类型。

【例 8-220】 如下的程序段给出了字符串匹配函数的使用。完整的程序需要包含<string.h>和<stdio.h> 2 个头文件。

```
char   *s1 = "1234567890" , *s2 = "747DC8" ;
int   len1 , len2 ;
len1 = strcspn (s1 , s2 ) ;
len2 = strspn (s1 , s2 ) ;
printf ( "len1 = %d , len2 = %d\n", len1 , len2 ) ;
```

运行结果：

```
len1 = 3 , len2 = 0
```

8.11.12 strdup（字符串复制）函数

函数声明：char *strdup (char *s) ;

strdup 函数不是 ANSI C 标准所定义的。strdup 函数通过调用 malloc 函数分配足够存放 s 所指字符串复制品的空间（strlen(s)+1 字节），并把 s 字符串复制到该空间中。当成功时，该函数返回指向该复制品字符串的指针；当出错时（如果所需空间不能被分配）返回空指针。

【例 8-221】 如下的程序段将 s 所指字符串复制到分配的 14 字节空间。完整的程序需要包含 string.h、alloc.h 和 stdio.h 3 个头文件。

```
char  *dup_str , *s = "Turbo C++ 3.0" ;
dup_str = strdup ( s ) ;
printf ( "%s\n", dup_str ) ;
free ( dup_str ) ;   /* 当不再使用时，要及时将存放复制品字符串的空间释放回堆中 */
```

运行结果：

```
Turbo C++ 3.0
```

8.11.13 strerror（返回错误信息）函数

函数声明：char *_strerror (char *s) ;
　　　　　char *strerror (int errnum) ;

strerror 函数是 ANSI C 标准所定义的，而_strerror 则不是。调用_strerror 函数，如果 s 为空指针，则返回指向最近产生的系统出错信息；如果 s 不为空，则返回值所指向的字符串包含的信息有：s（用户定制的出错信息）、一个冒号、一个空格、最近产生的系统出错信息。参数 s <= 94 个字符。strerror 函数获取一个错误号，并返回一个指向与该错误号相关联的出错信息字符串的指针。用这两个函数，出错信息字符串被构建在一个静态缓冲区中，每次调用这两个函数之一，静态缓冲区都被重写。

【例 8-222】 如下的程序段将输出定制的出错信息。完整的程序需要包含 string.h 和 stdio.h 两个头文件。

```
FILE  *fp ;
fp = fopen ( "TEST.$$$" , "w" ) ;          /* 为写打开一个文件 */
if ( !fp )  fgetc ( fp ) ;                 /* 由试图读强制产生一个出错情况 */
printf ( "%s" , _strerror ( "Custom" ) ) ; /* 显示一个定制的出错信息 */
fclose ( fp ) ;
```

运行结果：

```
Custom: Error 0
```

8.11.14 strlen（求字符串长度）函数

函数声明：size_t strlen (char *s) ;

strlen 函数是 ANSI C 标准所定义的。strlen 函数计算字符串 s 的长度，即返回字符串 s

中字符的个数，不包括字符串结束标志'\0'字符。其中 size_t 即 unsigned 类型。

【例 8-223】 如下的程序段求出 s 所指字符串的长度。完整的程序需要包含 string.h 和 stdio.h 两个头文件。

```
char    *s = "I am a student." ;
printf ( "%d\n" , strlen ( s ) ) ;
```

运行结果：

```
15
```

8.11.15 strlwr、strupr（字符串大小写转换）函数

函数声明：char *strlwr (char *s) ;

char *strupr (char *s) ;

这两个函数都不是 ANSI C 标准所定义的。strlwr 函数把字符串 s 中的所有大写字母转换成小写字母，strupr 函数则把字符串 s 中的所有小写字母转换成大写字母，其他字符都不变。这两个函数都返回 s。

【例 8-224】 如下的程序段把 s 所指字符串转换成小写及大写。完整的程序需要包含 string.h 和 stdio.h 两个头文件。

```
char    *s = "Turbo C++" ;
printf ( "lowercase: %s\n" , strlwr ( s ) ) ;
printf ( "uppercase: %s\n" , strupr ( s ) ) ;
```

运行结果：

```
turbo c++
TURBO C++
```

8.11.16 strncat（字符串连接）函数

函数声明：char *strncat (char *s1 , char *s2 , size_t n) ;

该函数是 ANSI C 标准所定义的。strncat 函数把字符串 s2 中的最多 n 个字符复制到 s1 字符串的尾部，然后添加一个空字符。其中 size_t 即 unsigned 类型。连接后的 s1 字符串的最大长度为 strlen(s1) + n。该函数返回 s1。

【例 8-225】 如下的程序段把 s2 所指字符串的前 7 个字符连接到 s1 字符串的后边。完整的程序需要包含 string.h 和 stdio.h 两个头文件。

```
char    s1[80] = "I am a " ;
char    *s2 = "student." ;
strncat ( s1 , s2 , 7 ) ;
printf ( "%s\n" , s1 ) ;
```

运行结果：

```
I am a student
```

8.11.17 strncmp、strncmpi和strnicmp（字符串比较）函数

函数声明：int strncmp (char *s1 , char *s2 , size_t n) ;

int strncmpi (char *s1 , char *s2 , size_t n) ;

int strnicmp (char *s1 , char *s2 , size_t n) ;

strncmp 函数是 ANSI C 标准所定义的，strncmpi 和 strnicmp 函数则不是。strncmp 函数比较 s1 和 s2 两个字符串的大小，比较不超过 n 个字符，该函数实现一个无符号字符的比较。strnicmp 函数实现 s1 对 s2 的最多前 n 个字符的一个有符号的比较，并且不区分大小写。strncmpi（是调用 strnicmp 函数的宏）实现 s1 对 s2 的最多前 n 个字符的一个有符号的比较，并且也不区分大小写，只是为兼容其他编译器而提供。字符串比较方法请参看 strcmp 函数。类型 size_t 即 unsigned。这 3 个函数都返回一个整型值，该值取决于 s1（或它的一部分）对 s2（或它的一部分）的比较结果。即：如果 s1 < s2，返回值 < 0；如果 s1 = s2，返回值 = 0；如果 s1 > s2，返回值 > 0。其中 size_t 即 unsigned 类型。

【例 8-226】 如下的程序段把 s2 字符串依次与 s1、s3 字符串进行比较（只比较前 3 个字符）。完整的程序需要包含 string.h 和 stdio.h 两个头文件。

```
char  *s1 = "aaabbb" , *s2 = "bbbccc" , *s3 = "ccc" ;
int  ptr ;
ptr = strncmp ( s2 , s1 , 3 ) ;
if ( ptr > 0 )
   printf ( "s2 is greater than s1\n" ) ;
else
   printf ( "s2 is less than s1\n" ) ;
ptr = strncmp ( s2 , s3 , 3 ) ;
if ( ptr > 0 )
   printf ( "s2 is greater than s3\n" ) ;
else
   printf ( "s2 is less than s3\n" ) ;
```

运行结果：

```
s2 is greater than s1
s2 is less than s3
```

8.11.18 strncpy（字符串部分复制）函数

函数声明：char *strncpy (char *s1 , char *s2 , size_t n) ;

该函数是 ANSI C 标准所定义的。strncpy 函数把字符串 s2 中的前 n 个字符复制到 s1 所指向的字符数组中。s2 所指字符串必须以空结束。如果 s2 的长度是 n 或更长，则复制后的 s1 字符串可能不以空结束。该函数返回 s1。

【例 8-227】 如下的程序段把 s2 所指向的字符串的前 3 个字符复制到 s1 字符数组中，然后加入'\0'字符。完整的程序需要包含 string.h 和 stdio.h 两个头文件。

```
char  s1[10] ,  *s2 = "abcdefghi" ;
```

```
strncpy (s1 , s2 , 3 ) ;
s1[3] = '\0' ;
printf ( "%s\n" , s1 ) ;
```

运行结果：

```
abc
```

8.11.19 strnset（字符串部分设置）函数

函数声明：char *strnset (char *s , int ch , size_t n) ;

该函数不是 ANSI C 标准所定义的。strnset 函数把字符串 s 中的前 n 个字符设置成 ch。如果 n 大于字符串 s 的长度，则用字符串的长度代替 n。当 n 个字符已被设置或者当遇到一个空字符时，复制停止。其中 size_t 即 unsigned 类型。该函数返回 s。

【例 8-228】 如下的程序段把 s 字符串的前 10 个字符都设置为'*'。完整的程序需要包含 string.h 和 stdio.h 两个头文件。

```
char *s = "abcdefghijklmnopqrstuvwxyz" , ch = '*' ;
printf ( "s before strnset: %s\n" , s ) ;
strnset ( s , ch , 10 ) ;
printf ( "s after  strnset: %s\n" , s ) ;
```

运行结果：

```
s before strnset: abcdefghijklmnopqrstuvwxyz
s after  strnset: **********klmnopqrstuvwxyz
```

8.11.20 strpbrk（查找匹配字符）函数

函数声明：char *strpbrk (char *s1 , char *s2) ;

strpbrk 函数是 ANSI C 标准所定义的。strpbrk 函数在字符串 s1 中寻找与字符串 s2 中任何一个字符相匹配的第一个字符的位置。该函数返回指向 s1 中第一个相匹配的字符的指针；若没有匹配字符，则返回空（null）指针。

【例 8-229】 如下的程序段查找 s1 字符串中与 s2 字符串的任何字符相匹配的第 1 个字符。完整的程序需要包含 string.h 和 stdio.h 两个头文件。

```
char *s1 = "abcdefghijklmnopqrstuvwxyz" , *s2 = "onm" , *ptr ;
ptr = strpbrk ( s1 , s2 ) ;
if ( ptr )
    printf ( "strpbrk found first character: %c\n" , *ptr ) ;
else
    printf ( "strpbrk didn't find character in set\n" ) ;
```

运行结果：

```
strpbrk found first character: m
```

8.11.21　strrchr（寻找最后匹配的字符）函数

函数声明：char　*strrchr (char　*s , int　c) ;

strrchr 函数是 ANSI C 标准所定义的。strrchr 函数在字符串 s 中以逆向寻找与字符 c 相匹配的字符，即该函数返回指向 s 中最后一次出现 c 字符的位置指针。若没有匹配字符，则返回空（null）指针。

【例 8-230】 如下的程序段查找 s 字符串中与'r'字符相匹配且最后出现的字符的下标。完整的程序需要包含 string.h 和 stdio.h 两个头文件。

```
char　s[80] , *ptr , c = 'r' ;
strcpy ( s , "This is a string" ) ;
ptr = strrchr ( s , c ) ;
if ( ptr )
printf ( "The character %c is at position: %d\n" , c , ptr-s ) ;
else
printf ( "The character was not found\n" ) ;
```

运行结果：

```
The character r is at position: 12
```

8.11.22　strrev（字符串逆序重排）函数

函数声明：char　*strrev (char　*s) ;

strrev 函数不是 ANSI C 标准所定义的。strrev 函数把字符串 s 中除了空结束符'\0'以外的所有字符顺序都颠倒过来。该函数返回指向颠倒后的字符串的指针，即 s。

【例 8-231】 如下的程序段把字符串 s 中的所有字符按逆序存放。完整的程序需要包含 string.h 和 stdio.h 两个头文件。

```
char *s = "string";
printf("Before strrev(): %s\n", s);
strrev( s );
printf("After strrev():    %s\n", s);
```

运行结果：

```
Before strrev(): string
After strrev():    gnirts
```

8.11.23　strset（字符串设置）函数

函数声明：char　*strset (char　*s , int　ch) ;

strset 函数不是 ANSI C 标准所定义的。strset 函数把字符串 s 中除了空结束符'\0'以外的所有字符都设置成 ch。该函数返回指向设置后的字符串的指针，即 s。

【例 8-232】 如下的程序段把字符串 s 中的所有字符都设置成'x'。完整的程序需要包含 string.h 和 stdio.h 两个头文件。

```
char    s[10] = "123456789" , ch = 'x' ;
printf ( "Before strset(): %s\n" , s ) ;
strset ( s , ch ) ;
printf ( "After strset( ):   %s\n" , s);
```

运行结果：

```
Before strset ( ) : 123456789
After strset ( ) :    xxxxxxxxx
```

8.11.24 strstr（字符串匹配）函数

函数声明：char *strstr (char *s1 , char *s2) ;

strstr 函数是 ANSI C 标准所定义的。strstr 函数在字符串 s1 中寻找 s2 子串的首次出现，如果找到首个匹配的子串，则返回指向该子串第一个字符的指针；如果未找到，则返回空指针。

【例 8-233】 如下的程序段在字符串 s1 中寻找子串 s2 的首次出现，并从该位置输出 s1 的后半部分字符串。完整的程序需要包含 string.h 和 stdio.h 两个头文件。

```
char    *s1 = "Borland International" , *s2 = "nation" , *p ;
p = strstr ( s1 , s2 ) ;
printf ( "The substring is: %s\n" , p ) ;
```

运行结果：

```
The substring is: national
```

8.11.25 strtok（寻找字符串中标记）函数

函数声明：char *strtok (char *s1 , char *s2) ;

strtok 函数是 ANSI C 标准所定义的。strtok 函数返回指向字符串 s1 中下一个标记的指针，在字符串 s2 中的字符是确定标记的分隔符。当没有标记时，将返回一个空指针。当首次调用 strtok 函数时，应给出 s1 参数，此时返回指向 s1 中第一个标记的第一个字符的指针，并把一个空字符直接写入 s1 中被返回的标记子串之后的那个字符位置。以后的调用都是用一个空指针（NULL）作为第一个参数，如此扫描通过 s1 字符串，直至没有剩余的标记为止。在此期间，作为分隔符的字符串 s2 在每次调用时可以不同。

【例 8-234】 如下的程序段在字符串 s1 中以 s2 中字符'b'、'c'为分隔符依次寻找各个标记。其中第一个标记为“a”，第二个标记为“xy”，第三个标记为“end”。为了说明问题，还把寻找标记后的 s1 字符串各元素的 ASCII 码值依次输出。完整的程序需要包含 string.h 和 stdio.h 两个头文件。

```
char    s1[20] = "bcabcxybend" , *p;
int  i ;
p = strtok (s1 , "bc" ) ;
while ( p )
{
```

```
printf ( "%s\n" , p ) ;
        p = strtok ( NULL , "bc" ) ;
    }
    for( i = 0 ; i < 11 ; i++ )
    printf ( "%d," , s1[i]);
    printf("\n");
```

运行结果：

```
a
xy
end
98,99,97,0,99,120,121,0,101,110,100,
```

8.12 在 stdlib.h 中声明的基本函数

在 stdlib.h 中声明了许多非常基本的函数，使用者仅仅使用标准函数库就能实现各种功能，其中涉及到数据类型转换、内存操作、随机数处理、排序和程序流程控制等方方面面的内容。

8.12.1 abort（终止程序）函数

函数声明：void abort (void) ;

该函数可以终止程序的执行或异常终止一个进程。它把一个终止信息“Abnormal program termination”（程序非正常终止）写到 stderr（标准错误输出设备）上，然后用退出代码 3 调用_exit 终止该程序，即返回退出代码 3 到其父进程或到 DOS。

【例 8-235】 下列程序段未被执行完。完整程序需包含 stdio.h、stdlib.h 等头文件。

```
printf ( "Calling abort ( )\n" ) ;
abort ( ) ;
printf ( "Not performed" ) ;   /* This is never reached */
```

8.12.2 atexit（注册终止）函数

函数声明：int atexit (void (*func) (void)) ;

当程序终止执行时，该函数调用函数指针 func 所指向的函数。可以执行多重调用（最多直到 32 个），这些函数以其注册的倒序执行。执行成功返回零值，失败则返回非零值。

【例 8-236】 下列程序中的两个函数按调用的相反顺序执行。完整程序需包含 stdio.h、stdlib.h 等头文件。

```
void   exit_fn1 ( )
{
    printf ( "Exit function #1 called\n") ;
}
void   exit_fn2 ( )
{
```

```
        printf ( "Exit function #2 called\n" ) ;
    }
    void   main ( )
    {
        atexit ( exit_fn1 ) ;   /* post exit function #1 */
        atexit (exit_fn2 ) ;   /* post exit function #2 */
    }
```

8.12.3 atoi（字符串转换成整型）函数

函数声明： int atoi (const char *str) ;

该函数可以将字符串 str 转换成一个整数并返回结果。参数 str 以数字开头，当函数从 str 中读到非数字字符则结束转换并将结果返回。

【例 8-237】 如下的程序段将字符串“12345.67”转换成整型。完整的程序需包含 stdlib.h 和 stdio.h 两个头文件。

```
int  n ;
char  *str = "12345.67" ;
n = atoi ( str ) ;
printf ( "string = %s integer = %d\n" , str , n ) ;  }
```

8.12.4 atol（字符串转换成长整型）函数

函数声明：long atol (const char *nptr) ;

该函数将字符串转换成长整型数并返回结果。函数会扫描参数 nptr 所指向的字符串，跳过前面的空格字符，直到遇上数字或正负符号才开始转换，而再遇到非数字或字符串结束时结束转换，并将结果返回。

【例 8-238】 如下的程序段将字符串“1234567”转换成长整型数。完整的程序需包含 stdlib.h 和 stdio.h 两个头文件。

```
long  l ;
char  *str = "1234567" ;
l = atol ( str ) ;
printf ( "string = %s integer = %ld\n" , str , l ) ;
```

8.12.5 bsearch（二分法搜索）函数

函数声明: void *bsearch (const void *key , const void *buf , size_t num ,
size_t size , int (*compare) (const void * , const void *)) ;

该函数用折半查找法从数组元素 buf[0]到 buf[num-1]中查找与参数 key 相匹配的原素。如果函数 compare 的第一个参数小于第二个参数，返回负值；如果相等返回零值；如果大于返回正值。数组 buf 中的元素应以升序排列。函数 bsearch()的返回值是指向匹配项，如果没有发现匹配项，返回 NULL。

【例 8-239】 查找升序数列{123, 145, 512, 627, 800, 933}中是否有“512”。

```
#include <stdlib.h>
```

```
#include <stdio.h>
#define NELEMS(arr)    (sizeof(arr) / sizeof(arr[0]))
int numarray[] = {123, 145, 512, 627, 800, 933};
int numeric (const int *p1, const int *p2)
{
      return(*p1 - *p2 ) ;
}
int lookup(int key)
{
      int    *itemptr;
      itemptr = bsearch (&key, numarray , NELEMS(numarray) , sizeof(int) ,
               (int(*)(const void *,const void *))numeric);
      return (itemptr != NULL);
}
void main()
{
   if ( lookup ( 512 ) )
            printf("512 is in the table.\n");
      else
            printf("512 isn't in the table.\n");
}
```

8.12.6 calloc（分配主存储器）函数

函数声明：extern void *calloc(int num_elems , int elem_size) ;

使用时需要包含 stdlib.h 或 alloc.h 两个头文件之一，该函数为具有 num_elems 个长度为 elem_size 元素的数组从堆中分配内存。如果分配成功则返回指向被分配内存的指针，否则返回空指针 NULL。当内存不再使用时，应使用 free ( )函数将该内存块释放。

【例 8-240】 如下程序段将在内存堆中分配连续 200 个字节的空间。完整的程序需包含 alloc.h 和 stdio.h 两个头文件。

```
int   *p ;
p = ( int * ) calloc ( 100 , sizeof ( int ) ) ;
if ( p )
    printf ( "Memory Allocated at: %x" , p ) ;
else
    printf ( "Not Enough Memory!\n" ) ;
free ( p ) ;
getch ( ) ;
```

8.12.7 div（整除）函数

函数声明：div_t div (int number , int denom) ;

该函数返回 number 除以 denom 后得到的商和余数。结构体类型 div_t 在 stdlib.h 中定义：

```
typedef   struct
```

```
{
    int   quot ;    /*  商数(quotient) */
    int   rem ;     /*  余数（remainder）*/
} div_t ;
```

使用时需引用，如“x.quot”，“x.rem”。

【例 8-241】 如下的程序段求 10 除以 3 的商和余数。完整的程序需包含 stdlib.h 和 stdio.h 两个头文件。

```
div_t   x ;
x = div ( 10 , 3 ) ;
printf ("10 div 3 = %d , remainder %d\n" , x.quot , x.rem ) ;
```

8.12.8 ecvt（浮点数转换为字符串）函数

函数声明：char *ecvt (double value , int ndigit , int *decpt , int *sign) ;

该函数将浮点数转换为字符串并返回结果，返回结果为最终的字符串。value 代表要转换的浮点数；ndigit 表示转换后的字符串的长度，若不足则左补“0”，若超出则四舍五入后截取满足长度的字符串；decpt 为浮点数的整数部分的位数；sign 表示浮点数的符号，“0”为正数，“1”为负数。

【例 8-242】 如下的程序段将浮点数 9.876 转换为长度为 10 的字符串。完整的程序需包含 stdlib.h 和 stdio.h 两个头文件。

```
char   *string ;
double   value ;
int dec , sign , ndig = 10 ;
value = 9.876 ;
string = ecvt( value , ndig , &dec , &sign ) ;
printf("string = %s   dec = %d   sign = %d\n", string , dec , sign ) ;
```

8.12.9 exit（结束程序）函数

函数声明：extern void exit (int retval) ;

该函数终止程序的执行。参数 retval 传递给返回值（返回值将被忽略），通常零值表示正常结束，非零值表示错误返回。

【例 8-243】 程序在循环未结束时退出。完整的程序需包含 stdlib.h 和 stdio.h 两个头文件。

```
int  i ;
textmode ( 0x00 ) ;
for ( i =0 ; i < 10 ; i++ )
{
    if ( i ==5 )
        exit ( 0 ) ;
    else
    {
```

```
        printf ( "%d" , i ) ;
        getch ( ) ;
    }
}
```

8.12.10 fcvt（浮点数转换为字符串）函数

函数声明：char *fcvt (double value , int ndigit , int *decpt , int *sign) ;

该函数将浮点数转换为字符串并返回结果，返回结果为最终的字符串。value 代表要转换的浮点数；转换后的字符串的长度为 ndigit 与 decpt 的和，若不足则左补“0”，若超出则四舍五入后再截取满足长度的字符串；decpt 为浮点数的整数部分的位数；sign 表示浮点数的符号，“0”为正数，“1”为负数。

【例 8-244】 如下的程序段将浮点数 6789.99 转换为长度为 14 的字符串。完整的程序需包含 stdlib.h 和 stdio.h 两个头文件。

```
char *string ;
double value ;
int dec , sign ;
int ndig = 10 ;
value = 6789.99 ;
string = fcvt ( value , ndig , &dec , &sign ) ;
printf ( "string = %s    dec = %d    sign = %d\n" , string , dec , sign ) ;
```

8.12.11 free（释放内存）函数

函数声明：extern void free (void *p) ;

使用时需包含头文件 stdlib.h 或 alloc.h。该函数释放指针 p 所指向的的内存空间，要求 p 所指向的内存空间必须是用 calloc、malloc、realloc 所分配的内存。如果 p 为 NULL 或指向不存在的内存块则不做任何操作。

【例 8-245】 如下的程序段分配 1000 字节的内存空间后再释放。完整的程序需包含 stdlib.h 和 stdio.h 两个头文件。

```
char *p ;
p = ( char *) malloc ( 1000 ) ;
if ( p )
    printf ( "Memory Allocated at: %x\n" , p ) ;
else
    printf ( "Not Enough Memory!\n" ) ;
free ( p ) ;
```

8.12.12 gcvt（浮点数转换为字符串）函数

函数声明：char *gcvt (double value , int ndigit , char *buf) ;

该函数将浮点数转换为字符串并返回结果，返回结果为最终的字符串。value 代表要转换的浮点数；ndigit 为转换后的数字的个数，原浮点数的数字个数若小于 ndigit 则照常输出，若大于则四舍五入后再截取满足长度的字符串；buf 为字符串在内存中的首地址。

【例 8-246】 如下的程序段将浮点数 98.765 转换成字符串"98.77"。完整的程序需包含 stdlib.h 和 stdio.h 两个头文件。

```
char   str[ 25 ] ;
double   num = 98.765 ;
int   sig = 4 ;
gcvt ( num ,   sig , str ) ;
printf ( "string = %s\n" , str ) ;
```

8.12.13 getenv（获取环境变量值）函数

函数声明：char *getenv (char *envvar) ;

该函数返回 enrvar 所指的环境变量的值，返回值是一个字符串。如果无对应的环境变量，则返回 NULL。

【例 8-247】 输出 comspec 的环境变量。完整的程序需包含 stdlib.h 和 stdio.h 两个头文件。

```
char *s;
s=getenv("COMSPEC");                    /* get the comspec environment parameter */
printf("Command processor: %s\n",s);    /* display comspec parameter */
```

8.12.14 itoa（整数转换为字符串）函数

函数声明：char *itoa (int value , char *string , int radix) ;

该函数把整数 value 转换成以 radix 为基数的数所对应的字符串。string 给出存放该字符串的首地址。参数 radix 必须在 2～36 之间。该函数返回指向转换后的字符串的指针。

【例 8-248】 如下的程序段将整数 12345 转换为字符串"12345"。完整的程序需包含 stdlib.h 和 stdio.h 两个头文件。

```
int   number = 12345 ;
char   string[25] ;
itoa ( number , string , 10) ;
printf ( "integer = %d string = %s\n" , number , string ) ;
```

8.12.15 ldiv（长整型数相除）函数

函数声明：ldiv_t ldiv (long lnumber , long ldenom) ;

该函数返回 lnumber 除以 ldenom 后得到的商和余数。结构体类型 ldiv_t 在 stdlib.h 中定义：

```
typedef dtruct
{
    long quot;   /* 商数 */
    long rem;    /* 余数 */

}   ldiv_t ;
```

【例 8-249】 求 10 万除以 3 万的商和余数。完整的程序需包含 stdlib.h 和 stdio.h 两个头文件。

```
ldiv_t   lx ;
lx = ldiv ( 100000L , 30000L ) ;
printf ( "100000 div 30000 = %ld remainder %ld\n" , lx.quot , lx.rem ) ;
```

8.12.16 lfind（线性搜索）函数

函数声明：void *lfind (void *key , void *base , int *nelem , int width ,
int (*fcmp) (const void * , const void *)) ;

该函数用线性搜索法从数组元素 base[0]到 base[nelem - 1]中搜索与参数 key 相匹配的原素。指针每次移动 width 个字节，如果函数 fcmp 的第一个参数小于第二个参数，返回负值；如果相等返回零值；如果大于返回正值。数组 base 中的元素应以升序排列。函数 lfind( )的返回值是指向匹配项的地址，如果没有发现匹配项则返回 NULL。

【例 8-250】 查找升序数列{12 , 35 , 46 , 87 , 99}中是否有“99”。

```
#include <stdio.h>
#include <stdlib.h>
int compare ( int   *x , int   *y )
{
    return ( *x - *y ) ;
}
void   main ( )
{
    int array[5] = { 35 , 87 , 46 , 99 , 12 } ;
    size_t   nelem = 5 ;
    int   key = 99 ;
    int   *result ;
    result = lfind(&key, array, &nelem,sizeof(int), (int(*)(const void *,const void *))compare);
    if (result)
        printf ( "Number %d found\n" , key ) ;
    else
        printf ( "Number %d not found\n" , key ) ;
}
```

8.12.17 lrotl、_lrotl（向左循环移位）函数

函数声明：unsigned long lrotl (unsigned long lvalue , int count) ;
unsigned long _lrotl (unsigned long lvalue , int count) ;

该函数将返回无符号长整型数 lvalue 向左循环移动 count 位的值。

【例 8-251】 求 100 向左循环移动 2 位的值。完整的程序需包含 stdlib.h 和 stdio.h 两个头文件。

```
unsigned long   result ;
unsigned long   value = 100 ;
result = _lrotl ( value , 2 ) ;
printf ( "The value %lu rotated left one bit is: %lu\n" , value , result ) ;
```

8.12.18 lsearch（线性搜索）函数

函数声明：void *lsearch(const void *key , void *base , size_t *nelem , size_t width,
int (*fcmp) (const void * , const void *)) ;

该函数用线性搜索法从数组元素 base[0]到 base[nelem-1] 中搜索与参数 key 相匹配的原素。指针每次移动 width 个字节，数组 base 中的元素无需以升序排列。函数 lsearch ( )的返回值是指向匹配项的地址，如果没有发现匹配项则返回 NULL。

【例 8-252】 查找数列{35, 87, 46, 99, 12}中是否有 99。

```
#include <stdio.h>
#include <stdlib.h>
int compare(int *x, int *y)
{
    return( *x - *y ) ;
}
void main()
{
    int array[5] = {35, 87, 46, 99, 12};
    size_t nelem = 5;
    int key= 99;
    int *result;
    result = lsearch ( &key , array , &nelem , sizeof ( int ) ,
                        (int(*)(const void * , const void *))compare) ;
    if ( result )
        printf ( "Number %d found\n" , key ) ;
    else
        printf ( "Number %d not found\n" , key ) ;
}
```

8.12.19 malloc（内存分配）函数

函数声明：extern void *malloc (unsigned int num_bytes) ;

使用该函数时需包含 alloc.h 或 stdlib.h 头文件。该函数从堆（heap）中分配长度为 num_bytes 字节的内存块。如果分配成功则返回指向被分配内存的指针，否则返回空指针 NULL。当内存不再使用时，应使用 free 函数将内存块释放。

【例 8-253】 如下程序段将在内存堆中分配 100 个字节的空间。完整程序需包含 alloc.h 和 stdio.h 两个头文件。

```
char *p ;
p = ( char * ) malloc ( 100 ) ;
if ( p )
    printf ( "Memory Allocated at: %x" , p ) ;
else
    printf ( "Not Enough Memory!\n" ) ;
free ( p ) ;
```

8.12.20 putenv（添加环境变量值）函数

函数声明：int putenv (char *envvar) ;

该函数可把字符串加到当前环境中。当成功时返回 0，失败时返回-1。

【例 8-254】 如下程序段将环境变量值“c:\\temp”添加到当前环境变量中。完整的程序需包含 stdio.h、stdlib.h、alloc.h、string.h 和 dos.h 几个头文件。

```
char    *path , *ptr ;
int    i = 0 ;
ptr = getenv ( "PATH" ) ;
path = malloc ( strlen( ptr ) + 15 ) ;
strcpy ( path , "PATH=" ) ;
strcat ( path , ptr ) ;
strcat ( path , ";c:\\temp" ) ;
putenv ( path ) ;
while ( environ[i] )
    printf("%s\n" , environ[i++] ) ;
```

8.12.21 qsort（快速排序）函数

函数声明：void qsort(void *buf , size_t num , size_t size ,
int (*compare)(const void * , const void *));

此函数是使用快速排序对例程进行升序排序，对 buf 指向的数据（包含 num 项，每项的大小为 size）进行快速排序。如果函数 compare 的第一个参数小于第二个参数，返回负值；如果相等返回零值；如果大于返回正值。该函数对 buf 指向的数据按升序排序。该函数没有返回值。

【例 8-255】 对字符串序列{ "cat","car","cab","cap","can" }按升序排序。该程序需包含 stdio.h、stdlib.h 和 string.h 几个头文件。

```
int sort_function ( const void    *a , const void    *b ) ;
char    list[5][4] = { "cat","car","cab","cap","can" } ;
void main( )
{
    int    x ;
    qsort ( ( void    * )list , 5 , sizeof ( list[0] ) , sort_function ) ;
    for (x = 0; x < 5; x++)
    printf ( "%s\n" , list[x] ) ;
}
int sort_function( const void    *a , const void    *b )
{
    return ( strcmp ( a , b ) ) ;
}
```

8.12.22 rand（随机数发生器）函数

函数声明：void rand (void) ;

随机数发生器函数返回一个 0～RAND_MAX（即 32767）之间的伪随机整数。这里要注意，在使用 rand 之前要给它设置种子，这就用到了另一个函数 srand。

【例 8-256】 随机产生 10 个 0～99 之间的正整数。完整的程序需包含 stdlib.h 和 stdio.h 两个头文件。

```
int   i ;
printf ( "Ten random numbers from 0 to 99\n\n" ) ;
for(i=0; i<10; i++)
    printf ( "%d\n" ,   rand ( ) % 100 ) ;
```

8.12.23　random（随机数发生器）函数

函数声明：int　random (int　num) ;

随机数发生器函数，函数返回一个 0～num 之间的随机整数。

【例 8-257】 随机产生 1 个 0～99 之间的正整数。完整的程序需包含 stdlib.h 和 stdio.h 两个头文件。

```
randomize ( ) ;
printf ( "Random number in the 0-99 range: %d\n" , random ( 100 ) ) ;
```

8.12.24　randomize（初始化随机数发生器）函数

函数声明：void　randomize (void) ;

randomize 函数将 rand 函数的随机数生成器初始化，该随机数生成器给 rand 一个新的种子值。如果没有使用 randomize，则（无参数的）rand 函数使用第一次调用 rand 函数的种子值。

【例 8-258】 随机产生 10 个 0～99 之间的正整数。完整的程序需包含 stdlib.h 和 stdio.h 两个头文件。

```
int i;
randomize ( ) ;
printf ( "Ten random numbers from 0 to 99\n\n" ) ;
for ( i = 0 ; i < 10 ; i++ )
    printf ( "%d\n" , rand ( ) % 100 ) ;
```

8.12.25　realloc（重新分配主存）函数

函数声明：extern void　*realloc(void　*mem_address , unsigned int　newsize) ;

使用前需包含头文件 alloc.h 或 stdlib.h。该函数将 mem_address 所指内存区域的大小改变为 newsize 长度。如果重新分配成功则返回指向被分配内存的指针，否则返回空指针 NULL。当内存不再使用时，应使用 free 函数将内存块释放。

【例 8-259】 如下程序段将先分配 100 字节内存空间，再重新分配将大小改为 256 个字节。完整程序需包含 alloc.h、stdio.h 等头文件。

```
char   *p ;
p = (char *)
malloc ( 100 ) ;
```

```
if ( p )
    printf ( "Memory Allocated at: %x" , p ) ;
else
    printf ( "Not Enough Memory!\n" ) ;
getch ( ) ;
p = (char *) realloc ( p , 256 ) ;
if(p)
    printf ( "Memory Reallocated at: %x" , p ) ;
else
    printf ( "Not Enough Memory!\n" ) ;
free ( p ) ;
```

8.12.26 system（系统调用）函数

函数声明：int system (char *command) ;

system 该函数发出一个 dos 命令，返回给定的命令字符串 command 进行系统调用。如果命令执行正确通常返回零值。如果 command 为 NULL，system 将尝试是否有可用的命令解释器，如果有返回非零值，否则返回零值。

【例 8-260】 如下程序段调用 dos 的“dir”命令。完整的程序需包含 stdlib.h 和 stdio.h 两个头文件。

```
printf ( "About to spawn command.com and run a DOS command\n" ) ;
system ( "dir" ) ;
```

8.12.27 swab（交换字节）函数

函数声明：void swab (char *from , char *to , int nbytes) ;

swab 函数将源字符数组 from 中的字符从第一个起两两交换，把结果存放到目标字符数组 to 中，交换次数由源字符数组的长度 nbytes 决定。

【例 8-261】 如下程序将字符串"rFna koBlrna d"中的字符两两交换。完整的程序需包含 stdlib.h、string.h 和 stdio.h 几个头文件。

```
char   source[15] = "rFna koBlrna d" ;
char   target[15] ;
swab ( source , target , strlen (source) ) ;
printf ( "This is target: %s\n" , target ) ;
```

8.12.28 srand（随机数发生器）函数

函数声明：void srand (unsigned seed) ;

srand 函数为 rand 函数设置随机序列种子。对于给定的种子 seed，rand 会反复产生特定的随机序列。seed 为无符号整型数，如果种子一样，产生随机数的序列也一样。种子可以自己输入，也可以使用系统的时间。

【例 8-262】 随机产生 10 个 0～99 之间的正整数。完整的程序需包含 stdlib.h、stdio.h 和 time.h 几个头文件。

```
int    i ;
time_t    t ;
srand ( ( unsigned ) time ( &t ) ) ;
printf ( "Ten random numbers from 0 to 99\n\n" ) ;
for( i = 0 ; i < 10 ; i++ )
    printf ( "%d\n" , rand( ) % 100 ) ;
```

8.12.29 strtod（字符串转换为浮点数）函数

函数声明：double   strtod (const char   *start , char   **end) ;

strtod 函数返回带符号的字符串 start 所表示的浮点型数。字符串 end 指向所表示的浮点型数之后的部分。如果发生溢出，返回 HUGE_VAL 或 -HUGE_VAL。

【例 8-263】 如下的程序段将用户输入的一个字符串转换为浮点数并输出。完整的程序需包含 stdlib.h 和 stdio.h 两个头文件。

```
char    input[80] , *endptr ;
double    value ;
printf ( "Enter a floating point number:" ) ;
gets ( input ) ;
value = strtod ( input , &endptr ) ;
printf ( "The string is %s the number is %lf\n" , input , value ) ;
```

8.12.30 strtol（字符串转换为长整型）函数

函数声明：long   strtol (const char   *start , char   **end , int   base) ;

strtol 函数返回带符号的字符串 start 所表示的长整型数。参数 base 代表采用的进制方式；指针 end 指向 start 所表示的整型数之后的部分。如果返回值无法用长整型表示，则函数返回 LONG_MAX 或 LONG_MIN。出错时返回零。

【例 8-264】 将字符串"87654321"转换为长整型数据。完整的程序需包含 stdlib.h 和 stdio.h 两个头文件。

```
char    *string = "87654321" , *endptr ;
long    lnumber ;
lnumber = strtol ( string , &endptr , 10 ) ;
printf ( "string = %s    long = %ld\n" , string , lnumber ) ;
```

8.12.31 ultoa（无符号长整型转换为字符串）函数

函数声明：char   *ultoa (unsigned long   value , char   *string , int radix) ;

ultoa 函数返回带符号的字符串 string 所指向的转换后的字符串的首地址。参数 radix 代表采用的进制方式；value 为要转换的无符号长整数。

【例 8-265】 将无符号长整数“3123456789”转换为字符串。完整的程序需包含 stdlib.h 和 stdio.h 两个头文件。

```
unsigned long    lnumber = 3123456789L ;
char    string[25] ;
```

```
ultoa ( lnumber , string , 10 ) ;
printf ( "string = %s    unsigned long = %lu\n" , string , lnumber ) ;
```

8.13 在 alloc.h 中声明的动态内存管理函数

在 Turbo C++程序中有两种向计算机内存存放信息的方式。第一种是用全局变量和局部变量，包括数组、结构体等。在使用全局和静态局部变量时，其存储在程序运行过程中是固定的，即存储在静态数据区（data 区）中；而动态局部变量则分配在堆栈（stack）中。第二种存储信息的方式是使用 Turbo C++的动态存储分配系统，当需要时，临时在堆（heap）中分配所需空间，当使用完后及时释放回堆中。堆区通常位于存放程序的代码（code）区和栈区之间，并包含在数据段中。

虽然 C 语言的动态内存管理的核心函数是 malloc 和 free 等函数，但它们已经在 6.12 节中介绍过了，本节不再重复介绍。

8.13.1 brk、sbrk（改变数据段空间大小）函数

函数声明：int brk (void *addr) ;
　　　　　void *sbrk(int incr) ;

brk 函数可动态地改变数据段所用的内存数量，这种改变是通过把程序的截断值重置成 addr 来完成的，截断值是数据段结尾以上的第一个位置的地址。sbrk 通过使截断值增加 incr 字节来改变数据段的大小，incr 也可为负值。分配的内存空间随截断值的改变而改变。如果成功，brk 返回 0，sbrk 返回原来的截断值；当出错时，两者都返回-1，并将 errno 置为 ENOMEM（没有足够的内存）。

【例 8-266】 如下程序段显示改变数据段所用内存数量后的值的变化。完整程序需要包含 stdio.h、alloc.h 等头文件。

```
char   *ptr ;
printf ( "Changing allocation with brk()\n" ) ;
ptr   =   malloc ( 1 ) ;
printf ( "Before brk() call: %lu bytes free\n" ,   coreleft ( ) ) ;
brk ( ptr + 1000 ) ;
printf ( " After brk() call: %lu bytes free\n" ,   coreleft ( ) ) ;
```

运行结果：

```
Changing allocation with brk()
Before brk() call: 81720350 bytes free
After brk() call: 81719354 bytes free\n
```

8.13.2 coreleft、farcoreleft（查看未使用的内存的大小）函数

函数声明：unsigned coreleft(void); 或 unsigned long coreleft(void);（数据段超过 64k 时使用）unsigned long farcoreleft(void);

函数 coreleft 可查看段内未使用的内存大小，函数 farcoreleft 可查看远堆栈中未使用的内

存大小，程序返回值为未使用内存的大小。

【例 8-267】 如下程序段显示可分配的内存的大小。完整程序需包含 stdio.h 和 alloc.h 等头文件。

```
printf ( "The difference between the highest allocated block and\n" ) ;
printf ( "the top of the heap is: %lu bytes\n" , ( unsigned long ) coreleft ( ) ) ;
```

运行结果：

```
The difference between the highest allocated block and
the top of the heap is:62514 bytes
```

8.13.3 farcalloc（从远堆栈中申请空间）函数

函数声明：void far *farcalloc(unsigned long units, unsigned ling unitsz);

【例 8-268】 如下程序把字符串“Hello”存放到从远堆栈中申请的 10 个字节空间中并输出。完整程序需包含 stdio.h、alloc.h、string.h 和 dos.h 等头文件。

```
char far   *fptr ;
char   *str = "Hello" ;
fptr = farcalloc (10 , sizeof ( char ) ) ;      /*  用远指针分配内存  */
    /* copy "Hello" into allocated memory */
    /* 注意：下面使用了 movedata 函数，因为你可能处在小数据模式，在这种情况下
不能使用一个通常的字符串复制程序，因为它假定指针大小是 near */
movedata(FP_SEG(str), FP_OFF(str), FP_SEG(fptr), FP_OFF(fptr), strlen(str));
printf("Far string is: %Fs\n", fptr);           /*  显示字符串（注意修饰符 F 的作用）  */
farfree ( fptr ) ;                               /*  释放该内存  */
```

运行结果：

```
Far string is:Hello
```

8.13.4 farfree（释放从远堆中分配的块）函数

函数声明：void   farfree (void far   *block) ;

farfree 函数的用法见例 6-268 中最后一行代码。

8.13.5 heapcheck、farheapcheck（检查并校验堆）函数

函数声明：int   heapcheck (void) ;
　　　　　int   farheapcheck (void) ;

heapcheck 函数检查和验证堆 ，farheapcheck 检查和验证远堆。heapcheck 遍历堆并检查堆中的每个块，在大型数据模式中 hepcheck 映射到 farheapcheck。这两个函数都检查块的指针、大小和其他重要属性。当成功时返回一个大于 0 的数，否则返回一个小于 0 的数。

【例 8-269】 heapcheck 函数的使用。完整程序需包含 stdio.h 和 alloc.h 等头文件。

```
#define   NUM_PTRS    10
#define   NUM_BYTES 16
```

```
void    main ( )
{
    char    *array[ NUM_PTRS ] ;
    int    i ;
    for ( i = 0 ; i < NUM_PTRS ; i++ )
    array[ i ] = (char *) malloc ( NUM_BYTES ) ;
    for ( i = 0 ; i < NUM_PTRS ; i += 2 )
        free ( array[ i ] ) ;
    if ( heapcheck ( ) == _HEAPCORRUPT )
        printf ( "Heap is corrupted.\n" ) ;
    else
        printf ( "Heap is OK.\n" ) ;
}
```

8.13.6 heapcheckfree、farheapcheckfree（检查堆中空闲的块）函数

函数声明：int heapcheckfree (unsigned int fillvalue) ;

int farheapcheckfree (unsigned int fillvalue) ;

这两个函数都用一个常量值 fillvalue 填充各自堆中空闲的块。当成功时，都返回一个大于 0 的值：_HEAPEMPTY（=1），没有堆；_HEAPOK（=2），即堆已被校验。当出错时，都返回一个小于 0 的值：_HEAPCORRUPT（=-1），即堆已损坏。

【例 8-270】 heapcheckfree 函数的使用。完整程序需包含 stdio.h、mem.h 和 alloc.h 等头文件。

```
#define NUM_PTRS    10
#define NUM_BYTES 16
void    main ( )
{
    char    *array[ NUM_PTRS ] ;
    int    i , res ;
    for ( i = 0 ; i < NUM_PTRS ; i++ )
    array[ i ] = (char *) malloc ( NUM_BYTES ) ;
    for( i = 0; i < NUM_PTRS; i += 2 )
      free ( array[ i ] ) ;
    if ( heapfillfree ( 1 ) < 0 )
    {
      printf( "Heap corrupted.\n" ) ;
      exit ( 1 ) ;
    }
    for( i = 1; i < NUM_PTRS; i += 2 )
      memset ( array[ i ] , 0 , NUM_BYTES ) ;
    res = heapcheckfree ( 1 ) ;
    if ( res < 0 )
        switch ( res )
        {
            case    _HEAPCORRUPT : printf ( "Heap corrupted.\n" ) ;  return 1 ;
```

```
            case    _BADVALUE :         printf ( "Bad value in free space.\n" ) ;   exit ( 1 ) ;
            default :                   printf ( "Unknown error.\n" ) ; exit ( 1 ) ;
        }
    printf( "Test successful.\n" );
}
```

8.13.7 heapchecknode、farheapchecknode（检查并校验堆节点）函数

函数声明：int heapchecknode (void *node) ;

int farheapchecknode (void *node) ;

heapchecknode 函数检查和验证堆上的一个节点，farheapchecknode 函数检查和验证远堆上的一个节点。这两个函数都用一个常量值检查各自堆中的空闲块。如果一个节点已经被释放，并且用指向已释放块的指针调用这两个函数之一，该函数可能返回_BADNODE 而非预期_FREEENTRY（该节点是一个空闲块），因为在堆中相邻空闲块合并，并且要检查的块不再存在。

该函数成功时返回大于 0 的值，为 1 时，没有堆；为 3 时该节点是一个空闲块；为 4 时该节点是一个已被使用的块。否则返回值小于 0，为-1 时，堆已经被损坏；为-2 时找不到节点。

【例 8-271】 heapchecknode 函数的使用。完整程序需包含 stdio.h 和 alloc.h 等头文件。

```
#define NUM_PTRS    10
#define NUM_BYTES 16
void   main ( )
{
    char    *array[ NUM_PTRS ] ;
    int   i ;
    for ( i = 0 ; i < NUM_PTRS ; i++ )    array[ i ] = (char *) malloc ( NUM_BYTES ) ;
    for ( i = 0 ; i < NUM_PTRS ; i += 2 )    free ( array[ i ] ) ;
    for ( i = 0 ; i < NUM_PTRS ; i++ )
    {
        printf ( "Node %2d " , i ) ;
        switch ( heapchecknode ( array[ i ] ) )
        {
            case    _HEAPEMPTY :        printf ( "No heap.\n" ) ;          break ;
            case    _HEAPCORRUPT : printf ( "Heap corrupt.\n" ) ; break ;
            case    _BADNODE :          printf ( "Bad node.\n" ) ;          break ;
            case    _FREEENTRY :        printf ( "Free entry.\n" ) ;       break;
            case    _USEDENTRY :        printf ( "Used entry.\n" ) ;       break;
            default    :   printf ( "Unknown return code.\n" ) ;   break ;
        }
    }
}
```

8.13.8 heapfillfree、farheapfillfree（填写释放的堆块）函数

函数声明：int heapfillfree (unsigned int fillvalue) ;

```
int    farheapfillfree ( unsigned int    fillvalue ) ;
```

heapfillfree 函数用一个常量填充堆上的空闲块，farheapfillfree 函数用一个常量填充远堆上的空闲块。这两个函数当成功时返回值大于 0：如果为_HEAPEMPTY (= 1)，则表示没有堆，如果为 _HEAPOK(= 2)，则表示堆已被验证；当出错时返回值小于 0：_HEAPCORRUPT (=−1)，表示堆已经被损坏。

【例 8-272】 heapfillfree 函数的使用。完整程序需包含 stdio.h、alloc.h 和 mem.h 等头文件。

```
#define NUM_PTRS   10
#define NUM_BYTES 16
int main(void)
{
    char    *array[ NUM_PTRS ] ;
    int    i , res ;
    for ( i = 0 ; i < NUM_PTRS ; i++ )    array[ i ] = (char *)
        malloc ( NUM_BYTES ) ;
    for ( i = 0 ; i < NUM_PTRS ; i += 2 )
        free ( array[ i ] ) ;
    if ( heapfillfree ( 1 ) < 0 )
    {
        printf ( "Heap corrupted.\n" ) ;
        exit ( 1 ) ;
    }
    for ( i = 1 ; i < NUM_PTRS ; i += 2 )    memset ( array[ i ] , 0 , NUM_BYTES ) ;
    res = heapcheckfree ( 1 ) ;
    if ( res < 0 )
        switch ( res )
        {
            case    _HEAPCORRUPT : printf ( "Heap corrupted.\n" ) ;   exit (1) ;
            case    _BADVALUE :    printf ( "Bad value in free space.\n" ) ;   exit (1) ;
            default    :    printf ( "Unknown error.\n" ) ;    exit ( 1 ) ;
        }
    printf( "Test successful.\n" );
}
```

8.13.9 heapwalk、farheapwalk（遍历内存堆块）函数

函数声明：int   heapwalk (struct heapinfo   *hi) ;

int   farheapwalk (struct farheapinfo   *hi) ;

heapwalk 函数一个一个地遍历堆节点，farheapwalk 函数一个一个地遍历远堆的节点。Heapwalk 函数接收一个指向 heapinfo 类型的结构体的指针，farheapwalk 函数接收一个指向 farheapinfo 类型的结构体的指针。为了第一次调用 heapwalk 或 farheapwalk 函数，应将 hi.ptr 字段设置为空（NULL）。

hi.ptr：两个函数都用 hi.ptr 返回包含第一块的地址。

hi.size：保存以字节为单位的块的大小。

hi.in_use：如果块当前被使用时设置的标志。

这两个函数假定堆是正确的。使用 heapwalk 函数前用 heapcheck 函数验证堆。使用 farheapwalk 函数前用 farheapcheck 函数验证远堆。

HEAPOK 与刚校验过的块一起返回。当遍历完成，到达堆尾时，返回_HEAPEND。

_HEAPEND 是返回下次调用。

当成功时返回值大于 0，具体说明如下：

_HEAPEMPTY	(= 1)	没有堆
_HEAPOK	(= 2)	堆已被验证（heapinfo 或 farheapinfo 块包含有效数据）
_HEAPEND	(= 5)	已到堆尾

当出错时返回值小于 0。

【例 8-273】 heapwalk 函数的使用。完整程序需包含 stdio.h 和 alloc.h 等头文件。

```
#define NUM_PTRS    10
#define NUM_BYTES 16
void  main()
{
    struct heapinfo    hi ;
    char    *array[ NUM_PTRS ] ;
    int    i ;
    for ( i = 0 ; i < NUM_PTRS ; i++ )
        array[ i ] = (char *) malloc( NUM_BYTES ) ;
    for( i = 0; i < NUM_PTRS; i += 2 )
        free ( array[ i ] ) ;
    hi.ptr = NULL ;
    printf ( "     Size     Status\n" ) ;
    printf ( "     ----     ------\n" ) ;
    while ( heapwalk ( &hi ) == _HEAPOK )
        printf ( "%7u        %s\n", hi.size, hi.in_use ? "used" : "free" ) ;
}
```

8.14 在 dir.h 中声明的目录管理函数

8.14.1 chdir（改变工作目录）函数

函数声明：int   chdir (const char   *path) ;

chdir 函数把由 path 指定的目录改为当前目录。path 参数可以指定驱动器号，如“a:\\ddd”，但只是改变该驱动器上的当前目录，对当前活动驱动器上的当前目录无影响。该函数当成功时返回 0，失败时返回-1。

【例 8-274】 chdir 函数的使用。完整程序需包含 stdio.h、stdlib.h 和 dir.h 等头文件。

```
char    old_dir[MAXDIR] , new_dir[MAXDIR] ;
void    main ( )
```

```
{
    if ( getcurdir ( 0 , old_dir ) )
    {
        perror ( "getcurdir( )" ) ;
        exit ( 1 ) ;
    }
    printf ( "Current directory is: \\%s\n" , old_dir ) ;
    if ( chdir("\\") )
    {
        perror ("chdir ( )" ) ;
        exit ( 1 ) ;
    }
    if (getcurdir(0, new_dir))
    {
        perror ( "getcurdir ( )" ) ;
        exit ( 1 ) ;
    }
    printf ( "Current directory is now: \\%s\n" , new_dir ) ;
    printf ( "\nChanging back to orignal directory: \\%s\n" , old_dir ) ;
    if ( chdir(old_dir))
    {
        perror ( "chdir ( )" ) ;
        exit ( 1 ) ;
    }
}
```

8.14.2 findfirst 、findnext（查找文件）函数：

函数声明：int findfirst (char *pathname , struct ffblk *ffblk , int attrib) ;
int findnext (struct ffblk *ffblk) ;

findfirst 函数搜索磁盘目录，取得第一个匹配的文件；findnext 函数继续 findfirst 的目录查找。

【例 8-275】 findfirst、findnext 函数的使用。完整程序需包含 stdio.h 和 dir.h 等头文件。

```
struct ffblk    ffblk ;
int    done ;
printf ( "Directory listing of *.*\n" ) ;
done = findfirst ( "*.*" , &ffblk , 0 ) ;
while ( !done )
{
    printf ( "    %s\n" , ffblk.ff_name ) ;
    done = findnext ( &ffblk ) ;
}
```

8.14.3 fnmerge（构造全路径）函数

函数声明: void fnmerge (char *path , char *drive , char *dir) ;

fnmerge 函数可获得当前工作路径，建立新文件名并制定路径，合成 drive:\dir\name.ext。

【例 8-276】 fnmerge 函数的使用。完整程序需包含 string.h、 stdio.h 和 dir.h 等头文件。

```
char   s[MAXPATH] , drive[MAXDRIVE] , dir[MAXDIR] ;
char   file[MAXFILE] , ext[MAXEXT] ;
getcwd ( s , MAXPATH ) ;                    /* 获得当前工作目录 */
strcat ( s , "\\" ) ;                       /* 在末尾添加一个“\”字符 */
fnsplit ( s ,drive ,dir ,file ,ext ) ;      /* 将 s 串分解为各个成分 */
strcpy ( file ,"DATA" ) ;                   /* 将文件名 DATA 复制到 file 数组 */
strcpy ( ext , ".TXT" ) ;                   /* 将扩展名.TXT 复制到 ext 数组 */
fnmerge ( s , drive , dir , file , ext ) ;  /* 合并到一个字符串 s 中 */
puts ( s ) ;                                /* 显示结果字符串 */
```

运行结果：D:\TC3\BIN\DATA.TXT

8.14.4 fnsplit（分解全路径名）函数

函数声明:int fnsplit (char *path , const char *drive , const char *dir , const char *name , const char *ext) ;

该函数可对完整的路径名进行分解，把带路径的文件全名 path 分成 4 个部分存放。其中 drive 中有冒号，dir 中有开始和结尾的反斜杠，name 中文文件主名，ext 包括开始圆点。返回值：如果有扩展名，则返回值&EXTENSION!=0；如果有文件名，则返回值&FILENAME!=0；如果有目录名，则返回值&DIRECTORY!=0；如果有驱动器号，则返回值&DIRVE!=0。

【例 8-277】 fnsplit 函数的使用。完整程序需包含 stdlib.h、stdio.h 和 dir.h 等头文件。

```
char   *s , drive[MAXDRIVE] , dir[MAXDIR] ;
char   file[MAXFILE] , char ext[MAXEXT] ;
int   flags ;
s = getenv ( "COMSPEC" ) ;  /* 获得 COMSPEC 环境参数 */
flags = fnsplit ( s ,drive , dir , file , ext ) ;
printf ( "Command processor info:\n" ) ;
if ( flags & DRIVE )
    printf ( "\tdrive: %s\n" , drive ) ;
if ( flags & DIRECTORY )
    printf ( "\tdirectory: %s\n" , dir ) ;
if ( flags & FILENAME )
    printf ( "\tfile: %s\n" , file ) ;
if ( flags & EXTENSION )
    printf ( "\textension: %s\n" , ext ) ;
```

运行结果：

```
D:\TC3\BIN\DATA.TXT
Command processer info:
```

```
dirve: c:
directory: WINDOWS\SYSTEM32
file: COMMAND
extension: .COM
```

8.14.5 getcurdir（取当前路径）函数

函数声明：int getcurdir (int drive , char *direc) ;

getcurdir 函数读取指定驱动器的当前目录，drive=0（缺省）、1（A 驱动器）、……，direc 用来存放目录名，不包括驱动器名，不以反斜杠开始。当调用成功时返回 0，失败时返回 1。

【例 8-278】 getcurdir 函数的使用。完整程序需包含 stdio.h、dir.h 和 string.h 等头文件。

```
char  *current_directory ( char  *path )
{  strcpy ( path , "X:\\" ) ;            /*  用 X:\填入 path 字符串  */
   path[0] = 'A' + getdisk ( ) ;        /*  用当前驱动器字母代替 X */
   getcurdir ( 0 , path+3 ) ;           /*  用当前目录填充字符串的剩余部分  */
   return ( path ) ;
}
void  main ( )
{
   char  curdir[MAXPATH] ;
   current_directory ( curdir ) ;
   printf ( "The current directory is %s\n" , curdir ) ;
}
```

运行结果：

```
The current directory is D:\TC3\BIN
```

8.14.6 getcwd（取当前工作目录）函数

函数声明: char *getcwd (char *buf , int n) ;

getcwd 函数读取当前目录的完整路径名(包括驱动器名)，最长为 buflen 个字节，存放在 buf 中。如果 buf 为 NULL，函数将分配一个 buflen 字节长的缓冲区，以后可将本函数的返回值作为 free 函数的参数来释放该缓冲区。返回值：若 buf 非空，调用成功返回 buf，出错返回 NULL；若 buf 为 NULL，返回指向已经分配的内存缓冲区。

【例 8-279】 getcwd 函数的使用。完整程序需包含 stdio.h 和 dir.h 等头文件。

```
char  buffer[MAXPATH] ;
getcwd ( buffer , MAXPATH ) ;
printf ( "The current directory is: %s\n" , buffer ) ;
```

运行结果：

```
The current directory is D:\TC3\BIN
```

8.14.7 getdisk（获取当前驱动器号）函数

函数声明：int getdisk (void) ;

取得当前驱动器号（0＝A 、1＝B、……）。

【例 8-280】 getdisk 函数的使用。完整程序需包含 stdio.h 和 dir.h 等头文件。

```
int   disk ;
disk = getdisk ( ) + 'A' ;
printf ( "The current drive is: %c\n" , disk ) ;
```

运行结果：

```
The current directory is D
```

8.14.8 mkdir（创建新目录）函数

函数声明：int mkdir (char *pathname) ;

mkdir 函数按给定的路径建立一个新的目录。

【例 8-281】 mkdir 函数的使用。完整程序需包含 stdio.h、dir.h、conio.h 和 process.h 等头文件。

```
int   status ;
clrscr ( ) ;
status = mkdir ( "asdfjklm" ) ;
(!status) ? ( printf ( "Directory created\n" ) ) :
                    ( printf ( "Unable to create directory\n" ) ) ;
getch ( ) ;
system ( "dir" ) ;
getch ( ) ;
status = rmdir ( "asdfjklm" ) ;
(!status) ? ( printf ( "Directory deleted\n" ) ) :
   ( perror ( "Unable to delete directory" ) ) ;   getch ( ) ;
```

运行结果：

```
Directory created
Volume in dure D is DISK1_VOL2
Volume Serial Number is 72E9-64E4
Directory of D:\TC3\EXAMPLE
TEST        EXE        29850 09-04-25      15:32
CODE              <DIR>         09-06-17      23:01
CPMPETIT                          84 09-06-17      7:11
          3 file(s)         29934 bytes
                         1024017426 bytes free
Directory deleted
```

8.14.9 rmdir（删除文件目录）函数

函数声明：int rmdir (char *stream) ;

rmdir 函数删除的目录不能是当前目录，不能是根目录，只能是空目录。调用成功时返回 0，失败时返回-1。

【例 8-282】 rmdir 函数的使用。完整程序需包含 stdio.h、dir.h、conio.h 和 process.h 等头文件。

```
#define   DIRNAME   "testdir.$$$"
void   main( )
{
    int   stat ;
    stat = mkdir ( DIRNAME ) ;
    if ( !stat )
        printf ( "Directory created\n" ) ;
    else
    {
        printf ( "Unable to create directory\n" ) ;
        exit ( 1 ) ;
    }
    getch ( ) ;
    system ( "dir/p" ) ;
    getch ( ) ;
    stat = rmdir ( DIRNAME ) ;
    if ( !stat )
       printf ( "\nDirectory deleted\n" ) ;
    else
    {
       perror ( "\nUnable to delete directory\n" ) ;
       exit ( 1 ) ;
    }
    getch( ) ;
}
```

运行结果

```
Directory created
Volume in dure D is DISK1_VOL2
Volume Serial Number is 72E9-64E4
Directory of D:\TC3\EXAMPLE
……
TEST          EXE          29850 09-04-25        15:32
CODE                 <DIR>             09-06-17        23:01
CPMPETIT                                 84 09-06-17        7:11
        25 file(s)           114433 bytes
                                1023932928 bytes free
Directory deleted
```

8.14.10 searchpath（查找文件的 DOS 路径）函数

函数声明：char   *searchpath (char   *filename) ;

searchpath 函数搜索 dos 路径（环境变量中的 path=……）来定位由 file 给出的文件，如果成功则返回指向完整路径名字符串的指针，定位失败返回 NULL。用法：p =

searchpath ("文件名") ; 使用前要先定义 char *p;。

【例 8-283】 searchpath 函数的使用。完整程序需包含 stdio.h、dir.h 等头文件。

```
char *p;
p = searchpath("example6-145.c");      /* 寻找 TLINK 并返回一个指向路径的指针 */
printf ( "Search for TLINK.EXE : %s\n" , p ) ;
p = searchpath ( "NOTEXIST.FIL" ) ;   /* 寻找不存在的文件 */
printf ( "Search for NOTEXIST.FIL : %s\n" , p ) ;
```

运行结果

```
Search for TLINK.EXE :D:\TC3\BIN\EXAMPLE6-145.c
Search for NOTEXIST.FIL:(null)
```

8.14.11 setdisk（设置当前磁盘驱动器）函数

函数声明：int setdisk (int drive) ;

setdisk 函数把由 drive 指定的驱动器修改成当前驱动器，并返回可使用的驱动器数。

【例 8-284】 setdisk 函数的使用。完整程序需包含 stdio.h 和 dir.h 等头文件。

```
int save , disk , disks ;
save = getdisk ( ) ;                          /* 保存原驱动器号 */
disks = setdisk ( save ) ;                    /* 获得逻辑驱动器数 */
printf("%d logical drives on the system\n", disks);        /* 输出逻辑驱动器数 */
printf("Available drives:\n");                /* 输出可使用的逻辑驱动器字母 */
for (disk = 0;disk < 26;++disk)
{
    setdisk(disk);
    if (disk == getdisk())
        printf("%c: drive is available\n", disk + 'a');
}
setdisk(save);
```

运行结果

```
26 logical drives on the system
Available drives:
c: drive is available
d: drive is available
e: drive is available
……
i: drive is available
```

8.15 在 mem.h（memory.h）中声明的函数

8.15.1 movmem（移动源内存到目的内存）函数

函数声明：void movmem (void *src , void *dest , unsigned length) ;

movmem 函数把 length 个字节的数据从源地址 src 复制到目标地址 dest。

【例 8-285】 movmem 函数的使用。完整程序需包含 mem.h、alloc.h、stdio.h、string.h 等头文件。

```
char  *source = "Borland International" ;
char  *destination ;
int  length ;
length = strlen ( source ) ;
destination = (char *) malloc ( length + 1 ) ;
movmem ( source , destination , length ) ;
printf ( "%s\n" , destination ) ;
```

运行结果：

```
Borland International
```

8.15.2 setmem（填写内存）函数

函数声明：void setmem (void *addr , int len , char value) ;

setmem 函数存值到指定的存储区。

【例 8-286】 setmem 函数的使用。完整程序需包含 mem.h、alloc.h 和 stdio.h 等头文件。

```
char  *dest ;
dest = calloc ( 21 , sizeof ( char ) ) ;
setmem ( dest , 20 , 'c' ) ;
printf ( "%s\n" , dest ) ;
```

运行结果：cccccccccccccccccccc

8.16 在 process.h 中声明的函数

8.16.1 _c_exit 函数：终止程序

函数声明：void _c_exit (void) ;

_c_exit 函数执行与“_exit”相同的程序清理，但它不会终止调用进程。

【例 8-287】 _c_exit 函数的使用。完整程序需包含 process.h、io.h、fcntl.h、stdio.h 和 dos.h 等头文件。

```
int  fd ;
char  c ;
if ( ( fd = open ( "_c_exit.c" , O_RDONLY ) ) < 0 )
{
  printf ( "Unable to open _c_exit.c for reading\n" ) ;
  exit ( 1 ) ;
}
if ( read ( fd , &c ,1 ) != 1 )
```

```
    printf ( "Unable to read from open file handle %d before _c_exit\n" , fd ) ;
else
    printf ( "Successfully read from open file handle %d before _c_exit\n" , fd ) ;
printf ( "Interrupt zero vector before _c_exit = %Fp\n" , _dos_getvect ( 0 ) ) ;
_c_exit ( ) ;
if ( read ( fd , &c , 1 ) != 1 )
    printf ( "Unable to read from open file handle %d after _c_exit\n" , fd ) ;
else
    printf ( "Successfully read from open file handle %d after _c_exit\n" , fd ) ;
printf ( "Interrupt zero vector after _c_exit = %Fp\n" , _dos_getvect ( 0 ) ) ;
```

运行结果：

```
Successfully read from open file handle 7 before _c_exit
Interrupt zero vector before _c_exit = 8E61:01A0
Successfully read from open file handle 7 after _c_exit
Interrupt zero vector after _c_exit = 00A7:1068
```

8.16.2 exec...（装载并运行其他文件）函数

函数声明：int execl (char *pathname , char *arg0 , arg1 , ... , argn , NULL) ;

int execle(char *pathname, char *arg0, arg1, ..., argn, NULL, char *envp[]);

int execlp(char *pathname, char *arg0, arg1, .., NULL);

int execple(char *pathname, char *arg0, arg1, ..., NULL, char *envp[]);

int execv(char *pathname, char *argv[]);

int execve(char *pathname, char *argv[], char *envp[]);

int execvp(char *pathname, char *argv[]);

int execvpe(char *pathname, char *argv[], char *envp[]);

exec...函数载入并运行其他程序的函数。

【例 8-288】 execv 函数的使用。完整程序需包含 process.h、stdio.h 和 errno.h 等头文件。

```
int   i ;
printf ( "Command line arguments:\n" ) ;
for ( i = 0 ; i < argc ; i++ )
    printf ( "[%2d] : %s\n" , i , argv[i] ) ;
printf ( "About to exec child with arg1 arg2 ...\n" ) ;
execv ( "CHILD.EXE" , argv ) ;
perror ( "exec error" ) ;
exit ( 1 ) ;
```

运行结果：

```
Command line arguments:
[ 0] : D:\TC3\BIN\PROC.EXE
About to exec child with arg1 arg2 ...
exec error:No such file or directory
```

8.16.3 getpid（获取当前进程识别码）函数

getpid 函数获取程序中进程的 ID。getpid 是一个得到进程 ID 的宏，进程 ID 是一个程序的唯一标识。函数返回 PSP（program segment prefix，程序段前缀）的段值。

【例 8-289】

```
#include <stdio.h>
#include <process.h>
void   main ( )
{
    printf ( "This program's process identification number (PID) "
             "number is %X\n" , getpid ( ) ) ;
    printf ( "Note: under DOS it is the PSP segment\n" ) ;
}
```

8.16.4 spawnl…、spawnv…（创建一个子进程）函数

函数声明：

int spawnl (int mode, char *path, char *arg0, ..., NULL);

int spawnle (int mode, char *path, char *arg0, ..., NULL, char *envp[]);

int spawnlp (int mode, char *path, char *arg0, ..., NULL);

int spawnlpe(int mode, char *path, char *arg0, ..., NULL, char *envp[]);

若不知道确切的参数个数及类型可使用下列 spawnv...类函数。

函数声明：

int spawnv (int mode, char *path, char *argv[]);

int spawnve (int mode, char *path, char *argv[], char *envp[]);

int spawnvp (int mode, char *path, char *argv[]);

int spawnvpe(int mode, char *path, char *argv[], char *envp[]);

上述函数的父进程创建和使用其他文件（子进程）时，必须有足够的内存可用于加载和执行一个子进程。

spawn...类函数可以使程序运行其他文件的子进程，当子进程结束时返回到所在的控制进程。使用 spawnl…类函数时应知道其有多少不同的参数个数及类型。

【例 8-290】

```
#include <process.h>
#include <stdio.h>
#include <conio.h>
void   main ( )
{
    int   result ;
    clrscr ( ) ;
    result = spawnl ( P_WAIT , "tcc.exe" , NULL ) ;
    if ( result == -1 )
    {
```

```
        perror ( "Error from spawnl" ) ;
        exit ( 1 ) ;
    }
}
```

运行结果：

```
Error from spawnl:Not enough memry
```

8.16.5 system（DOS 命令）函数

函数声明：int system(char *command);

system 函数发出一个 DOS 命令，调用 shell 来执行 command 命令。

【例 8-291】

```
#include <stdlib.h>
#include <stdio.h>
void main()
{
    printf("About to spawn command.com and run a DOS command\n");
    system("dir");
}
```

附　　录

附录 A　字符与 ASCII 码对照表

控制字符	字符	ASCII 码	字符	ASCII 码	字符	ASCII 码	字符	ASCII 码	字符	ASCII 码	字符	ASCII 码	字符	ASCII 码	字符	ASCII 码
NUL	null	0	Space	32	@	64	`	96	Ç	128	á	160	└	192	α	224
SOH	☺	1	!	33	A	65	a	97	ü	129	í	161	┴	193	β	225
STX	●	2	"	34	B	66	b	98	é	130	ó	162	┬	194	Γ	226
ETX	♥	3	#	35	C	67	c	99	â	131	ú	163	├	195	π	227
EOT	♦	4	$	36	D	68	d	100	ä	132	ñ	164	─	196	Σ	228
ENQ	♣	5	%	37	E	69	e	101	à	133	Ñ	165	┼	197	σ	229
ACK	♠	6	&	38	F	70	f	102	å	134	ª	166	╞	198	µ	230
BEL	beep	7	'	39	G	71	g	103	ç	135	º	167	╟	199	τ	231
BS	back space	8	(	40	H	72	h	104	ê	136	¿	168	╚	200	Φ	232
HT	tab	9	)	41	I	73	i	105	ë	137	⌐	169	╔	201	θ	233
LF	line feed	10	*	42	J	74	j	106	è	138	¬	170	╩	202	Ω	234
VT	♂	11	+	43	K	75	k	107	ï	139	½	171	╦	203	δ	235
FF	♀	12	,	44	L	76	l	108	î	140	¼	172	╠	204	∞	236
CR	carriage return	13	-	45	M	77	m	109	ì	141	¡	173	═	205	∮	237
SO	♫	14	.	46	N	78	n	110	Ä	142	«	174	╬	206	∈	238
SI	☼	15	/	47	O	79	o	111	Å	143	»	175	╧	207	∩	239
DLE	►	16	0	48	P	80	p	112	É	144	░	176	╨	208	≡	240
DC1	◄	17	1	49	Q	81	q	113	æ	145	▓	177	╤	209	±	241
DC2	↕	18	2	50	R	82	r	114	Æ	146	▒	178	╥	210	≥	242
DC3	‼	19	3	51	S	83	s	115	ô	147	│	179	╙	211	≤	243
DC4	¶	20	4	52	T	84	t	116	ö	148	┤	180	╘	212	⌠	244
NAK	§	21	5	53	U	85	u	117	ò	149	╡	181	╒	213	⌡	245
GYN	▬	22	6	54	V	86	v	118	û	150	╢	182	╓	214	÷	246
ETB	↨	23	7	55	W	87	w	119	ù	151	╖	183	╫	215	≈	247
CAN	↑	24	8	56	X	88	x	120	ÿ	152	╕	184	╪	216	°	248
EM	↓	25	9	57	Y	89	y	121	Ö	153	╣	185	┘	217	·	249
SUB	→	26	:	58	Z	90	z	122	Ü	154	║	186	┌	218	.	250
ESC	←	27	;	59	[	91	{	123	¢	155	╗	187	█	219	√	251
FS	∟	28	<	60	\	92	|	124	£	156	╝	188	▄	220	n	252
GS	↔	29	=	61	]	93	}	125	¥	157	╜	189	▌	221	z	253
RS	▲	30	>	62	^	94	~	126	Pt	158	╛	190	▐	222	■	254
US	▼	31	?	63	_	95	⌂(DE)	127	ƒ	159	┐	191	▀	223	ÿ	255

附录 B 键盘扫描码表

扫 描 码	基 本 键	Shift	Ctrl	Alt
29H	`	~	无定义	无定义
2H	1	!	无定义	扩充码 78H
3H	2	@	扩充码 3H	扩充码 79H
4H	3	#	无定义	扩充码 7AH
5H	4	$	无定义	扩充码 7BH
6H	5	%	无定义	扩充码 7CH
7H	6	^	RS	扩充码 7DH
8H	7	&	无定义	扩充码 7EH
9H	8	*	无定义	扩充码 7FH
AH	9	(	无定义	扩充码 80H
BH	0	)	无定义	扩充码 81H
CH	-	_	US	扩充码 82H
DH	=	+	无定义	扩充码 83H
2BH	\	|	FS	无定义
EH	BackSpace	BackSpace	DEL	无定义
FH	Tab	扩充码 FH	无定义	无定义
10H	q	Q	DC1	扩充码 10H
11H	w	W	ETB	扩充码 11H
12H	e	E	ENQ	扩充码 12H
13H	r	R	DC2	扩充码 13H
14H	t	T	DC4	扩充码 14H
15H	y	Y	EM	扩充码 15H
16H	u	U	NAK	扩充码 16H
17H	i	I	HT	扩充码 17H
18H	o	O	SI	扩充码 18H
19H	p	P	DLE	扩充码 19H
1AH	[	{	Esc	扩充码 1AH
1BH	]	}	GS	无定义
1CH	CR（Enter）	CR	LF	无定义
1DH	无定义（Ctrl）	无定义	无定义	无定义
1EH	a	A	SOH	扩充码 1EH
1FH	s	S	DC3	扩充码 1FH
20H	d	D	EOT	扩充码 20H
21H	f	F	ACK	扩充码 21H
22H	g	G	BEL	扩充码 22H
23H	h	H	BS	扩充码 23H
24H	j	J	LF	扩充码 24H

（续）

扫 描 码	基 本 键	Shift	Ctrl	Alt
25H	k	K	VT	扩充码 25H
26H	l	L	FF	扩充码 26H
27H	;	:	无定义	无定义
28H	'	"	无定义	无定义
2AH	无定义(Left Shift)	无定义	无定义	无定义
2CH	z	Z	SUB	扩充码 2CH
2DH	x	X	CAN	扩充码 2DH
2EH	c	C	ETX	扩充码 2EH
2FH	v	V	SYN	扩充码 2FH
30H	b	B	STX	扩充码 30H
31H	n	N	SO	扩充码 31H
32H	m	M	CR	扩充码 32H
33H	,	<	无定义	无定义
34H	.	>	无定义	无定义
35H	/	?	无定义	无定义
36H	无定义（Right Shift）	无定义	无定义	无定义
38H	无定义（Alt）	无定义	无定义	无定义
39H	SP（Space）	SP	SP	SP
3AH	无定义（Caps Lock）	无定义	无定义	无定义
3BH	扩充码（F1）3BH	扩充码 54H	扩充码 5EH	扩充码 68H
3CH	扩充码（F2）3CH	扩充码 55H	扩充码 5FH	扩充码 69H
3DH	扩充码（F3）3DH	扩充码 56H	扩充码 60H	扩充码 6AH
3EH	扩充码（F4）3EH	扩充码 57H	扩充码 61H	扩充码 6BH
3FH	扩充码（F5）3FH	扩充码 58H	扩充码 62H	扩充码 6CH
40H	扩充码（F6）40H	扩充码 59H	扩充码 63H	扩充码 6DH
41H	扩充码（F7）41H	扩充码 5AH	扩充码 64H	扩充码 6EH
42H	扩充码（F8）42H	扩充码 5BH	扩充码 65H	扩充码 6FH
43H	扩充码（F9）43H	扩充码 5CH	扩充码 66H	扩充码 70H
44H	扩充码（F10）44H	扩充码 5DH	扩充码 67H	扩充码 71H
1H	Esc	Esc	Esc	无定义
45H	无定义（Num Lock）	无定义	特殊组合键	无定义
46H	无定义（Scroll）	无定义（Scroll）	无定义	无定义（Scroll）
54H	特殊组合键（Sys Req）	无定义	无定义	无定义
37H	*	*	无定义	无定义
52H	扩充码（Insert）52H	扩充码（Insert）52H	无定义	无定义
47H	扩充码（Home）52H	扩充码（Home）52H	扩充码 77H	无定义
49H	扩充码（Page Up）49H	扩充码（Page Up）49H	扩充码 84H	无定义
53H	扩充码（Delete）53H	扩充码（Delete）53H	无定义	无定义
4FH	扩充码（End）4FH	扩充码（End）4FH	扩充码 75H	无定义

（续）

扫 描 码	基 本 键	Shift	Ctrl	Alt
51H	扩充码（Page Down）51H	扩充码（Page Down）51H	扩充码 76H	无定义
48H	扩充码（↑）48H	扩充码（↑）48H	无定义	无定义
4BH	扩充码（←）4BH	扩充码（←）4BH	扩充码 73H	无定义
50H	扩充码（↓）50H	扩充码（↓）50H	无定义	无定义
4DH	扩充码（→）4DH	扩充码（→）4DH	扩充码 74H	无定义

参 考 文 献

[1] 谭浩强. C 程序设计题解与上级指导 [M]. 3 版. 北京：清华大学出版社，2005.

[2] 葛建梅，雷学生. C 语言程序设计实验教程[M]. 长春：吉林科学技术出版社，2000.

[3] 王成端，魏先民，徐翠霞，等. C 语言程序设计实训——题解、实验、课程设计与样题[M]. 北京：中国水利水电出版社，2005.

[4] 曹哲，高诚，车进辉，等. 软件工程[M]. 北京：中国水利水电出版社，2008.

[5] 王士元. C 高级实用程序设计[M]. 北京：清华大学出版社，1996.

[6] 刘振安，苏仕华. C 语言图形设计[M]. 北京：人民邮电出版社，1995.

[7] 张高煜. C 语言程序设计实训[M]. 北京：中国水利水电出版社，2007.

[8] 谭浩强. C 程序设计[M]. 3 版. 北京：清华大学出版社，2005.